内 容 提 要

内 容 简 介

  本教材以培养学生的科学思维能力，分析问题、解决问题的能力和创新能力为目标，突出高等农林院校植物生产类、动物生产类和生物类等各专业的特点，着重介绍了有机化学的基本原理和基本知识，阐明各类有机化合物结构和性质的相互关系。全书共有 16 章，第一章论述了有机化学的发展、研究对象、结构理论；第五章讲述了旋光异构；第六章介绍了波谱分析方法在有机化合物结构鉴定中的应用。其余各章按照化合物的分类、命名、结构特征、理化性质、波谱学特征和重要化合物的顺序，分别对各类有机化合物进行了详细的阐述。在描述反应机理、有机化合物结构及立体化学等部分中，铺设相关知识的二维码动画视频，便于加深对基本理论和基本知识的理解及学习。各章末附有习题，书的最后附各章习题的参考答案。

  本书可作为高等农林院校各相关专业本科生教材，也可作为农、林、水科技工作者及广大考研者的参考用书。

普通高等教育农业部"十三五"规划教材

全国高等农林院校"十三五"规划教材

"十三五"江苏省高等学校重点教材(编号：2016-1-058)

全国高等农业院校优秀教材

有 机 化 学

第 四 版

杨 红 章维华 主编

中国农业出版社

北 京

第四版编者名单

主　　编　杨　红　章维华

副 主 编　宋常春　张袖丽　黄乾明　汪建民
　　　　　陈道文

参　　编　（按姓氏笔画排序）
　　　　　邓　超　付　蕾　吕献海　朱红梅
　　　　　杨春龙　肖开恩　邹　平　沈　薇
　　　　　张明智　陈君华　陈忠平　俞　杰
　　　　　黄丽琴

第一版编者名单

主　编　杨　红
副 主 编　朱凤岗　张袖丽　魏沙平　陈道文
参　　编　（按姓氏笔画排序）
　　　　　王鸣华　付　蕾　汪建民　宋常春
　　　　　陈君华　姚建国　贾中原　黄丽琴
　　　　　章维华　葛惠民　程青芳

第二版编者名单

主　　编　杨　红

副 主 编　朱凤岗　张袖丽　黄乾明　陈道文
　　　　　宋常春

参　　编　（按姓氏笔画排序）
　　　　　付　蕾　杨春龙　肖开恩　邹　平
　　　　　汪建民　陈君华　姚建国　黄丽琴
　　　　　章维华　葛惠民

第三版编者名单

主　　编　杨　红

副 主 编　张袖丽　黄乾明　汪建民　陈道文
　　　　　宋常春

参　　编　（按姓氏笔画排序）
　　　　　付　蕾　杨春龙　肖开恩　邹　平
　　　　　陈君华　姚建国　黄丽琴　章维华
　　　　　葛惠民

第四版前言

有机化学是化学科学中的一个重要分支，是高等农林院校农学、植物、动物、生命科学、食品科学及环境科学等相关专业的一门重要基础课，有机化学的理论和知识是各专业学习后续课程的重要基础。

《有机化学》(第四版)是"十三五"江苏省高等学校重点教材(2016-1-058)、普通高等教育农业部"十三五"规划教材及全国高等农林院校"十三五"规划教材。本书的第一版为"面向21世纪课程教材"；第二版为普通高等教育"十一五"和"十五"国家级规划教材；第三版为普通高等教育农业部"十二五"规划教材及全国高等农林院校"十二五"规划教材。从第一版2002年6月出版至今已16年，累计印刷二十余次。该教材于2005年被评为"江苏省高等院校精品教材"，2005年、2008年和2014年三次被评为"全国高等农业院校优秀教材"。

《有机化学》(第四版)是在第三版《有机化学》基础上重新修订而成。本书结合新时期高等农林院校人才培养的新趋势，针对修读学时不多的实际情况，对全书内容进行了精简，突出重点，不仅反映本学科的基本理论和基本知识，而且围绕化学与生命科学、农业等相关学科的交叉优势，突出高等农林院校有机化学的特色，符合高等农林院校人才培养方案和目标的要求。在精选上一版教材内容的基础上，在相应章节中设立了部分拓展阅读的小知识，将近年来有机化学领域的新内容及新成果，有机化学教育的新理念融入教材中，拓展学生的知识面，力争使学生在打好有机化学基础的同时，提升分析问题和解决问题的能力。本次修订，在特定反应机理及结构特征等部分内容里，铺设二维码，学习者可通过扫码获取立体动画视频，可以更直观地学习。本书修订过程中，我们始终贯彻培养学生"厚基础，宽口径，重实践"的教学理念，用简练的有机化学理论分析及推导证明有机化学反应及各类有机物之间的相互转化规律。在每章末附习题，经过练习可以加深对知识的总结和理解，且在书后附有各章习题的参考答案。

本书由南京农业大学、四川农业大学、山东农业大学、安徽农业大学、安徽科技学院和海南大学六所高等院校的20位老师共同编写完成，它凝集了教师们几十年有机化学教学改革与创新的体会和经验。在此衷心感谢各位老师的辛勤工作，感谢所有帮助和支持本书出版的人！

同时对参加《有机化学》(第三版)编写工作的安徽农业大学姚建国、葛惠民老师表示衷心感谢。

编 者

2018 年 3 月

第一版前言

有机化学是高等农林院校植物生产类、动物生产类和生物科学类等各专业的一门重要基础课，并与许多学科交叉渗透。有机化学与生物学科有着巨大的融合力，它已成为生物科学十分重要的基础，没有足够的有机化学知识，深入理解生命物质是很困难的。尤其是近年来，生物科学的飞速发展，对有机化学提出了更高的要求，同时也促进了有机化学的迅猛发展。

本书是教育部"高等教育面向 21 世纪教学内容和课程体系改革计划"高等农林院校本科化学系列课程教学内容和课程体系改革的研究与实践(04－8)课题和"新世纪高等教育教学改革工程"高等农林院校植物生产类人才培养方案及教学内容和课程体系改革的研究与实践(1291B 0112)课题的研究成果之一。编者在多次编写教材和多年教学实践的基础上，根据项目的研究成果及全国高等农业院校植物生产类、动物生产类和生物科学类各专业"有机化学教学大纲"的要求重新编著了这本教材。

为了适应生物科学和有机化学的迅速发展，我们在编写本教材的过程中，以培养学生的科学思维能力，分析问题、解决问题的能力和创新能力为目标，突出农、林、水各专业的特点，采用新的构架形式和新的内容组织方法，着力拓宽知识面，努力反映学科内容的新进展，对教材内容做了如下的改革：

(1)始终把培养学生的能力、拓宽有机化学知识、增加其适用性放在编写的首位；

(2)用官能团系统编排，建立结构、性质、典型反应机理为主线的有机化学理论体系，不仅增强了有机化学的科学性、规律性和系统性，而且便于学生归纳、综合和应用，提高其分析问题和解决问题的能力；

(3)鉴于近代物理分析方法在有机化学中的广泛应用，在第六章中编写了紫外光谱、红外光谱、核磁共振谱和质谱，同时在各类有机化合物章节中增添了波谱分析的有关知识；

(4)各章除附有综合练习外，还插有适量针对性强、富有思考性的问题，以便学生及时复习和巩固所学知识。

本书由南京农业大学、山东农业大学、安徽农业大学、西南农业大学和安徽技术师范学院五所高等院校的十几位教师共同编写。本书在编写过程中，得到了所在各院校领导和教研室其他同仁的大力支持，谨此表示衷心的感谢。

我们希望本教材能较好地反映当前"有机化学"的基本内容、学科进展、本学科当今的热点及满足教学需要。但由于学科发展迅速，加之我们自身水平和经验有限，本书不足之处在所难免，竭诚希望广大读者提出宝贵意见。

编 者

2001 年 12 月

目 录

第一章

绪　论

一、有机化学发展简史与研究对象

有机化学(organic chemistry)是化学的一个重要分支，是研究有机化合物的来源、制备、结构、性质及其变化规律的科学。有机化学与人们的日常生活、经济与国防建设密切相关。无论是化学工业、能源工业、材料工业、药品工业，还是电子工业、国防工业都离不开有机化学。有机化学还为农业科学、生命科学、环境科学等相关科学的发展提供了理论、技术与材料。作为一门学科——有机化学形成于19世纪。18世纪欧洲工业革命后，科学技术的进步，社会的需要，分离提纯有机化合物的技术进步很快，先后分离出了酒石酸(1769年)、草酸(1776年)、乳酸(1780年)、奎宁(1820年)等，并测定了不少有机化合物的组成。但是对于有机体内如何形成有机物尚缺乏正确的认识，著名的瑞典化学家贝采利乌斯(J. J. Berzelius)等提出了阻碍有机化学发展的"生命力"学说。"生命力"论者认为有机物是在有机体内的"生命力"作用下制造出来的，"生命力"非人类所能掌握，在实验室里不可能用人工方法制造出有机物。由于受到"生命力"论的影响，19世纪初期，有机化学发展非常缓慢。然而，历史总是前进的，科学总是发展的，德国化学家维勒(F. Wöhler)于1828年蒸发氰酸铵的水溶液得到了尿素。氰酸铵是一种无机化合物，尿素是一种有机化合物，氰酸铵可由氯化铵和氰酸银反应制得。

$$\underset{\substack{\text{氰酸铵}\\(\text{无机物})}}{NH_4OCN} \xrightarrow{\triangle} \underset{\substack{\text{尿素}\\(\text{有机物})}}{NH_2-\overset{\displaystyle O}{\overset{\|}{C}}-NH_2}$$

继维勒人工合成尿素后，又陆续合成了不少有机物，如1845年柯尔伯(A. W. H. Kolbe)合成了醋酸，1854年贝特洛(P. E. M. Berthelot)合成了油脂，一向存在于植物体内的酒石酸、苹果酸、柠檬酸等也都在较短的时间内被合成出来，这样有机物可以由人工合成得到是确定无疑了，"生命力"的学说也因此被彻底地推翻了。

有机化学的迅速发展是在19世纪下半叶开始的，那时，人们对有机物的组成和性质有了一定的认识，在此基础上，凯库勒(F. A. Kekulé)和库帕(A. S. Couper)于1857年独立地指出有机化合物分子中碳原子都是四价的，而且互相结合成碳链，这一概括即成为有机化学结构理论的基础。1861年布特列洛夫(А. М. Бутдеров)提出了化学结构的观点，指出分子中各原子以一定化学力按照一定次序结合，这称为分子结构；一个有机化合物具有一定的结构，其结构决定了它的性质；而该化合物结构又是从其性质推导出来的；分子中各原子之间存在着相互影响。1865 年凯库勒提出了苯的结构式。1874 年范特霍夫(J. H. van't Hoff)和勒贝尔(J. A. Le Bel)分别提出碳四面体模型学说，建立了分子的立体概念，说明了旋光异构现象。1885 年拜尔(A. Von Baeyer)提出了张力学说。至此，经典的有机结构理论基本上建立起来了。

有机化学发展到今天，已经成为一门既相当成熟，又发展迅速、充满活力的近代科学。在实际应用方面，结合当代的新技术革命，无论在开发新能源、合成新材料，还是解决环境污染、研究生命现象等生物工程方面都离不开有机化学。具体的发展可由四个"新"来阐述：新的有机化学反应和新的有机化合物层出不穷；新的理论和概念日新月异；新的技术方法不断发展；新的实验测试手段日益更新。

我国是文明古国之一。古代对天然有机物的利用如植物染料、酿酒、制醋、中草药等方面都有着卓越的成就，为人类做出了贡献。但在中华人民共和国成立前由于受封建主义的统治，我国现代科学包括有机化学都很落后。

中华人民共和国成立后，在中国共产党的领导下，我国的科学事业得到迅速的发展。就有机化学来说，1965 年我国成功地用化学方法实现了具有生物活性的蛋白质——牛胰岛素的全合成，在人工合成蛋白质方面迈出了可喜的一步。1981 年我国又成功地完成了酵母丙氨酸 tRNA 的全合成工作。并且在复杂的天然产物如美登木的合成、抗癌药物、物理有机化学、金属有机化学等领域也取得了一定的进展。同时建立了有机合成工业。

通过对众多有机物的组成和结构的研究发现，有机化合物都含有碳元素，绝大多数的还含有氢元素，许多尚含有氧、氮、硫、磷等元素。于是，葛美林(L. Gmelin)和凯库勒等都认为碳是有机化合物的基本元素，把碳化合物称为有机化合物，把有机化学定义为碳化合物的化学。后来，肖莱马(K. Schörlemmer)在化学结构学说的基础上提出：有机化合物可以看作是碳氢化合物以及从碳氢化合物衍生而得的化合物。因此，有机化学是研究碳氢化合物及其衍生物的化学。

有机化学的研究任务之一是提取自然界存在的各种有机物，测定它们的结构和性质，以便加以利用。另一项重要任务是研究有机物结构与性质之间的关系、反应历程、影响反应的因素等，以便控制反应向我们需要的方向发展。第三项任务便是在确定了分子结构并对许多有机化合物的反应有相当了解的基础上以石油、天然气和煤焦油中取得的许多简单有机物为原料，通过各种反应，合成我们所需要的自然界存在或不存在的全新的有机物，如维生素、医药、香料、染料、农药、塑料、合成纤维、合成橡胶等各种工农业生产和人民生活的必需品。

二、有机化合物的特性

化合物之所以分为有机化合物与无机化合物，除了历史上的"生命力"学说外，主要还是因为有机物与无机物在组成、结构、性质等方面存在显著差异。

1. 数目繁多　虽然构成有机化合物的元素种类不多，但构成的有机化合物数目庞大。到目前为止，已知的有机化合物超过三千万种，而且每年新合成的有机化合物又使这一数目还在不断增长。组成无机化合物的元素多达 100 多种，但总数远不能和有机化合物相比，且差距悬殊。

有机化合物之所以有如此庞大的数目，与碳原子有特强的成键能力有关。其形成的碳链既可以是开链状的，也可以是环状的。有机化合物所含的碳原子数目可以很多，即使相对分子质量不大的分子，其原子间的组合键连方式也能有不同的形式。有相同分子式但不是同一个化合物的现象普遍存在，即同分异构现象。

2. 结构复杂　无机化合物多数只由几个原子组成，而有机化合物要复杂得多。如维生素 B$_{12}$ 的分子式为 $C_{63}H_{90}O_{14}N_{14}PCo$；新型、优良的抗生素类杀虫剂阿维菌素的主要活性组分 B1$_a$ 的分子式为 $C_{49}H_{74}O_{14}$。其原因在于组成有机物的主体元素碳原子结构的特殊性，即碳原子通过共价键与碳原子本身或与其他原子超强的结合能力。

3. 易燃性　因有机化合物含有碳、氢等可燃元素，故绝大多数的有机化合物都可以燃烧。有些有机化合物本身是气体或是挥发性较大、低沸点的液体，这就要求我们在处理或使用这些有机化合物时要特别注意消防安全。

4. 熔点、沸点较低　组成有机化合物晶体的单位是分子，通常分子与分子之间的作用力较小，所以有机化合物的熔点、沸点较低，一般有机物的熔点很少高于 300 ℃。

5. 水溶性小　有机化合物大多数难溶于水，易溶于非极性或极性小的有机溶剂，而无机化合物则相反，一般较易溶于水，可用"相似相溶"的经验规律来解释有机化合物的溶解度问题。

6. 反应慢、副产物多　绝大多数有机化合物的反应速度都较慢，完成反应需要几个到几十个小时。为了加快反应，常采用加热、搅拌、加催化剂等手段来促进反应的发生和进行。有机反应涉及键的断裂和生成，但专一性的断键较难控制，即可能发生副反应，产生副产物。如何提高反应产率、遏制不需要的副反应是有机化学家们一直在努力的目标。

上述有机化合物的这些特性都是与典型无机物相比较而言的，不是它的绝对标志。例如四氯化碳不但不易燃烧而且可作灭火剂；乙醇可与水以任意比例互溶等。随着科学的发展，有机化合物和无机化合物之间并无明显的界限。

三、共价键的一些基本概念

有机化合物的性质取决于有机化合物的结构。要说明有机化合物的结构，必须首先讨论有机化合物中普遍存在的共价键。

1. 共价键理论　从量子力学得出的原子轨道概念和原子价的电子学说理论出发，人们认为，分属 A、B 两个原子的两个原子轨道 ψ_A、ψ_B 各自带有 1 个未成对电子(也称为未共用电子)，当它们自旋相反时就可以配对成键，每 1 对电子成为 1 个共价单键。若 A 和 B 各有 1 个未成对电子，它们即可形成共价单键；若原子各有 2 个或 3 个未成对电子，那么它们可以形成双键或叁键。氦、氖等稀有气体的原子没有未成对电子，因此它们 2 个原子之间不可能形成共价键。如果 A 有两个，而 B 只有 1 个未成对电子，则 A 可以和 2 个 B 结合，如 H_2O，与其类似，若 A 有 3 个，而 B 只有 1 个未成对电子，则 A 可以和 3 个 B 结合，如 NH_3。所以，原子的未成对电子数亦被称为原子价数。当原子的未成对电子已经配对后，它就不能和其他原子的未成对电子再配对了，此即为共价键的饱和性。

两个原子轨道间应是最大重叠，使电子对在原子核间出现的概率尽可能大，此时形成的共价键就强，此即为共价键的方向性。如氢原子的 1s 轨道与氟原子的 2p 轨道之间(图 1-1)和两个氟原子的 2p 轨道之间在原子核连线方向都有相似的最大重叠，形成键的电子云围绕轴呈圆柱形对称分布，这种沿两个原子核间键轴方向发生电子云重叠而形成的轨道称为 σ 轨道，生成的键称为 σ 键。

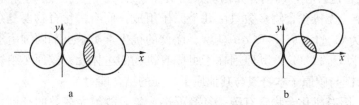

图 1-1　H 与 F 形成共价键时 1s 轨道和 2p$_x$ 轨道的重叠

a. 最大重叠　b. 不是最大重叠

碳原子外层电子为 $2s^2 2p_x^1 2p_y^1$，只有 2 个未成对电子，似乎应该是 2 价的，但实际上碳原子是 4 价的，为此，鲍林(L. Pauling)提出轨道杂化理论来加以解释(图 1-2)。根据他的理论，碳原子在成键时，其成对的 2 个 2s 电子中有 1 个被激发到空的 2p$_z$ 轨道上去，成为 $2s^1 2p_x^1 2p_y^1 2p_z^1$ 排布，从理论和实验均可知道这一激发约需 400 $kJ \cdot mol^{-1}$ 的能量，此时处于激发态(即电子不处于最低能量状态)的碳原子有 4 个未成对电子，就可以形成 4 个共价键，比基态情况下的成键多形成 2 个共价键，由此得到的成键能量足以补偿激发所需的能量而使体系稳定。

图 1-2　碳原子的基态和激发态的电子分布及 sp^3 杂化示意图

处于激发态的 4 个未成对电子处在不同的能量和方向上，然而各种实验测定数据都表明，在甲烷、四氯化碳等分子中碳的 4 个 C—H (Cl) 键是完全等同的。杂化轨道理论认为，成键时 1 个 2s 轨道和 3 个 p 轨道都均分成 4 份，再混杂起来后形成 4 个能量相等的 sp^3 轨道，这种不同原子轨道的重新组合称为杂化(hybridization)，所得的新轨道称为杂化轨道。这样，碳原子在成键时可以以 4 个 sp^3 杂化轨道去和其他原子结合，在 sp^3 杂化轨道中，每 1 个新轨道均含有 1/4 的 s 成分和 3/4 的 p 成分。原来的 2p 轨道有位相不同的两瓣，与 2s 轨道杂化后位相与 2s 轨道相同的一瓣增大，另一瓣缩小，因此绝大部分电子云集中在一个方向，增加了它和另一个电子云发生重叠的可能性，形成更为牢固的共价键，而另一个相反的方向电子云较少。为了使各个杂化轨道之间的排斥达到最小并尽可能彼此远离，4 个 sp^3 杂化轨道将对称地分布在碳原子的周围，互成 109°28′ 的角度。这种排布就像一个正四面体结构，碳原子处于中心位置，4 个轨道分别指向该正四面体的每一个顶点(图 1-3)。

除 sp^3 杂化外，在不饱和有机化合物中碳原子还可以进行 sp^2 和 sp 杂化。如在乙烯分子

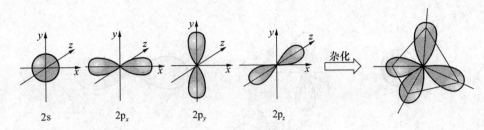

图 1 - 3 sp³杂化轨道的形成

中，一个碳原子分别和另一个碳原子及两个氢原子结合，它的 2s 轨道只和两个 2p 轨道在成键前发生杂化，sp²杂化后的 3 个杂化轨道形状和 sp³相似，但它们处在同一平面上且对称地分布在碳原子周围，三者之间互成 120°夹角，这样，乙烯中两个碳原子各以 2 个杂化轨道和两个氢原子的 1s 电子轨道重叠生成 2 个 C—Hσ键，它们之间又各以另一个 sp²杂化轨道重叠形成 1 个 C—Cσ键。两个碳原子上仍各保留有一个电子，位于未参与杂化的 2p 轨道上，这个 2p 轨道与由 3 个 sp²杂化轨道组成的平面垂直，当两个 2p 轨道相互平行时，它们能够在侧面最大程度地重叠，形成 π 键(图 1 - 4)。

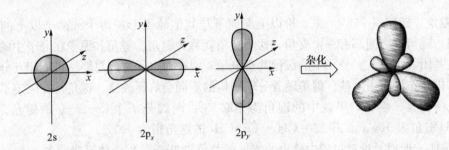

图 1 - 4 sp²杂化轨道的形成

因此，与 σ 键相比，π 电子云不像 σ 键那样集中在连接两个原子的轴上，而是分散成上下两层，重叠程度不如 σ 键，原子核对 π 电子的束缚力较小，π 电子有较大的流动性，易于变形和极化。若 2p 轨道重叠一旦减少，π 键就变弱或消失，所以以 σ 键不同的是，π 键是不能自由旋转的，同时，π 键也不能单独存在，它总是和 σ 键相伴才能形成。所以，π 键比 σ 键弱，易于受到外来试剂的进攻，这就是烯烃比烷烃活泼的主要原因。

乙炔分子中有碳碳叁键存在，碳原子只与另两个原子结合，因此，炔碳原子中的 2s 电子轨道只和 1 个 2p 电子轨道杂化，形成的 2 个 sp 杂化轨道对称地分布在碳原子的两侧，成为一条直线，方向相反，两者之间的夹角为 180°。所以，乙炔中每一个碳原子都各以一个 sp 杂化轨道和一个氢原子的 1s 电子轨道重叠形成 C—Hσ键，又各以 1 个 sp 杂化轨道互相重叠形成 C—Cσ键。每个碳原子尚各余两个未参与杂化且相互垂直的 2p 电子轨道，它们的对称轴又都与 sp 杂化轨道的对称轴互相垂直并在各自侧面重叠形成两个 π键，围绕着连接两个碳原子核的直线呈圆筒形分布，故碳碳叁键中一个是 σ 键，另两个都是 π 键(图 1 - 5)。

2. 共价键的重要参数

(1)键长 以共价键键合的两个原子核之间的距离称为键长。不同原子组成的共价键具

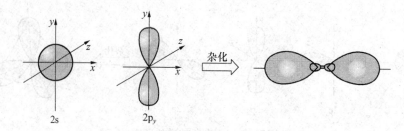

图 1-5 sp 杂化轨道的形成

有不同的键长。相同的共价键虽然会受到分子中其他键的影响稍有差异，但基本上相同。一些常见共价键的键长见表 1-1。

表 1-1 常见共价键的键长

共价键	C—C	C—H	C—N	C—O	C—F	C—Cl	C—Br	C—I	C=C	C≡C
键长/nm	0.154	0.109	0.147	0.143	0.141	0.177	0.191	0.212	0.134	0.120

(2)键角　任何一个 2 价或 2 价以上的原子与其他原子形成两个或两个以上的共价键(单键)时，键与键之间都有一个夹角，这个夹角就称为键角。键角和原子在分子中的配位数及所连的基团大小有关。分子中的成键共享电子对或孤对电子之间总要尽可能相互分开，孤对电子的排斥作用要更大些。键角随着分子结构的不同会有所改变。键角往往决定了有机化合物的几何构型。例如，甲烷中的键角为 $109°28'$；丙烷分子中 C—C—C 的键角是 $112°$，H—C—H 键角为 $106°$；二甲醚中 CH_3—O—CH_3 的键角则为 $111°$。

(3)键能　形成共价键过程中放出的能量或共价键断裂过程中体系吸收的能量，称为键能。将两个用共价键连接起来的原子拆开成原子状态时所需吸收的能量称为键的离解能。双原子分子的键能也就是键的离解能；多原子分子中，相同键的离解能并不相同，如从 CH_4 中依次断裂的 C—H 的离解能分别为 $423\ kJ \cdot mol^{-1}$、$439\ kJ \cdot mol^{-1}$、$448\ kJ \cdot mol^{-1}$ 和 $347\ kJ \cdot mol^{-1}$，这四个共价键离解能的平均值 $414\ kJ \cdot mol^{-1}$ 则称为 C—H 键的键能，因此键能和离解能并不一样。

键能反映出两个原子的结合程度，结合越牢固，强度越大，键能也越大，σ 键的键能比 π 键的键能大得多。如 C—C 键能为 $347\ kJ \cdot mol^{-1}$，而 C=C 键能不过 $611\ kJ \cdot mol^{-1}$，这表明 π 键能只有 $264\ kJ \cdot mol^{-1}$。常见共价键的键能列于表 1-2。

表 1-2 常见共价键的键能

共价键	C—C	C—H	C—N	C—O	C—F	C—Cl	C—Br	C—I	C=C	C≡C
键能/($kJ \cdot mol^{-1}$)	347	414	305	360	485	339	285	218	611	837

利用键能数据也可计算化合物的反应热和判断化合物的稳定性。

(4)键的极性　同核双原子分子的共价键电子云对称地分布在两个成键原子核之间，这样的共价键没有极性，称为非极性键，例如 H—H 键和 Cl—Cl 键等。两个电负性相差不多的原子形成的键，如 C—H 键，由于两个原子对电子的吸收力相近，也可视为非极性键。当两个电负性相差较大的原子形成共价键时，电子云在成键原子之间并不是均匀分布的，在电负性较大的原子一端，电子云密度大，带有部分负电荷，一般用 δ^- 表示；另一端则电子云密度较小，带有部分正电荷，以 δ^+ 表示。这样的键具有极性，称为极性键。例如：

$$\overset{\delta^+ \ \delta^-}{H-Cl} \qquad\qquad \overset{\delta^+ \ \delta^-}{H_3C-F}$$

一般来说，两种元素电负性差值在 1.7 以上形成离子键；差值在 $0\sim0.6$ 形成非极性共价键；差值在 $0.6\sim1.7$ 形成极性共价键。

键的极性是以电偶极矩（p_e）来量度的。电偶极矩为正或负电荷值 Q 与 正、负电荷中心之间的距离 s 的乘积，即 $p_e=Q\cdot s$。p_e 的单位是库·米（C·m），其中 1 德拜（D）$=3.335\,64\times10^{-30}$库·米（C·m）。p_e 为矢量，用符号 $\longmapsto$ 表示，箭头所示是从正电荷一端指向负电荷一端。例如：

$$H-Cl \qquad\qquad O=C=O$$
$$\longmapsto \qquad\qquad \longleftarrow\!\!\mid\!\!\longrightarrow$$
$$p_e=1.03D \qquad\qquad p_e=0$$

在双原子分子中，键的极性就是分子的极性，所以 HCl 为极性分子。在多原子分子中，分子的极性取决于各键的电偶极矩的矢量和，如 CO_2 为非极性分子，又如 CCl_4 分子，虽然 C—Cl 键的 $p_e=1.46\,D$，但分子为正四面体构型，碳原子在正四面体的中心，而 4 个氯原子占据正四面体的 4 个顶点，分子是对称的，其电偶极矩的矢量和为 0，因此 CCl_4 也是非极性分子。可见一个分子是否为极性分子，不仅要看分子内的键是否为极性，更要看分子的对称性。若已知分子为对称分子，则 $p_e=0$，必为非极性分子。键的极性及分子的极性对化合物的物理、化学性质有明显的影响。一些常见共价键的电偶极矩参见表 1-3。

表 1-3 常见共价键的电偶极矩

共价键	H—C	H—N	H—O	C—N	C—O	C—F	C—Cl	C—Br	C—I	C=O	C≡N
p_e/D	0.4	1.31	1.51	0.22	0.74	1.41	1.46	1.38	1.19	2.30	3.50

共价键的极性通常是静态下未受外来试剂或电场的作用时就能表现出来的一种属性。另一方面，不论是极性的还是非极性的共价键均能在外电场影响下引起键电子云密度的重新分布，从而使极性发生变化，这种性质称为共价键的可极化性。可极化性与连接键的两个原子的性质密切相关，原子半径大，电负性小，对电子的约束力也小，在外电场作用下就会引起电子云较大程度的偏移，可极化性就大。如碳-卤键的可极化性大小顺序为 C—I＞C—Br＞C—Cl。因为键的可极化性是在外电场存在下产生的，因此，这是一种暂时性质，一旦外电场消失，可极化性也就不存在了，键恢复到原来的状态。

3. 共价键的断裂方式与有机反应类型 共价键的断裂可能有两种方式。一种方式是成键的一对电子平均分给两个原子或原子团，这种断裂方式称为均裂。

$$A:B \longrightarrow A\cdot + B\cdot$$

均裂生成的带单电子的原子或原子团称为自由基（或称为游离基）。自由基一般不能稳定存在，迅速发生反应，这种通过均裂生成自由基的反应称为自由基反应。在表示自由基时，必须写上一点意味着一个孤立电子，通常用 R· 表示，如甲基自由基表示成 $CH_3\cdot$。

共价键断裂的另一种方式是将成键的一对电子为其中的一个原子或原子团所占有形成负

离子，另一个成键原子或原子团为正离子，这种断裂方式称为异裂。这种经过异裂生成离子的反应称为离子型反应。异裂有两种情况：

$$C : X \longrightarrow C^+ + X^- \qquad\qquad C : X \longrightarrow C^- + X^+$$
$$\text{碳正离子} \qquad\qquad\qquad\qquad\qquad \text{碳负离子}$$

有机化合物经由离子型反应生成的有机离子有碳正离子或碳负离子，通常用 R^+ 表示碳正离子，用 R^- 表示碳负离子，CH_3^+ 叫甲基碳正离子，CH_3^- 叫甲基碳负离子。

自由基、碳正离子、碳负离子都是有机反应进程中生成的活泼中间体，往往在生成的一瞬间就参加化学反应，但已能测定或证明其存在。自由基反应一般在光和热的作用下进行；离子型反应一般在酸-碱或极性物质（包括极性溶剂）催化下进行。

离子型反应根据反应试剂的类型不同，又可分为亲电反应和亲核反应。在反应过程中接受电子或共用电子（这些电子原属于另一反应分子的）的试剂称为亲电试剂或称为亲电体，例如金属离子和氢质子都是亲电试剂。由于它们缺少电子，容易进攻反应物上带部分负电荷的位置，由这类亲电试剂进攻而发生的反应称为亲电反应。反之，有一类试剂如氢氧根负离子能供给电子，进攻反应物中带部分正电荷的碳原子而发生反应，这种试剂称为亲核试剂或称为亲核体。由亲核试剂进攻而发生的反应称为亲核反应。当然，亲电试剂与亲核试剂是相对的。

还有一类反应是经环状过渡态一步完成，旧键的断裂与新键的生成同时进行，此类反应称为周环反应。例如：

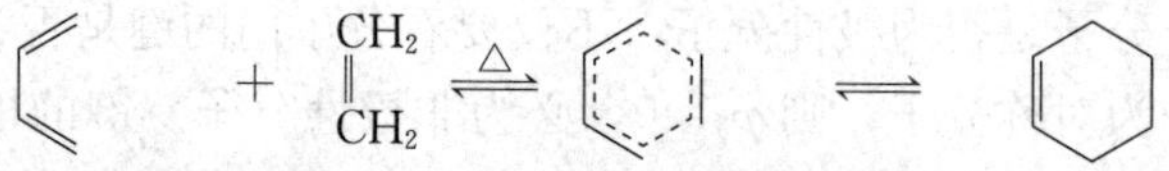

1,3-丁二烯　　　　　　　环状过渡态　　　　　　　环己烯

自由基反应、离子型反应、周环反应三类有机反应的主要区别见表 1-4。

表 1-4　三类有机反应的主要区别

反应类型	键的断裂方式	活性中间体	催化剂
自由基反应	均裂	自由基	引发剂
离子型反应	异裂	正离子或负离子	酸或碱
周环反应	协同	无	无

四、研究有机化合物的一般步骤

研究一个新的有机化合物一般要经过下列步骤：

1. 分离提纯　研究一个新的有机物首先要把它分离提纯，保证达到应有的纯度。分离提纯的方法很多，常用的有重结晶法、升华法、蒸馏法、色谱分析法以及离子交换法等。

2. 纯度的检定　纯的有机化合物有固定的物理常数，如熔点、沸点、相对密度和折射率等。测定有机化合物的物理常数就可以检定其纯度，如纯的有机化合物的熔程很小，不纯的则没有恒定的熔点。应用现代色谱分析方法，能迅速、准确地分析有机化合物的纯度，如高效液相色谱、气相色谱等。

3. 实验式和分子式的确定　提纯后的有机化合物，就可以进行元素定性分析，确定它是由哪些元素组成的，接着做元素定量分析，求出各元素的质量比，通过计算就能得出它的实验式。实验式是表示化合物分子式中各元素原子相对数目的最简单分子，不能确切表明分子真实的原子个数。因此，还必须进一步测定其相对分子质量，从而确定分子式。

4. 结构式的确定 确定一个化合物的结构是一件相当艰巨而有意义的工作。测定有机化合物的方法有化学方法和物理方法。化学方法是把分子打成"碎片"，然后再从它们的结构去推测原来分子是如何由"碎片"拼接起来的，这是人类用宏观的手段以窥测微观的分子世界。20 世纪 50 年代前只用化学方法确定结构确实是比较困难的，例如，很出名的麻醉药东莨菪碱，是由植物曼陀罗中分离出来的一种生物碱，早在 1892 年就分离得到，并且确定其分子式为 $C_{17}H_{21}O_4N$，但它的结构式直到 1951 年才被确定下来。按照现在的技术水平分析，这个结构并不太复杂。近年来，应用现代物理方法之后，能够准确、迅速地确定有机化合物的结构，大大丰富了鉴定有机化合物的手段，明显地提高了确定结构的水平。现代物理方法如 X 衍射、各种光谱法、核磁共振谱和质谱几乎已成为一个常规工作手段，这对于有机化学来说是一次变革，由于分子结构的测定日趋迅速、准确，也大大地丰富了分子世界的内容。得到的分子结构式往往还要通过合成该化合物来检验是否正确。

五、有机化合物的酸碱理论

酸碱是化学变化中应用最为广泛的概念之一，与有机化合物的分析、分离及有机化学反应条件的确立和有机化学理论的发展密切相关。自阿累利乌斯(S. Arrhenius)提出酸碱的近代电离理论以后，又有两个关于酸碱的理论为化学家所广泛应用，我们可以视处理对象的不同而选用其中一个。

1. 质子理论 布朗斯特(J. N. Bronsted)和拉乌尔(T. M. Lowry)提出凡是能给出质子的物质为酸，能与质子结合的物质为碱，酸放出质子后即形成该酸的共轭碱，同样，所有的碱也有着共轭酸。

$$A \rightleftharpoons B^- + H^+$$

从质子论可以看出，一个化合物是酸还是碱实际上是相对而言的，视反应对象不同而不同。例如，甲醇在浓酸中接受质子，属于碱；但它与强碱作用放出质子，又属于酸了。许多含氧、氮、硫等的有机化合物都像水一样可以作为碱接受质子。

$$CH_3ONa \xleftarrow{NaNH_2} CH_3OH \xrightarrow{H_2SO_4} CH_3\overset{+}{O}H_2HSO_4^-$$

根据质子论的定义，酸的强度就是它给出质子的倾向的大小，碱的强度就是它接受质子的倾向的大小。因此，一个酸越强，它的共轭碱越弱，不同强度的酸碱之间可以发生反应。酸碱反应是酸中的质子转移给碱，反应方向是质子从弱碱转移到强碱。

2. 电子理论 1924 年，几乎在质子理论提出的同时，路易斯(G. N. Lewis)从化学键理论出发提出了从另一个角度考虑的酸碱理论，它以接受或放出电子对作为判别标准。定义酸是能接受电子对的物质，而碱是能放出电子对的物质。因此，酸和碱又可以分别称为电子对受体和供体。酸碱反应实际上是形成配位键的过程，生成酸碱加和物。或者说 Lewis 酸是亲电试剂，Lewis 碱是亲核试剂。

$$A + B: \longrightarrow B-A$$

有机化学反应中的亲电试剂都能看作是 Lewis 酸，分子中通常有缺少电子不能构成稳定的八隅体的原子或者虽然是八隅体的结构但仍然有可以接受电子的原子存在，常见的如 H^+、BF_3、$AlCl_3$、$ZnCl_2$、$SnCl_4$、R^+、RC^+O、$\diagdown C=O \diagup$、$-C\equiv N$ 等。亲核试剂则都是 Lewis 碱，它们或者具有未共享电子对的原子或者是一些负离子或一些富电子的重键，如 NH_2^-、R^-、X^-、SH^-、RNH_2、ROR'、烯烃、芳烃等。

Lewis 酸碱理论把更多的物质用酸碱概念联系起来。由于大部分反应，尤其是极性反应都可以看作是电子供体 D(donor)和电子受体 A(acceptor)的结合，所以有机化学反应也都可纳入酸碱反应来加以研究讨论。

电子供体 D 可以分为 n-和 π-两种供体，含有未共用电子对的物质是 n-供体，如 ROH、RNH_2 等；含 π 电子的不饱和化合物如烯烃、芳烃等为 π-供体，它们为广义的 Lewis 碱，也称 π-碱。受体 A 中 BF_3、$AlCl_3$、Ag^+ 等具有空轨道可以接受电子对，为 Lewis 酸，而三硝基苯等含有缺电子的 π 键也能接受电子对，称之为 π-酸。同一分子中电子云密度低的部位也可以看作是酸，而电子云密度高的部位则可以看作是碱。

人们对酸碱概念的认识随着化学实践的发展而不断深入，从质子酸到 Lewis 酸、π-酸等的发展大大扩展了涉及酸碱的范围。电子论所包括的酸碱范围最为广泛，因为它的定义并不是着眼于某个元素(如氢元素)，而是归之于分子的一种电子结构。由于配位键普遍存在于化合物中，酸碱化合物几乎无所不包，这就极大地扩展了酸碱范围。但是电子论不像质子论那样有一个统一的 pK_a 值可以作为定量比较强度之用。Lewis 酸碱的强弱与反应对象密切相关，吸(供)电子能力越强，酸(碱)性越强，但并无定量标准。此外，一些经典的质子酸，如 HAc、H_2SO_4 等在一般反应条件下仅放出质子而未接受电子对。因此，现在一般意义上谈及酸碱的含义时多是指质子论定义的酸碱，而使用 Lewis 酸碱这一名称本身也意味着它和一般提及的酸碱概念不一样。

质子论和电子论所定义的酸含义有异同之处，共同之处是它们都能和碱作用，与指示剂的颜色反应效果也相同，在某些反应中有相似的催化作用。如三聚乙醛解聚时，H^+ 和 BF_3 因都能与氧结合而产生吸电子作用促使反应发生。但是当反应中涉及与质子的传递转移时它们的作用是不同的，也不能互换。有时候二者合用时产生的催化效果更为明显，如 HF 和 BF_3 合用成为很强的催化剂，从而可以把质子转移给很弱的碱及烯烃、芳烃等。但是，质子酸碱作用后生成盐，Lewis 酸与碱反应生成的是络合物或加成产物；Lewis 酸的立体体积要比质子大得多，在许多场合下会显示出立体效应，而质子却很少反映出立体效应。

质子论和电子论对碱的定义则大致相同。Lewis 碱之所以能接受质子也是由于它有未共享电子对之故。实际上，能与质子结合的物质绝大多数也能和 Lewis 酸结合，如 NH_3、Et_2O、$C_2H_5O^-$ 等。

Lewis 酸碱理论在有机化学中特别重要，应用极为广泛，其概念成为了解有机化合物和运用有机化学反应的基础。同时，许多有机化合物虽然不像无机酸那样能使石蕊试纸变红或尝起来有酸味，但是，它们仍有失去氢离子的倾向，有机化学家也很有兴趣研究它们的酸度大小，因为这构成了官能团转化和反应的基础之一。

六、有机化合物的表示方法和分类

1. 有机化合物的构造式及表示方法 有机化合物分子的化学键是共价键，分子中原子之间相互连接的顺序称为分子的构造。根据经典共价键的概念，可以用电子式〔又称路易斯（Lewis）式〕来表示。例如，乙烷、乙烯及乙炔分子用电子式表示分别为：

$$
\begin{array}{ccc}
\text{乙烷} & \text{乙烯} & \text{乙炔}
\end{array}
$$

式中"·"和"×"分别代表碳原子和氢原子的价电子。从电子式可以看出，由于电子对共享，分子式中的每个氢原子和碳原子分别达到氦或氖的稳定电子构型。

为了书写方便，常用"—"表示一对共用电子。则乙烷、乙烯及乙炔的构造式可分别写作：

式中，每个碳原子都为 4 价，每个氢原子都是 1 价。这样的式子不但表明了每个原子的化合价，而且也表明了分子中原子间连接的顺序和方式，我们称之为构造式。正戊烷的构造式可表示如下：

为了书写更加方便，常把戊烷的构造式缩写为 $CH_3—CH_2—CH_2—CH_2—CH_3$，也可进一步缩写为 $CH_3CH_2CH_2CH_2CH_3$ 或 $CH_3(CH_2)_3CH_3$。

构造式也可以用更简化的键线式表示。例如：

$CH_3CH_2CH_2CH_2CH_2CH_3$ 可写成

在键线式中，碳和氢原子都不需标出，一般只将每条线画成一定角度，键线的端点或键线的交点即为碳原子。碳原子如果与氢以外的其他原子相连，则应将其他原子标明。例如：

2. 有机化合物的分类 对数目如此庞大的有机化合物，我们应该怎样科学地加以分类呢？目前，一般是根据组成有机化合物的碳架形状和其分子结构中的官能团组成这两种方法

来分类。

(1)按碳架分类

① 开链化合物：这类化合物中的碳链两端不相连，是打开的，碳链可长可短，碳碳之间的键可以是单键、双键或叁键等。因为在油脂里有许多这种开链结构的化合物，所以它们亦被称为脂肪族化合物。如：

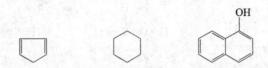

② 碳环化合物：这类化合物中的碳链两端相接，形成环状。碳环化合物中含有苯环结构的称为芳香族化合物，不带苯环结构的称为脂环化合物(图1-6)。脂环化合物的性质和开链化合物相似，而芳香族化合物有其特殊的物理和化学性质。

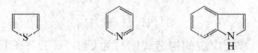

图 1-6 脂环和芳环化合物

③ 杂环化合物：这类化合物中含有由碳原子和其他原子如氧、硫、氮等组成的环状结构，环上的非碳原子又称为杂原子，故这类化合物称为杂环化合物。杂环化合物的性质与芳香族化合物有相似之处，故有时亦称杂芳环化合物(图1-7)。

图 1-7 杂环化合物

(2)按官能团分类　官能团也称功能基，是指有机化合物中比较活泼而容易发生化学反应的原子或原子团。它们常常决定着化合物的主要性质，反映着化合物的主要特征，因此含有相同官能团的化合物具有类似的性质，可以把它们看成是同类化合物。本书将主要按官能团分类来进行讨论和学习。常见的重要官能团见表 1-5。

表 1-5　常见有机化合物的类别及其官能团

类别名称	官 能 团		代 表 物	
	结 构	名 称	构造式	化合物名称
烷 烃	—C—C—	单 键	$CH_3—CH_3$	乙 烷
烯 烃	C=C	双 键	$CH_2=CH_2$	乙 烯
炔 烃	—C≡C—	叁 键	$CH≡CH$	乙 炔
芳香烃	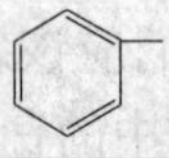	苯 环	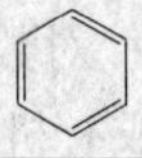	苯

（续）

类别名称	官能团		代表物	
	结 构	名 称	构造式	化合物名称
卤代烃	—X	卤 素	CH_3CH_2Cl	氯乙烷
醇	—OH	羟 基	CH_3OH	甲醇（羟基连在饱和碳上）
酚	—OH	羟 基	![苯酚结构]OH	苯酚（羟基连在苯环上）
醚	—C—O—C—	醚 键	$CH_3CH_2OCH_2CH_3$	乙醚
醛	H\C=O	醛 基	CH_3C(H)=O	乙醛
酮	C=O	羰 基	CH_3CCH_3(=O)	丙酮
羧酸	—COOH	羧 基	CH_3COOH	乙酸
硝基化合物	—NO$_2$	硝 基	CH_3NO_2	硝基甲烷
胺	—NH$_2$	氨 基	![苯胺结构]NH$_2$	苯胺
腈	—CN	氰 基	CH_2=CH—CN	丙烯腈
磺酸	—SO$_3$H	磺酸基	![苯磺酸结构]SO$_3$H	苯磺酸

七、有机化学与农业科学的关系

有机化学是研究有机化合物的一门科学。有些有机化合物因具有特殊功能而用于材料、能源、医药、生命科学、农业、营养、石油化工、交通、环境科学等与人类生活密切相关的各行各业中，直接或间接地为人类提供大量的必需品。同时，人们也面对大量天然和合成的有机物对生态、环境、人体的影响问题。

农业科学的实质，归根结底就是探讨生命现象及其规律的科学。这就要求人们必须了解组成生物有机体的各种有机化合物的结构、性质以及它们在生物体内的合成、分解、转化；各种肥料和饲料的营养价值及它们进入有机体前后的变化；各种药剂的结构、性质及其对有机体的影响等。而要认识这些过程的本质和规律，并通过各种途径能动地去运用和控制它们，就得掌握必要的有机化学知识和技能。

由此可见，有机化学与农业科学和生物科学密切相关。高等农业院校把有机化学定为重点基础课程之一就是这个道理。对于一个未来的农业科学工作者来说，学好有机化学是学好农业科学和生物科学的必备条件。

21 世纪的有机化学更加密切结合农业科学、生命科学、材料科学、能源科学、信息科学和环境科学等与人类活动相关的一切科学。

习 题

1. 何为共价键的饱和性和方向性？

2. 下列分子中哪些具有极性键？哪些是极性分子？

(1)CH_4 (2)CH_2Cl_2 (3)CH_3Br

(4)CH_3OH (5)CH_3OCH_3 (6) $HC\equiv CH$

3. 按碳架形状分类，下列化合物各属哪一类化合物？

(1) $CH_3CH=CH_2$ (2)   (3)

(4)   (5) H_2N-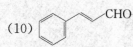$-NH_2$ (6)

4. 根据官能团区分下列化合物，哪些属于同一类化合物？称为什么化合物？

(1)   (2)   (3) CH_3CHCH_2OH CH_3

(4) $CH_2=CHCOCH_3$ (5) $Cl-$ $-COOH$ (6) CH_3- $-SO_3H$

(7)   (8)   (9) $-CH_2OH$

(10)

5. 将下列化合物按极性大小排列顺序。

(1)CH_4 (2)CH_3F (3)CH_3Cl

(4)CH_3Br (5)CH_3I

饱　和　烃

只由碳和氢两种元素组成的化合物称为碳氢化合物（hydrocarbon），简称烃。烃是最简单的有机化合物，可以看作是有机化合物的母体，其他有机化合物可以看作是烃分子中的氢原子被其他原子或基团取代形成的衍生物。

烃的种类很多，根据烃分子中碳原子间的连接方式，可分类如下：

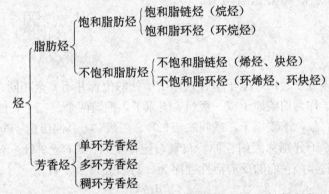

饱和烃是指分子中的碳原子相互以单键连接的直链和环状结构的烃。

第一节　烷　烃

烷烃(alkanes)是通式为 C_nH_{2n+2} 的碳氢化合物的总称，式中 n 为碳原子数。目前已知的烷烃，所含碳原子数可超过 100。

一、烷烃的同系列和同分异构

最简单的烷烃是甲烷，分子式是 CH_4。下面依次是乙烷、丙烷、丁烷、戊烷等，它们的分子式分别为 C_2H_6、C_3H_8、C_4H_{10}、C_5H_{12} 等。烷烃可用通式 C_nH_{2n+2} 表示，具有同一通式，组成上相差一个或数个 CH_2 的一系列化合物称为同系列。同系列中的各个化合物互称同系物，CH_2 称系差。

除烷烃之外，其他烃类及烃的衍生物也都存在同系列。由于同系物的结构相似，因而具有相似的化学性质，它们的物理性质随碳原子数增加呈规律性变化。因此，掌握同系列中某些典型化合物的性质，可以推测同系物中其他化合物的性质，这为我们学习和研究有机化学提供了方便。但同系列中的第一个化合物，由于其构造与同系列中的其他成员有较大的差异，往往又表现出某些特殊的性质。

烷烃的同系列中，从丁烷开始，分子中碳原子就有不同的连接方式，从而出现结构不同的化合物。例如：

$$CH_3-CH_2-CH_2-CH_3$$

正丁烷(b. p. −0.5 ℃)

$$\begin{array}{c} CH_3 \\ | \\ CH_3-CH-CH_3 \end{array}$$

异丁烷(b. p. −11.7 ℃)

正丁烷和异丁烷具有相同的分子式(C_4H_{10})，但它们的结构式不同。这种分子式相同而结构式不同的化合物称为同分异构体，这种现象称为同分异构现象，简称同分异构。正丁烷和异丁烷属于同分异构体中的构造异构体，这种异构是由于碳链的构造不同而产生的，故又称碳链异构。碳链异构体的数目随碳原子数的增加而迅速增加，如戊烷有下列三种异构体，而癸烷有七十五个异构体。

$$CH_3-CH_2-CH_2-CH_2-CH_3$$

正戊烷(b. p. 36.1 ℃)

$$\begin{array}{c} CH_3-CH_2-CH-CH_3 \\ | \\ CH_3 \end{array}$$

异戊烷(b. p. 28 ℃)

$$\begin{array}{c} CH_3 \\ | \\ CH_3-C-CH_3 \\ | \\ CH_3 \end{array}$$

新戊烷(b. p. 9.5 ℃)

从戊烷的异构体可以看出，分子中各碳原子所处的位置并不完全相同。我们把只与一个碳原子相连的碳原子称为伯碳原子或一级($1°$)碳原子，把与两个、三个、四个碳原子相连的碳原子分别称为仲、叔、季碳原子，或叫二级($2°$)、三级($3°$)、四级($4°$)碳原子。与伯、仲、叔碳原子相连的氢原子分别称为伯、仲、叔氢，记作 $1°H$、$2°H$、$3°H$。不同类型氢原子的反应活性有一定的差异，它们的反应活性顺序为 $3°H > 2°H > 1°H$。

$$\begin{array}{c} \quad\quad\quad\quad CH_3 \quad CH_3 \\ \quad\quad\quad\quad | \quad\quad | \\ CH_3-CH_2-CH-C-CH_3 \\ \quad\quad\quad\quad\quad | \\ \quad\quad\quad\quad\quad CH_3 \end{array}$$

伯碳　　仲碳　　叔碳　　　季碳

思考题 2-1 写出 C_6H_{14} 所有同分异构体的构造式，并用记号标出各同分异构体中的 $1°$、$2°$、$3°$ 和 $4°$ 碳原子及 $1°H$、$2°H$ 和 $3°H$。

三、烷烃的命名

有机化合物的命名是有机化学的重要内容之一，烷烃的命名法是有机化合物命名法的基础。烷烃常用的命名法有普通命名法和系统命名法两种。

1. 普通命名法 普通命名法又称习惯命名法，基本原则如下：

(1)根据分子中碳原子的数目称"某烷"。碳原子数在十以内时，用天干甲、乙、丙、丁、戊、己、庚、辛、壬、癸表示；碳原子数在十以上用中文数字十一、十二……表示。例如：

$$CH_3(CH_2)_6CH_3 \quad\quad\quad CH_3(CH_2)_{14}CH_3$$

辛烷　　　　　　　　　　十六烷

(2)用"正"代表直链烷烃；用"异"代表链端具有 $(CH_3)_2CH-$ 结构的烷烃；用"新"代表链端具有 $(CH_3)_3C-$ 结构的烷烃。例如：

$$CH_3(CH_2)_4CH_3 \qquad\qquad \underset{\displaystyle CH_3CHCH_2CH_2CH_3}{\overset{\displaystyle CH_3}{|}} \qquad\qquad \underset{\displaystyle CH_3}{\overset{\displaystyle CH_3}{\underset{|}{CH_3-C-CH_2CH_3}}}$$

正己烷   异己烷   新己烷

普通命名法只能命名少数简单的有机化合物。

2. 系统命名法 系统命名法是国际上通用的 IUPAC(International Union of Pure and Applied Chemistry，国际纯化学与应用化学联合会)命名原则。我国所用的系统命名法，是根据 IUPAC 系统命名法的原则，结合我国的文字特点而制定的。

直链烷烃的系统命名法与普通命名法基本一致，命名中不加正字，根据碳原子数称某烷。例如：

$$CH_3(CH_2)_5CH_3 \qquad\qquad CH_3(CH_2)_7CH_3 \qquad\qquad CH_3(CH_2)_{10}CH_3$$

庚烷   壬烷   十二烷

支链烷烃可以看作是直链烷烃的衍生物，其命名的主要规则如下：

(1)选择主链，确定母体 选择最长的碳链为主链(母体)，把支链当作取代基，根据主链所含的碳原子数称某烷。若选择主链有多种可能时，应选择含取代基最多的最长碳链作主链。例如：

2,4-二甲基-3-乙基己烷

烷烃分子中去掉一个氢原子剩下的基团叫烷基，通常用 R— 表示。常见的烷基有：

$$CH_3- \qquad CH_3CH_2- \qquad CH_3CH_2CH_2- \qquad (CH_3)_2CH-$$

甲基   乙基   丙基   异丙基

$$CH_3CH_2CH_2CH_2- \qquad \underset{\displaystyle CH_3}{\overset{|}{CH_3CH_2CH-}} \qquad (CH_3)_2CHCH_2-$$

丁基   仲丁基   异丁基

$$(CH_3)_3C- \qquad\qquad (CH_3)_3CCH_2-$$

叔丁基   新戊基

(2)给主链碳原子编号 从离取代基最近的一端开始，将主链碳原子依次用阿拉伯数字编号，取代基的位置是它所连接的主链碳原子的号码数。当主链编号有几种可能时，采用"最低系列"编号法，即逐个比较两种编号中表示取代基位置的数字，最先遇到位次较小的编号系列定为最低系列。例如：

2,3,6-三甲基-4-丙基庚烷   2,2,5-三甲基-3,4-二乙基己烷

· 17 ·

(3)写全名 把取代基的位次、数目、名称依次写在母体名称前面。相同的取代基合并计数，用中文数字二、三、四……表示其数目，不同的取代基，按次序规则(见第三章)规定，较优先基团后列出。取代基位次间用逗号隔开，位次与取代基之间用短横线"-"隔开。例如：

$$
\overset{8}{CH_3}-\overset{7}{CH_2}-\overset{6}{CH_2}-\overset{5}{CH}-\overset{4}{CH}-\overset{3}{CH_2}-\overset{2}{CH}-\overset{1}{CH_3}
$$

$$
\qquad\qquad\quad\; CH_3\;\; CH_2CH_3\;\; CH_3
$$

2,5-二甲基-4-乙基辛烷

系统命名法是目前最完善和统一的命名法，根据一个化合物的系统名称，只能写出一个化合物的结构，反之，一个化合物的结构也只能有一个名称。因此，必须严格遵循所有的命名规则。

思考题 2-2 写出下列化合物的构造式：

(1)仲丁基与异丁基组成的烷烃 (2)异丙基与仲丁基组成的烷烃 (3)叔丁基与新戊基组成的烷烃

思考题 2-3 用系统命名法命名下列化合物：

(1) CH₃—CH—CH—CH₃
　　　　　|　　|
　　　　CH₃　CH₂CH₃

(2)(CH₃)₃CCH(CH₃)₂

(3) CH₃CHCH₂CHCHCH(CH₃)₂
　　　|　　　|　|
　　　CH₃　CH₂CH₃
　　　　　　　　CH₃

(4) CH₃CH₂CHCH₂
　　　　　|
　　　　CH₂CH₃

　　　CH₃CHCH₂CH₃（略）

三、烷烃的结构

1. 烷烃的结构 甲烷分子中的碳原子是 sp^3 杂化，四个 sp^3 杂化轨道分别与氢原子的 1s 轨道互相重叠生成四个等同的碳氢 σ 键(图2-1)。因此，甲烷分子具有正四面体的空间结构，其中碳原子位于正四面体的中心，四个氢原子位于四面体的四个顶点上，如图2-2所示。分子中C—H键的键长为0.109 nm，H—C—H的键角为109°28′，C—H键的键能为414 kJ·mol⁻¹。

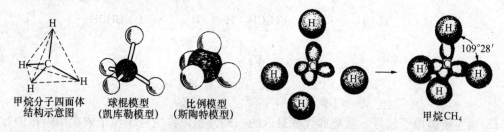

甲烷分子四面体
结构示意图　　球棍模型　　比例模型　　　　　　　　　甲烷CH₄
　　　　　　　(凯库勒模型)　(斯陶特模型)

图2-1 甲烷分子的模型　　　　　　　图2-2 甲烷分子形成示意图

乙烷分子中含有两个 sp^3 杂化碳原子，各以 sp^3 杂化轨道沿对称轴方向重叠生成C—Cσ键，每个碳原子其余的三个 sp^3 杂化轨道分别与三个氢原子的1s轨道重叠，两个碳原子共形成六个C—Hσ键。乙烷分子的形成过程见图2-3。

乙烷分子中C—C键长为 0.154 nm，键能为 347 kJ·mol⁻¹，C—H 键的键长为 0.109 nm，键角也是 109°28′。

其他烷烃分子中的碳原子也都是 sp^3 杂化，碳原子与其他原子形成 σ 键时都呈四面体形结构，所以三个碳以上的烷烃分子中的碳链常呈锯齿形，而不像结构式所表示的直线形。

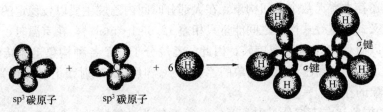

sp³碳原子　　　sp³碳原子

图 2-3　乙烷分子形成示意图

2. σ键的旋转与构象　两个成键的原子轨道沿着对称轴的方向相互重叠形成的键，称为σ键。由于形成σ键的原子轨道是沿着轨道对称轴的方向相互重叠的，成键电子云对称地分布在连接两个原子核轴线的周围，因而形成σ键的两个原子或基团可以绕键轴自由旋转，σ键不被破坏。

烷烃中的碳碳和碳氢σ键，由于可以绕键轴自由旋转，使碳原子上所连接的原子或原子团在空间排列成许多不同的形式。这种由于围绕σ键旋转而产生的分子中原子或基团在空间的不同排列方式，称为构象。同一分子的不同构象称构象异构体。

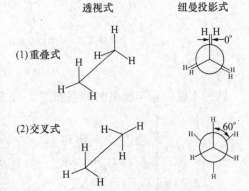

图 2-4　乙烷的交叉式和重叠式构象

（1）乙烷的构象　在乙烷分子中，如果固定一个甲基，而使另一个甲基绕C—Cσ键键轴旋转，则两个甲基上氢原子的相对位置将不断改变，产生不同的构象。乙烷分子可以有无数的构象，但其中最典型的构象只有两种，一种是交叉式，另一种是重叠式。常用透视式和纽曼（M. S. Newman）投影式来表示构象，见图 2-4。

在图 2-4（1）中，一个甲基上的三个氢原子刚好与另一个甲基上的三个氢原子全部重叠，这种构象称为重叠式，在图 2-4（2）中，一个甲基上的氢原子处于另一个甲基上两个氢原子的正中间，这种构象称为交叉式。

纽曼投影式是从C—C单键的延长线上观察分子的，两个碳原子在投影式中处于重叠位置，用 ⊥ 代表离观察者较近的碳原子及其三个键，用 ⊥ 代表离观察者较远的碳原子及其三个键，每个碳原子所连接的三个键，在投影式中互呈120°角。

重叠式中，两个碳原子上的氢原子相距最近，相互排斥作用最大，因而内能最高，是最不稳定的构象；交叉式中，两个碳原子上的氢原子间相距最远，相互排斥作用最小，分子内能最低，是最稳定的构象，称优势构象。重叠式和交叉式构象之间的能量差为 12.6 kJ·mol⁻¹，此能量差称能垒。乙烷两种典型的构象在能量上的关系如图 2-5 所示。

交叉式和重叠式是乙烷的两种极端构

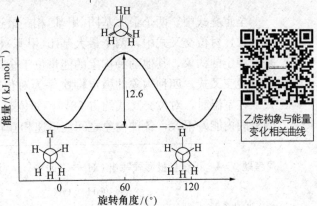

图 2-5　乙烷各种构象的能量变化曲线图

象，二者之间还存在着无数个中间构象。在大部分时间内乙烷主要以较稳定的交叉式构象存在，但由于交叉式和重叠式构象之间能量只相差 $12.6\ kJ \cdot mol^{-1}$，在室温时，分子运动所提供的能量就足以使C—Cσ键迅速旋转，因此，乙烷分子处于各种构象迅速转化的动态平衡之中，在室温下不能分离出占优势构象的乙烷分子。但借助 X 射线衍射及有关光谱的研究，可确认优势构象的存在。

（2）丁烷的构象　在丁烷分子中，以C_2—C_3单键为轴旋转时也会产生无数种构象，其中具典型意义的有四种：全重叠式、邻位交叉式、部分重叠式、对位交叉式，见图2-6。

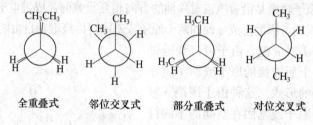

全重叠式　　邻位交叉式　　部分重叠式　　对位交叉式

图2-6　丁烷的构象式

四种丁烷构象与能量的关系如图2-7所示。

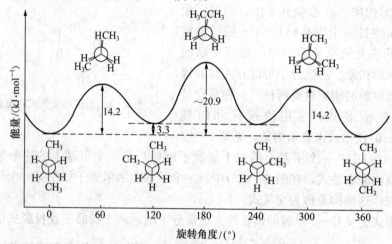

图2-7　丁烷各种构象的能量变化曲线图

全重叠式中，两个最大基团（甲基）相距最近，相互排斥力最大，内能最高，是最不稳定的构象，对位交叉式中，两个最大基团（甲基）相距最远，相互排斥力最小，内能最低，因而是最稳定的构象。其他两种构象的能量位于全重叠式和对位交叉式之间，部分重叠式能量高于邻位交叉式。四种构象的稳定性次序为对位交叉式＞邻位交叉式＞部分重叠式＞全重叠式。在室温时，对位交叉式约占68%，邻位交叉式约占32%，其他两种构象极少。由于各构象间内能差不大，各种构象之间能迅速相互转变，因而丁烷是各种构象的平衡混合物。

思考题 2-4　用纽曼投影式写出 CH_2—CH_2 和 ⬡—CH_2—CH_2Br 的典型构象。并指出何者为优势构
　　　　　　　　　　　　　　　 $\overset{|}{OH}$　 $\overset{|}{OH}$

象，为什么？

四、烷烃的物理性质

有机化合物的物理性质主要包括状态、颜色、沸点、熔点、相对密度、折射率、溶解度等。一般单一、纯净的有机化合物，其许多物理性质如沸点、熔点、相对密度、折射率等在一定条件下有固定的数值，常把这些数值称为物理常数。通过测定物理常数，可以检验物质的纯度，或鉴别个别化合物。

部分烷烃的物理常数如表 2-1 所示。

表 2-1 烷烃的物理常数

名称	结构式	沸点/℃	熔点/℃	相对密度(d_4^{20})
甲烷	CH_4	−161.7	−182.6	0.424(−164 ℃)
乙烷	CH_3CH_3	−88.6	−172.0	0.546(−100 ℃)
丙烷	$CH_3CH_2CH_3$	−42.2	−187.1	0.582(−45 ℃)
丁烷	$CH_3(CH_2)_2CH_3$	−0.5	−138.0	0.579
戊烷	$CH_3(CH_2)_3CH_3$	36.1	−129.7	0.626
己烷	$CH_3(CH_2)_4CH_3$	68.7	−95.0	0.659
庚烷	$CH_3(CH_2)_5CH_3$	98.4	−90.5	0.684
辛烷	$CH_3(CH_2)_6CH_3$	125.6	−56.8	0.703
壬烷	$CH_3(CH_2)_7CH_3$	150.7	−53.7	0.718
癸烷	$CH_3(CH_2)_8CH_3$	174.0	−29.7	0.730
十六烷	$CH_3(CH_2)_{14}CH_3$	287.0	18.1	0.775
十七烷	$CH_3(CH_2)_{15}CH_3$	303.0	22.0	0.777
十八烷	$CH_3(CH_2)_{16}CH_3$	317.0	28.0	0.777

由表 2-1 可以看出，室温下，$C_1 \sim C_4$ 的直链烷烃为气体，$C_5 \sim C_{16}$ 的为液体，C_{17} 以上的为固体。

直链烷烃的沸点随分子质量的增加而有规律地升高，相邻两同系物沸点差随分子质量增加而逐渐减小，如图 2-8 所示。在烷烃的同分异构体中，直链异构体的沸点最高，支链越多，沸点越低。

物质的沸点主要与分子间的作用力有关，分子间的作用力越大，物质的沸点越高。烷烃是非极性分子，分子间只有色散力存在，色散力与分子中原子的数目和大小成正比，烷烃分子中碳原子和氢原子数目

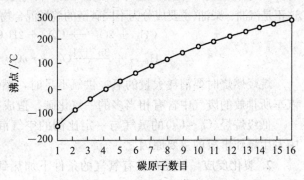

图 2-8 直链烷烃的沸点曲线

越多，则色散力愈大，沸点越高，因此，直链烷烃的沸点随分子质量增加而升高。但色散力只有在很近的距离内才能有效地作用，它随距离的增加很快地减弱。有支链的烷烃分子由于支链的阻碍，不能紧密地靠在一起，相距较远，色散力减弱。因此，带支链的烷烃分子间的

色散力比直链烷烃小，沸点比相应的直链烷烃低。

直链烷烃的熔点变化基本上与沸点相同，也是随分子质量的增加而升高，但变化不像沸点那样有规律，一般来说，对称性大的烷烃熔点要高些。含奇数碳原子的烷烃和含偶数碳原子的烷烃分别构成两条熔点曲线，随着分子质量增加，两条曲线逐渐靠近，如图 2-9 所示。

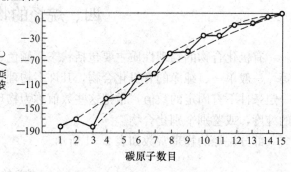

图 2-9　直链烷烃的熔点曲线

在晶体中，分子间的作用力不仅取决于分子的大小，而且与分子在晶格中的排列情况有关，对称性大的烷烃，在晶格中能紧密堆积，熔点相应要高些。

烷烃的密度都小于 1，比水轻。烷烃密度的变化规律也是随着分子质量的增加而逐渐增大，如表 2-1 所示。

在有机化合物中存在相似相溶的原理。烷烃是非极性化合物，易溶于非极性溶剂如汽油中，而不溶于极性大的水中。

五、烷烃的化学性质

烷烃不含官能团，分子中只有 C—C 和 C—H 两种结合得比较牢固的共价键，需要较高的能量才能使其断裂。所以烷烃的化学性质很稳定，在常温下，一般与强酸、强碱、强氧化剂、强还原剂等都不起反应。但是，烷烃的稳定性也是相对的，在一定的条件下，如在适当的温度、压力和催化剂的作用下，能发生氧化、裂化、取代反应等。

1. 氧化反应　烷烃在空气中燃烧，如果氧气充足生成二氧化碳和水，并放出大量的反应热。这正是汽油、柴油(主要成分为不同碳链的烷烃混合物)等用以作为内燃机燃料的基本原理。

$$CH_4 + 2O_2 \longrightarrow CO_2 + 2H_2O + 891\ kJ \cdot mol^{-1}$$

$$C_nH_{2n+2} + \frac{3n+1}{2}O_2 \longrightarrow nCO_2 + (n+1)H_2O + Q$$

烷烃燃烧时要消耗大量的氧，供氧不足时，燃烧不完全，会产生一氧化碳等有毒物质。汽车所排放的废气中含有相当多的一氧化碳，造成空气污染。

低级烷烃($C_1 \sim C_6$)的蒸气与一定比例的空气混合后，遇到火花发生爆炸，这是煤矿井中发生爆炸事故的主要原因之一。

2. 裂化反应　烷烃在没有氧气的条件下加热到 400 ℃以上时，碳链断裂生成较小的分子，这种反应叫热裂化反应。分子质量较大的高级烷烃和带支链的烷烃，加热时更容易发生热裂化反应。裂化反应是个复杂的过程，其产物为许多化合物的混合物，烷烃分子中所含碳原子数越多，产物越复杂。反应条件不同产物也不同。从反应的实质上看，裂化反应是 C—C 键和 C—H 键断裂分解的反应。

$$CH_3—CH_2—CH_2—CH_3 \xrightarrow{500\ ℃} \begin{cases} CH_4 + CH_3CH{=}CH_2 \\ CH_3CH_3 + CH_2{=}CH_2 \\ CH_3CH_2CH{=}CH_2 + H_2 \end{cases}$$

近年来热裂化已被催化裂化所代替。工业上利用催化裂化把高沸点的重油转变为低沸点的汽油，从而提高石油的利用率，增加石油的产量，提高汽油的质量。通过催化裂化反应还可获得其他重要的化工原料如乙烯、丙烯、丁二烯等。

3. 取代反应　分子中的原子或原子团被其他原子或原子团取代的反应叫取代反应。被卤素原子取代的反应称为卤代反应。

(1)氯代反应　烷烃与氯在室温和黑暗中不起反应，但在强烈的日光照射下，反应剧烈，生成碳和氯化氢。

$$CH_4 + 2Cl_2 \xrightarrow{强烈日光} C + 4HCl$$

在漫射光、热或催化剂的作用下，甲烷与氯反应，生成氯甲烷和氯化氢，同时放出热量。

$$CH_4 + Cl_2 \xrightarrow{光} CH_3Cl + HCl$$

反应中生成的一氯甲烷容易继续氯化，生成二氯甲烷、三氯甲烷和四氯化碳。

$$CH_3Cl + Cl_2 \xrightarrow{光} CH_2Cl_2 + HCl$$
$$CH_2Cl_2 + Cl_2 \xrightarrow{光} CHCl_3 + HCl$$
$$CHCl_3 + Cl_2 \xrightarrow{光} CCl_4 + HCl$$

反应产物为四种氯甲烷的混合物，但控制反应条件，可以使某一种氯化物为主要产物。例如，工业上采用加热氯化法控制反应温度在 $400 \sim 500\ ℃$，甲烷与氯的比例为 $10:1$，主要产物为一氯甲烷，甲烷与氯的比例为 $0.263:1$ 时，主要生成四氯化碳。

(2)氯代反应历程　反应历程(又叫反应机理)是指化学反应中，从反应物转变到产物所经历的途径。了解反应历程，可以让我们弄清反应物分子中的化学键是怎样断裂的，生成物分子中的化学键又是如何形成的，使我们能够进一步掌握反应规律，从而达到更好地控制和利用反应的目的。

烷烃在光照条件下的卤代反应是按自由基反应历程进行的。自由基历程通常分三个阶段。下面以甲烷的氯代反应为例。

① 链的引发：在光照条件下，氯气分子吸收光子的能量，均裂成高能量的氯原子(氯自由基)。

$$Cl_2 \xrightarrow{h\nu} 2Cl\cdot$$

这是反应的第一步，叫链引发阶段。链引发阶段的特点是：产生活性很高的自由基。

② 链的增长：氯自由基十分活泼，一旦生成，立即与甲烷反应生成甲基自由基和氯化氢。

$$Cl\cdot + CH_4 \longrightarrow HCl + \cdot CH_3$$

甲基自由基也很活泼，与氯分子碰撞时夺取一个氯原子生成氯甲烷分子和一个新的氯自由基。

$$\cdot CH_3 + Cl_2 \longrightarrow CH_3Cl + Cl\cdot$$

新的氯自由基可继续与甲烷反应，生成氯化氢和甲基自由基，也可夺取新生成的氯甲烷分子中的氢，生成氯化氢和氯甲基自由基。这样，只要有少量氯自由基存在，就能使反应连续进

甲烷自由基取代反应

行得到一氯甲烷、二氯甲烷、三氯甲烷和四氯化碳。反应最终产物是多种卤代烷的混合物。

$$Cl\cdot + CH_3Cl \longrightarrow \cdot CH_2Cl + HCl$$
$$\cdot CH_2Cl + Cl_2 \longrightarrow CH_2Cl_2 + Cl\cdot$$
$$Cl\cdot + CH_2Cl_2 \longrightarrow \cdot CHCl_2 + HCl$$
$$\cdot CHCl_2 + Cl_2 \longrightarrow CHCl_3 + Cl\cdot$$
$$Cl\cdot + CHCl_3 \longrightarrow \cdot CCl_3 + HCl$$
$$\cdot CCl_3 + Cl_2 \longrightarrow CCl_4 + Cl\cdot$$

每一步反应中，都生成一个新的自由基，使反应能够一环扣一环地连续进行下去，所以叫连锁反应或链反应，这一阶段叫链增长阶段。其特点是：每一步都消耗一个自由基，同时又产生一个新的自由基。

③ 链的终止：随着链反应的进行，甲烷迅速被消耗，自由基的浓度不断增加，自由基相遇的机会增多，自由基互相碰撞后结合成稳定的分子，使反应终止。

$$Cl\cdot + Cl\cdot \longrightarrow Cl_2$$
$$Cl\cdot + CH_3\cdot \longrightarrow CH_3Cl$$
$$CH_3\cdot + CH_3\cdot \longrightarrow CH_3CH_3$$

这个阶段叫链的终止阶段，其特点是：自由基被消耗而不再产生。

六、烷烃的天然来源及用途

烷烃大量存在于石油、天然气、沼气中。石油的成分非常复杂，但主要是各种烷烃的复杂混合物，也含有环烷烃和芳香烃，含量因产地而异。石油通过分级蒸馏可得到各种沸点不同的烷烃，可以用作燃料、溶剂、化工原料等。

天然气中约含 75% 的甲烷、15% 的乙烷和 5% 的丙烷，其余则为较高级的烷烃。甲烷是沼气的主要成分(占总体积的 50%～70%)，沼气中的甲烷是由腐烂的植物在微生物的作用下产生的，可用作气体燃料。甲烷也是一种多用途的化工原料，可用于生产甲醇、甲醛、甲酸、炭黑、乙炔、合成气等。

石油和天然气是植物动物长期埋藏在地下受地热和地壳引力作用，经一系列化学变化而形成的。它们是重要的能源，同时也是十分重要的化工原料。

生物体中烷烃含量很少，但有其独特的功能。有些植物的叶子和果皮上的蜡质层中含有少量高级烷烃，如苹果皮上的蜡含有十七烷及二十九烷，烟叶上的蜡含二十七烷及三十一烷。这些烷烃对植物表面起着保护作用。某些动物身上也可以分泌出一些烷烃，例如，有一种蚁，它们通过分泌一种有气味的物质来传递警戒信息，这种有气味的物质中含有十一烷和三十烷。又如有一种雌虎蛾能分泌 2-甲基十七烷，雌虎蛾用它来引诱雄蛾，因此，人们可利用它来诱捕雄蛾。人工合成性引诱剂来诱杀害虫，可以使害虫断种绝代，这是新兴的第三代农药，有着广阔的发展前景。

第二节 环 烷 烃

环烷烃(cycloalkanes)是链形烷烃两端的碳原子相互以 σ 键结合形成的环状化合物，属脂环烃的一种。根据组成环的碳原子数的不同，分为三元环、四元环、五元环、六元环等；

根据分子内环的数目可分为单环烃、双环烃和多环烃。本节主要讨论单环烷烃，其通式为C_nH_{2n}，与单烯烃互为同分异构体。

一、环烷烃的异构现象和命名

1. 环烷烃的异构 单环烷烃中，由于环的大小、侧链的长短和位置的不同，产生构造异构体，例如含五个碳的环烷烃(C_5H_{10})有五种构造异构体：

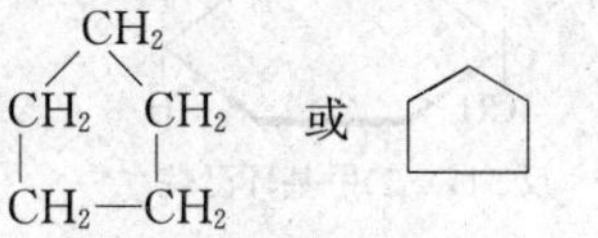

环戊烷 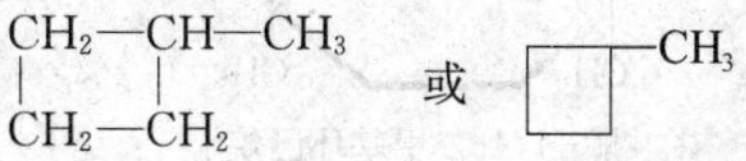   甲基环丁烷

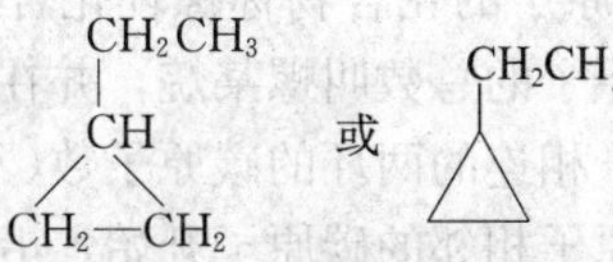

乙基环丙烷 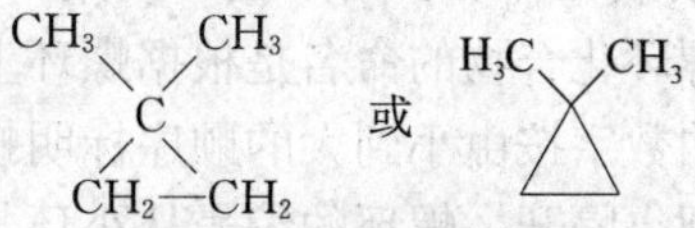   1,1-二甲基环丙烷

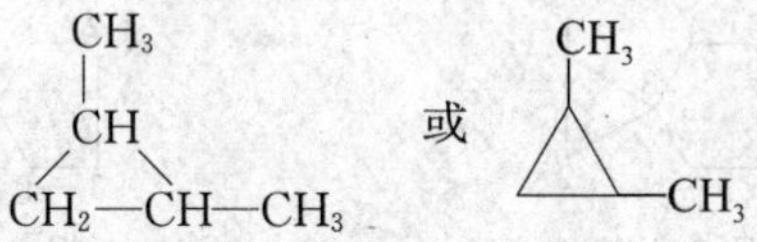

1,2-二甲基环丙烷

环烷烃分子中，由于环的存在限制了环上 C—Cσ 键的自由旋转，当环上有两个碳原子各自连有两个不相同的原子或基团时，就有顺反异构现象。如 1,2-二甲基环丙烷有两种不同的空间排列方式，两个甲基可以在环的同侧，也可以在环的异侧，它们是具有不同物理性质的顺反异构体：

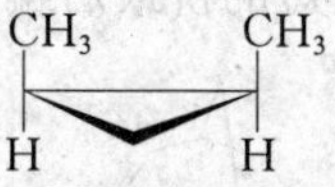

（Ⅰ）顺-1,2-二甲基环丙烷   （Ⅱ）反-1,2-二甲基环丙烷
        （b. p. 37 ℃）   （b. p. 29 ℃）

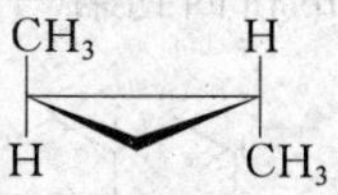

分子中原子或基团在空间的排列称构型，（Ⅰ）和（Ⅱ）是因构型不同而产生的异构体，称构型异构体，这种构型异构体通常用顺、反来区别，称为顺反异构体。顺反异构又称几何异构，是立体异构体的一种。

构型和构象虽然都涉及分子中原子在空间的排布情况，但它们是两个不同的概念。一种构型转变为另一种构型，一般涉及化学键的断裂，而构象异构体的转变，不涉及化学键的断裂。

2. 环烷烃的命名

(1)单环烷烃的命名 单环烷烃的命名与开链烷烃相似。在相应的烷烃名称前加个"环"字，称环某烷。对于单环烷烃的衍生物，若环上只有一个取代基，不必编号，取代基名称放在"环"字之前；若环上有多个取代基，应将成环碳原子编号，把连接最小取代基的碳定为1。并遵循各取代基位置数字之和最小的原则。

1-甲基-3-乙基环戊烷　　　　　　1,2-二甲基-4-异丙基环己烷

顺反异构体的命名是假定环中碳原子在一个平面上，以环平面为参考平面，两个取代基在环平面同侧者称为顺式，在异侧者称为反式。

顺-1,4-二甲基环己烷　　　　　　反-1,4-二甲基环己烷

（2）双环烷烃的命名

① 螺环化合物的命名：两个碳环共用一个碳原子的化合物称螺环化合物。共用的碳原子叫螺原子。螺环化合物的命名是根据螺环上碳原子的总数叫螺某烷，并在螺字后面的方括号内，用阿拉伯数字按由小到大的顺序标明螺原子相连的两环的碳原子数（不计螺原子），数字之间用下角圆点隔开。螺环的编号从小环与螺原子相邻的碳原子开始，沿小环编号，然后经过螺原子到大环。例如：

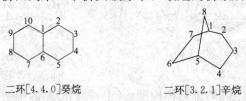

5-甲基螺[2.4]庚烷　　　　　　螺[4.5]癸烷

② 桥环化合物的命名：两个环共用两个或两个以上碳原子的化合物称桥环化合物。两个环共用的碳原子叫桥头碳。二环桥环化合物的命名是根据桥环上碳原子的总数称二环某烷，在环字后面方括号内，标明除桥头碳原子以外各桥身的碳原子数目，大的在前，小的在后，数字之间用下角圆点隔开。桥环的编号是从一个桥头碳原子开始，沿最长的桥到另一个桥头碳原子，再沿次长的桥回到第一个桥头碳原子，最短的桥最后编号。例如：

二环[4.4.0]癸烷　　　　　　二环[3.2.1]辛烷

思考题 2-5　命名下列化合物：

二、环烷烃的物理性质

环烷烃的熔点、沸点、相对密度都比含同数碳原子的开链烷烃高。常温下，环丙烷、环丁烷为气体，环戊烷为液体，高级同系物为固体。环烷烃不溶于水，易溶于有机溶剂。常见环烷烃的物理常数如表 2-2 所示。

表 2-2 几种环烷烃的物理常数

名 称	熔点/℃	沸点/℃	相对密度(d_4^{20})
环丙烷	−127.6	−32.9	0.720(−79 ℃)
环丁烷	−90.0	12.0	0.703(0 ℃)
环戊烷	−93.0	49.3	0.745
环己烷	6.5	80.8	0.779
环庚烷	−12.0	118.0	0.810
环辛烷	14.0	148.0	0.836

三、环烷烃的结构与稳定性

环烷烃的化学性质表明：环丙烷和环丁烷不稳定，容易开环；环戊烷和环己烷较稳定，不易开环。现代理论认为环丙烷不稳定的原因是由于成环碳原子的 sp^3 杂化轨道未能形成最大程度重叠所致。在环丙烷分子中，三个碳原子在同一平面上呈正三角形，碳原子之间的夹角为 60°。环丙烷中碳原子都是 sp^3 杂化的。为了实现最大重叠，必须将杂化轨道的夹角压缩，而量子力学计算结果表明，sp^3 杂化轨道的夹角不能小于 104°。所以，环丙烷分子中成键的 sp^3 杂化轨道不能像开链烷烃那样从对称轴的方向实现最大重叠形成正常的 σ 键，而只能偏离一定的角度，在碳碳连线的外侧重叠，形成一种键能比较小和稳定性较差的弯曲键，见图 2-10。

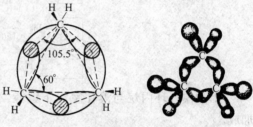

图 2-10 环丙烷碳碳之间成键示意图

物理方法测定结果表明，在环丙烷分子中 C—C—C 轨道夹角为 105.5°，比正常的轨道夹角 109°28′ 小，因而使分子具有一种恢复正常键角的角张力。角张力的存在是环丙烷分子不稳定的主要因素。另外，环丙烷的三个碳原子位于同一平面上，相邻碳原子上的 C—H 键全部处于重叠式构象而产生扭转张力。扭转张力的存在也是环丙烷不稳定的原因之一。这两种张力均使环丙烷分子内能升高，C—Cσ 键能变小（230 kJ·mol^{-1})，环稳定性差，易开环加成。

环丁烷的结构与环丙烷相似，sp^3 杂化轨道也是弯曲重叠形成弯曲键。但环丁烷的四个碳原子不在同一个平面上，通常呈蝶形折叠状构象（图 2-11），角张力和扭转张力均比环丙烷小些，因而比环丙烷稳定。

环戊烷分子中的五个碳原子也不在同一个平面上，其中四个碳原子处于同一个平面，第五个碳原子向上或向下微微翘起，结构形状像一个开启的信

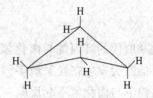

图 2-11 环丁烷的构象

封（图 2-12），键角接近 109°28′，环张力很小，因而较稳定，不易发生开环作用，易

发生取代反应。

　　环己烷分子中的碳原子也都不在同一平面内，C—C—C键角为$109°28'$，分子中既无角张力，也无扭转张力，是个无张力的环，分子很稳定。它的性质类似于开链烷烃，难以发生开环作用。

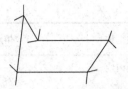

图 2-12　环戊烷的构象

　　由于五元环和六元环比较稳定，在一定条件下又容易形成，所以自然界以五元环和六元环存在的化合物较为普遍。

四、环烷烃的化学性质

　　环烷烃的化学性质与烷烃相似，可以发生卤代反应和氧化反应，但三元和四元的小环环烷烃却具有一些特殊的性质，它们与烯烃相似，容易开环发生加成反应。

　　1. 加成反应

　　(1)加氢　在催化剂如镍的作用下，环丙烷、环丁烷与氢加成生成相应的烷烃。环戊烷则需要在高温和高活性铂催化剂作用下才能加氢变成相应的烷烃。

$$\triangle + H_2 \xrightarrow[80\ ℃]{Ni} CH_3CH_2CH_3$$

$$\square + H_2 \xrightarrow[120\ ℃]{Ni} CH_3CH_2CH_2CH_3$$

$$\pentagon + H_2 \xrightarrow[300\ ℃]{Pt} CH_3CH_2CH_2CH_2CH_3$$

　　(2)加溴　环丙烷与溴在室温下就能发生开环加成，而环丁烷与溴必须加热才能开环加成。

$$\triangle + Br_2 \xrightarrow{室温} BrCH_2CH_2CH_2Br$$

$$\square + Br_2 \xrightarrow{加热} BrCH_2CH_2CH_2CH_2Br$$

环戊烷以上的环烷烃很难与溴进行加成反应。

　　(3)加卤化氢　环丙烷及其烷基衍生物在常温下也易与卤化氢进行开环加成反应。

$$\triangle + HBr \longrightarrow CH_3CH_2CH_2Br$$

$$\underset{CH_3}{\triangle} + HBr \longrightarrow CH_3CH_2\underset{Br}{CH}CH_3$$

　　烷基取代的环丙烷与卤化氢加成符合马氏规则(见第三章)，氢加到含氢较多的碳原子上。环的断裂发生在含氢最多和含氢最少的两个碳原子之间。环丁烷、环戊烷等较大的环烷烃在常温下与卤化氢不起反应。

　　2. 取代反应　在高温或光照下，环烷烃与烷烃一样能发生自由基取代反应。

$$\triangle + Cl_2 \xrightarrow{光} \underset{Cl}{\triangle} + HCl$$

$$\text{（环戊烷）} + Br_2 \xrightarrow[\text{（或 300 °C）}]{\text{紫外光}} \text{（溴代环戊烷）}-Br + HBr$$

$$\text{（环己烷）} + Cl_2 \xrightarrow{\text{紫外光}} \text{（氯代环己烷）}-Cl + HCl$$

3. 氧化反应 常温下，环烷烃与一般的氧化剂如高锰酸钾水溶液或臭氧等不起反应，因此可以用 $KMnO_4$ 水溶液来鉴别烯烃和环丙烷，但在加热情况下用强氧化剂，环烷烃也可以被氧化。

$$\text{（环己烷）} + HNO_3 \xrightarrow{\triangle} \begin{matrix} CH_2CH_2COOH \\ | \\ CH_2CH_2COOH \end{matrix}$$

思考题 2－6

(1)完成下列反应：

① （甲基环丙烷） + HBr ⟶　　　② （1,2,2-三甲基环丙烷） + HCl ⟶

(2)用简便的化学方法鉴别下列化合物：

2-戊烯、甲基环丙烷、戊烷

五、环己烷及其衍生物的构象

1. 环己烷的构象 环己烷分子中，六个成环碳原子不在同一平面上，C—C—C 键角为 $109°28'$，是无张力环，环很稳定。环己烷分子中 C—C 键的扭动可以产生无数种构象，其中最典型的有椅式构象和船式构象(图 2－13)。椅式和船式可以在环不受破坏的情况下互相转变，其中船式的势能比椅式高 $29.7\ kJ \cdot mol^{-1}$。故椅式比船式稳定，椅式和船式的相对稳定性也可以从它们的纽曼投影式看出(图 2－14)。

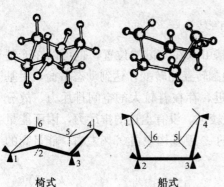

图 2－13 环己烷的椅式和船式构象

环己烷构象与能量变化相关曲线

椅式

船式

图 2－14 环己烷椅式和船式构象的纽曼投影式

从图 2－14 可以看出，椅式构象中所有相邻两个碳原子上的碳氢键和碳碳键都处于邻位交叉式，没有扭转张力，故为优势构象。而在船式构象中，C_2 与 C_3 和 C_5 与 C_6 上的碳氢键处于全重叠式，因而具有扭转张力，而且 C_1 和 C_4 上两个向内伸展的氢原子相距只有 $0.183\ nm$，小于它们的范德华半径之和(约 0.248 nm),故有范德华张力,由于这两种张力的存在,船式构象能量较高,不如椅式稳定。常温下,在两种构象的动态平衡中,椅式构象占 99.9%。

椅式构象中 1、3、5 三个碳原子在同一平面上,2、4、6 三个碳原子在另一个平面上,两个平面互相平行,相距 0.05 nm。通过环的中心向这两个平面作垂线,得到椅式构象的对称轴(图 2-15)。

环己烷椅式构象中的十二个 C—H 键可以分为两类,六个 C—H 键与分子的对称轴平行,称为直立键或 a 键(axial bond),三个向上,三个向下,交替排列,另外六个 C—H 键与对称轴的夹角为 109°28′,称为平伏键或 e 键(equatorial bond),三个向上斜伸,三个向下斜伸,交替排列,如图 2-15 所示。

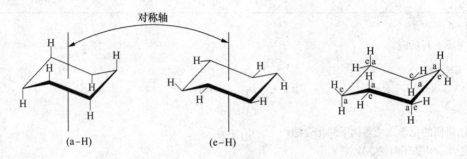

对称轴

(a-H)　　　(e-H)

图 2-15　环己烷椅式构象中的 a 键和 e 键

在室温下,环己烷的一种椅式构象可以通过 C—C 键的扭曲,转变成另一种椅式构象,这时 1、3、5 三个碳原子由上面的平面转移到下面的平面,2、4、6 三个碳原子由下面的平面转移到上面的平面,同时原来的 a 键都变成 e 键,原来的 e 键都变成 a 键,如图 2-16 所示。

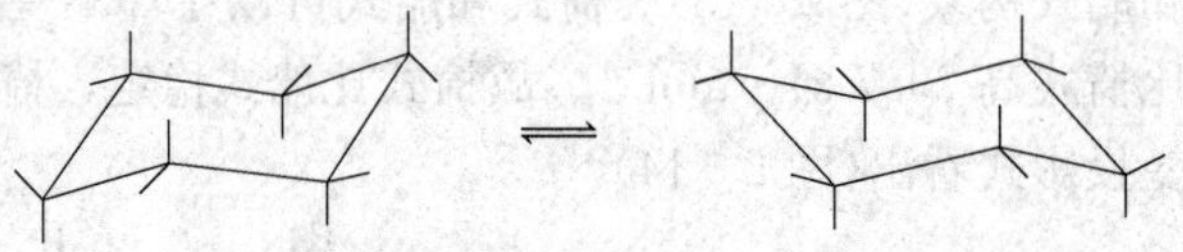

图 2-16　两种椅式构象的相互转变

2. 一取代环己烷的构象　甲基环己烷分子中,甲基可以在 e 键的位置,也可以在 a 键的位置,从而出现两种可能的构象,它们可以通过环的翻转互相转变,达到动态平衡,甲基在 a 键位置时,由于与环同侧 C_3、C_5 上 a 键氢距离较近,存在着较大的空间排斥力,故分子能量较高。甲基在 e 键位置时,与邻近的氢原子相距较远,没有上述的排斥力,因而能量较低,两者能量差为 7.5 kJ·mol^{-1}。室温下,能量低的 e-甲基构象占 95% 左右,能量高的 a-甲基构象占 5% 左右,故 e-甲基构象为优势构象。

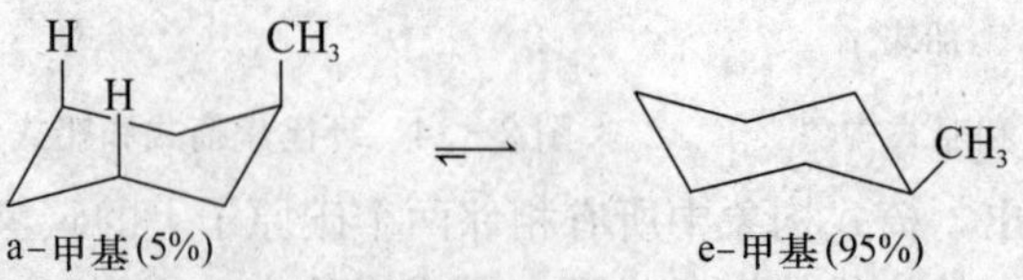

a-甲基(5%)　　　　　　e-甲基(95%)

所有 e-取代基环己烷构象都比 a-取代基构象稳定,并且取代基体积越大,两种构象的位能差越大，e-取代基构象所占的比例也越大。

叔丁基环己烷几乎完全以一种 e-叔丁基构象存在。

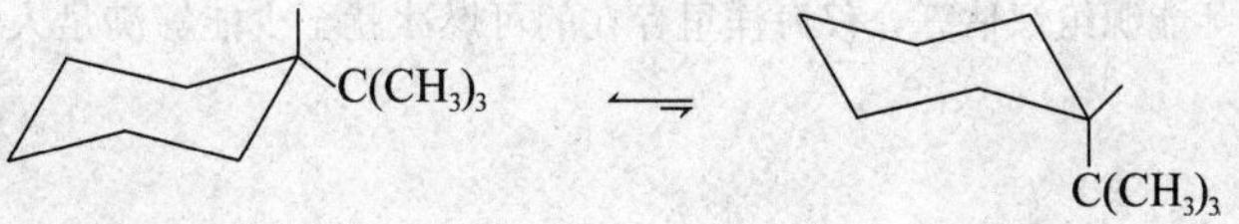

>99.99%　　　　　　　　　　　　<0.01%

3. 二取代环己烷的构象　二甲基环己烷有顺、反两种异构体，在顺-1,2-、反-1,3-和顺-1,4-异构体中，两个甲基一个以 e 键另一个以 a 键分别与环相连，它们的构象为 ae 型，环翻转后仍为 ae 型。例如：

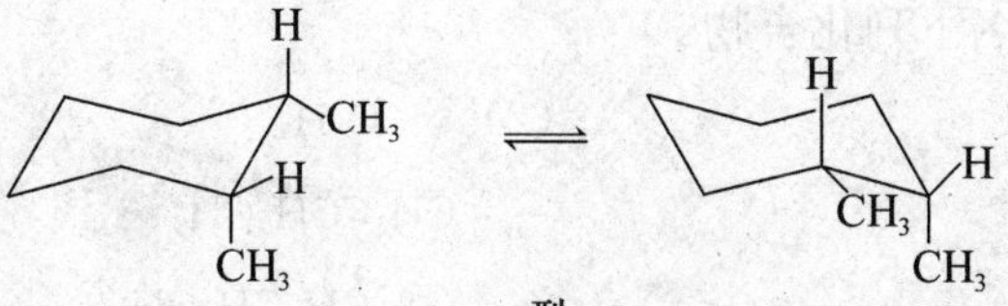

ae 型

顺-1,2-二甲基环己烷构象

反-1,2-、顺-1,3-和反-1,4-的构象为 aa 型，环翻转后为 ee 型。aa 型中，甲基受到环同侧两个 a 氢原子的排斥，势能升高，因此，这几个化合物主要以 ee 型构象存在。例如：

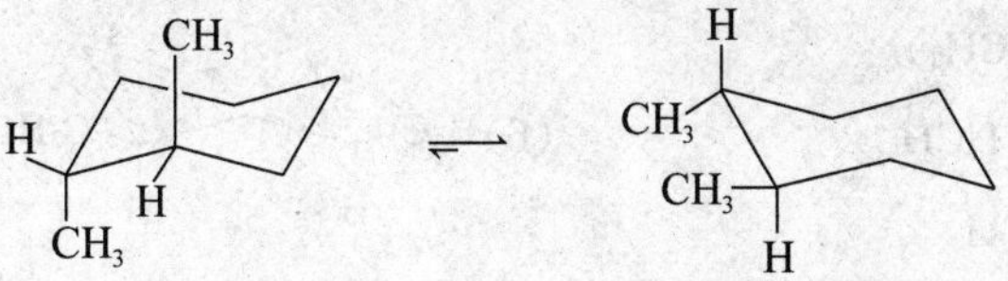

aa 型　　　　　　　　　　　　ee 型

反-1,2-二甲基环己烷构象

在顺-1-甲基-4-叔丁基环己烷的两种椅式构象中，叔丁基在 e 键上的构象比在 a 键上稳定得多。

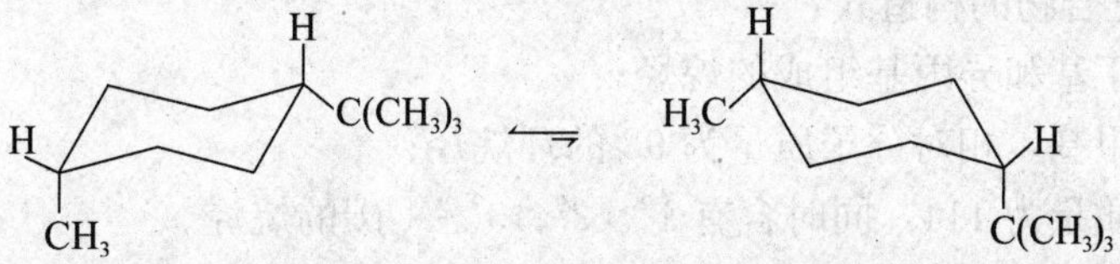

由上可得，环己烷多元取代物中，e 取代基最多的构象最稳定。有不同取代基时，体积大的取代基在 e 键上的构象最稳定。

思考题 2-7　写出下列化合物的优势构象：

(1)反-1-甲基-2-异丙基环己烷　　　　　(2)顺-1-乙基-4-叔丁基环己烷

(3)反-1-甲基-3-叔丁基环己烷　　　　　(4)1,2,3,4,5,6-六氯环己烷(六六六)

小知识 //

可 燃 冰

天然气水合物分布于深海沉积物或陆域永久冻土中，是由天然气与水在高压低温条件下形成的类冰状化合物，因其外观似冰，且遇火燃烧，又被称为可燃冰。可燃冰的主要成分是甲烷水合物，$CH_4 \cdot 5.75H_2O$ 或 $4CH_4 \cdot 23H_2O$。$1 \, m^3$ 的可燃冰可释放 $160 \sim 170 \, m^3$ 的天然气，其燃烧后分解为二氧化碳和水，被誉为清洁能源。据国际能源组织估算，仅海洋里存在的可燃冰就至少能够满足人们按照现在的能源消耗模式使用 $1\,000$ 年。

国土资源，2017，6：6-13.

习　题

1. 用系统命名法命名下列化合物：

(1) $(CH_3CH_2)_2CHCH_3$

(2)
$$CH_3\underset{\underset{CH_2CH_2CH_3}{|}}{\overset{\overset{C_2H_5}{|}}{C}}HCH_3$$

(3)
$$(CH_3)_3C\underset{\underset{CH(CH_3)_2}{|}}{\overset{\overset{CH_3CH_2 \quad CH_2CH_3}{|}}{C}}$$

(4) $(C_2H_5)_2CHCH(C_2H_5)CH_2CH(CH_3)_2$

(5)
$$CH_3\underset{\underset{CH_2CH_3}{|}}{CH}CH_2\underset{\underset{CH_3}{|}}{CH}\overset{\overset{CH(CH_3)_2}{|}}{}CHCH_3$$

(6)

(7)
$$H_3C\text{—}\bigcirc\text{—}C(CH_3)_3$$
（环上带 CH_2CH_3 侧链）

(8)

2. 写出下列化合物的构造式：

(1) 由一个叔丁基和异丙基组成的烷烃；

(2) 含一侧链甲基，相对分子质量为98的环烷烃；

(3) 相对分子质量为114，同时含有 $1°$、$2°$、$3°$、$4°$碳的烷烃。

3. 写出下列化合物的结构式，如其名称与系统命名原则不符，请予以改正。

(1) 3,3-二甲基丁烷　　　　　　　(2) 2,3-二甲基-2-乙基丁烷

(3) 4-异丙基庚烷　　　　　　　　(4) 3,4-二甲基-3-乙基戊烷

(5) 3,4,5-三甲基-4-正丙基庚烷　　(6) 2-叔丁基-4,5-二甲基己烷

4. 相对分子质量为72的烷烃进行高温氯化反应，根据氯化产物的不同，推测各种烷烃的结构式。

(1) 只生成一种一氯代产物　　　　(2) 可生成三种不同的一氯代产物

(3) 生成四种不同的一氯代产物　　(4) 只生成两种二氯代产物

5. 不查表将下列烷烃的沸点由高至低排列成序：

(1) 2,3-二甲基戊烷　　　　　　　(2) 2-甲基己烷

(3) 正庚烷　　　　　　　　　　　(4) 正戊烷

(5) 环戊烷

6. 写出下列化合物的优势构象：

(1) $BrCH_2CH_2Cl$

(2) $CH_3CH_2CH_2CH_2CH_3$

(3) 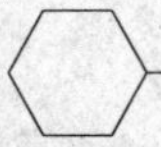 —CH_2CH_3

(4) 反-1-甲基-4-叔丁基环己烷

7. 写出1,3-二甲基环己烷和1-甲基-4-异丙基环己烷的顺、反异构体优势构象，并比较每组中哪个稳定。为什么？

8. 有 A、B、C、D 四个互为同分异构体的饱和脂环烃。A 是含一个甲基、一个叔碳原子及四个仲碳原子的脂环烃；B 是最稳定的环烷烃；C 是具有两个不相同的取代基，有顺、反异构体的环烷烃；D 是只含有一个乙基的环烷烃。试写出 A、D 的结构式，B 的优势构象，C 的顺反异构体，并分别命名。

第三章

不 饱 和 烃

不饱和烃(unsaturated hydrocarbon)是指分子中含有碳碳双键或叁键的烃类化合物。含有碳碳双键的是烯烃,其中包括单烯烃、二烯烃和多烯烃;含有碳碳叁键的是炔烃。不饱和烃还可根据碳架结构的不同分为不饱和链烃和不饱和环烃。本章主要讨论单烯烃、炔烃及二烯烃。

第一节 烯 烃

分子中含有一个碳碳双键的不饱和开链烃,称为单烯烃,习惯上又简称烯烃(alkene)。其通式为C_nH_{2n}。

一、烯烃的结构

烯烃分子中,组成双键的碳原子为sp^2杂化,即一个2s轨道与两个2p轨道杂化形成三个等同的sp^2杂化轨道。

在乙烯分子中,两个碳原子各以一个sp^2杂化轨道相互重叠形成一个C—Cσ键,又各以两个sp^2杂化轨道与氢原子的1s轨道重叠,形成四个C—Hσ键,这样形成的五个σ键都在同一平面上(图3-1)。每个碳原子上还有一个未参与杂化的p轨道,其对称轴垂直于这五个σ键所在的平面,且相互平行,侧面重叠,形成π键(图3-2)。

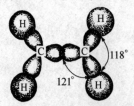

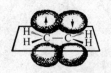

图3-1 乙烯分子中的σ键   图3-2 乙烯分子中的σ键和π键

因此,碳碳双键是由一个σ键和一个π键组成。由于π键是两个p轨道侧面重叠形成的,所以以双键相连的两个原子间,不能自由旋转。

π键的重叠程度一般比σ键小,不如σ键稳定,比较容易断裂。C=C的键能为611 kJ·mol⁻¹,不是C—C键能的两倍。碳碳π键的键能约为264 kJ·mol⁻¹,C=C的键长为0.134 nm,比C—C的键长短。

由于 π 键的电子云不像 σ 键电子云那样集中在两个原子核的连线上，而是分布在上下两方，故原子核对 π 电子的束缚力较小。所以 π 电子云具有较大的流动性，在外界电场的影响下比较容易极化。

二、烯烃的异构现象和命名

1. 异构现象 由于碳碳双键的存在，烯烃的同分异构现象比烷烃复杂。除碳链异构外，还有因双键位置不同引起的位置异构以及由于双键两侧的基团在空间的排布不同引起的顺反异构。

(1)构造异构 从丁烯起，烯烃就有同分异构现象。如：

$$CH_3CH_2CH{=\!\!=}CH_2 \qquad CH_3CH{=\!\!=}CHCH_3 \qquad CH_3{-}\overset{\overset{\textstyle CH_3}{|}}{C}{=\!\!=}CH_2$$

1-丁烯（Ⅰ）　　　　　　2-丁烯（Ⅱ）　　　　　　2-甲基丙烯（Ⅲ）

（Ⅰ）、（Ⅱ）与（Ⅲ）是碳链异构，（Ⅰ）与（Ⅱ）又互为双键位置异构。

(2)顺反异构 烯烃也有顺反异构现象。例如 2-丁烯，由于其分子中碳碳双键不能自由旋转，这两个双键碳原子所连接的原子和基团在空间就有两种不同的排布方式(图3-3)。

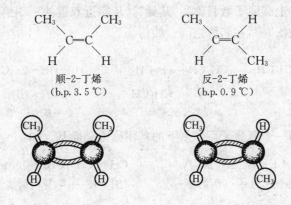

顺-2-丁烯　　　　　　反-2-丁烯
(b.p. 3.5 ℃)　　　　　(b.p. 0.9 ℃)

图 3-3 顺-2-丁烯和反-2-丁烯的分子模型

必须指出，并不是所有的烯烃都有顺反异构现象，产生顺反异构的必要条件是：构成双键的两个碳原子各连有不同的原子或基团，否则就不存在顺反异构现象。即：

$$\overset{a}{\underset{b}{}}C{=\!\!=}C\overset{d}{\underset{e}{}} \qquad 若\,a{\neq}b\,\;且\,d{\neq}e\,时有顺反异构$$

当分子中含有两个或多个双键，且又符合产生顺反异构的条件时，其顺反异构体数目等于或小于 2^n 个（n 为双键数）。例如，1-苯基-1,3-戊二烯有四个顺反异构体：

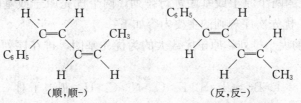

(顺,顺-)　　　　　　　　　(反,反-)

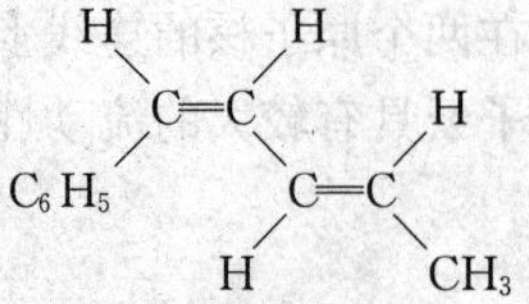

(顺,反-) 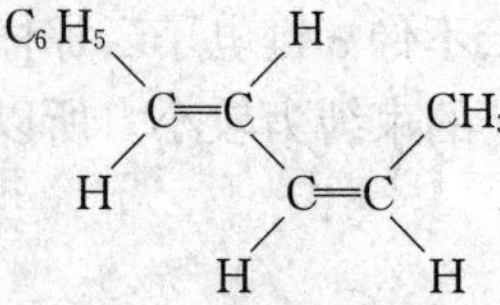　　　　　　　(反,顺-)

思考题 3-1

(1)下列各组化合物属于顺反异构、构造异构还是相同结构？

① 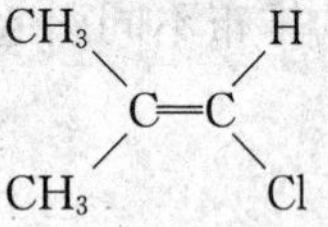 和

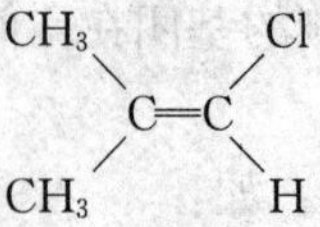

② 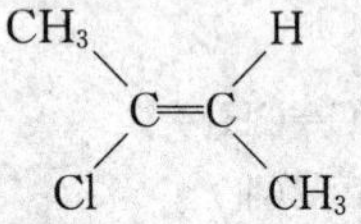 和

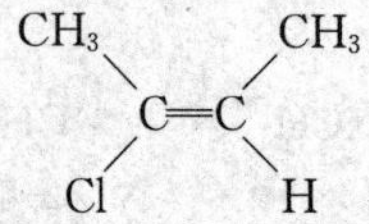

③ $CH_3CH_2CH=CH_2$ 和 $CH_3CH=CHCH_3$

(2)写出 2,4-己二烯的所有顺反异构体。

---

2. 命名　烯烃的系统命名法，基本上与烷烃相似，但必须选择含碳碳双键在内的最长碳链为主链，根据主链上碳原子数目称为"某烯"，从靠近双键的一端给主链碳原子编号，以较小数字表示双键的位次，写在名称之前。如：

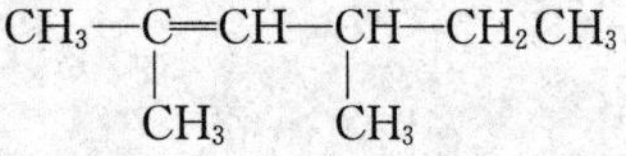

2,4-二甲基-2-己烯 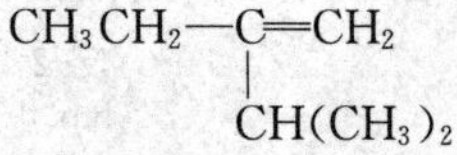　　　3-甲基-2-乙基-1-丁烯 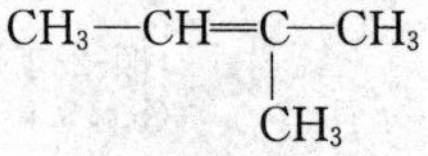　　　2-甲基-2-丁烯 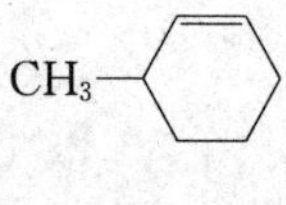　　　3-甲基环己烯

当烯烃分子中去掉一个氢原子后，剩下的基团称为某烯基。如：

$CH_2=CH-$　乙烯基　　　　　$CH_2=CH-CH_2-$　烯丙基

$CH_3CH=CH-$　丙烯基　　　　$CH_2=C-$　异丙烯基
　　　　　　　　　　　　　　　　　　　　$\underset{CH_3}{|}$

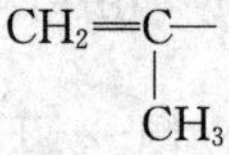

对于顺反异构体，如 2-丁烯的两个构型可用顺或反来标记。但当两个双键碳上连接了四个不同的原子或基团时，就要用 Z/E 标记法来确定它们的构型了。如：

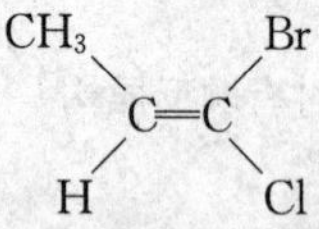

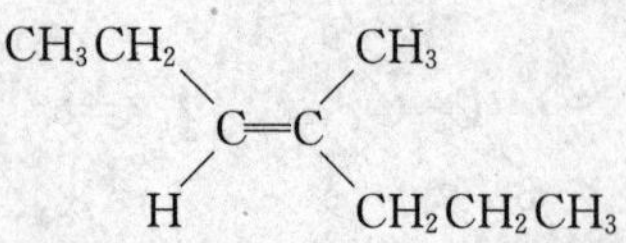

根据英果尔(R. S. Ingold)、凯恩(R. S. Cann)等化学家提出的原子和基团的优先次序规则，将每一双键碳上的两个原子或基团进行排列。两个优先原子或基团在双键同侧的为 Z 型，异侧的为 E 型。优先次序规则的主要内容如下：

(1)按原子序数的大小排列，原子序数大的为优先基团，排在序列的前面，孤电子对位于最后。如：

$$I>Br>Cl>S>F>O>N>C>H>孤电子对$$

（2）如果直接相连的第一个原子相同时，再按原子序数由大到小逐个比较其次相连的原子，并以此类推。如：

$$\begin{array}{ccccc} -C(CH_3)_3 & > & -CH(CH_3)_2 & > & -CH_2CH_2CH_3 & > & -CH_3 \\ (C、C、C) & & (C、C、H) & & (C、H、H) & & (H、H、H) \end{array}$$

其次相连原子：

$$\begin{array}{ccc} -CH_2OH & > & -C(CH_3)_3 \\ (O、H、H) & & (C、C、C) \end{array}$$

其次相连原子：

（3）当基团中有双键或叁键时，每一双键或叁键当作连着两个或三个相同的基团。如：

$$-CH=CH_2 、\quad -\overset{\overset{\displaystyle O}{\|}}{C}-H 、\quad -\overset{\overset{\displaystyle O}{\|}}{C}-OH 、\quad \text{（苯基）}$$

当作：

优先次序为：

$$-\overset{\overset{\displaystyle O}{\|}}{C}-OH > -\overset{\overset{\displaystyle O}{\|}}{C}-H > \text{（苯基）} > -CH=CH_2$$

根据这个规则，便可确定下列化合物的构型：

式中 —CH$_3$ >H，Br>Cl

(Z)-1-氯-1-溴丙烯

式中 CH$_3$CH$_2$—>H

CH$_3$CH$_2$CH$_2$— >CH$_3$—

(E)-4-甲基-3-庚烯

用顺、反和用 Z、E 是表示烯烃构型的两种不同方法，不能简单地把顺和 Z 或反和 E 等同看待。如：

(Z)-2-丁烯
（顺-2-丁烯）

(E)-2-氯-2-丁烯
（顺-2-氯-2-丁烯）

思考题3-2 写出 2-甲基-1,3-戊二烯的顺反异构体，并用 Z/E 法标记其构型。

三、烯烃的物理性质

烯烃的物理性质与烷烃相似。在常温、常压下，$C_2 \sim C_4$ 的烯烃为气体，$C_5 \sim C_{18}$ 的烯烃为液体，C_{19} 以上的为固体。它们都难溶于水，易溶于有机溶剂，相对密度都小于1。部分烯烃的物理常数见表3-1。

表 3 - 1 部分烯烃的物理常数

名　　称	沸点/℃	熔点/℃	相对密度(d_4^{20})
乙烯	−103.9	−169.5	0.569(在沸点)
丙烯	−47.7	−185.1	0.610(在沸点)
1-丁烯	−6.5	−185.4	0.625(在沸点)
顺-2-丁烯	3.5	−139.3	0.621
反-2-丁烯	0.9	−105.5	0.604
异丁烯	−6.9	−139.0	0.631(−10 ℃)
1-戊烯	30.1	−138.0	0.641
1-己烯	63.5	−139.8	0.673
1-庚烯	93.3	−119.0	0.697
1-辛烯	121.3	−101.7	0.715
1-十八烯	179	17.6	0.791

四、烯烃的化学性质

烯烃分子中含有 π 键，π 键不牢固，易断裂。所以烯烃的化学性质比烷烃活泼，可以发生加成、氧化、聚合等反应。

1. 加成反应　加成反应一般是指含有不饱和键的化合物与试剂作用，π 键断裂，两个不饱和原子与试剂的两个原子或基团间形成两个 σ 键，从而降低了分子不饱和度的反应。

（1）与卤素加成　烯烃能与卤素发生加成反应，不同的卤素反应活性不同。氟与烯烃的反应非常猛烈，常使烯烃完全分解；氯与烯烃反应较氟缓和，但也要加溶剂稀释；溴与烯烃可正常反应，将乙烯通入溴的四氯化碳溶液中，溴的红棕色迅速褪去，生成 1,2 - 二溴乙烷。实验室中常用此法鉴别碳碳双键的存在。

$$CH_2{=}CH_2 + Br_2 \xrightarrow{CCl_4} \underset{\underset{Br}{|}}{CH_2}{-}\underset{\underset{Br}{|}}{CH_2}$$

1,2-二溴乙烷

碘与烯烃很难反应，但氯化碘（ICl）或溴化碘（IBr）能与烯烃迅速反应：

$$\diagup C{=}C\diagdown + IBr \longrightarrow -\underset{\underset{Br}{|}}{C}{-}\overset{\overset{I}{|}}{C}-$$

这个反应常用来测定油脂和某些天然产物的不饱和度。

烯烃与溴的加成反应历程：当溴与烯烃分子接近时，在烯烃 π 电子的影响下，溴分子发生极化，并与烯烃作用生成溴鎓离子和溴负离子；然后溴鎓离子与溴负离子反应，生成 1,2 - 二溴化物。

烯镓离子

在烯烃与溴的加成反应中，烯烃的双键具有供电子性质，首先加成的是缺电子溴原子，它具有亲电的性质。由亲电试剂进攻而引起的加成反应称为亲电加成反应。

烯烃与卤素的亲电加成历程，得到实验的有力证明。当乙烯与溴的加成反应在氯化钠水溶液中进行时，得到产物为一混合物。

$$CH_2\!=\!CH_2 + Br_2 \xrightarrow[H_2O]{NaCl} \underset{\substack{|\\Br}}{CH_2}\!-\!\underset{\substack{|\\Br}}{CH_2} + \underset{\substack{|\\Br}}{CH_2}\!-\!\underset{\substack{|\\Cl}}{CH_2} + \underset{\substack{|\\Br}}{CH_2}\!-\!\underset{\substack{|\\OH}}{CH_2}$$

这一事实说明，乙烯与溴的加成是分步进行的。第一步，溴分子向乙烯分子进攻生成溴镓离子，这一步反应活化能高，反应较慢，决定整个反应的速度。第二步，很不稳定的溴镓离子立即与溴或氯负离子及羟基负离子结合，得到加成产物。

(2) 与卤化氢加成　烯烃可与卤化氢加成，生成卤代烷。

$$CH_2\!=\!CH_2 + HX \longrightarrow CH_3CH_2X$$

加成时，不同卤化氢的活性次序为：

$$HI > HBr > HCl$$

不对称烯烃与 HX 加成时，可得两种产物。如：

$$CH_3\!-\!CH\!=\!CH_2 + HBr \longrightarrow \begin{cases} CH_3\!-\!\underset{\substack{|\\Br}}{CH}\!-\!CH_3 & \text{2-溴丙烷（主要产物）} \\[2mm] CH_3CH_2CH_2Br & \text{1-溴丙烷（次要产物）} \end{cases}$$

实验证明，上述反应的主要产物是 2-溴丙烷。马尔可夫尼可夫（Markovnikov）根据大量的实验事实，总结出一条经验规律：不对称烯烃与 HX 加成时，氢原子主要加到含氢较多的双键碳上，而卤原子加到含氢较少的双键碳上，此规律简称马氏规则。

思考题 3-3　完成下列反应式，并指出主要产物及次要产物。

① 2-甲基-2-丁烯 + HCl ⟶

② ⬡—CH₃ + HBr ⟶

马氏规则可用诱导效应来解释。所谓诱导效应是指在有机物分子中，由于电负性不同的原子或基团的影响，分子中成键电子云向某一方向发生偏移的效应，常用符号 I 表示。如：

$$-\overset{}{C_4} \longrightarrow \overset{\delta\delta\delta+}{C_3} \longrightarrow \overset{\delta\delta+}{C_2} \longrightarrow \overset{\delta+}{C_1} \longrightarrow \overset{\delta-}{Cl}$$

在碳链的一端连有一个氯原子，由于 C—Cl 键极化，使 C_1 上带有部分正电荷。C_2—C_1 键上的电子云分布被 C_1 上的正电荷诱导而变得不对称，即向 C_1 方向移动，使 C_2 也带有少量正电荷。同理 C_2 又使 C_3 带有更少量正电荷。这就是说氯原子的影响可通过诱导作用传到分子中与它不直接相连的原子上去。诱导效应具有加和性，但在沿着 σ 键传递时迅速减弱，实际上在传过两到三个原子后就可忽略不计了。

在比较各种原子或基团的诱导效应时，常以氢原子为标准。一个原子或基团的吸电子能力比氢原子强，就产生吸电子诱导效应，用 −I 表示。如：

吸电子能力：$F > Cl > Br > I > CH_3O— > HO— > C_6H_5— > H$

若吸电子能力不及氢原子，就产生斥电子诱导效应，用 +I 表示。如：

斥电子能力：$(CH_3)_3C— > (CH_3)_2CH— > CH_3CH_2CH_2— > CH_3— > H$

根据诱导效应不难理解，丙烯与 HBr 加成时，由于甲基的 +I 效应，使双键上 π 电子云发生极化，含氢较多的双键碳上 π 电子云密度较大，有利于亲电试剂的进攻。所以氢原子主要加到这一碳上。

$$CH_3 \rightarrow CH\!=\!CH_2 + \overset{\delta^+}{H}\!-\!\overset{\delta^-}{Br} \longrightarrow CH_3\!-\!\overset{\overset{\displaystyle Br}{|}}{CH}\!-\!CH_3$$

马氏规则也可用反应过程中生成的碳正离子中间体的相对稳定性来解释。烯烃与卤化氢的加成反应历程如下：

$$HX \rightleftharpoons H^+ + X^-$$

$$C\!=\!C + H^+ \xrightarrow{\text{慢}} -\overset{\overset{\displaystyle H}{|}}{C}\!-\!\overset{+}{C}-$$

$$-\overset{\overset{\displaystyle H}{|}}{C}\!-\!\overset{+}{C}- + X^- \xrightarrow{\text{快}} -\overset{\overset{\displaystyle H}{|}}{C}\!-\!\overset{\overset{\displaystyle X}{|}}{C}-$$

其中生成碳正离子的一步，涉及 π 键断裂，反应较慢，是决定整个反应速度的一步。此步生成的碳正离子越稳定，反应就越容易进行。当烷基与带正电荷的中心碳原子相连时，由于烷基的 +I 效应，使中心碳上的正电荷得到分散。中心碳上所连烷基增多，正电荷分散程度也随之增大。根据物理学规律，一个带电体系的电荷越分散，体系越稳定。因此，不同类型碳正离子的相对稳定性次序为：

$$CH_3\!-\!\overset{\overset{\displaystyle CH_3}{|}}{\underset{\underset{\displaystyle CH_3}{|}}{\overset{+}{C}}} > CH_3\!-\!\overset{\overset{\displaystyle H}{|}}{\underset{\underset{\displaystyle CH_3}{|}}{\overset{+}{C}}} > CH_3\!-\!\overset{\overset{\displaystyle H}{|}}{\underset{\underset{\displaystyle H}{|}}{\overset{+}{C}}} > H\!-\!\overset{\overset{\displaystyle H}{|}}{\underset{\underset{\displaystyle H}{|}}{\overset{+}{C}}}$$

叔(3°) > 仲(2°) > 伯(1°) > +CH₃

当丙烯与 HBr 加成时，可生成两种碳正离子。

$$CH_3\!-\!CH\!=\!CH_2 + H^+ \begin{cases} \longrightarrow CH_3\!-\!\overset{+}{CH}\!-\!CH_3 \quad (Ⅰ) \\ \longrightarrow CH_3\!-\!CH_2\!-\!\overset{+}{CH_2} \quad (Ⅱ) \end{cases}$$

碳正离子(Ⅰ)比(Ⅱ)稳定，所以主要产物为 2-溴丙烷，符合马氏规则。

由上述可见，烯烃与 HX 的加成反应也属于亲电加成。当不饱和碳上氢原子被烷基取代后，由于烷基的 +I 效应使双键碳上电子云密度增大，亲电加成反应速度也随之增大。

思考题 3-4　下列烯烃与 HBr 加成时，反应速度由大到小的排列顺序如何？

$$CH_2=CH_2 \qquad\qquad CH_3CH=CH_2 \qquad\qquad CH_3-\underset{\underset{CH_3}{|}}{C}=CH_2$$

当有过氧化物（如 H_2O_2、$R-O-O-R$ 等）存在时，丙烯或其他不对称烯烃与 HBr 加成时，其产物是反马氏规则的。如：

$$CH_3CH=CH_2 + HBr \xrightarrow{\text{过氧化物}} CH_3CH_2CH_2Br$$

过氧化物的存在，对 HCl 和 HI 的加成方式没有影响。

（3）与硫酸加成　烯烃与冷的浓硫酸发生亲电加成反应，生成硫酸氢酯，加成的取向也遵循马氏规则。硫酸氢酯水解得到醇，利用这一反应可由烯烃制取醇类。

$$R-CH=CH_2 + H_2SO_4 \longrightarrow R-\underset{\underset{OSO_3H}{|}}{CH}-CH_3$$

$$\text{硫酸氢酯}$$

$$R-\underset{\underset{OSO_3H}{|}}{CH}-CH_3 + H_2O \xrightarrow{\triangle} R-\underset{\underset{OH}{|}}{CH}-CH_3 + H_2SO_4$$

烷烃不与浓硫酸反应，因此可利用这一反应除去烷烃中的少量烯烃。

（4）与水加成　在酸（硫酸、磷酸等）的催化下，烯烃与水进行加成反应，直接生成醇，加成的取向也符合马氏规则。如：

$$CH_3CH=CH_2 + H_2O \xrightarrow[195\ ℃;\ 2\ MPa]{H_3PO_4/\text{硅藻土}} CH_3-\underset{\underset{OH}{|}}{CH}-CH_3$$

这种制备醇的方法称作直接水合法。

（5）催化加氢　一般情况下，烯烃和氢在 200 ℃时仍不起反应。但在催化剂（如铂、钯或镍等）存在时，烯烃可与氢发生加成反应生成烷烃。如：

$$CH_2=CH_2 + H_2 \xrightarrow{\text{催化剂}} CH_3-CH_3$$

烯烃加氢反应是在催化剂表面进行的。氢和烯烃被吸附在催化剂的表面，使它们分子中的 π 键和 H—H σ 键减弱或断裂，降低了反应的活化能。

烯烃的氢化反应是放热反应，1 mol 烯烃氢化时放出的热量称为氢化热。根据氢化热不同，可以分析不同烯烃的相对稳定性。例如：

$$+ H_2 \xrightarrow{\text{催化剂}} CH_3CH_2CH_2CH_3 + 115.5\ kJ \cdot mol^{-1}$$

$$+ H_2 \xrightarrow{\text{催化剂}} CH_3CH_2CH_2CH_3 + 119.7\ kJ \cdot mol^{-1}$$

顺-2-丁烯和反-2-丁烯氢化后的产物都是丁烷，反式比顺式少放出 4.2 kJ·mol^{-1} 的能量，意味着反式的内能比顺式低 4.2 kJ·mol^{-1}，也就是说反-2-丁烯比顺-2-丁烯稳定。

2. 氧化反应　烯烃容易被氧化，其氧化产物随着反应条件及氧化剂的不同而不同。

（1）催化氧化　乙烯在银催化剂存在下，被空气中的氧直接氧化为环氧乙烷，这是工业上生产环氧乙烷的方法。

$$CH_2{=}CH_2 + \frac{1}{2}O_2 \xrightarrow[220{\sim}280\,^{\circ}C]{Ag} CH_2{-}CH_2$$

环氧乙烷的性质很活泼，是有机合成的重要中间体。

（2）$KMnO_4$ 氧化　冷的、稀的 $KMnO_4$ 中性或碱性溶液与烯烃作用，可使烯烃的 π 键断裂，氧化生成邻位二元醇。

$$R{-}CH{=}CH_2 + KMnO_4 + H_2O \longrightarrow R{-}\overset{OH}{\underset{}{C}}H{-}\overset{OH}{\underset{}{C}}H_2 + KOH + MnO_2\downarrow$$

生成的二元醇可进一步被氧化分解成低分子羧酸和 CO_2。在反应中，高锰酸钾溶液紫色褪去并生成棕褐色的 MnO_2 沉淀。因此，该反应可用于不饱和烃的鉴别。

如果用酸性 $KMnO_4$ 溶液氧化，烯烃的双键断裂生成低级的酮、羧酸和 CO_2。如：

$$R{-}CH{=}CH_2 \xrightarrow[H_2SO_4]{KMnO_4} RCOOH + CO_2 + H_2O$$
羧酸

$$R'{-}\overset{R}{\underset{}{C}}{=}CH{-}R'' \xrightarrow[H_2SO_4]{KMnO_4} R{-}\overset{O}{\overset{\|}{C}}{-}R' + R''{-}\overset{O}{\overset{\|}{C}}{-}OH$$
酮　　　　　羧酸

根据氧化产物可推断原烯烃分子中的双键位置及其分子结构。

（3）臭氧化反应　在低温时，烯烃易与臭氧反应生成臭氧化物，这个反应称为臭氧化反应。生成的臭氧化物在还原剂锌粉存在下水解生成醛或酮。

$$R'{-}\overset{R}{\underset{}{C}}{=}CH{-}R'' \xrightarrow{O_3} \overset{R}{\underset{R'}{C}}\underset{O}{\overset{O{-}O}{\diagdown\diagup}}CH{-}R'' \xrightarrow[-H_2O_2]{Zn/H_2O} R{-}\overset{O}{\overset{\|}{C}}{-}R' + R''{-}CHO$$
酮　　　醛

利用臭氧化物的还原水解产物，也可推断原烯烃的双键位置及分子结构。

思考题 3-5　完成下列反应：

① $\xrightarrow[H_2O]{冷稀\ KMnO_4}$

② $CH_3{-}\overset{CH_3}{\underset{}{C}}{=}CHCH_3 \xrightarrow[H^+]{KMnO_4}$

③ $\overset{CH_3}{\underset{CH_3}{C}}{=}CHCH_3 \xrightarrow[2)Zn/H_2O]{1)O_3}$

④ $CH_3CH_2CH{=}CH_2 \xrightarrow[2)Zn/H_2O]{1)O_3}$

3. α-氢的反应　在有机分子中，与官能团直接相连的碳原子通常称为 α-碳，α-碳上所连的氢原子则称为 α-氢。烯烃分子中的 α-氢受到双键的影响，表现出特殊的活泼性，易发生卤代、氧化等反应。如：

$$CH_3CH{=}CH_2 + Cl_2 \xrightarrow{500\,^{\circ}C} CH_2{=}CH{-}CH_2Cl + HCl$$
3-氯丙烯

$$CH_3CH{=}CH_2 + O_2 \xrightarrow[350\,^{\circ}C,\ 0.25\ MPa]{Cu_2O} CH_2{=}CH{-}CHO$$
丙烯醛

4. 聚合反应　烯烃分子在催化剂、引发剂或光照下，π 键断裂，进行自身相互加成，生成分子质量较大的化合物，称为聚合反应。发生聚合反应的低分子物质称为单体，聚合产物称为聚合物。如：

$$n\text{CH}_2{=}\text{CH}_2 \xrightarrow[\text{100～150 MPa}]{\text{200～300 ℃，微量 O}_2} {+}\text{CH}_2{-}\text{CH}_2{+}_n$$

单体   聚合物（聚乙烯）

上述反应是在 100～150 MPa 下进行的，工业上称此为高压聚乙烯。聚乙烯的相对密度为 0.9 左右，质地软而韧，弹性强，电绝缘性好，耐化学腐蚀，无毒，故可用于农业生产和食品包装。如果加入适当的添加剂，加工成型，就成为常用的聚乙烯塑料制品。

五、重要烯烃代表物——乙烯

乙烯是最简单的烯烃，存在于焦炉煤气和热裂石油气中，是石油化工的一种基本原料。用于制造合成橡胶、树脂、合成纤维、塑料、乙醇、乙醛、醋酸、环氧乙烷等。

乙烯是植物的内源激素之一，不少植物器官中都含有微量的乙烯。乙烯具有促进果实成熟等功能，因此利用这一性质，可用人工方法提高未成熟果实中乙烯的含量，加速果实成熟。在实际应用中，常用乙烯利代替乙烯，它被植物吸收后，能分解并释放出乙烯，起到与直接使用乙烯同样的效果。

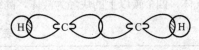

第二节 炔 烃

炔烃(alkynes)是分子中含有碳碳叁键的烃类化合物。单炔烃的通式为 C_nH_{2n-2}，与碳原子数相同的二烯烃互为同分异构体。

一、炔烃的结构

炔烃分子中，组成叁键的碳原子为 sp 杂化。

在乙炔分子中，两个碳原子各以一个 sp 杂化轨道相互重叠形成 C—C σ 键，又各以另一个 sp 杂化轨道与氢原子的 s 轨道重叠形成两个 C—H σ 键。这三个 σ 键的对称轴及四个原子分布在同一条直线上（图 3-4）。

图 3-4 乙炔分子中的 σ 键

每个碳原子上的两个未杂化的 p 轨道，分别两两相互平行重叠，形成两个 π 键。两个π 键的电子云围绕着 σ 键形成一个圆筒状（图 3-5）。

因此，碳碳叁键是由一个σ 键和两个相互垂直的 π 键组

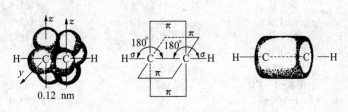

图 3-5 乙炔分子中的 π 键

成。现代物理方法证明乙炔分子中所有原子都在一条直线上；C≡C 的键长为 0.120 nm，比 C≡C 的键长短；C≡C 的键能为 837 kJ·mol^{-1}。

思考题 3-6 从参与杂化的轨道名称、数目及杂化轨道的特点，比较 sp、sp^2 及 sp^3 杂化；并说明 σ 键与 π 键有何不同。

二、炔烃的异构现象和命名

炔烃的构造异构与烯烃相似，也存在着碳链异构和官能团的位置异构。但由于与叁键碳相连的三个 σ 键均在一条直线上，因而炔烃没有顺反异构体。

炔烃的系统命名与烯烃相似，只是将"烯"字改为"炔"。如：

$$CH_3—C≡C—CH_3 \qquad (CH_3)_2CHC≡CH \qquad (CH_3)_3C—C≡C—CH(CH_3)_2$$

2-丁炔 　　　　　　3-甲基-1-丁炔 　　　　　2,2,5-三甲基-3-己炔

同时含有叁键和双键的不饱和烃称为"烯炔"。命名时应选取含双键和叁键碳在内的最长碳链为主链；从离不饱和键较近的一端开始，给主链碳原子编号；当主链两端离不饱和键距离相同时，应使双键的位次较小。如：

$$CH_2=CH—CH_2—C≡CH$$

1-戊烯-4-炔 　　　　　　　　　　　　　顺-3-戊烯-1-炔

思考题 3-7

(1)炔烃有无顺反异构体，为什么？

(2)写出分子式为 C_6H_{10} 的炔烃同分异构体，并给予命名。

三、炔烃的物理性质

炔烃的物理性质与烯烃相似，同样是随着相对分子质量增加而有规律地变化。它们的熔点、沸点与对应的烷烃、烯烃相比，要稍高一些；相对密度稍大一些。常温、常压下 $C_2 \sim C_4$ 的炔烃为气体，四个碳以上的炔烃为液体，高级炔烃为固体。常见炔烃的物理常数见表 3-2。

表 3-2 部分炔烃的物理常数

名　称	沸点/℃	熔点/℃	相对密度(d_4^{20})
乙　炔	−83.4(升华)	−81.8	0.618(在沸点)
丙　炔	−23.2	−101.5	0.671(在沸点)
1-丁炔	8.5	−122.0	0.668(在沸点)
2-丁炔	27.0	−32.3	0.691
1-戊炔	40.2	−98	0.695
2-戊炔	55.0	−101	0.714
3-甲基-1-丁炔	29.35	−89.7	0.665
1-己炔	72.0	−124.0	0.719
2-己炔	84	−88.0	0.731
3-己炔	81.0	−105	0.723

四、炔烃的化学性质

炔烃的化学性质与烯烃相似，也可以发生加成、氧化和聚合等反应。但由于叁键与双键有所不同，因而炔烃与烯烃在很多反应中是有差别的。此外，炔烃还有一些它自己的独特性质。

1. 加成反应

（1）与卤素和卤化氢的加成　与烯烃一样，炔烃也能与卤素、卤化氢等起亲电加成反应，但比烯烃困难。如：

$$CH\equiv CH \xrightarrow{Br_2} \underset{H}{\overset{Br}{C}}= \underset{Br}{\overset{H}{C}} \xrightarrow{Br_2} CHBr_2-CHBr_2$$

反-1,2-二溴乙烯　　　1,1,2,2-四溴乙烷

炔烃与卤化氢加成可得一卤代烯，继续反应得二卤代烷，产物符合马氏规则，如：

$$R-C\equiv CH \xrightarrow{HX} R-\overset{X}{\underset{}{C}}=CH_2 \xrightarrow{HX} R-\overset{X}{\underset{X}{C}}-CH_3$$

$$HC\equiv CH + HCl \xrightarrow[120\sim180\,℃]{HgCl_2} CH_2=CHCl$$

氯乙烯

当分子中同时存在碳碳叁键和双键时，亲电加成首先发生在双键上，如：

$$CH_2=CH-CH_2-C\equiv CH + Br_2 \longrightarrow \overset{Br}{\underset{}{C}}H_2-\overset{Br}{\underset{}{C}}H-CH_2-C\equiv CH$$

这是因为叁键的 σ 键较短，p 轨道之间的重叠程度较大，所以炔烃中 π 键比烯烃中的 π 键稳定，亲电反应也就要难一些。

（2）水合反应　在硫酸汞的稀硫酸溶液催化下，炔烃与水加成，首先生成烯醇，烯醇立即重排为稳定的醛或酮。炔烃的水合反应又称为库切洛夫（Kucherov）反应。如：

$$CH\equiv CH + H_2O \xrightarrow[H_2SO_4]{HgSO_4} [CH_2=CHOH] \longrightarrow CH_3CHO$$

乙烯醇　　　　　乙醛

$$CH_3-C\equiv CH + H_2O \xrightarrow[H_2SO_4]{HgSO_4} \left[CH_3-\overset{OH}{\underset{}{C}}=CH_2 \right] \longrightarrow CH_3-\overset{O}{\underset{}{C}}-CH_3$$

丙烯-2-醇　　　　　　丙酮

只有乙炔的水合反应得到乙醛，其他炔烃反应后都得到酮。炔烃的水合反应也遵从马氏规则。

（3）与氢氰酸加成　氢氰酸与烯烃难起加成反应，但在催化剂存在下可与炔烃加成生成烯腈。如：

$$HC\equiv CH + HCN \xrightarrow[80\sim90\,℃]{Cu_2Cl_2} CH_2=CH-CN$$

丙烯腈

$$R-C\equiv CH + HCN \xrightarrow[80\sim90\,℃]{Cu_2Cl_2} CH_2=\overset{}{\underset{R}{C}}-CN$$

丙烯腈是合成橡胶和合成纤维的原料。

（4）催化氢化　在催化剂存在下，炔烃与两分子氢气加成生成烷烃。

$$R—C≡CH \xrightarrow[\text{催化剂}]{H_2} R—CH=CH_2 \xrightarrow[\text{催化剂}]{H_2} R—CH_2CH_3$$

由于催化加氢是在催化剂表面进行的，炔烃中的叁键比碳碳双键更易被吸附在催化剂表面，因此炔烃比烯烃更容易加氢。利用这一差别，选择适当的催化剂，控制一定条件，可使炔烃加氢停留在烯烃阶段。如：

$$R—C≡C—R' + H_2 \xrightarrow[\text{喹啉}]{Pd/CaCO_3} \begin{array}{c} R \quad\quad R' \\ C=C \\ H \quad\quad H \end{array}$$

$$CH_2=CH—CH—C≡CH + H_2 \xrightarrow[\text{喹啉}]{Pd/CaCO_3} CH_2=CH—CH—CH=CH_2 \\ \quad\quad\quad | \quad\quad\quad\quad\quad\quad\quad\quad\quad\quad\quad\quad\quad | \\ \quad\quad\quad CH_3 \quad\quad\quad\quad\quad\quad\quad\quad\quad\quad\quad CH_3$$

2. 聚合反应　与烯烃相似，炔烃也能进行聚合反应。如：

$$HC≡CH + HC≡CH \xrightarrow[NH_4Cl]{Cu_2Cl_2} CH_2=CH—C≡CH$$
乙烯基乙炔

$$3HC≡CH \xrightarrow[Ni(CO)_2 \text{配合催化剂}]{\text{三苯基膦}} \text{（苯环）}$$
苯

3. 氧化反应　炔烃被 $KMnO_4$ 或 O_3 氧化时，叁键断裂生成羧酸、二氧化碳等产物。

$$R—C≡CH \xrightarrow[\text{（或 } KMnO_4, H^+)]{KMnO_4, OH^-} R—COOH + CO_2 + H_2O$$

$$R—C≡C—R' \xrightarrow[CCl_4]{O_3} \begin{array}{c} O \\ R—C \quad\quad C—R' \\ O—O \end{array} \xrightarrow{H_2O} RCOOH + R'COOH$$

和烯烃的氧化一样，由所得产物的结构也可推断原炔烃的结构。

4. 炔化物的生成　乙炔和链端炔烃（R—C≡CH）分子中，连接在 sp 杂化碳上的氢原子比较活泼，具有微弱的酸性（$pK_a=25$），可被碱金属或重金属原子取代，生成金属炔化物。如：

$$HC≡CH + 2Na \xrightarrow{190\sim200\ ℃} NaC≡CNa + H_2\uparrow$$

$$R—C≡CH + Ag(NH_3)_2NO_3 \longrightarrow R—C≡CAg\downarrow + NH_4NO_3 + NH_3$$
（灰白色）

$$R—C≡CH + Cu(NH_3)_2Cl \longrightarrow R—C≡CCu\downarrow + NH_4Cl + NH_3$$
（砖红色）

重金属炔化物干燥时因撞击或受热会发生爆炸，实验时可用无机酸处理分解。利用这一反应可鉴定分子中是否含有 —C≡CH 结构。

上述性质表明，连接在叁键碳上的氢原子比较活泼。这是因为叁键碳为 sp 杂化，sp 杂化轨道中的 s 成分比 sp^2 和 sp^3 中的大，表现出较大的表观电负性。所以，直接与叁键碳相连的氢原子与相应的烯烃（=CH—H）、烷烃（—C—H）的氢原子相比，更易解离质子而显弱酸性。乙炔、乙烯和乙烷的 pK_a 值分别为 25、36.5 及 42。

思考题 3-8 某烃的相对分子质量为 68，且含有一个叔碳原子，并能与硝酸银的氨溶液作用生成灰白色沉淀，试写出该烃的构造式。

五、重要炔烃代表物——乙炔

乙炔俗称电石气，是最简单的炔烃。微溶于水，溶于乙醇，易溶于丙酮。乙炔的化学性质很活泼，能起加成反应和聚合反应。与空气能形成爆炸性混合物，且爆炸范围很大（含乙炔 3％～80％体积）。在氧气中燃烧可产生 3 500 ℃ 高温，用于金属焊接或切割。大量用作石油化工原料，制备聚氯乙烯、氯丁橡胶、醋酸、醋酸乙烯酯等。

工业上可由天然气和石油裂解制备乙炔，也可由焦炭和生石灰在高温电炉中作用生成电石，电石与水反应生成乙炔。

$$3C + CaO \xrightarrow{2\,000\,℃} CaC_2 + CO$$
$$CaC_2 + 2H_2O \longrightarrow HC\equiv CH + Ca(OH)_2$$

第三节 二烯烃

分子中含有两个碳碳双键的不饱和烃，称为二烯烃（alkadiene）。根据二烯烃分子中两个双键的相对位置不同，二烯烃可分为三类：

① 累积二烯烃：分子中含有 $\diagdown C=C=C\diagup$ 结构，两个双键连在同一个碳原子上。如：

$$CH_2=C=CH_2 \qquad 丙二烯$$

② 隔离二烯烃：两个双键被两个或两个以上单键隔开。如：

$$CH_3-CH=CH-CH_2-CH=CH_2 \qquad 1,4-己二烯$$

③ 共轭二烯烃：两个双键被一个单键隔开。如：

$$CH_2=CH-CH=CH_2 \qquad 1,3-丁二烯$$

隔离二烯烃的性质和单烯烃相似；累积二烯烃数量少，且很容易异构化变成炔烃。共轭二烯烃无论在理论上，还是在实际应用中都很重要，是本节的讨论重点。

一、1,3-丁二烯的结构和共轭效应

1. 1,3-丁二烯的结构 在 1,3-丁二烯分子中，每个碳原子都是 sp^2 杂化，它们各用三个 sp^2 杂化轨道分别与氢的 1s 轨道及相邻碳原子的 sp^2 杂化轨道重叠，共形成三个碳碳 σ 键和六个碳氢 σ 键，这九个 σ 键及分子中的所有原子都在同一平面上。每个碳原子上剩下的一个未杂化 p 轨道的对称轴都垂直于这一平面，这些 p 轨道并不局限在 $C_1—C_2$ 和 $C_3—C_4$ 间重叠形成 π 键，在 $C_2—C_3$ 间也有一定程度的重叠。因此，在 $C_2—C_3$ 间也

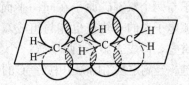

图 3-6 1,3-丁二烯分子中的 π 键和 σ 键

有部分双键性质(图 3-6)。这种在多个原子间形成的 π 键称为离域 π 键,亦称大 π 键。

2. 共轭体系与共轭效应

(1)π-π 共轭体系 由 1,3-丁二烯的结构分析可知,在 1,3-丁二烯分子中的 π 电子云分布与单烯烃不同,它们不是局限在某两个碳原子之间,而是分布在包括四个碳原子的分子轨道中,这种分子轨道叫离域轨道,这样形成的键称为离域键(或称大 π 键)。这种现象称为电子的离域,凡是发生电子离域的结构体系统称为共轭体系。像 1,3-丁二烯这样单双键交替排列的共轭体系,称为 π-π 共轭体系。除了两个 π 轨道形成的共轭体系外,还有由三个、四个及更多个 π 轨道组成的共轭体系。

(2)共轭体系的形成条件及其特点 综上所述,共轭体系中的各原子必须在同一平面上,每个原子必须有一个垂直于该平面的 p 轨道。

在共轭体系中,虽然各原子间的 π 电子云密度不尽相同,但由于电子离域,使得单双键的差别减小,键长有平均化倾向。例如在 1,3-丁二烯分子中,C_2—C_3 的键长是 0.148 nm,比乙烷中的 C—C 键长 0.154 nm 短了一些;C_1—C_2 和 C_3—C_4 的键长是 0.137 nm,比乙烯分子中的 C=C 键长 0.134 nm 长了一些。共轭体系越长,单双键的差别就越小。

另外,共轭体系的势能较低,因而比较稳定,这从它们的氢化热可以得到证明。如:

$$CH_2=CH-CH_2-CH=CH_2 + 2H_2 \longrightarrow CH_3CH_2CH_2CH_2CH_3 + 254.4\ kJ \cdot mol^{-1}$$

$$CH_2=CH-CH=CH-CH_3 + 2H_2 \longrightarrow CH_3CH_2CH_2CH_2CH_3 + 226.4\ kJ \cdot mol^{-1}$$

非共轭的 1,4-戊二烯氢化时释放出 254.4 kJ·mol^{-1} 的能量,具有共轭体系的 1,3-戊二烯氢化时释放出 226.4 kJ·mol^{-1} 的能量,两者差值为 28 kJ·mol^{-1},该差值称为离域能或共轭能。共轭体系范围越大,其共轭能也越大,结构也越稳定。

(3)共轭效应 共轭效应是指在共轭体系中原子间的相互影响而引起的电子离域作用,常用 C 表示。+C 表示供电子的共轭效应;-C 表示吸电子的共轭效应。凡因内部结构而产生的共轭效应称为静态共轭效应;在化学反应时受外界电场(或试剂)影响而产生的 π 电子云重新分配称为动态共轭效应。如:

$$\overset{\delta+}{CH_2}=\overset{\delta-}{CH}-\overset{\delta+}{CH}=\overset{\delta-}{CH}-\underset{\delta+}{\overset{\overset{\displaystyle O^{\delta-}}{\|}}{C}}-OH \qquad (静态)$$

$$H^+ \quad \overset{\delta-}{CH_2}=\overset{\delta+}{CH}-\overset{\delta-}{CH}=\overset{\delta+}{CH}-\overset{\delta-}{CH}=\overset{\delta+}{CH_2} \qquad (动态)$$

从上两式可以看出,共轭体系的一端受到作用,使整个共轭体系中的原子均受到影响。共轭体系有多大,其影响的范围就有多大。结果是共轭体系中各原子上的电子云密度有疏密交替现象。

(4)p-π 共轭体系 在氯乙烯分子中,氯原子与两个双键碳原子在同一平面上。氯原子上有孤电子对的 p 轨道也能与组成双键的 π 轨道侧面重叠,形成三中心(两个碳一个氯)四电子的大 π 键。经测定氯乙烯分子中 C=C 的键长为 0.138 nm,比正常的 C=C 的键长要长一些;C—Cl 的键长为 0.169 nm,比正常的 C—Cl 的键长 0.177

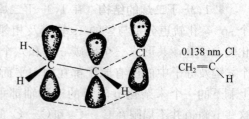

图 3-7 氯乙烯分子中的 p-π 共轭

要短一些。由此可见，氯乙烯分子中键长发生平均化，如图3-7所示。

这种由p轨道与π轨道重叠而形成的共轭体系称为p-π共轭体系。由于氯原子的p轨道上有两个电子，电子云密度较π轨道大。因此，共轭效应的方向是电子云由p轨道向π轨道流动，氯原子具有＋C效应。

其他p-π共轭体系举例如下：

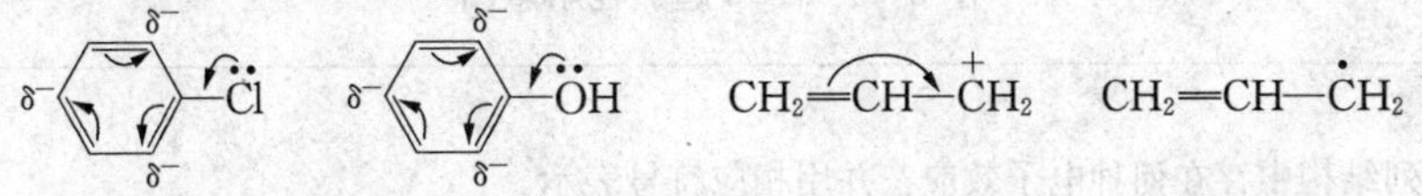

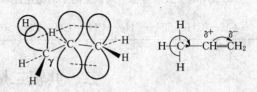

氯苯　　　　　苯酚　　　　　烯丙基正离子　　　烯丙基自由基

（5）超共轭

① σ-π超共轭：与双键碳相邻的饱和C—H键的σ轨道也能与π轨道有很少的重叠，使C—H键的σ电子可以向π轨道离域，如图3-8所示。

这种共轭是很微弱的，通称超共轭。在超共轭体系中，电子一般是从C—H键向π键流动。如果单键碳上有两个或三个C—H，则这两个或三个碳氢键都同时与π键共轭。在化学式中，常用一个包括所有参与超共轭的C—H键的弯曲箭头表示。如：

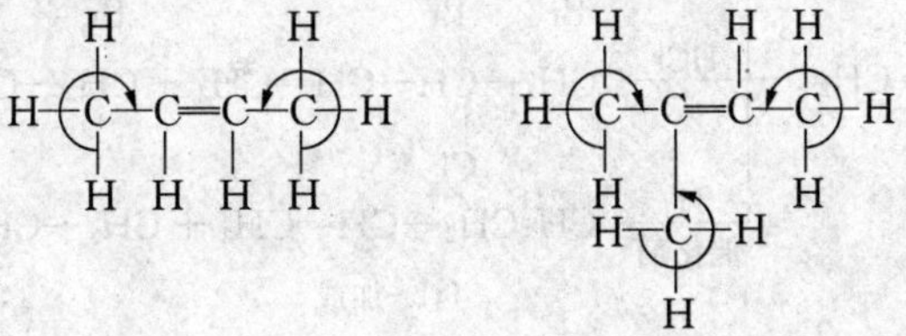

图3-8 丙烯分子中超共轭效应示意图

参与超共轭的C—H键越多，电子离域的范围也越大，体系就越稳定。例如：

烯　烃	参与超共轭的C—H键数	氢化热/(kJ·mol^{-1})
$CH_2{=}CH_2$	0	−137.2
$CH_3CH_2CH{=}CH_2$	2	−126.8
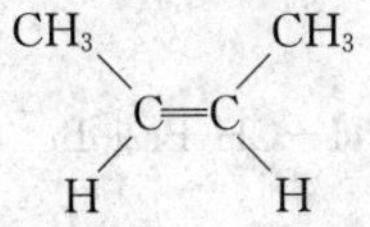	6	−119.7
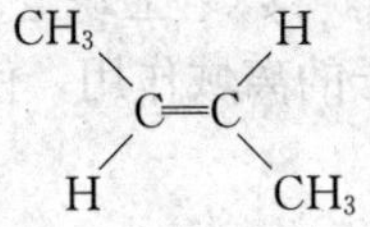	6	−115.5

② σ-p超共轭：在烃基自由基和碳正离子等活性中间体中，C—H键也可与p轨道发生超共轭。在这种情况下，p轨道中只有单电子（在自由基中）或没有电子（在碳正离子中），如图3-9所示。

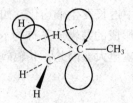

图 3-9 σ-p 超共轭示意图

思考题 3-9

(1) 指出下列结构中存在何种电子效应？并用相应符号表示。

$CH_3—CH=CH—CH=CH_2$ 、 $CH_2=CH—CH=CH—Cl$ 、 CH_3——⟨苯环⟩——Cl

(2) 试用电子效应解释下列碳正离子的稳定性顺序：

$$CH_3—\overset{+}{CH}—CH=CH_2 > \overset{+}{CH_2}—CH=CH_2 > (CH_3)_3\overset{+}{C} > (CH_3)_2\overset{+}{CH} > CH_3\overset{+}{CH_2} > \overset{+}{CH_3}$$

二、共轭二烯烃的化学性质

1. 1,4-加成反应　共轭二烯烃如 1,3-丁二烯可以和卤素、卤化氢等发生亲电加成反应，也可以催化加氢。

$$CH_2=CH—CH=CH_2 \quad \begin{cases} \xrightarrow{Br_2} & \underset{Br}{\underset{|}{CH_2}}—\underset{Br}{\underset{|}{CH}}—CH=CH_2 + \underset{Br}{\underset{|}{CH_2}}—CH=CH—\underset{Br}{\underset{|}{CH_2}} \\ \xrightarrow{HCl} & CH_3—\underset{Cl}{\underset{|}{CH}}—CH=CH_2 + CH_3—CH=CH—\underset{Cl}{\underset{|}{CH_2}} \\ \xrightarrow[催化剂]{H_2} & CH_3CH_2—CH=CH_2 + CH_3—CH=CH—CH_3 \end{cases}$$

1,2-加成 　　　　 1,4-加成

共轭二烯烃加成时有两种产物，一种是加到 C_1 和 C_2 上，称为 1,2-加成；另一种是加到 C_1 和 C_4 上，而在 C_2 与 C_3 间形成一个新的 π 键，称为 1,4-加成。

共轭二烯烃之所以有两种加成方式，是由于共轭体系中的 π 电子离域引起的。当 1,3-丁二烯分子中的一端受到亲电试剂（如 Br_2）影响时，这种影响通过共轭链一直传递到分子的另一端，使整个共轭体系的 π 电子云变形而产生疏密交替现象。

$$\overset{\delta+}{CH_2}\!=\!\overset{\delta-}{CH}\!-\!\overset{\delta+}{CH}\!=\!\overset{\delta-}{CH_2} + \overset{\delta+}{Br}\!\rightarrow\!\overset{\delta-}{Br} \longrightarrow CH_2=CH—\overset{+}{CH}—CH_2Br + Br^-$$

当溴正离子与 C_1 结合时，形成烯丙基型碳正离子中间体。其 C_2 上缺电子 p 轨道与 C_3、C_4 间 π 轨道构成三中心两电子的缺电子 p-π 共轭体系。电子的离域作用，使正电荷得以分散，并主要落在 C_2 和 C_4 上。如下所示：

$$\overset{\oplus}{\overbrace{CH_2\!=\!CH\!=\!=\!CH\!-\!CH_2}}\!Br$$

使溴负离子既能与 C_2 结合生成 1,2-加成产物，也能与 C_4 结合生成 1,4-加成产物。两种加成产物的比例取决于反应物结构、溶剂极性、产物稳定性及反应温度等诸多因素。如：

$$CH_2=CH-CH=CH_2 + Br_2 \longrightarrow \underset{Br}{CH_2}-\underset{Br}{CH}-CH=CH_2 + \underset{Br}{CH_2}-CH=CH-\underset{Br}{CH_2}$$

40 ℃	20%	80%
−80 ℃	80%	20%

思考题 3-10　写出下列反应的主要产物：

① $CH_3CH=CH-CH=CH_2 + HBr \longrightarrow$

② $CH_3-\bigcirc + HCl \longrightarrow$

2. 狄尔斯-阿德尔(Diels-Alder)反应　1,3-丁二烯与乙烯在 200 ℃及高压下发生 1,4-加成反应，生成环己烯。但产率不高，仅为 18%。

$$\text{（反应式）} \xrightarrow[\text{高压}]{200℃} \bigcirc \quad (18\%)$$

实践证明，当乙烯双键碳上连有吸电子基(例如 —CHO、—COOR、—COR、—C≡N、—NO_2 等)时，反应能顺利进行，且产率也很高。如：

$$\text{（反应式）} \xrightarrow[\text{5 h}]{\text{苯，100℃}} \text{（产物）} \quad (90\%)$$

在此反应中，共轭二烯烃称为双烯体，与双烯体发生反应的不饱和化合物称为亲双烯体。这一反应又称为环加成反应，是将链状化合物变为六元环状化合物的方法之一。环加成反应是可逆的，加热至温度较高时，加成产物又会分解为原来的共轭二烯烃。

思考题 3-11　完成下列反应：

① $CH_2=CH-CH=CH_2 + CH_2=CH-CHO \xrightarrow{\triangle}$

② $\bigcirc \xrightarrow{\triangle}$

第四节　萜类化合物

萜类(terpenoid)也称萜烯类，是广泛存在于动植物体内的一类天然有机化合物，是植物香精油、生物色素、维生素、激素、树脂等物质的主要组成成分。

一、异戊二烯规律与萜的分类

绝大多数萜类化合物的结构可以看作是由若干个异戊二烯单位首尾相连接而成的链状或环状聚合物。因此不论萜类化合物的结构如何复杂，它们的碳架总可被划分为若干个头尾相连接的异戊二烯单位，这种结构上的特点，称为异戊二烯规律。

如罗勒烯和樟脑可划分为两个异戊二烯单位。

根据萜类化合物分子中所含的异戊二烯单位的数目，可分为单萜、倍半萜、二萜、三萜、四萜和多萜等（表3-3）。

表3-3 萜类化合物分类

类　别	单萜	倍半萜	二萜	三萜	四萜	多萜
异戊二烯单位数	2	3	4	6	8	>8
碳原子数	10	15	20	30	40	>40

思考题 3-12 划出下列化合物的异戊二烯单位，并指出它们属于哪一类萜。

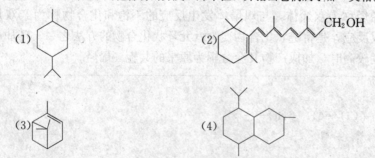

二、几种常见的萜类化合物

1. 香叶烯 香叶烯是链状单萜的典型代表，为月桂油、松节油、酒花油等的重要成分，沸点为 160 ℃，相对密度为 0.802，其结构式为：

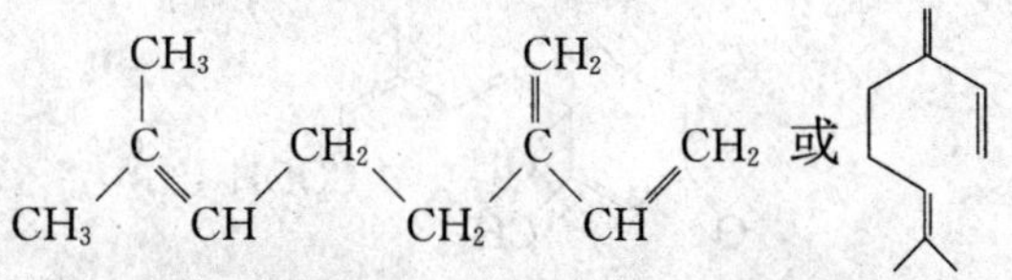

$$CH_3 \quad CH_2$$

（结构式）或（结构式）

2. 薄荷醇、薄荷酮 薄荷醇又称薄荷脑，是薄荷油的主要成分，它的氧化产物是单环萜酮，叫薄荷酮。

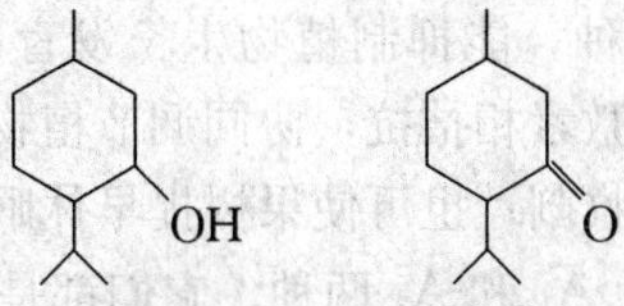

薄荷醇　　　薄荷酮

薄荷醇分子中有三个手性碳原子，应有八个旋光异构体，而天然薄荷油中几乎都是左旋体。薄荷醇和薄荷酮都存在于薄荷的茎、叶部分，都具有强烈的薄荷气味，前者为固体，熔点为 43.5 ℃；后者是液体，沸点 207 ℃。薄荷醇在医药上可用作清凉剂、祛风剂、防腐剂，是清凉油、人丹等的主要成分，亦可在化妆品、糖果、烟酒等中用作香料。

3. 莰醇和莰酮 莰醇俗称龙脑，又名冰片，主要存在于热带植物龙脑的香精油中，为无色片状结晶，熔点为 208 ℃，易升华，味似薄荷，有发汗、止痛、灭菌等功用，是人丹和冰硼散的主要成分。莰酮又称樟脑，主要存在于我国盛产的樟木中，可从樟脑油中结晶出来。莰酮为无色晶体，熔点180 ℃，易升华，有愉快的香气。在医药上用作强心剂、祛痰剂和兴奋剂，工业上用于制造电木、赛璐珞，亦可用于驱虫防蛀。

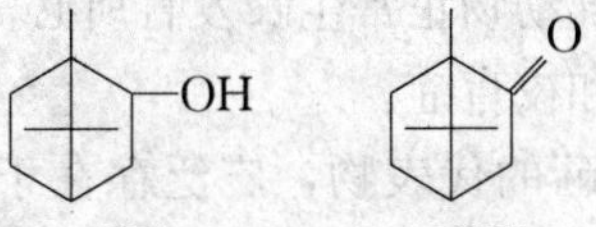

莰醇　　　莰酮

4. 昆虫保幼激素 昆虫保幼激素(JH)是法尼醇酸酯的类似物，有三种结构，用 JHi、JHii、JHiii 表示。

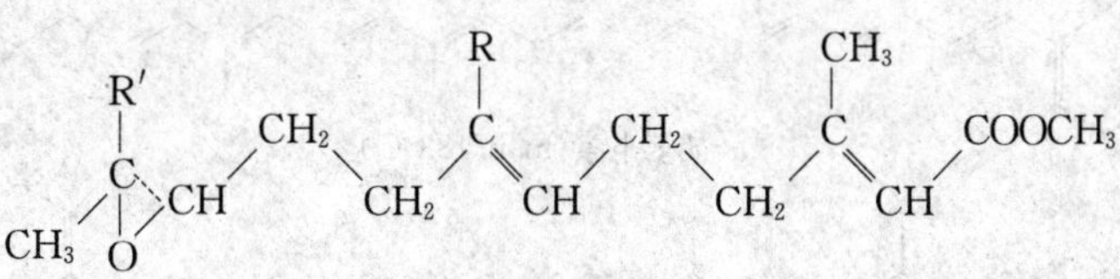

昆虫保幼激素(JH)

JHi：$R' = R = -CH_2CH_3$

JHii：$R' = -CH_2CH_3$；$R = -CH_3$

JHiii：$R' = R = -CH_3$

昆虫保幼激素是昆虫咽侧体分泌的一种激素，能使昆虫保持幼虫体态，目前主要用于养蚕业和害虫防治等。

5. 脱落酸 脱落酸简称 ABA，广泛存在于高等植物中，衰老的、行将脱落的或将要休眠的器官中含量较多，而幼嫩器官中的含量极微。

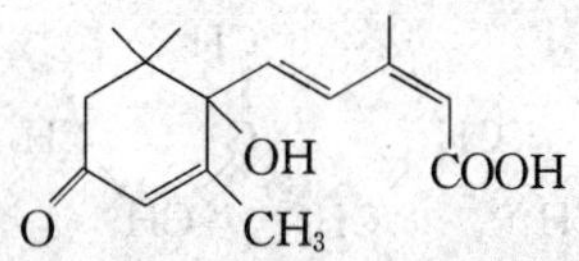

脱落酸

脱落酸为无色晶体，显酸性，能溶于稀碱（如 $NaHCO_3$）和一些极性有机溶剂中，但不溶于苯、石油醚等非极性溶剂。

脱落酸是植物内源激素的一种，能抑制植物生长发育，促进落叶和休眠，刺激气孔关闭。并能与促进生长发育的植物激素相拮抗，协同调节植物的生长发育。在农业生产上可用来脱叶，如棉花脱叶后便于机械收割；也可使果树提早休眠，提高抗寒能力。

6. 维生素 A 维生素 A 分为 A_1 和 A_2 两种。它们都是单环二萜醇类化合物，通常所说的维生素 A 是指 A_1。

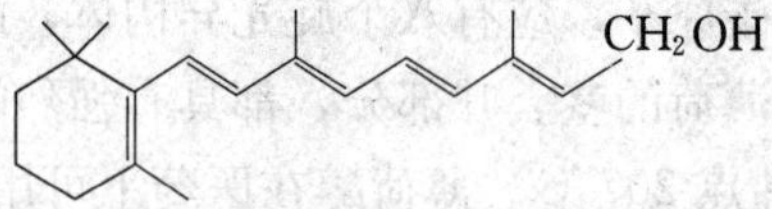

维生素A_1

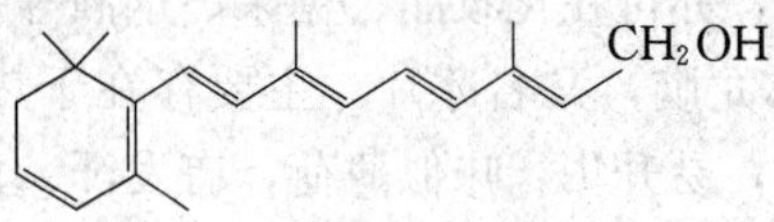

维生素A_2

维生素 A 是淡黄色结晶，熔点 64 ℃，不溶于水，易溶于有机溶剂，属于脂溶性维生素。维生素 A 分子中含多个共轭双键，化学性质活泼，易被空气氧化和紫外线破坏而丧失其生理功能，但能耐热。它是哺乳动物正常生长发育所必需的物质。体内缺乏维生素 A 时，可导致皮肤粗糙、眼角膜硬化症和夜盲症。

7. 胡萝卜素 胡萝卜素是四萜的代表物，广泛存在于植物的叶、花、果实以及动物的乳汁、脂肪等中。由于胡萝卜素存在，使胡萝卜和甘薯呈橙色，牛油、鸡油和蛋黄呈黄色，秋天的树叶也显出它的黄色。

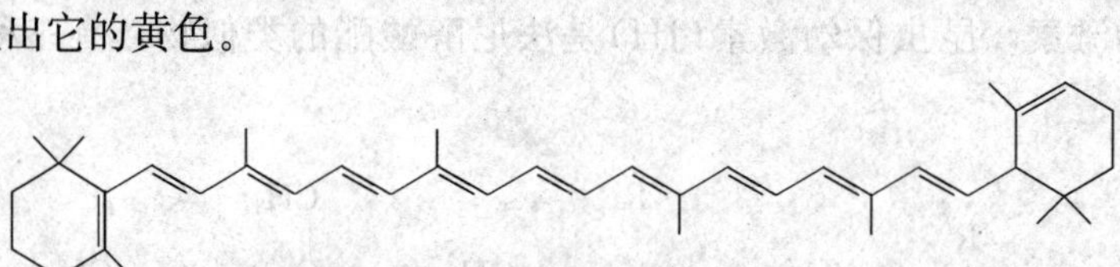

α-胡萝卜素（m. p. 188 ℃）

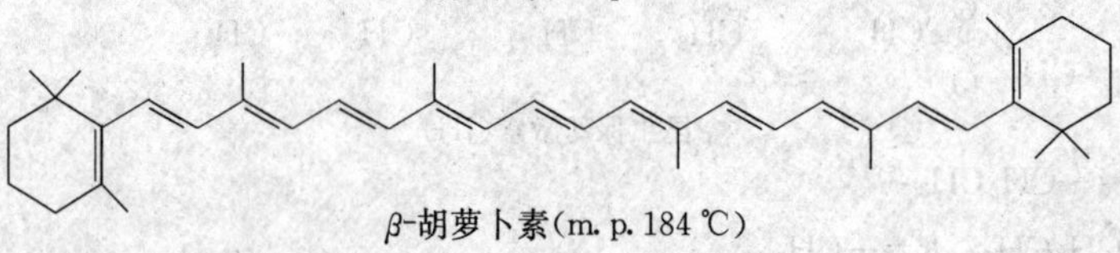

β-胡萝卜素（m. p. 184 ℃）

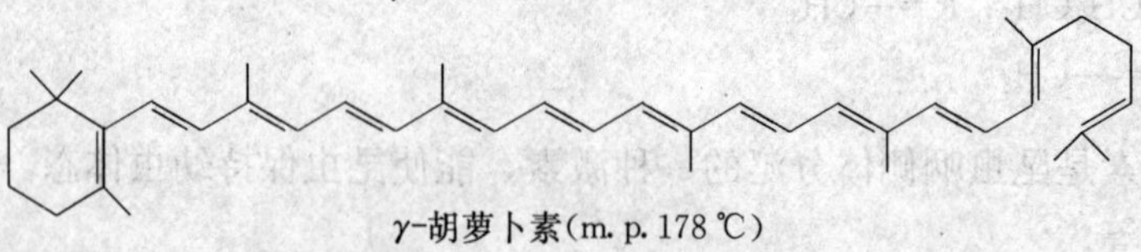

γ-胡萝卜素（m. p. 178 ℃）

胡萝卜素是 α、β、γ 三种异构体的混合物，其中以 β-异构体的含量最高（α 为 15%，β 为 85%，γ 为 0.10%）。胡萝卜素是红色或深紫色晶体，它们都难溶于水，易溶于有机溶剂，遇浓硫酸或三氧化硫的氯仿溶液显深蓝色。这种显色反应常用来定性鉴定这类化合物。胡萝卜素在动植物体内可以转化为维生素 A，故称为维生素 A 原。

小知识 //

甲烷无氧化制备乙烯、苯和萘

现有甲烷转化为高碳烃分子的途径通常采用"二步法"：首先在高温条件下，通过混合氧气、二氧化碳或水蒸气，将甲烷分子重整为含一定比例的一氧化碳和氢气分子的合成气体；随后，用特定催化剂将合成气体转化为高碳的烃分子，包括乙烯等。此方法路线长、投资大、消耗高，还采用氧分子作为甲烷活化的助剂或介质，转化过程中形成和排放大量温室气体二氧化碳。

包信和院士研究组基于"纳米限域催化"的新概念，创造性地构建了硅化物晶格限域的单中心铁催化剂，实现了甲烷在无氧条件下的选择活化，一步生产乙烯、苯和萘等化学品。德国化工企业巴斯夫集团副总裁穆勒认为，这是一项"即将改变世界"的新技术，将为天然气、页岩气在未来的高效利用开辟一条全新的途径。

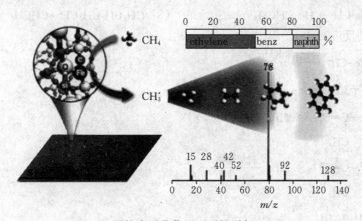

甲烷在活化作用下活性脱氢

Guo X G，Fang G Z，Li G，Ma H，Fan H J，Yu L，Ma C，Wu X，Deng D H，Wei M M，Tan D L，Si R，Zhang S，Li J Q，Sun L T，Tang Z C，Pan X L，Bao X H. Direct, non‑oxidative conversion of methane to ethylene, aromatics, and hydrogen. Science，2014，344(6184)：616‑619.

习　题

1. 命名下列烃基或化合物：

(1) $CH\equiv C-$

(2) $CH_2=CH-CH_2-$

(3) $CH_3-CH=CH-$

(4) $CH_2=\overset{\displaystyle |}{\underset{\displaystyle |}{C}}-CH_3$

(5) $CH_3CH_2-\overset{\displaystyle |}{\underset{\displaystyle |}{C}}-CH(CH_3)_2$ 带有 CH_2

(6) $CH_2=CH-CH=\overset{\displaystyle |}{\underset{\displaystyle |}{C}}-CH_3$ 带有 CH_3

(7)

$$\begin{array}{c}CH_3 \qquad\qquad H\\ \diagdown\quad\diagup\\ C=C\\ \diagup\qquad\diagdown\\ H \qquad\quad CH-C\equiv C-CH_3\\ |\\ CH_3\end{array}$$

(8)

$$\begin{array}{c}\qquad H\qquad\qquad H\\ \qquad\diagdown\quad\diagup\\ CH_3\qquad C=C\\ \diagdown\quad\diagup\qquad\diagdown\\ C=C\qquad\qquad CH_3\\ \diagup\qquad\diagdown\\ H\qquad\quad C(CH_3)_3\end{array}$$

2. 写出下列化合物的结构式：

(1)(E)-3,4-二甲基-2-戊烯

(2)反-4,4-二甲基-2-戊烯

(3)(Z)-3-甲基-4-异丙基-3-庚烯

(4)(E)-2,2,4,6-四甲基-5-乙基-3-庚烯

3. 下列各化合物有无顺反异构现象？如有，写出它们的顺反异构体。

(1)2-甲基-1-丁烯   (2)1,3,5-己三烯

(3)2,5-二甲基-3-己烯   (4)3-甲基-4-乙基-3-己烯

(5) $Cl-CH_2CH_2-C=C(CH_3)_2$
$\qquad\qquad\qquad\qquad |$
$\qquad\qquad\qquad\quad CH_3$

(6) $CH\equiv C-CH=CH-CH_3$

(7) $CH_3CH=CH-CH=CHCH_3$ (8) $CH_3CH_2CH_2CH=CHCH_3$

4. 完成下列反应：

(1) $(CH_3)_2C=CH_2 \xrightarrow{\text{冷、稀 } KMnO_4}$

(2) $(CH_3)_2C=CH_2 \xrightarrow{O_3} \xrightarrow[H_2O]{Zn}$

(3) $CH_3CH_2-C=CH_2 + HBr \longrightarrow$
$\qquad\qquad\quad |$
$\qquad\qquad\; CH_3$

(4) $CH_3CH_2-C=CH_2 + HBr \xrightarrow{\text{过氧化物}}$
$\qquad\qquad\quad |$
$\qquad\qquad\; CH_3$

(5) $CH_2=CHCH_2CH_3 + Cl_2 \xrightarrow{500\ ℃}$

(6) $(CH_3)_2C=CH-CH=CH_2 + Br_2 \longrightarrow$

(7) $CH_2=CH-CH=CH_2 + CH_2=CH-CN \xrightarrow{\triangle}$

(8)

$$\begin{array}{c}\text{CHO}\\ \xrightarrow{\triangle}\end{array}$$

5. 用化学方法鉴别下列各组化合物：

(1)乙烷、乙烯、乙炔

(2)丁烷、乙烯基乙炔、1,3-丁二烯

6. 某烃 A 的分子式为 C_6H_{10}，催化氢化仅消耗 1 mol 氢；与臭氧反应后，在锌粉存在下水解得 $\overset{O}{\overset{\|}{H-C}}-CH_2CH_2CH_2CH_2-\overset{O}{\overset{\|}{C}}-H$ 。写出 A 的构造式。

7. 有两种烯烃 A 和 B，经催化加氢都得到烷烃 C。A 用 $KMnO_4/H^+$ 氧化，得 CH_3COOH 和 $(CH_3)_2CHCOOH$；B 在同样条件下则得 $CH_3-\overset{O}{\overset{\|}{C}}-CH_3$ 和 CH_3CH_2COOH。写出

A、B、C 的构造式。

8. 化合物 A 和 B 都能使溴的四氯化碳溶液褪色。A 与硝酸银的氨溶液作用产生沉淀，氧化 A 得 CO_2 和丙酸；B 不与硝酸银的氨溶液作用，氧化 B 得 CO_2 和草酸（$HO-\overset{O}{\underset{}{C}}-\overset{O}{\underset{}{C}}-OH$）（草酸不稳定，分解成 CO_2）。已知 A、B 的分子式同为 C_4H_6，试推测 A 与 B 的构造式。

9. 某烃分子式为 $C_{10}H_{16}$，能消耗 1 mol 氢，分子中不含甲基、乙基或其他烷基，用酸性高锰酸钾溶液氧化得一对称二酮，其分子式为 $C_{10}H_{16}O_2$，试推测该烃的构造式。

10. 某萜烯分子式为 $C_{10}H_{16}$，催化时能消耗 3 mol H_2 而生成 $C_{10}H_{22}$；臭氧化还原水解产生 $CH_3-\overset{O}{\underset{}{C}}-CH_3$、2HCHO 及 $H-\overset{O}{\underset{}{C}}-CH_2CH_2-\overset{O}{\underset{}{C}}-CHO$。根据异戊二烯规律写出该萜烯的构造式。

第四章

芳　香　烃

芳香烃(aromatic hydrocarbon)一般是指含有苯环结构并具有特殊化学性质的碳氢化合物。这类化合物最初是从天然的香树脂、香精油中获得的，大多数具有芳香气味，因而称为"芳香烃"或"芳烃"。随着有机化学的发展，人们发现许多具有芳香族化合物特性的物质，并没有芳香味，而有些有芳香味的化合物却不具备芳香族化合物的特性，所以"芳香烃"一词只是沿用了历史的名词。此外，还有一些分子中不含苯环结构的环状烃，它们具有与苯相似的电子结构和化学性质，称作非苯芳烃。本章重点讨论含有苯环结构的芳香烃。

根据分子中是否含有苯环可将芳香烃分为两大类：苯系芳香烃和非苯芳香烃。

1. 苯系芳香烃　根据苯环的连接情况，苯系芳香烃可分为：

单环芳烃：分子中只含有一个苯环的芳烃。

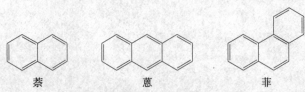

多环芳烃：分子中含有两个或两个以上独立苯环的芳烃。

联苯　　　　　　　　二苯甲烷　　　　　　　三苯甲烷

稠环芳烃：分子中含有两个或两个以上苯环，通过共用两个相邻碳原子稠合而成的芳烃。

萘　　　　　　　　蒽　　　　　　　　菲

2. 非苯芳烃　分子中不含有苯环，但含有结构、性质与苯相似的碳环，具有芳香族化合物的共同特性。

环丙烯正离子　　环戊二烯负离子　　环庚三烯正离子

第一节　单环芳烃

一、单环芳烃的命名

苯是典型的单环芳烃。苯环上的氢原子被烃基取代形成苯的衍生物。

单环芳烃的命名通常以苯环为母体，烷基作为取代基。例如：

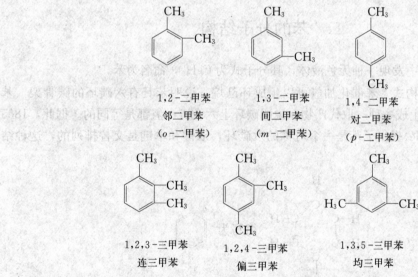

苯　　　甲苯　　　乙苯　　　异丙苯

苯环上有多个取代基时，由于取代基位置不同，命名时应在名称前注明取代基位置。例如：

1,2-二甲苯　　1,3-二甲苯　　1,4-二甲苯
邻二甲苯　　　间二甲苯　　　对二甲苯
（o-二甲苯）　（m-二甲苯）　（p-二甲苯）

1,2,3-三甲苯　1,2,4-三甲苯　1,3,5-三甲苯
连三甲苯　　　偏三甲苯　　　均三甲苯

当苯环上连有不饱和烃基或较复杂的烷基时，通常把苯环当作取代基来命名。例如：

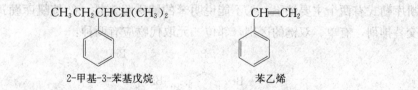

2-甲基-3-苯基戊烷　　　苯乙烯

芳环上连有非烃基官能团时，则以最优先的官能团作为母体，其他基团作为取代基。

常见的官能团优先次序为—COOH、—SO₃H、—COOR、—COX、—CONH₂、—CN、—CHO、—OH、—NH₂。例如：

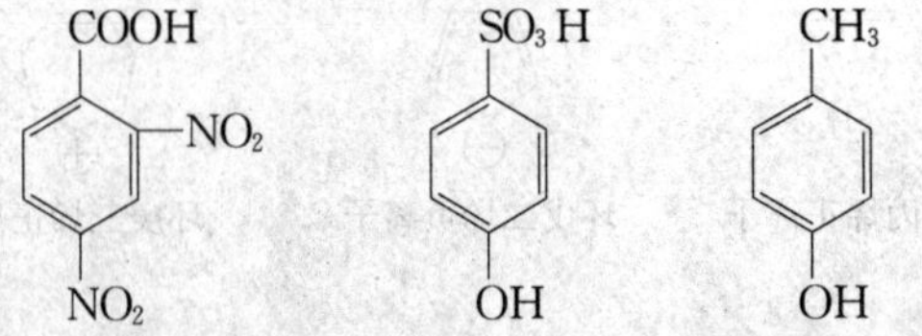

2,4-二硝基苯甲酸	4-羟基苯磺酸	4-甲基苯酚

芳香烃分子中去掉一个氢原子后剩下的原子团叫芳基，可用 Ar—表示。例如：

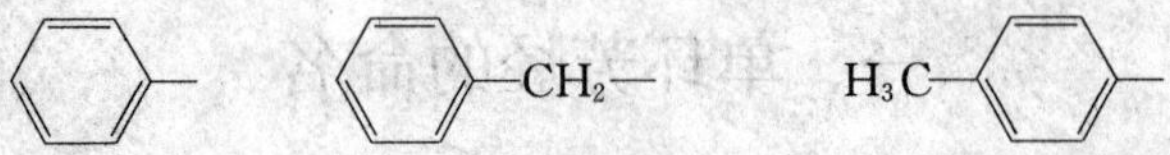

苯基	苄基(苯甲基)	4-甲基苯基(对甲基苯基)

苯基常用 Ph—或 Φ—表示。

思考题 4-1 写出 C_9H_{12} 的苯衍生物同分异构体的结构式，并命名。

思考题 4-2 命名下列化合物。

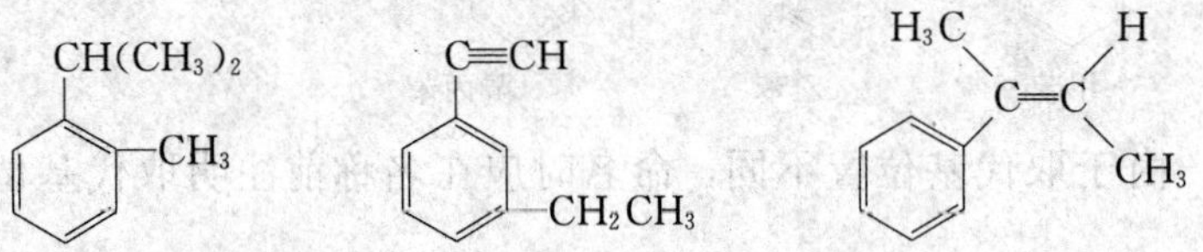

二、苯的分子结构

1825 年从煤焦油中发现一种无色液体，其分子式为 C_6H_6，命名为苯。

1. 苯的凯库勒结构式 苯催化加氢可以生成环己烷，说明苯具有六碳环的碳骨架，苯在进行取代反应时只生成一种一取代产物，说明碳环上六个碳、氢都是等同的。据此，1865 年凯库勒(F. A. Kekulé)提出了苯是一个对称的六碳环，双键和单键是交替排列的，这种结构称为苯的凯库勒式。

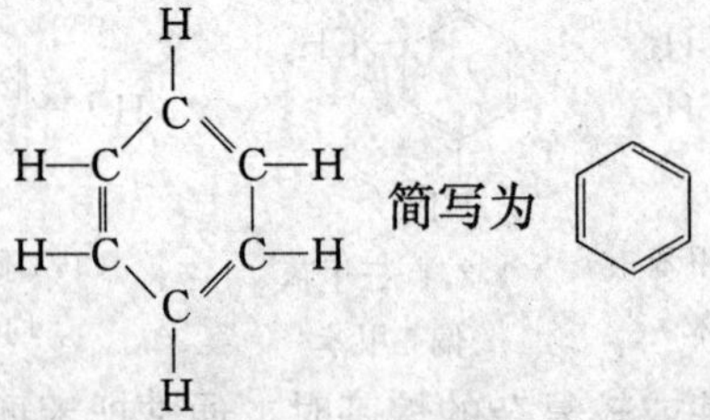

简写为

凯库勒式有两个主要缺陷：①不能说明苯的特殊稳定性；②按凯库勒式，苯分子中单、双键交替排列，有单、双键的区别，邻位二元取代物应有两种：

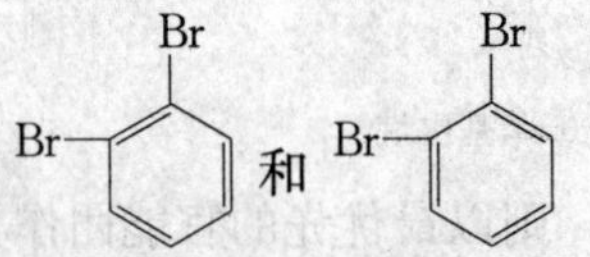

但实际上苯的邻位二元取代产物只有一种，没有单、双键的区别。因此，凯库勒提出苯的双键位置在不停地来回移动，是两种结构的互变平衡。

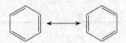

然而，凯库勒式还不能反映出苯的真实结构。

2. 苯分子结构的近代观点 现代物理方法测定表明，苯分子是正六边形结构，六个碳原子和六个氢原子在同一平面上，碳碳键键长均为 0.139 nm，键角都是 120°。

杂化轨道理论认为：苯分子中六个碳原子都是 sp^2 杂化，每个碳原子都以 sp^2 杂化轨道与相邻碳原子重叠形成六个 C—C σ 键，每个碳原子又以 sp^2 杂化轨道与氢原子的 s 轨道形成六个 C—H σ 键。六个碳原子和六个氢原子都处在同一个平面内。另外，每个碳原子上各有一个垂直于环平面的 p 轨道，这些 p 轨道相互平行，侧面重叠形成环状的大 π 键(图 4 - 1)，六个 π 电子可均匀地离域在大 π 轨道中，π 电子分布于环的两侧，把环夹在中间，形成一个夹心面包状。

苯环电子云

六个 C—C σ 键和环形大 π 键构成闭合的共轭体系，使体系能量降低，键长完全平均化。

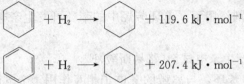

离域能为 $119.6 \times 3 - 207.4 = 151.4$ kJ $\cdot$ mol^{-1}。

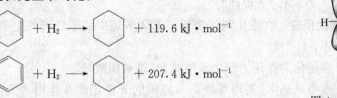

图 4 - 1 苯分子中的 p 轨道

此共轭体系的离域能很大，结构很稳定，不同于一般的烯烃。若发生加成反应，会破坏共轭体系，使能量升高。所以，苯不易发生加成反应。苯分子结构也可以表示为：

三、单环芳烃的物理性质

单环芳烃多为无色液体，不溶于水，易溶于石油醚、四氯化碳、乙醚、丙酮等有机溶剂。一般单环芳烃比水轻，相对密度在 0.86～0.9 之间。沸点随相对分子质量增加而升高。二元取代苯的三种异构体中，对位异构体的熔点比邻位和间位异构体高(表 4 - 1)。这可能是由于对位异构体分子对称，晶格能较大的缘故。单环芳烃具有特殊气味，它们的蒸气有毒，能损坏造血器官和神经系统。

表 4 - 1 单环芳香烃的物理常数

名　称	熔点/℃	沸点/℃	相对密度(d_4^{20})	折射率(n_D^{20})
苯	5.5	80.1	0.877	1.500 1
甲苯	−9.5	110.6	0.867	1.496 1
邻二甲苯	−25.2	144.4	0.882	1.505 5
间二甲苯	−47.9	139.1	0.864	1.497 2
对二甲苯	13.3	138.4	0.861	1.495 8

（续）

名 称	熔点/℃	沸点/℃	相对密度（d_4^{20}）	折射率（n_D^{20}）
连三甲苯	−25.4	176	0.894	1.513 9
偏三甲苯	−43.8	169	0.876	1.504 8
均三甲苯	−44.7	165	0.865	1.499 4
乙苯	−95	136.2	0.867	1.495 9
正丙苯	−99.5	159.2	0.862	1.492 0
异丙苯	−96	152.4	0.862	1.491 5
苯乙烯	−30.6	145.2	0.906	1.546 8

四、单环芳烃的化学性质

单环芳烃中的苯环相当稳定，不易发生加成和氧化反应，容易发生取代反应。这些是芳香族化合物的共同特性，常称作"芳香性"。

1. 亲电取代反应　在催化剂作用下，单环芳烃中的苯环可发生亲电取代反应。其反应历程如下：

第一步：在催化剂作用下产生亲电试剂（路易斯酸）E^+。

第二步：亲电试剂 E^+ 进攻苯环，与离域的 π 电子相互作用。亲电试剂从苯环的 π 体系中获得两个电子，与苯环的一个碳原子形成 σ 键而生成 σ-配合物（或称碳正离子中间体）。

$$\bigcirc + E^+ \xrightarrow{\text{慢}} \underset{\ }{\overset{E}{\bigoplus}} H$$

在 σ-配合物中，与亲电试剂相连的碳原子由原来的 sp^2 杂化变成 sp^3 杂化，苯环的闭合共轭体系被破坏，环上剩下的四个 π 电子离域在五个碳原子上，形成了带一个正电荷的缺电子的共轭体系。生成 σ-配合物这一步是取代反应中最慢的一步，决定着整个反应的速度。

第三步：σ-配合物不稳定，它很容易从 sp^3 杂化碳原子上失去一个质子，重新恢复稳定的苯环结构，生成取代苯。

$$\underset{\ }{\overset{E}{\bigoplus}} H \xrightarrow[\text{快}]{-H^+} \bigcirc\!\!-E$$

（1）卤代反应　在铁粉或三卤化铁等催化剂的作用下，加热至 55～60 ℃，苯环上的氢原子可被卤素（一般指氯和溴）取代生成卤代苯。例如：

$$\bigcirc + Br_2 \xrightarrow[\text{或 FeBr}_3]{\text{Fe 粉}} \overset{Br}{\bigcirc} + HBr$$

$$\bigcirc + Cl_2 \xrightarrow[\text{或 FeCl}_3]{\text{Fe 粉}} \overset{Cl}{\bigcirc} + HCl$$

在比较强烈的反应条件下，卤代苯可继续和卤素反应，主要生成邻位和对位取代物。

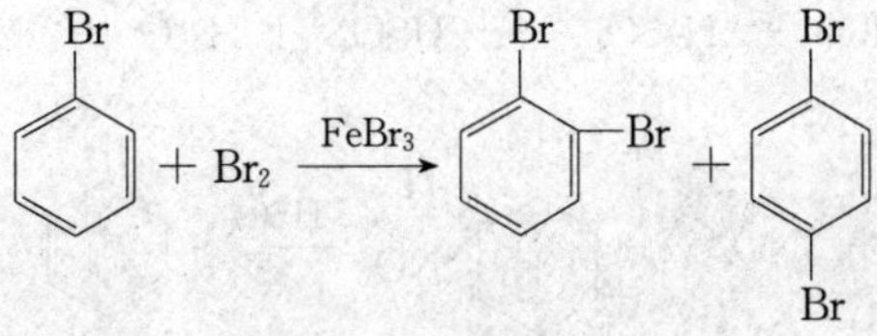

烷基苯与卤素在同样的条件下也发生苯环的取代反应，反应比苯容易进行，主要得到邻位和对位取代物。但在加热或光照条件下，烷基苯与卤素作用，卤原子是取代苯环侧链上的氢原子，通常反应发生在 α-位，即 α-氢原子被取代，该反应是自由基反应。例如：

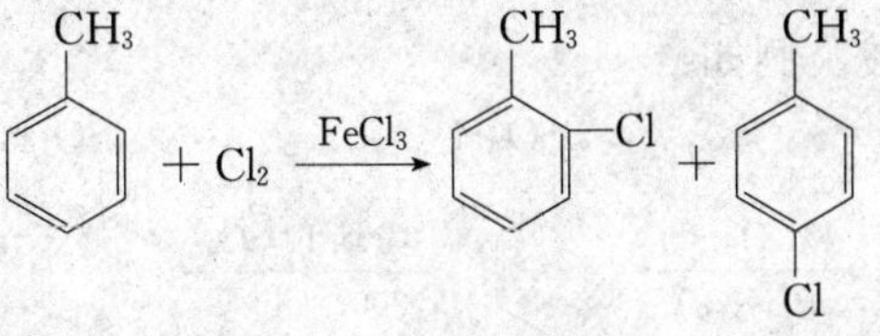

邻氯甲苯　对氯甲苯

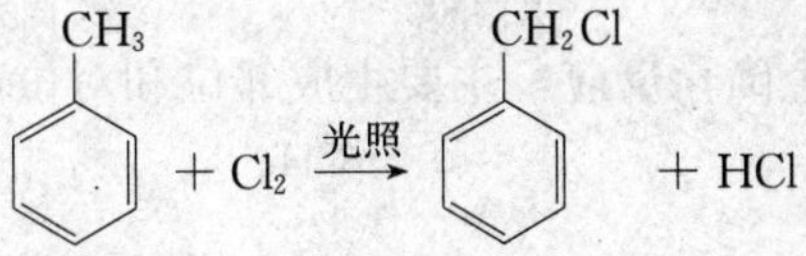

苄氯(氯化苄)

卤代反应的机理：

$$Br_2 + FeBr_3 \longrightarrow [FeBr_4]^- + Br^+$$

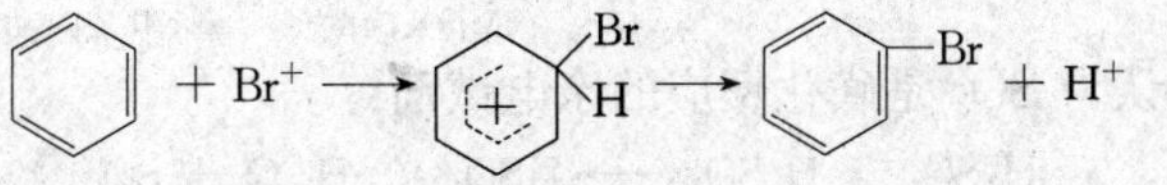

$$[FeBr_4]^- + H^+ \longrightarrow FeBr_3 + HBr$$

(2)硝化反应　苯与浓硝酸和浓硫酸的混合物共热，苯环上的氢原子被硝基($-NO_2$)取代，生成硝基苯。

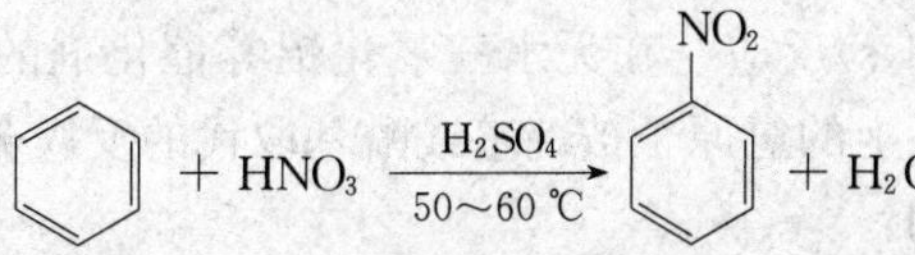

硝基苯不容易继续硝化，若使用发烟硝酸和发烟硫酸，在更高的温度下反应，可引入第二个硝基，主要生成间二硝基苯。

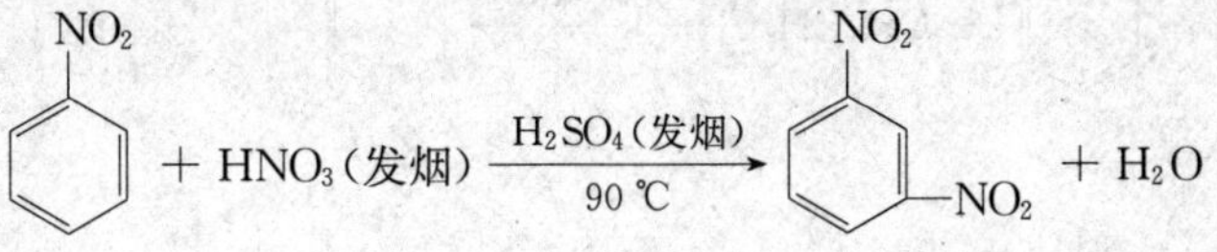

间二硝基苯

烷基苯在比较低的温度条件下与混酸作用，生成邻位和对位产物，此反应比苯容易进行。

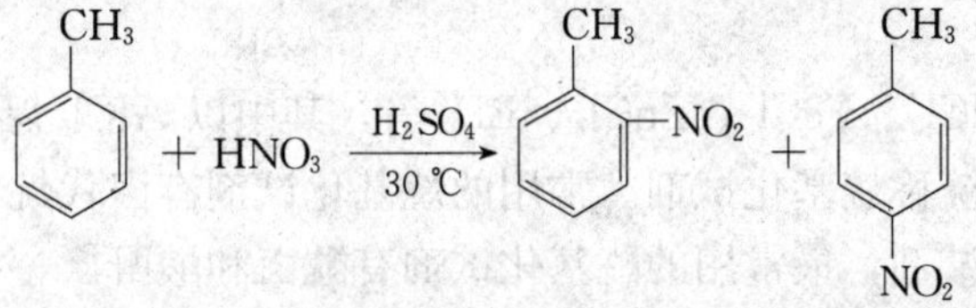

邻硝基甲苯　　　对硝基甲苯

硝化反应历程为:

$$HNO_3 + 2H_2SO_4 \longrightarrow 2HSO_4^- + H_3^+O + {}^+NO_2$$

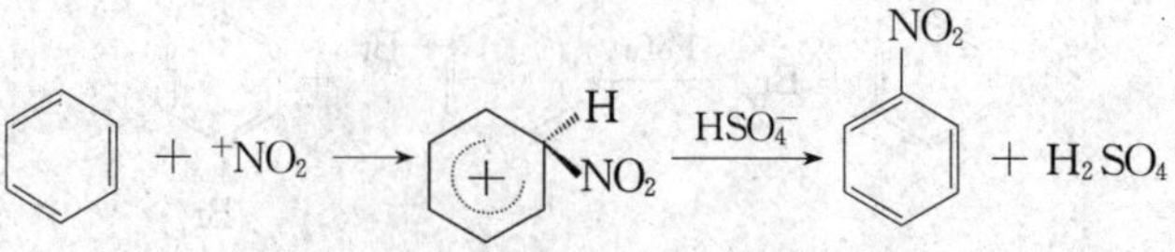

硝基苯是具有苦杏仁气味的黄色油状物,其蒸气有毒。

(3)磺化反应　苯与浓硫酸或发烟硫酸反应,生成苯磺酸。在苯环上引入了磺酸基(—SO₃H)。苯磺酸为无色结晶,易溶于水,具有强酸性。在更高的温度下,苯磺酸可继续磺化,主要生成间苯二磺酸。例如:

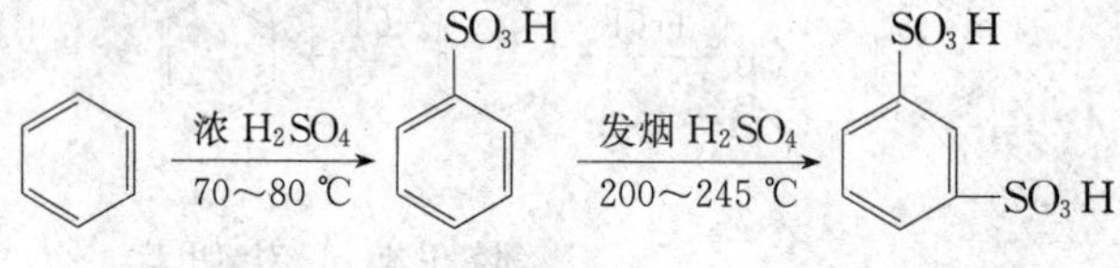

苯磺酸　　　　　间苯二磺酸

烷基苯在室温下也可发生磺化反应,主要生成邻位和对位产物。

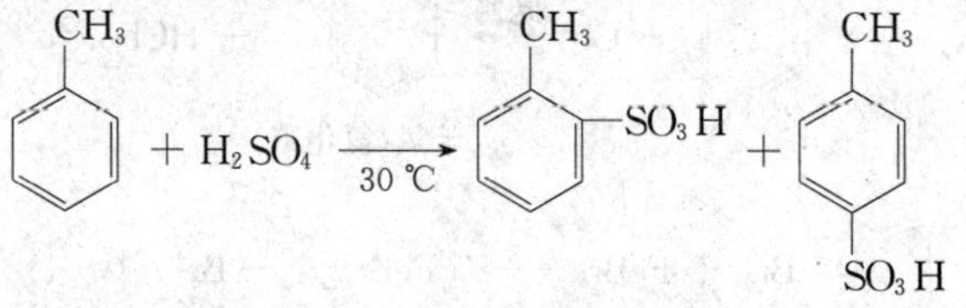

邻甲苯磺酸　　对甲苯磺酸

反应历程:一般认为 SO₃ 是磺化反应的亲电试剂:

$$H_2SO_4 + H_2SO_4 \longrightarrow HSO_4^- + H_3^+O + SO_3$$

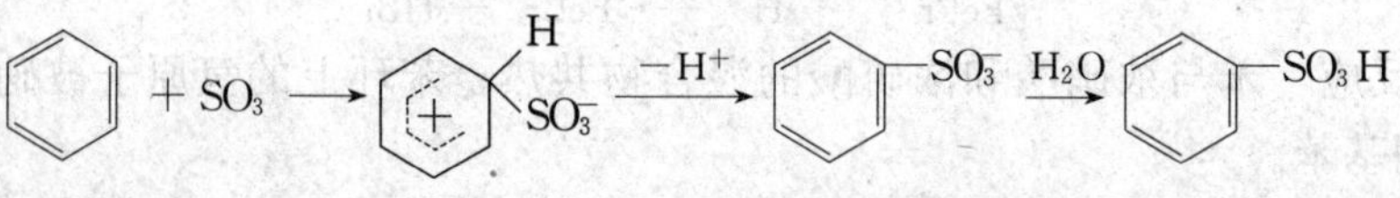

(4)傅-克(Friedel-crafts)反应　在无水三氯化铝等催化剂的作用下,苯及其衍生物与卤代烷或酰卤等作用,苯环上的氢原子被烷基或酰基取代的反应分别称为烷基化和酰基化反应,统称傅—克反应。例如:

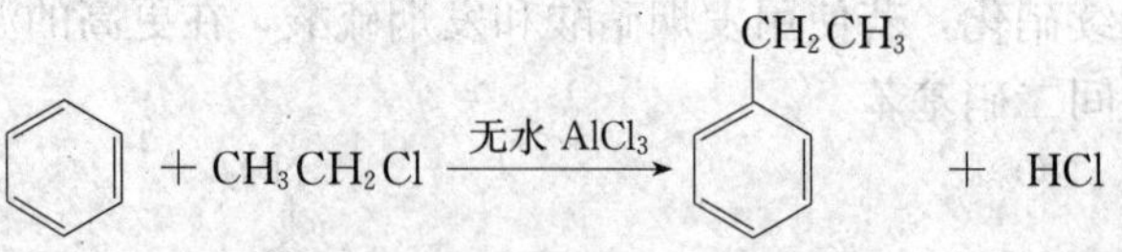

乙苯

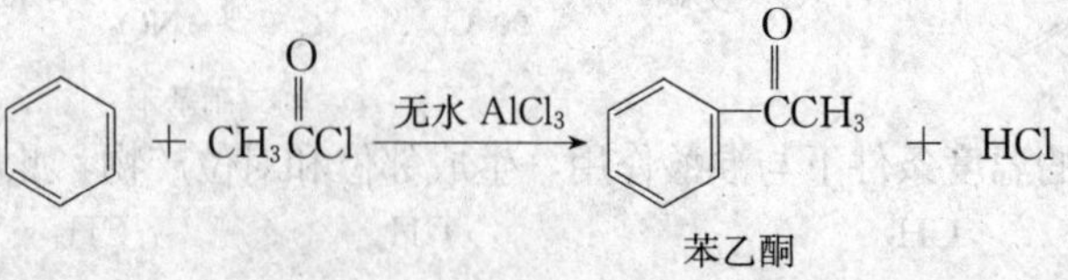

苯乙酮

常用的催化剂有 AlCl₃、FeCl₃、ZnCl₂、BF₃ 等,其中以 AlCl₃ 活性最高。

能提供烷基的试剂统称烷基化试剂。常用的烷基化试剂有卤代烷、烯烃和醇等。能提供酰基的试剂称作酰基化试剂,最常用的酰基化试剂有酰卤和酸酐。

当苯环上仅连有强吸电子基团(硝基、磺酸基、酰基和氰基等)时,一般不发生傅—克反应。

烷基化反应往往有多取代物生成，对长链卤代烃还会发生异构化；而酰基化反应不发生多取代，也不发生异构化。

正丙苯30%　　异丙苯70%

在烷基化反应中，亲电试剂是碳正离子。当烷基化试剂含有三个或三个以上碳原子时，反应中会发生碳正离子重排，形成更稳定的碳正离子，因此生成的取代产物是以带支链的烷基苯为主。

烷基化反应历程：

$$CH_3CH_2CH_2Cl + AlCl_3 \longrightarrow [AlCl_4]^- + CH_3CH_2\overset{+}{C}H_2$$

$$CH_3CH_2\overset{+}{C}H_2 \xrightarrow{\text{重排}} CH_3-\overset{+}{C}H-CH_3$$

一级碳正离子　　　二级碳正离子
（稳定性小）　　　（较稳定）

酰基化反应历程：

$$CH_3-\overset{O}{\overset{\|}{C}}-Cl + AlCl_3 \longrightarrow CH_3-\overset{O}{\overset{\|}{C}}{}^+ + [AlCl_4]^-$$

思考题 4-3 写出苯与下列化合物进行亲电取代反应所生成的主要产物：

(1)1-氯-2-甲基丙烷　(2)2-溴-2-甲基丙烷　(3)苯甲酰氯

2. 氧化反应　苯在一般条件下不被氧化，在特殊条件下能发生氧化而使苯环破裂。如在高温和催化剂作用下，苯可被空气氧化生成顺丁烯二酸酐。

具有 α-氢的烷基苯侧链可以被高锰酸钾、重铬酸钾、硝酸等强氧化剂氧化，并且不论烃基碳链的长短，都被氧化成羧基。例如：

3. 加成反应　苯环是一个闭合的共轭体系，比一般的不饱和烃要稳定得多，只有在特殊条件下才能发生加成反应。例如：

六氯环己烷(六六六)

五、亲电取代反应的定位规律及其应用

1. 定位基和定位效应　当一元取代苯进行取代反应时，邻、间、对三个位置被取代的机会并不是均等的。第二个取代基进入苯环的位置和难易程度，主要由苯环上原有取代基的性质来决定，与新引入的基团性质无关。这种现象称为取代基的定位效应或定位作用，苯环上原有的取代基称为定位基。

常见的定位基分为两类：

(1)第Ⅰ类定位基(邻、对位定位基)　使新引入的取代基主要进入它的邻位和对位，并且使苯环活化(卤素除外)。邻、对位定位基与苯环相连的原子上只有单键，除碳以外，都带有未成键的电子对，这些原子或基团一般具有推电子作用。属于这一类定位基的有(按强弱次序排列)：

—O⁻、—NR₂、—NH₂、—OH、—OR、—NHCOR、—OCOR、—R、—Ar、—X（I、Br、Cl、F)等。

(2)第Ⅱ类定位基(间位定位基)　使新引入的取代基主要进入它的间位，并使苯环钝化，比苯难发生亲电取代反应。间位定位基与苯环直接相连的原子或带正电荷，或以单键、重键、配价键与其他电负性更强的原子组成基团，它们具有向苯环吸电子的能力，从而降低苯环上的电子云密度。属于这一类的定位基有（按强弱次序排列）：

$-\overset{+}{N}R_3$、$-NO_2$、$-CF_3$、$-CCl_3$、$-CN$、$-SO_3H$、$-CHO$、$-COR$、$-COOH$、$-COOR$、$-CONR_2$ 等。

2. 定位规律的解释 苯是一个闭合的共轭体系，由于苯环上的 π 电子高度离域，所以每个碳原子的电子云密度是完全均匀分布的。当环上有了一个取代基（定位基）以后，由于受到取代基的诱导效应和共轭效应的影响，环上的电子云密度增加或减少而出现疏密交替的现象。亲电试剂优先进攻电子云密度较大的部位，于是苯环上各个部位进行亲电取代反应的难易程度有所不同。环上电子云密度变化情况与取代基（定位基）的性质有关。

（1）邻、对位定位基 邻、对位定位基大多是推电子基团或与苯直接相连的原子上有孤对电子的基团，它们能通过诱导和共轭效应使苯环上电子云密度增加，有利于亲电试剂的进攻，使其比苯的亲电取代反应容易进行，对苯的亲电取代反应有致活效应。例如，$-CH_3$ 可以通过诱导效应和 σ-π 超共轭效应使苯环上电子云密度增加。$-OH$、$-NH_2$ 中虽然氧、氮原子电负性大，具有吸电子诱导效应，但同时又可以形成 p-π 共轭体系，使氧上的孤对电子向苯环转移，具有给电子的共轭效应。诱导效应和共轭效应方向相反，共轭效应占优势，总的结果使苯环上电子云密度增加。无论诱导效应还是共轭效应，并不是使苯环上每个碳原子的电子云密度平均地增加，而是在取代基的邻位和对位电子云密度增加较多。例如：

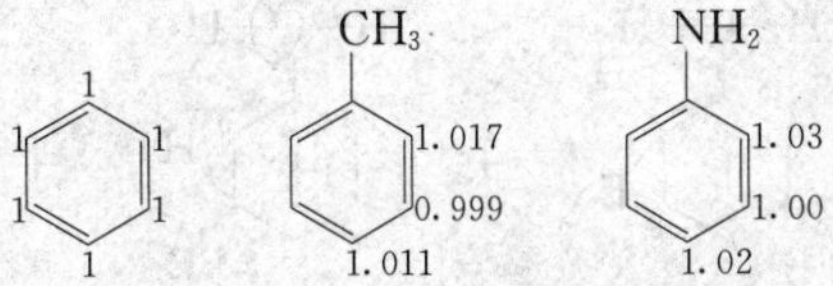

亲电试剂进攻电子云密度较高的邻位和对位，主要生成邻、对位取代产物。

对于卤素取代基，同样具有吸电子诱导效应（$-I$）和给电子共轭效应（$+C$），以诱导效应占优势，结果使苯环上的电子云密度降低，使苯环的亲电取代反应钝化。而苯环中间位碳原子电子云密度降低较多，于是亲电试剂进攻邻、对位。所以卤素原子是第 I 类定位基中一个例外：邻、对位定位作用和钝化效应。

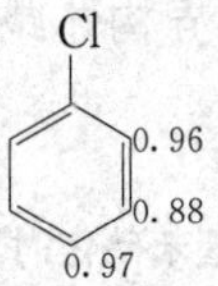

（2）间位定位基 间位定位基大多是强吸电子基团或与苯相连的原子上有重键的基团，它们能通过诱导效应和共轭效应使苯环上电子云密度降低，不利于亲电试剂的进攻，对苯环的亲电取代反应起钝化作用。例如 $-NO_2$ 中氮原子电负性较大，具有吸电子诱导（$-I$）作用，同时能形成 π-π 共轭体系，使苯环上电子云向硝基转移，苯环上电子云密度降低，使其亲电取代反应比苯更难进行。如硝基苯的硝化反应速率为苯的万分之一倍。这种作用使苯环上邻位和对位电子云密度降低得更多些，间位相对电子云密度较高。因此，亲电试剂进攻间位，得到以间位为主的产物。

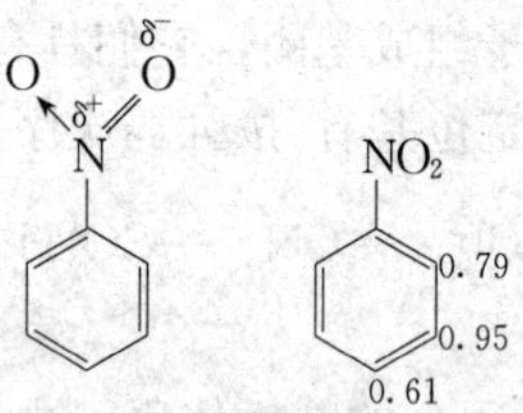

也可以从亲电取代反应的中间体 σ-配合物的稳定性来解释。例如，硝基苯在进行亲电取代反应时，可生成三种碳正离子中间体：

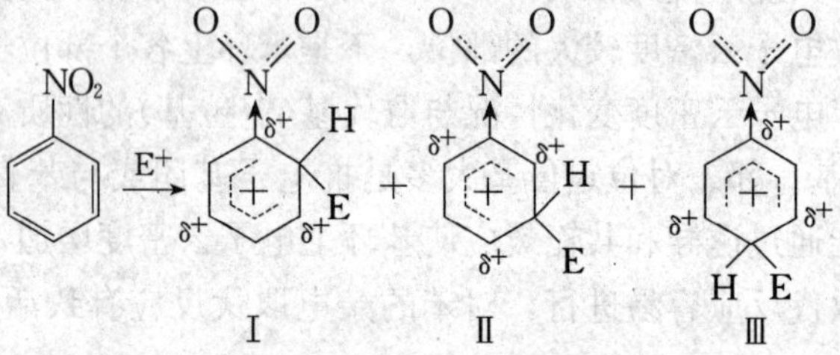

中间体 Ⅰ 和 Ⅲ 中，带正电荷的碳原子直接与硝基相连，由于硝基的吸电子作用，使正电荷更加集中，能量高，不稳定，故不易形成。而中间体 Ⅱ 中没有这种情况，能量较低，所以主要生成中间体 Ⅱ，亲电取代反应主要发生在间位上。

甲苯在进行亲电取代反应时，也可以生成三种中间体：

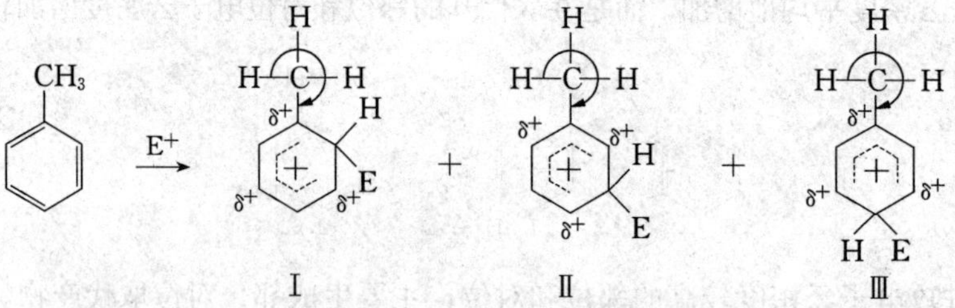

中间体 Ⅰ 和 Ⅲ 中，带正电荷的碳原子直接与甲基相连，甲基的推电子作用使正电荷分散较好，能量低，比较稳定，所以主要生成中间体 Ⅰ 和 Ⅲ，亲电取代反应主要发生在邻、对位上。

表 4-2 列出烷基苯进行硝化反应时各异构体的分布。从中可以发现，当邻、对位定位基体积较大时，由于空间位阻作用，邻位异构体减少，对位异构体增加。温度和催化剂对异构体的比例也有一定影响。

表 4-2　烷基苯硝化时异构体的分布

化合物	定位基	异构体分布比例/%		
		邻位	对位	间位
甲　苯	—CH₃	56.5	40.0	3.5
乙　苯	—CH₂CH₃	45.0	55.0	0
异丙苯	—CH(CH₃)₂	30.0	68.0	2.0
叔丁苯	—C(CH₃)₃	18.0	81.0	1.0

3. 二取代苯的定位规则 如果苯环上已经有两个取代基时，第三个取代基进入的位置同时受两个取代基的制约，有如下规律：

(1)两个取代基的定位效应一致时，由定位规则决定。下列化合物进行亲电取代时，新取代基将进入箭头所示位置。

(2)两个取代基的定位效应不一致时，若两个取代基属于同一类定位基，则应由定位效应强的定位基决定基团进入位置；若两个取代基不属于同一类定位基，则由第Ⅰ类定位基决定基团进入位置。例如：

(3)由于空间位阻，处于间位的两个基团之间很少发生取代反应。

4. 定位规律的应用 苯环上亲电取代反应的定位规律不仅可以用来解释某些实验现象，而且可用它来指导多官能团取代苯的合成。合成多取代苯时必须考虑定位效应，否则难以达到预期目的。

例1 由苯合成间硝基溴苯

由苯合成间硝基溴苯时，要考虑先溴化还是先硝化。若先溴化再硝化时得到邻硝基溴苯和对硝基溴苯。若先硝化再溴化，则得到间硝基溴苯。所以合成路线应为：

例2 由甲苯合成间硝基苯甲酸

由甲苯为原料合成间硝基苯甲酸应先氧化，后硝化。合成路线为：

若合成邻硝基苯甲酸或对硝基苯甲酸，则合成路线相反。

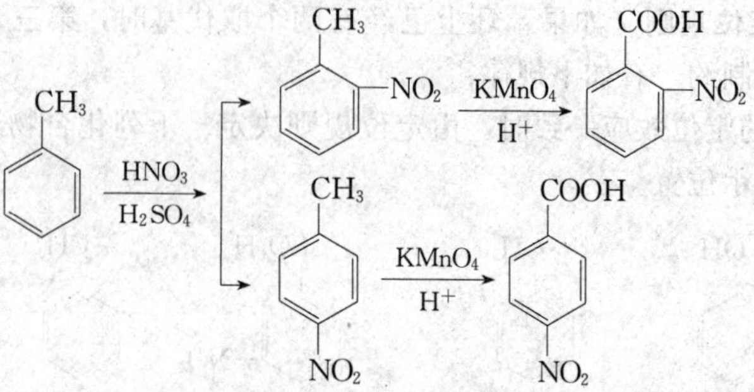

思考题 4-4 用箭头表示下列化合物进行硝化时，硝基进入的位置：

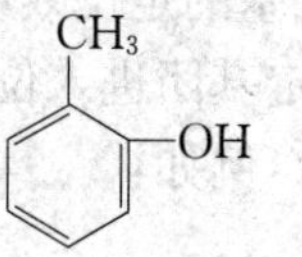

思考题 4-5 某芳烃分子式为 C_9H_{12}，用 $K_2Cr_2O_7$ 加 H_2SO_4 氧化后得到一种二元酸。若将原芳烃硝化，则得到两种一元硝基化合物，试推测该芳烃的结构。

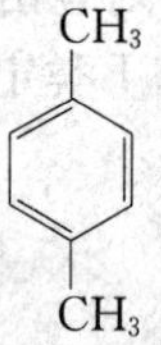

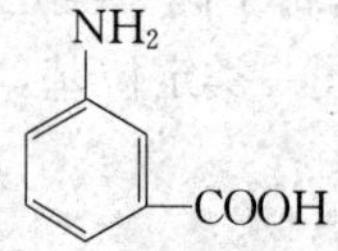

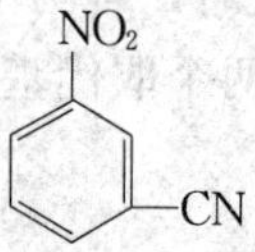

思考题 4-6 以甲苯为原料合成下列化合物：

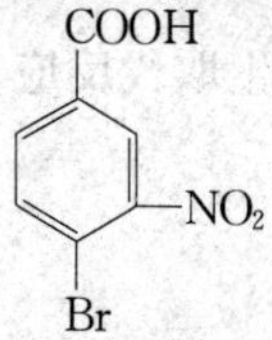

第二节 稠环芳烃

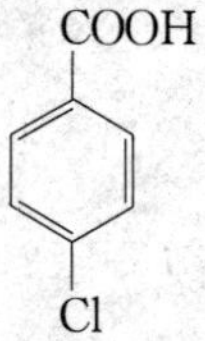

两个或两个以上苯环共用两个相邻的碳原子而组成的多环体系称为稠环芳烃，典型的稠环芳烃有：

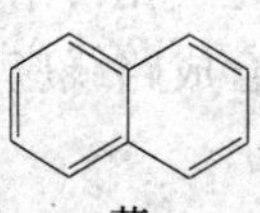

萘 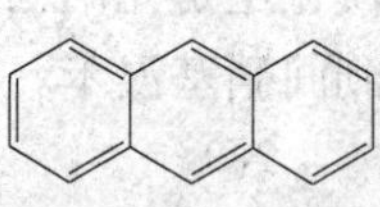   蒽 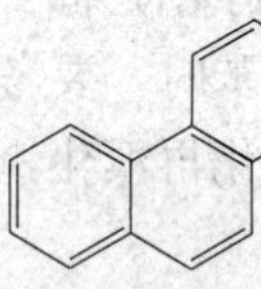   菲

它们与苯的结构相比，有如下异同点：①碳原子都是 sp² 杂化，都是平面分子，分子中都存在由 p 轨道侧面重叠形成的闭合共轭体系。②都有离域 π 键，都具有芳香性。③p 轨道重叠程度不同，电子云密度分布不均匀，键长不完全相等，反应活性不同，芳香性不如苯典型。稠环芳烃中单、双键键长如下：

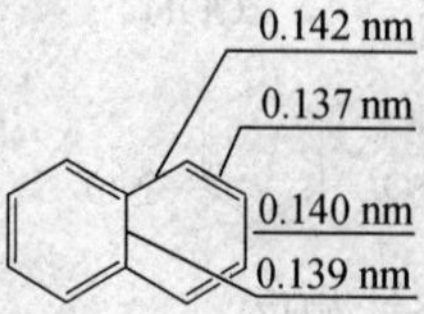

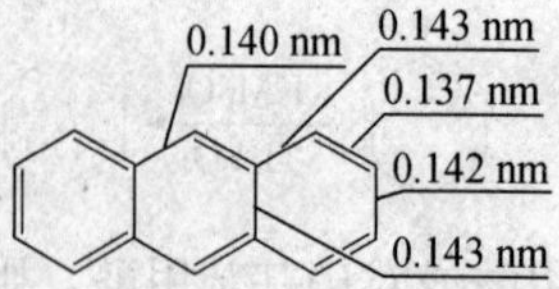

一、萘

1. 萘的命名 萘分子命名时，从共用碳原子的邻位开始编号，共用碳原子不编号，其中 1、4、5、8 四个位置是等同的，叫 α-位；2、3、6、7 四个位置也是等同的，称为 β-位。α-位的电子云密度比 β-位大。

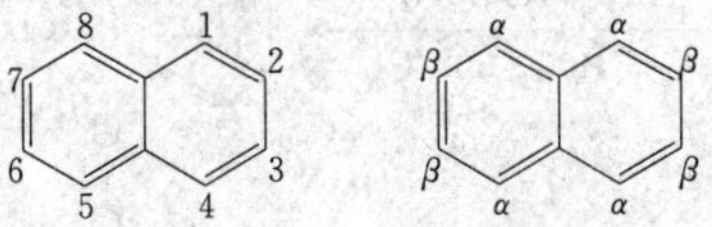

例如：

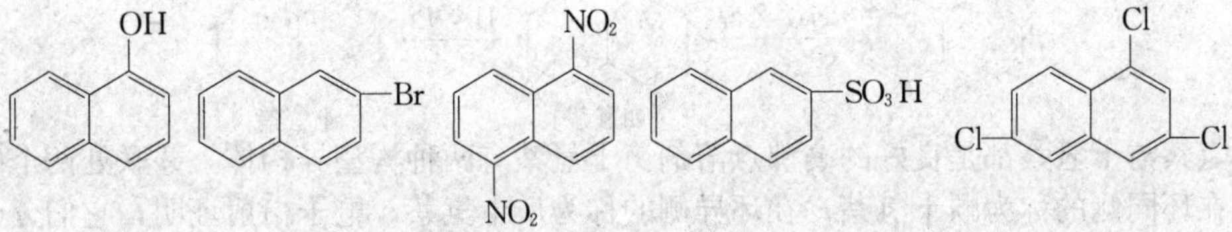

| α-萘酚 | β-溴萘 | 1,5-二硝基萘 | 2-萘磺酸 | 1,3,6-三氯萘 |

2. 萘的性质 萘是白色结晶体，熔点 80.2 ℃，沸点 218 ℃，易升华，不溶于水而溶于有机溶剂。有特殊气味，是重要的有机合成原料。

萘的化学性质比苯活泼，能发生与苯类似的反应。

(1)亲电取代反应 萘比苯容易发生亲电取代反应，α-位上电子云密度高，所以主要取代在 α-位上。

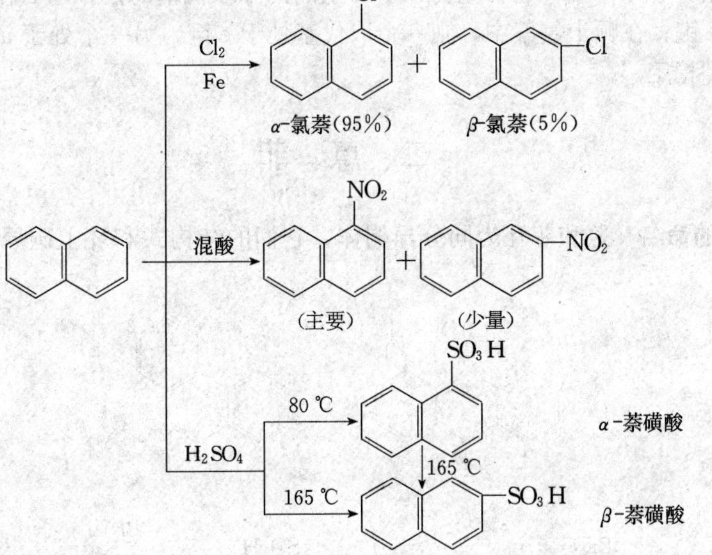

α-氯萘(95%)　β-氯萘(5%)

(主要)　(少量)

α-萘磺酸

β-萘磺酸

萘的溴代不需要路易斯酸催化，硝化的速度比苯快 750 倍。磺化时低温生成 α-萘磺酸，高温生成 β-萘磺酸。把 α-萘磺酸与硫酸加热至 165 ℃即可转变为 β-萘磺酸。

(2)氧化反应 萘容易被氧化，随反应条件不同生成不同的氧化产物。例如：

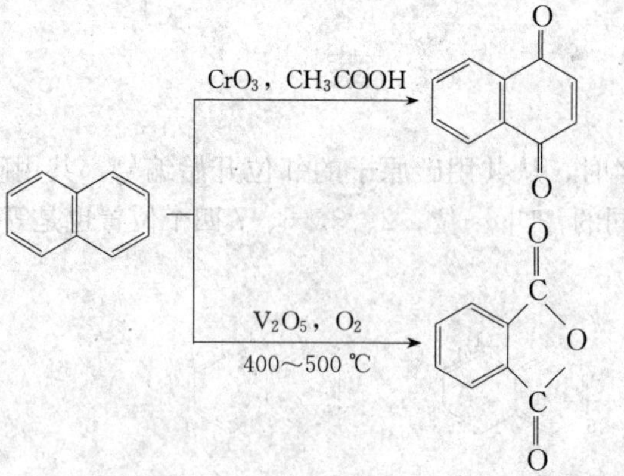

$$CrO_3，CH_3COOH \longrightarrow 1,4-萘醌$$

$$\xrightarrow[400\sim500\ ℃]{V_2O_5，O_2} 邻苯二甲酸酐$$

（3）加成反应

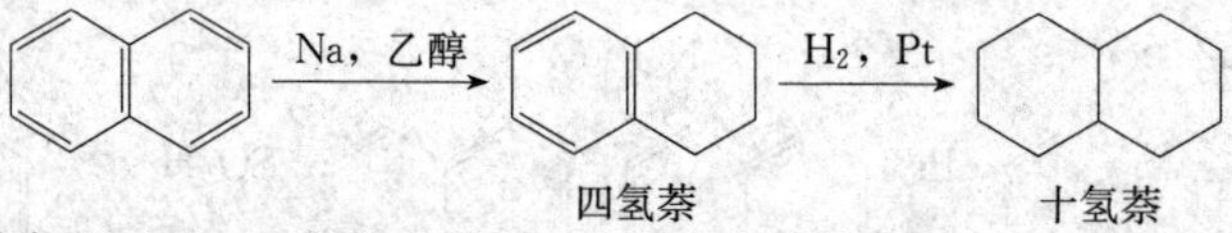

$$\xrightarrow{Na，乙醇} 四氢萘 \xrightarrow{H_2，Pt} 十氢萘$$

四氢萘与十氢萘都是良好的高沸点溶剂。十氢萘有两种构型异构体，并联处两个碳原子上的氢在环同侧的称为顺十氢萘；在环异侧的称为反十氢萘。电子衍射证明，它们分子中的两个环都以椅式构象存在。

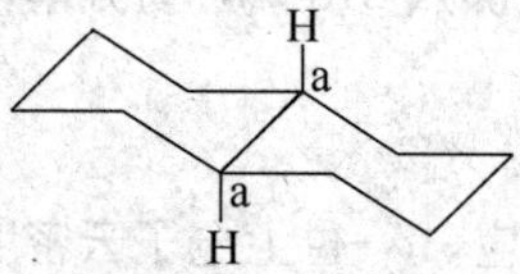

反十氢萘(b.p. 194.6 ℃,ee 型) 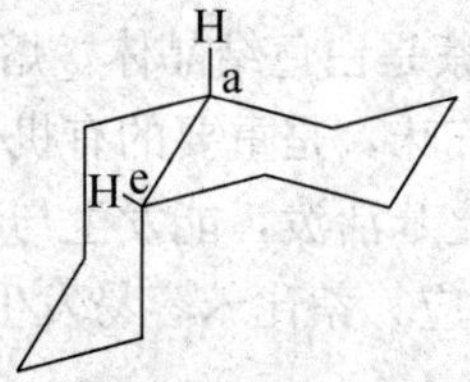　　　　顺十氢萘(b.p. 185.4 ℃,ea 型)

若将十氢萘分子中一个环看作是另一个环上的两个取代基的话，那么在反十氢萘中两个取代基都处于 e 键；在顺十氢萘中，则一个取代基处于 e 键，另一个处于 a 键。因此，反十氢萘比顺十氢萘稳定。

二、蒽、菲

1. 蒽、菲的命名　蒽和菲互为同分异构体，它们的结构式和环上碳原子的固定编号如下所示：

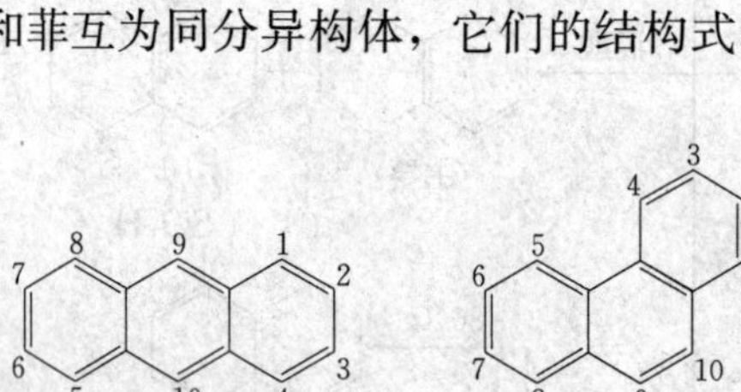

例如：

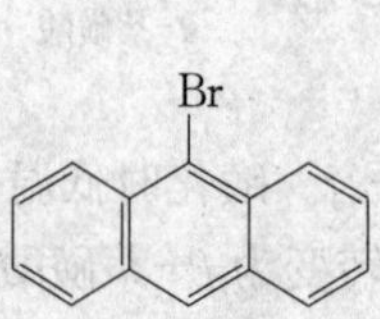

9-溴蒽 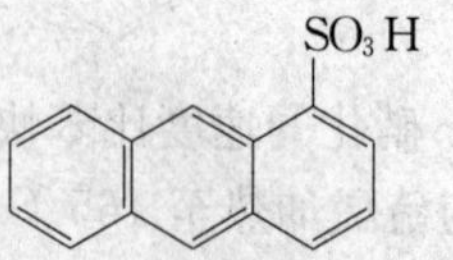　　　　　　1-蒽磺酸 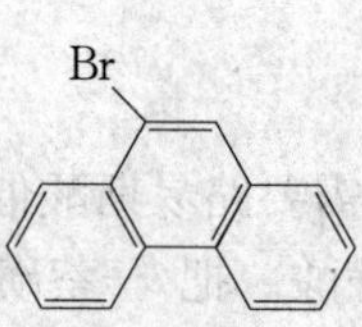　　　　　　9-溴菲

蒽分子中 1、4、5、8 四个位置是等同的，叫 α-位；2、3、6、7 四个位置也是等同的，称为 β-位；9、10 位等同，叫 γ-位。

2. 蒽、菲的性质　蒽和菲的芳香性更差，其中 9、10 位最活泼，易在这些位置上进行加成、取代和氧化等反应。

蒽是片状结晶，具有蓝色荧光，熔点 216 ℃，沸点 340 ℃，不溶于水，难溶于乙醇和乙醚，能溶于苯等有机溶剂。

菲是无色而有荧光的片状晶体，熔点 100 ℃，沸点 340 ℃，不溶于水而溶于有机溶剂，其溶液呈蓝色荧光。

由于蒽在有机溶剂中的溶解度很小，可以利用溶解度的不同来分离蒽和菲。

蒽、菲的芳香性比苯差，它们的化学活性增强，容易发生取代、加成、氧化等反应。例如：

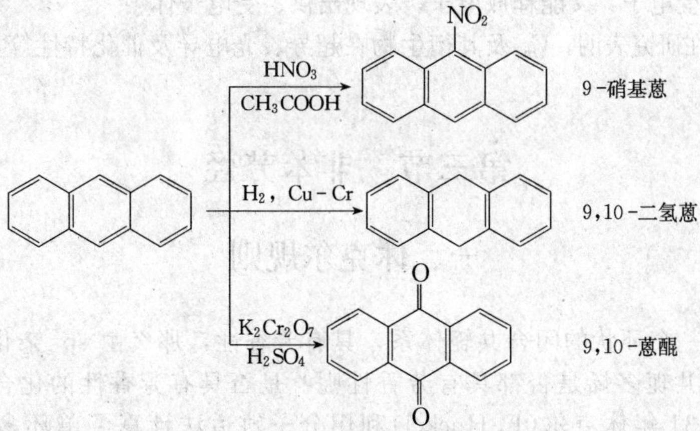

蒽醌为浅黄色晶体，熔点 285 ℃，工业上用作制备蒽醌染料，又作为棉织物印花的导氧剂。菲醌是橙红色针状晶体，熔点 206 ℃，可用作杀菌拌种剂防止小麦锈病等。

三、其他稠环芳烃

稠环芳烃除萘、蒽、菲外，在煤焦油中还含有茚、芘、3,4-苯并芘等。某些稠环芳烃如 3,4-苯并芘、5,10-二甲基-1,2-苯并蒽都具很强的致癌性质。

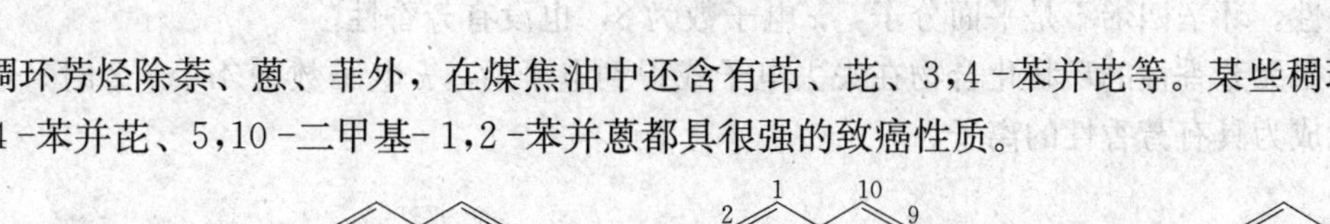

茚　　　　　芘　　　　　3,4-苯并芘　　　5,10-二甲基-1,2-苯并蒽

目前已确认，许多多环芳烃有致癌作用。例如 3,4-苯并芘进入人体后能被氧化成活泼的环氧化物，后者与细胞的 DNA（脱氧核糖核酸）结合，引起细胞变异。因此，3,4-苯并芘是强烈的致癌物质。煤、石油、木材、烟草等不完全燃烧时都产生这种致癌烃。在环境监测项目中，空气中苯并芘的含量是监控的重要指标之一。

四、C_{60}

C_{60}是碳的一种新的同素异形体，于 1985 年由石墨合成。
C_{60}与金刚石和石墨不同，具有固定的分子式，即 C_{60}。它是由
12 个五元环和 20 个六元环组成的 32 面体笼状结构，分子呈高
度对称的球形(图 4 - 2)。C_{60}分子中含有的 30 个 C＝C 双键构成
球壳上的三维共轭体系，单键键长为 0.145 5 nm，双键键长为
0.139 1 nm，分子直径为 0.71 nm。C_{60}的性质与平面稠环芳烃
不同，"芳香性"也不明显。但它的碳碳双键可以与自由基、亲
核试剂、还原剂、双烯体以及零价过渡金属配合物等发生反应。
因此，C_{60}既能接受电子，又能释放电子，表现出供、受电子体

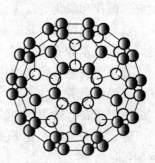

图 4 - 2 C_{60}结构

的双重性质。现在研究表明，C_{60}及其衍生物在超导、光电导及催化特性等方面有较广阔的
应用前景。

第三节 非苯芳烃

一、休克尔规则

既然苯环是一个环状的闭合共轭体系，具有芳香性，那么由 sp^2 杂化碳原子所组成
的任何一个环状共轭多烯是否都具有芳香性呢？是否具有芳香性的化合物，一定含有
苯环结构呢？1931 年休克尔(E. Huckel)利用分子轨道法计算了单环多烯的 π 电子能
级，从而提出了判断芳香性的规则：一个单环化合物只要它具有平面的闭合共轭体系，
并且 π 电子数为 $4n + 2$ 时($n = 0, 1, 2, 3, \cdots$)，该化合物就有芳香性，这个规则称为休
克尔规则。

苯符合休克尔规则，π 电子数为 6($n = 1$)，故它具有芳香性。环丁烯 π 电子数为 4，没
有芳香性，环辛四烯不是平面分子，π 电子数为 8，也没有芳香性。

如果无芳香性的环状化合物在失去电子或得到电子后，π 电子数为 $4n + 2$ 时，这个化
合物就成为具有芳香性的离子。

二、非苯芳烃

凡符合休克尔规则，但又不含有苯环的烃类化合物称为非苯芳烃。非苯芳烃包括一些环
多烯和芳香性离子。

1. 环丙烯正离子 环丙烯失去一个氢负离子后，转变成只有两个 π 电子的环丙烯正离
子，具有平面环状共轭结构，π 电子数符合休克尔规则($n = 0$)，具有芳香性。

经测定，环丙烯正离子中的碳碳键键长都是 0.140 nm，说明环丙烯正离子的两个 π 电
子完全离域在三个碳原子上，形成缺电子型 π 键(三原子两电子 π 键)，基态时两个 π 电子正
好填满一个成键轨道，很稳定。

2. 环戊二烯负离子 环戊二烯无芳香性，当用强碱如叔丁醇钾处理时，亚甲基上一个质子被取代生成钾盐。

环戊二烯负离子具有平面结构，π 电子数为 6，符合休克尔规则（$n=1$），因此具有芳香性。

3. 环庚三烯正离子 环庚三烯失去一个氢负离子生成环庚三烯正离子，又称䓬离子。

䓬离子是平面结构，形成环状共轭体系，π 电子数为 6，符合休克尔规则（$n=1$），具有芳香性。

三、轮　烯

通常将含有十个碳原子以上具有交替的单双键的单环多烯烃 $C_nH_n（n \geqslant 10）$，称为轮烯。例如，[18]-轮烯就是具有环状闭合共轭体系的 18 个碳的单环化合物，其分子式为 $C_{18}H_{18}$，分子中有 18 个 π 电子，符合休克尔规则，具有芳香性。经 X 射线衍射证明，环中碳碳键键长几乎相等，整个分子基本上处于同一平面上，是一个典型的芳香大环化合物。

总之，一般认为凡含有 $4n + 2$ 个 π 电子的平面闭合共轭体系都具有一定程度的芳香性。凡是不含苯环结构而具有芳香性的环状化合物，统称为非苯芳烃。

思考题 4-7 下列化合物中哪些有芳香性？

小知识 //

石 墨 烯

石墨烯存在于自然界中，但难以剥离出单层结构。石墨烯一层层叠起来就是石墨，厚 1 mm 的石墨大约包含 300 万层石墨烯。铅笔在纸上轻轻划过，留下的痕迹就可能是几层甚至仅仅一层石墨烯。2004 年，英国曼彻斯特大学的两位科学家 Andre Geim 和 Konstantin Novoselov 发现了一种非常简单的方法得到越来越薄的石墨薄片，即将薄片的两面粘在一种特殊的胶带上，撕开胶带，就能把石墨片一分为二。不断地这样操作，最后他们得到了仅由一层碳原子构成的薄片，这就是石墨烯，石墨烯中的每个碳原子都是 sp^2 杂化。作为目前发现的最薄、强度最大、导电导热性能最强的一种新型纳米二维材料，石墨烯被冠以"黑金"之名，是名副其实的"新材料之王"。中国科学院上海应用物理研究所方海平教授等提出并实现了用水合离子自身精确控制氧化石墨烯膜的层间距，展示了氧化石墨烯膜出色的离子筛分和海水淡化性能。

Novoselov K S，Geim A K，Morozov S V，Jiang D，Zhang Y，Dubonos S V，Grigorieva I V，Firsov A A. Electric field effect in atomically thin carbon films. Science，2004，306(5696)：666 - 669.

Chen L，Shi G，Shen J，Peng B，Zhang B W，Wang Y Z，Bian F G，Wang J J，Li D Y，Qian Z，Xu G，Liu G P，Zeng J R，Zhang L J，Yang Y Z，Zhou G Q，Wu M H，Jin W Q，Li J Y and Fang H P. Ion sieving in graphene oxide membranes via cationic control of interlayer spacing. Nature，2017，550(7676)：380 - 383.

习 题

1. 命名下列各化合物：

(1) (2) (3)

(4) (5) (6)

(7) (8)

2. 写出下列化合物的结构式：

(1)间硝基苯乙炔   (2)二苯甲烷   (3)对羟基苯甲酸

(4)3-甲基苯磺酸   (5)2-氯萘

3. 完成下列反应式：

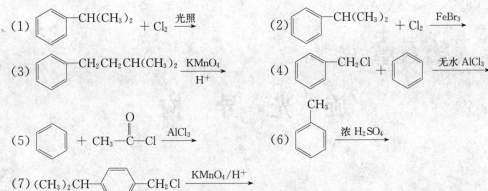

(1) C_6H_5—$CH(CH_3)_2$ + Cl_2 $\xrightarrow{\text{光照}}$

(2) C_6H_5—$CH(CH_3)_2$ + Cl_2 $\xrightarrow{FeBr_3}$

(3) C_6H_5—$CH_2CH_2CH(CH_3)_2$ $\xrightarrow[H^+]{KMnO_4}$

(4) C_6H_5—CH_2Cl + C_6H_6 $\xrightarrow{\text{无水 } AlCl_3}$

(5) C_6H_6 + CH_3—$\overset{O}{\overset{\|}{C}}$—$Cl$ $\xrightarrow{AlCl_3}$

(6) 甲苯(CH_3) $\xrightarrow{\text{浓 } H_2SO_4}$

(7) $(CH_3)_2CH$—C_6H_4—CH_2Cl $\xrightarrow{KMnO_4/H^+}$

4. 以苯、甲苯及其他必要试剂合成下列各化合物：

(1)间硝基溴苯

(2)对氯苄氯（Cl—C_6H_4—CH_2Cl）

(3)对硝基苯甲酸

(4)3-硝基-4-氯苯甲酸

5. 有 A、B、C 三种芳烃，分子式均为 C_9H_{12}，用 $KMnO_4$ 氧化时，A 生成一元羧酸，B 生成二元羧酸，C 生成三元羧酸。将 A、B、C 分别硝化时，A、B 均可得到两种一硝基化合物，而 C 只得到一种一硝基化合物。A 中有一个叔碳原子。推测 A、B、C 的结构式。

6. 某烃类化合物 A，实验式为 CH，相对分子质量为 208，经强氧化后得到苯甲酸，经臭氧化水解产物只有苯乙醛（$C_6H_5CH_2CHO$），推测 A 的结构，并写出各反应式。

7. 排列下列各组化合物进行硝化反应的难易顺序。

(1)苯，甲苯，苯酚，苯甲酸

(2)异丙苯，苯乙酮，氯苯，硝基苯

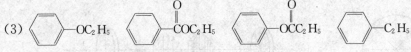

(3) C_6H_5—OC_2H_5 C_6H_5—$\overset{O}{\overset{\|}{C}}$—$COC_2H_5$ C_6H_5—$O\overset{O}{\overset{\|}{C}}C_2H_5$ C_6H_5—C_2H_5

8. 判断下列各化合物是否具有芳香性：

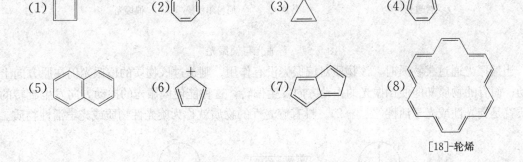

(1) (2) (3) (4)

(5) (6) (7) (8)

[18]-轮烯

第五章

旋 光 异 构

分子的构造相同，但分子中原子或基团在空间的排列方式不同产生的异构称立体异构（stereoisomerism）。立体异构包括构象异构、顺反异构和旋光异构。本章主要讨论旋光异构。旋光异构又称光学异构，它在医药、农药、香料、染料、功能材料和生命科学的研究方面具有十分重要的意义。

一、物质的旋光性

1. 偏振光和旋光性　光是一种电磁波，光的振动方向与它前进的方向相垂直。普通光可在垂直于其传播方向的各个不同平面上振动。图5-1(a)表示一束朝着我们眼睛直射过来的普通光的横截面，若使普通光通过尼科尔棱镜[图5-1(b)]，则一部分光线被阻挡，只有在与棱镜晶轴平行平面上振动的光线才能透过。这种只在一个方向平面上振动的光称为平面偏振光，简称偏振光或偏光。

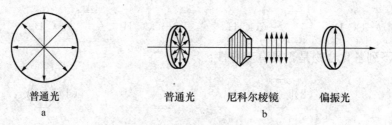

图5-1　普通光与偏振光

当偏振光通过某物质时，该物质对偏振光没有作用，则透过该物质的偏振光仍在原方向上振动；而有的物质却能使偏振光的振动方向发生偏转，这种能使偏振光的振动方向发生旋转的性质就是旋光性或光学活性(图5-2)。具有旋光性的物质就称为旋光性物质或光学活性物质。

图5-2　偏振光的旋转

2. 旋光度和比旋光度　检查旋光性的仪器称为旋光仪(图5-3)。旋光仪主要由光源、盛液管和尼科尔棱镜组成，其中检偏镜和一个刻度盘相连。若两个棱镜的晶轴是平行的，偏振光可通过两个棱镜。盛液管中如装有水或乙醇,光仍照旧通过,这表示水或乙醇不能使偏振光发生旋转,无旋光性。若盛液管中装的是旋光性物质,偏振光不能通过第二个棱镜,必须将第二个棱镜旋转一定角度后才能完全通过。使用旋光仪可以测定旋光物质使偏振光旋转的角度(α)和旋转的方向(左旋或右旋)。左旋用"$-$"表示,右旋用"$+$"表示。

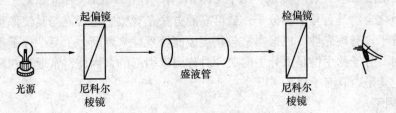

图 5-3 旋光仪构造示意图

由旋光仪测得的旋光度,甚至旋光方向,不仅与物质的结构有关,而且与测定条件密切相关。如天门冬氨酸的水溶液在室温时为右旋,但在高温时为左旋。影响旋光度的因素有:旋光性物质的结构、盛液管长度、样品浓度(密度)、溶剂、温度和波长等。某物质的旋光方向和旋光能力的大小,可用比旋光度$[\alpha]_\lambda^t$表示,它与旋光仪读数α的关系如下:

$$[\alpha]_\lambda^t = \frac{\alpha}{\rho_B \times L}$$

式中,α是测定的旋光度($°$);ρ_B是溶液的浓度($g \cdot mL^{-1}$,对纯液体为密度ρ);L是盛液管的长度(dm);t是测定时的温度($℃$);λ是光源的波长(nm)。

由此可以看出,比旋光度$[\alpha]_\lambda^t$是浓度为$1\ g \cdot mL^{-1}$的旋光性溶液,在1 dm长盛液管中测出的旋光度。例如,20 ℃时,以钠光灯为光源测得葡萄糖水溶液的比旋光度是52.7°,记为:

$$[\alpha]_D^{20} = +52.7°(水)$$

"D"代表光的波长(钠光的D线,589 nm),溶剂在括号中注明。

$[\alpha]_\lambda^t$同物质的熔点、沸点一样,是物质的物理常数。因此,对旋光性物质而言,化合物比旋光度的测定是常用的定性和定量分析手段之一。

思考题 5-1 20 ℃时 5.654 g 蔗糖溶解在 20 mL 水中,在 10 cm 盛液管中测得其旋光度为 +18.8°。计算蔗糖的比旋光度。

3. 旋光性与分子结构的关系

(1) 手性和手性分子 乳酸的结构式是 $CH_3CHOHCOOH$,它的立体结构可用图 5-4 的模型来表示。

在 a、b 模型中,四面体中心碳原子上都连着—H、—OH、—CH_3、—COOH,那么它们代表的是否是同一化合物呢?初看时,它们好像是一样的,但如果把这两个模型重叠在一起观察就会发现,无论把它们怎样放置,这二者都不能

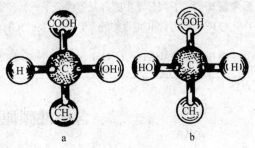

图 5-4 乳酸模型

完全重叠,因此,它们代表的是两个不同分子。a 和 b 的关系就像人的左右手一样:它们互为镜像,但不能完全叠合。

手是不能与自身镜像相叠合的。因此，一个物体若与自身镜像不能叠合，就称作具有手性或手征性。具有手性的分子就是手性分子，有光学活性。乳酸分子是手性分子。像乳酸分子那样，连着四个不同原子或基团的碳原子就称作手性碳原子，用 * 表示。例如：

$$CH_3CH_2\overset{*}{C}HNH_2CH_2OH \quad C_6H_5\overset{*}{C}HOHCH_3 \quad CH_3CH_2CH_2\overset{*}{C}HOHCOOH$$

判断一个化合物是否是手性分子，最可靠的方法是观察它是否能与其镜像重叠，不能重叠的为手性分子，有旋光性。根据实物与其镜像能否重叠来判断一个复杂分子是否具有手性是极不方便的。分子的手性是由分子内缺少对称因素引起的，因此常常通过判断分子中的对称因素来确定其是否具有手性。

(2)对称因素

① 对称面：假设分子中有一平面，它可以把分子分成互为镜像的两部分，该平面就是分子的对称面。如1,1-二氯乙烷分子有一对称面。假如分子中所有的原子都在一个平面上，该平面就是分子的对称面，具有对称面的分子无手性，如1,2-二氯乙烯。

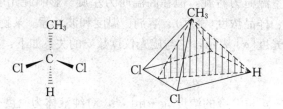

1,1-二氯乙烷　　　　　　　　1,2-二氯乙烯

② 对称中心：假设分子中有一点，它与分子中任何原子(或基团)相连成线，在此线的反向延长线上等距离处有相同的原子(基团)，此点为分子的对称中心(图5-5)。

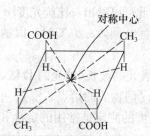

凡具有对称面或对称中心的分子，都能与其镜像重叠，它们是非手性化合物。因此，只要一个分子既没有对称面又没有对称中心，一般可初步断定它是手性化合物。

图5-5　有对称中心的分子

思考题5-2　下列分子中哪些是手性分子？为什么？

(1)$CH_3CH_2CHClCH_2CH_3$　　　　　　(2)$CH_3CH_2CHBrCOOH$

(3)$CH_3CHOHCH_2CH_2OH$　　　　　　(4)$HO-\langle\bigcirc\rangle-OH$

二、含手性碳原子化合物的旋光异构

1. 含一个手性碳原子化合物的旋光异构

(1)对映体和外消旋体　只含一个手性碳原子的化合物是手性分子，可以写出两种构型，它们代表两种不同分子，互为实物和镜像，但不能重合。乳酸分子中只含有一个手性碳原子，是手性分子(图5-4)。这种互为实物和镜像但又不能重合的旋光异构体互称为对映体。

对映体的比旋光度大小相等，旋光方向相反。例如，左旋乳酸的比旋光度为 $-3.8°(15\ ℃)$，右旋乳酸的比旋光度为 $+3.8°(15\ ℃)$。非手性环境中，对映体的其他性质基本是相同的，如熔点、沸点、溶解度等。将一对对映体等量混合得到旋光度为零的混合物，称为外消旋体。外消旋体用符号（±）来表示，无旋光性，物理性质与单纯旋光性物质不同，有其固定的物理常数，不能用常规物理方法（重结晶、分馏等）加以分离。

（2）构型表示法　旋光异构体在结构上的差别是由分子中原子或基团在空间排列顺序不同所造成的。有机化学中常用透视式和费歇尔（E. Fischer）投影式来表示其构型。

① 透视式：透视式是用三种类型的线条表示的构型式。在透视式中，假定手性碳原子位于纸平面上，楔形线表示伸向纸平面前方的键，实线表示在纸平面上的键，虚线表示伸向纸平面后方的键[图5-6(a)]。用透视式表示构型直观明了，但不利于书写，一般采用费歇尔投影式。

手性分子
对映异构

图5-6 （＋）-乳酸

② 费歇尔投影式：投影式中，碳链竖直放置，命名时编号最小的碳原子位于碳链最上端，横竖线的交点为手性碳原子，位于纸平面内；与手性碳原子相连的横线表示指向纸平面前方的键，竖线表示指向纸平面后方的键。（＋）-乳酸的费歇尔投影式见图5-6(b)。

费歇尔投影式是用平面式表示分子的立体结构。因此使用此式时须注意：费歇尔投影式可以在纸平面上旋转180°，但决不能旋转90°或270°，也不能脱离纸平面翻转，否则得到的是其镜像投影式。

不论是透视式还是费歇尔投影式，与手性碳原子相连的任意两个原子或基团交换偶数次位置，其构型保持不变。

$$
\begin{array}{ccc}
\text{CHO} & \text{CH}_2\text{OH} & \text{CHO}\\
\text{H}\!-\!\!\!-\!\text{OH} & \text{HO}\!-\!\!\!-\!\text{H} & \text{HO}\!-\!\!\!-\!\text{CH}_2\text{OH}\\
\text{CH}_2\text{OH} & \text{CHO} & \text{H}
\end{array}
$$

思考题 5-3　下列透视式或投影式中哪些是对映体，哪些是同一化合物？

$$
\begin{array}{ccccc}
\text{COOH} & \text{CH}_3 & \text{COOH} & \text{CH}_3 & \text{COOH}\\
\text{Br}\!-\!\!\!-\!\text{Cl} & \text{Cl}\!-\!\!\!-\!\text{COOH} & \text{Br}\!-\!\!\!-\!\text{CH}_3 & \text{C}\cdots\text{COOH} & \text{C}\cdots\text{CH}_3\\
\text{CH}_3 & \text{Br} & \text{Cl} & \text{Cl}\ \ \text{Br} & \text{Cl}\ \ \text{Br}\\
\text{I} & \text{II} & \text{III} & \text{IV} & \text{V}
\end{array}
$$

（3）构型标记法

① D/L 标记法（相对构型）：图5-4列出乳酸的两种构型，究竟哪个是（＋）-乳酸，哪个是（－）-乳酸曾是个难题。于是为了研究方便，人为规定羟基在规范的费歇尔投影式左边的是左旋甘油醛，其构型是 L 型；羟基在右边的是右旋甘油醛，构型是 D 型。

$$
\begin{array}{cc}
\text{CHO} & \text{CHO}\\
\text{HO}\!-\!\!\!-\!\text{H} & \text{H}\!-\!\!\!-\!\text{OH}\\
\text{CH}_2\text{OH} & \text{CH}_2\text{OH}\\
\text{L-(－)-甘油醛} & \text{D-(＋)-甘油醛}
\end{array}
$$

标准物质的构型确定后，凡由 L-甘油醛转变而成的或能转变为 L-甘油醛的其他化合物构型均为 L 型；由 D-甘油醛转变而来的或能转变为 D-甘油醛的则为 D 型。当然，这种转变不能涉及手性碳原子上的键，否则转变的反应历程必须是已知的。如由右旋甘油醛氧化得左旋甘油酸，左旋甘油酸还原得左旋乳酸，由于在氧化和还原的过程中手性碳原子上的键均未发生断裂，因而左旋甘油酸、左旋乳酸构型都是 D 型的。

$$
\begin{array}{ccc}
\text{CHO} & \text{COOH} & \text{COOH} \\
\text{H——OH} \xrightarrow{[O]} & \text{H——OH} \xrightarrow{[H]} & \text{H——OH} \\
\text{CH}_2\text{OH} & \text{CH}_2\text{OH} & \text{CH}_3 \\
\text{D-(+)-甘油醛} & \text{D-(−)-甘油酸} & \text{D-(−)-乳酸}
\end{array}
$$

用 D/L 标记法确定的构型是相对于标准物质而言的，也称相对构型。1951 年，毕育特 (J. M. Bijvoet)等用 X 射线测定(＋)-酒石酸的构型，发现(＋)-酒石酸的绝对构型恰好是 L 型的，与用甘油醛为标准确定的相对构型相同，这意味着以甘油醛为标准确定的相对构型实际上就是绝对构型。

由于 D/L 标记法有其局限性，特别是在标记含多个手性碳原子的化合物及环状化合物时常常引起混乱，近年来，除糖和氨基酸中仍用此法标记外，一般多用 R/S 法来命名其构型。

② R/S 标记法(绝对构型)：R/S 标记法是根据手性碳原子所连四个原子或基团在空间的排列顺序标记的。其规则如下：(Ⅰ)将手性碳原子上所连四个原子或基团根据顺序规则排列，较优先基团在前，如 a＞b＞c＞d。(Ⅱ)把排序最小的 d 放在远离观察者的位置，然后按先后顺序观察其他三个基团。若 a→b→c 按顺时针方向排列，其构型为 R 型(拉丁文 $Rectus$ 的缩写，右的意思)；如是逆时针方向，则为 S 型(拉丁文 $Sinister$ 的缩写，左的意思)。(Ⅲ)若最小的基团 d 不是处在远离观察者的位置，则可通过任意两个原子或基团的两次交换，使之处于最远的位置，然后再根据 a→b→c 的方向判断其构型，如：

$$
\begin{array}{ccc}
\text{CH}_2\text{SH} & & \text{Cl} \\
\text{Cl——C——COOH} & \equiv & \text{HSH}_2\text{C——C——CH}_3 \\
\text{CH}_3 & & \text{COOH} \\
S & & S
\end{array}
$$

R/S 标记法也可直接应用于费歇尔投影式。如最小的基团 d 处在竖键上，a→b→c 按顺时针排列，其构型为"R"；按逆时针方向排列，则为"S"。如最小的基团 d 处在横键上，a→b→c 按顺时针排列，其构型为"S"；按逆时针方向排列，则为"R"。

$$
\begin{array}{cc}
\overset{c}{\text{COOH}} & \overset{b}{\text{OH}} \\
a\ \text{Br——NH}_2\ b & d\ \text{H——Cl}\ a \\
\underset{d}{\text{CH}_3} & \text{CH}_2\text{CH}_3 \\
S & R
\end{array}
$$

值得注意的是，化合物的构型不论是 R、S 还是 D、L 和旋光方向没有必然的联系，旋光方向是物质的固有性质，而对化合物构型的标记是人为规定。

思考题 5−4 用 R/S 法标记下列化合物的构型。

$$
(1)\ \begin{array}{c}\text{COOH}\\ \text{I——NH}_2\\ \text{Cl}\end{array}
\qquad
(2)\ \begin{array}{c}\text{C}_6\text{H}_5\\ \text{HO——CHO}\\ \text{CH}_2\text{CH}_3\end{array}
\qquad
(3)\ \begin{array}{c}\text{OH}\\ \text{Br——C——CH}_3\\ \text{CH}_2\text{OH}\end{array}
$$

2. 含两个手性碳原子化合物的旋光异构

(1)两个不同手性碳原子化合物的旋光异构 以 2,3,4-三羟基丁醛为例,其分子中有两个不同手性碳原子,结构式为 $HOCH_2\overset{*}{C}HOH\overset{*}{C}HOHCHO$,有四个旋光异构体,组成两对对映体。

$$
\begin{array}{cccc}
\text{CHO} & \text{CHO} & \text{CHO} & \text{CHO} \\
\text{H}-\text{OH} & \text{HO}-\text{H} & \text{HO}-\text{H} & \text{H}-\text{OH} \\
\text{H}-\text{OH} & \text{HO}-\text{H} & \text{H}-\text{OH} & \text{HO}-\text{H} \\
\text{CH}_2\text{OH} & \text{CH}_2\text{OH} & \text{CH}_2\text{OH} & \text{CH}_2\text{OH} \\
(2R,3R) & (2S,3S) & (2S,3R) & (2R,3S) \\
(-)\text{-赤藓糖} & (+)\text{-赤藓糖} & (-)\text{-苏阿糖} & (+)\text{-苏阿糖} \\
Ⅰ & Ⅱ & Ⅲ & Ⅳ
\end{array}
$$

其中Ⅰ和Ⅱ、Ⅲ和Ⅳ是对映体。Ⅰ和Ⅱ或Ⅲ和Ⅳ等量混合,组成外消旋体。Ⅰ和Ⅲ(Ⅳ)不能互为镜像,为非对映体;同样,Ⅱ和Ⅲ(Ⅳ)不能互为镜像,为非对映体。对于含两个及两个以上手性碳原子的化合物,必须逐个标记手性碳原子的构型,如(2R,3R)-(-)-赤藓糖。由于赤藓糖、苏阿糖是含两个手性碳原子最典型的简单化合物,因此在有机化学中,常把具有$R-C_{ab}-C_{ac}-R^1$或$R-C_{ab}-A-C_{ac}-R^1$结构的化合物与赤藓糖或苏阿糖相比。如果投影式中两个相同原子或基团在同侧的,与赤藓糖构型相似,称为"赤式"或"赤型";在异侧的,为"苏式"或"苏型"。如,氯霉素有四个光学异构体,以下为 D-(-)-苏型氯霉素的结构。

$$
\begin{array}{c}
\text{CH}_2\text{OH} \\
\text{Cl}_2\text{HCCHN}\underset{\text{O}}{\overset{}{\text{C}}}\text{—H} \\
\text{H—OH} \\
\bigcirc \\
\text{NO}_2
\end{array}
$$

综上所述,分子中有两个不同手性碳原子,最多可产生四个光学异构体,组成两个外消旋体。对于含 n 个不同手性碳原子的化合物,最多有 2^n 个光学异构体,可组成 2^{n-1} 个外消旋体。

(2)两个相同手性碳原子化合物的旋光异构 以酒石酸为例,其结构式为 $HOOC\overset{*}{C}HOH\overset{*}{C}HOHCOOH$。分子中两个手性碳原子上均连有—H、—OH、—COOH和—CHOHCOOH,可能有下面四种构型。

$$
\begin{array}{cccc}
\text{COOH} & \text{COOH} & \text{COOH} & \text{COOH} \\
\text{HO}-\text{H} & \text{H}-\text{OH} & \text{H}-\text{OH} & \text{HO}-\text{H} \\
\text{H}-\text{OH} & \text{HO}-\text{H} & \text{H}-\text{OH} & \text{HO}-\text{H} \\
\text{COOH} & \text{COOH} & \text{COOH} & \text{COOH} \\
(2S,3S) & (2R,3R) & (2R,3S) & (2S,3R) \\
(+)\text{-酒石酸} & (-)\text{-酒石酸} & meso\text{-酒石酸} & meso\text{-酒石酸} \\
Ⅰ & Ⅱ & Ⅲ & Ⅳ
\end{array}
$$

Ⅰ和Ⅱ是对映体,Ⅲ和Ⅳ似乎也是对映体。但如果将Ⅲ在纸平面上旋转$180°$,即得到Ⅳ,因此Ⅲ和Ⅳ是同一个化合物。只是由于Ⅲ(Ⅳ)中存在一对称因素——对称面,因此无手性。这种虽然含有手性碳原子,但由于分子中存在对称因素,分子并无手性的化合物叫内消旋体，常用 *meso* 或 *m* 表示。内消旋体虽无旋光性，但同外消旋体有本质的不同。内消旋体是单一纯净物，而外消旋体是混合物。外消旋体可以拆分成左旋体和右旋体（外消旋体的拆分），它们的理化性质和生理活性不相同。酒石酸的旋光异构体中有一对对映体和一个内消旋体，因此它只有三个异构体。对于含 n 个相同手性碳原子的化合物，旋光异构体的数目小于 2^n，外消旋体的数目小于 2^{n-1}。

由此可见，手性碳原子是分子产生手性的因素之一，但含有手性碳原子的分子并不一定都有手性。

思考题 5-5 判断下列化合物有无旋光性，如有，用 R/S 标记手性碳原子的构型。

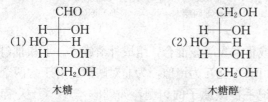

	木糖	木糖醇

---

3. 含手性碳原子环状化合物的旋光异构

（1）环丙烷衍生物　环状化合物的立体异构比较复杂，往往旋光异构和顺反异构同时存在。

环状手性分子
对映异构

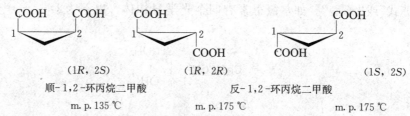

以 1,2-环丙烷二甲酸为例，两个羧基可在环同侧也可在异侧，组成顺反异构体。在顺式异构体中，分子中有一对称面，因而无手性，是内消旋体。反式异构体中无任何对称因素，有一对对映体。因此，1,2-环丙烷二甲酸有三个立体异构体，即顺式、反式左旋和反式右旋。对于具有手性的环状化合物，仅用顺/反标记不能清楚地反映其构型，可根据手性碳原子上各价键在空间的伸展方向，用 R/S 法标记，如(1S, 2S)-1,2-环丙烷二甲酸。

（2）环己烷衍生物　环己烷的优势构象为椅式构象，取代环己烷的椅式构象可能会引起手性现象。由于环己烷的椅式构象可以和它翻转了的椅式构象相互转换，却并不影响取代环己烷的构型，所以表示取代环己烷的构型时，常视环己烷为一平面结构。以 1,2-二取代环己烷衍生物为例。

① 顺-1,2-二取代环己烷衍生物：

当两个取代基不同时，分子中无对称因素，有光学活性，存在一对对映体；当两个取代基相同时，分子中有一对称面，无光学活性。

② 反-1,2-二取代环己烷衍生物：

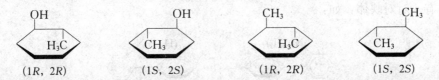

(1R, 2R)　　　　(1S, 2S)　　　　(1R, 2R)　　　　(1S, 2S)

显然，反-1,2-二取代环己烷衍生物，无论两个取代基是否相同，它们都不能与其镜像相重合，有光学活性，存在对映体。对于取代环己烷的其他衍生物，我们也可根据分子中是否存在对称因素，判断其能否有光学活性，同时注意逐个标记手性碳原子的构型。

思考题 5-6　分别写出 1,2,4-三甲基环戊烷的两个有旋光性和内消旋的立体异构体。

三、不含手性碳原子化合物的旋光异构

有机化合物中，大部分旋光性物质都含有手性碳原子，有些含手性碳原子的化合物并无旋光性，如内消旋化合物。而某些旋光性物质的分子中并不含手性碳原子，因此分子中是否含有手性碳原子并不是分子具有手性的必要条件。判断一个化合物是否具有手性，关键是看分子能否与其镜像重合。下面介绍几种不含手性碳原子的旋光性化合物。

1. 丙二烯型化合物　丙二烯分子中，C_1、C_3是 sp^2 杂化碳原子，C_2 是 sp 杂化碳原子，两个 π 键相互垂直。C_1 和 C_3 上的两个 C—H 键也因此处在互相垂直的两个平面上。该分子存在对称面，是非手性分子，无对映体（图 5-7）。

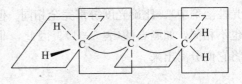

图 5-7　丙二烯分子

如丙二烯中 C_1 和 C_3 连有不同的原子或基团，则分子中无对称因素，有旋光性，存在一对对映体。早在 1935 年，人类已成功合成出第一个旋光性的丙二烯型化合物：1,3-二苯基-1,3-二-α-萘基丙二烯。

$$C_6H_5 \cdots C = C = C \quad C_6H_5 \quad | \quad C_6H_5 \cdots C = C = C \quad C_6H_5$$
$$C_{10}H_7 \quad \quad C_{10}H_7 \quad | \quad C_{10}H_7 \quad \quad C_{10}H_7$$

2. 联苯型化合物　联苯分子中两个苯环通过一个单键相连。当苯环邻位上连有体积较大的取代基（如—NO_2、—COOH、—Br 等）时，两个苯环间单键的旋转受到阻碍，使它们不能保持在同一平面上。此时，如果同一苯环上所连的两个基团不同，该分子就不能与其镜像叠合，分子有旋光性。6,6′-二硝基联苯-2,2′-二甲酸就是这类化合物中首先拆分得到的旋光性对映体。

少数情况，当联苯邻位上各有一个大的取代基时，也可以使单键旋转受到阻碍而成为手性分子，有一对对映体，如：

N(CH₃)₂

(H₃C)₂N

(H₃C)₂N

N(CH₃)₂

此外，把手化合物和具有螺旋结构的化合物在一定条件下也具有手性。可见，分子存在手性碳原子是使分子具有手性的一个特例，并不是必要条件。

思考题5-7 下列说法对吗？为什么？

(1)分子的不对称性是分子具有光学活性的根本原因。

(2)含手性碳原子的化合物都有光学活性。

(3)对映体的化学性质和物理性质都相同。

四、旋光异构体的性质

前面已叙述过，对映体除旋光方向相反外，其他物理性质如熔点、沸点、溶解度(非旋光性溶剂中)、比旋光度等都完全相同。但非对映体的比旋光度不同，其他物理、化学性质也不相同，如酒石酸(表5-1)。因此，非对映体用一般的物理方法(如结晶、层析等)就可将它们分离出来。

表 5-1 酒石酸的物理常数

酒石酸	$[\alpha]_D^{25}$ (20%水溶液)	m. p. /℃	相对密度(20 ℃) /(g·mL⁻¹)	溶解度 (100 g 水中)/g
左 旋	$-12°$	170	1.760	139.0
右 旋	$+12°$	170	1.760	139.0
外消旋	$0°$	206	1.687	20.6
内消旋	$0°$	140	1.666	125.0

对映体与非手性试剂反应时具有完全相同的化学性质。如对映体 2-甲基-1-丁醇与浓硫酸加热反应产生 2-甲基-1-丁烯，与 HBr 反应生成 2-甲基-1-溴丁烷，而且它们形成烯烃和溴化物的速度也完全一样。但在有手性试剂存在下，反应速度则不相同。打一个通俗的比方：用相等力量的右手和左手(对映体)敲一枚钉子(一种无旋光性试剂)，能以相同的速度敲钉；但当用相同力量的右手和左手旋入一枚右螺纹的螺丝钉(一种旋光性试剂)，旋入螺钉的速度不会相同。而非对映体属于同一类化合物，能发生类似反应，但反应活性有一定差异。

旋光异构体间最显著的差别是它们在生物体内的作用不同。这是由于生物体内的酶具有特定空间构型，往往只与一种旋光异构体反应，与其对映体或非对映体的作用很小或不反应。例如，氯霉素的四个异构体中只有 D-(-)-苏式氯霉素有抗菌作用。"反应停"的 R-异构体具有镇静作用，而 S-异构体则具致畸作用。（＋）-麻黄素不仅无效，还会干扰其对映体的生理作用。只有 L-（－）-谷氨酸单钠盐可以增强食物的鲜味。因而制备纯的光学异构体具有十分重要的意义。

五、动态立体化学

立体结构影响分子的化学性质，按照特定立体途径进行的化学过程叫动态立体化学。化学键的断裂、生成、试剂进攻的方向和离去基团的去向都有立体化学问题。下面以亲电加成反应为例，对动态立体化学做初步探讨。

溴与烯烃的加成是一个亲电的、分步的、反式的过程。一般认为，碳碳双键和溴的加成反应是先生成溴鎓离子，然后溴负离子再从远离溴原子的一端接近碳原子。以溴与顺-2-丁烯加成为例：

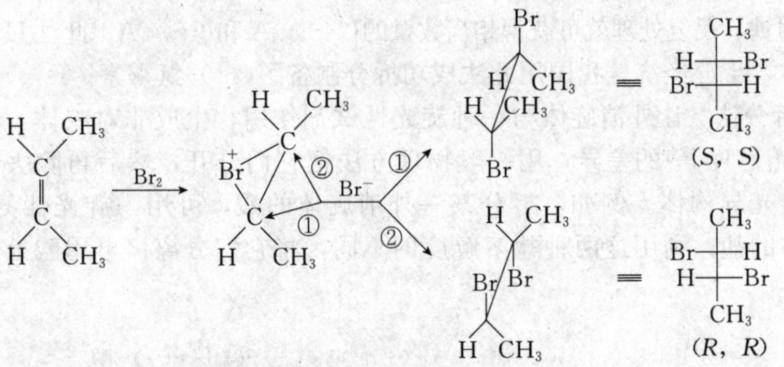

烯烃亲电加成反应

顺-2-丁烯与溴加成时，形成环状结构的溴鎓中间体，它阻碍了 C_2—C_3 键的自由旋转，从而使 Br^- 只能从 Br^+ 的背面进攻，因此是反式加成，同时 Br^- 进攻 C_2、C_3 的概率相等，故产物是外消旋体。反-2-丁烯与溴加成得到内消旋体。

把透视式改写成费歇尔投影式时，需把交叉式构象旋转成重叠式构象，并使碳碳键在一个平面上，再按投影规则写出相应的费歇尔投影式。如：

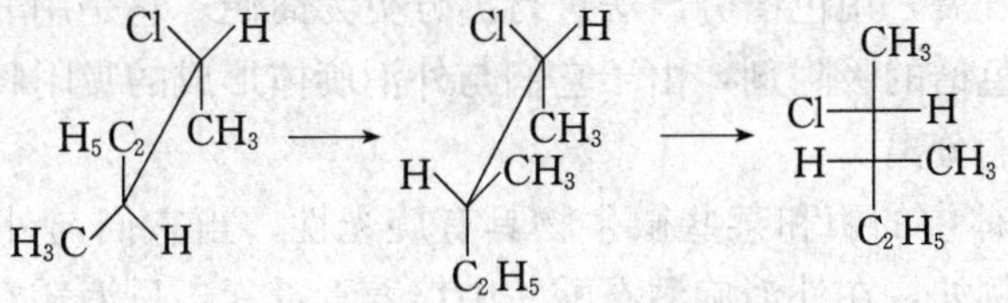

六、外消旋体的拆分

手性是自然界的本质属性之一。没有生物高分子的结构单元的手性均一性及识别和信息处理的手性化合物，现在地球上的生命现象就不可能存在。一个新的高新技术产业——手性技术正在悄然兴起。这其中包括手性药物、手性香料、手性农药、手性添加剂、手性液晶显示材料等。特别是手性药物的巨大市场，经过学术界、工业界的努力，已经成功地研制和生产了许多高效、低副作用的手性药物，在国际上掀起了手性技术热潮。手性物质的获得，除从天然产物中分离提取外，外消旋体的拆分、化学计量的不对称反应、催化不对称合成也是获取光学活性物质的主要途径。众所周知，用一般合成方法制得的手性化合物都是外消旋体，而旋光异构体中往往只有一个具生理活性，如前面提到的麻黄素、氯霉素就是这样。因而需对外消旋体进行拆分。常用的拆分方法有下面几种。

1. 机械拆分法 某些外消旋体的溶液，在一定条件下慢慢浓缩，对映体可分别结晶析出。如果这两种对映体的晶形不同，则可借助放大镜，用镊子之类的工具将它们分开。1848年，巴斯德(L. Pasteur)就是利用这种方法，历史上第一次完成了外消旋体[(±)-酒石酸]的拆分。但这种方法对很多外消旋体并不适用，同时由于过程烦琐，拆分量非常有限，没有实用价值。

2. 优势结晶法 在外消旋体的过饱和溶液中加入少量左旋体或右旋体的晶种，与晶体相同的异构体优先结晶析出。如向某(±)-A 的过饱和溶液中加入(＋)-A 晶种，则(＋)-A 优先析出一部分，过滤析出的(＋)-A；再向滤液中加入(±)-A 和(－)-A 晶种，析出部分(－)-A，过滤，反复处理就可获得相当数量的(＋)-A 和(－)-A。此法只需加少量的一种旋光异构体，十分经济。我国用此法成功拆分制备了(－)-氯霉素。

3. 化学拆分法 让外消旋体与一种旋光性试剂作用，生成非对映体，根据非对映体物理性质(如溶解度等)的差异，用一般物理方法把它们分开，然后再除去拆分剂，就可得到单一的旋光异构体。例如，拆分某一外消旋体的酸，可用一旋光性的碱与之反应，生成非对映体的盐；利用这两种盐溶解度的不同，将它们分离；再用酸处理，得到旋光性的酸：

$$(\pm)\text{-酸} + (-)\text{-碱} \left\{ \begin{array}{l} \longrightarrow (+)\text{-酸}\cdot(-)\text{-碱} \xrightarrow{H^+} (+)\text{-酸} \\ \longrightarrow (-)\text{-酸}\cdot(-)\text{-碱} \xrightarrow{H^+} (-)\text{-酸} \end{array} \right.$$

同样，拆分外消旋体的碱，可用旋光性的酸，生成非对映体盐，用碱处理，就可得左旋和右旋的碱。拆分酸时，常用的旋光性碱有马钱子碱、奎宁、番木鳖碱等；拆分碱时，常用的旋光性酸有酒石酸、苹果酸等。对于既非酸又非碱的外消旋体，可设法在分子中引入酸性或碱性基团，然后按拆分酸或碱的方法拆分之。

随着科学技术的发展，用色谱分离法进行拆分更为简便。它是用非对称的化合物，如淀粉、乳糖粉等作为柱色谱的吸附剂，由于它们与外消旋体形成的吸附物稳定性不同，用适当的溶剂洗脱就可将它们分离。

4. 生物法 生物体中的酶和某些微生物具有旋光性，当它们与外消旋体作用时，具有较强的立体选择性。例如，在外消旋酒石酸铵中培养青霉素，只消耗右旋的酒石酸，剩下左旋的酒石酸。近年来，某些抗生素和药物的生产就采用微生物拆分的方法。如 β-内酰胺酶抑制剂西司他丁的生产就是一例。Lonza 公司采用生物转化法，先用一种非立体选择性的腈水合酶将腈转化为酰胺，再应用酰胺酶将 R-酰胺优先转变为 R-羧酸，剩下的则是生产西司他丁所要的 S-酰胺。

酶催化的专一性也可用于拆分。如乙酰水解酶(猪肾脏内提取)只水解 L-(＋)-乙酰丙氨酸。拆分时先把外消旋的丙氨酸乙酰化，用乙酰水解酶处理，得到 L-(＋)-丙氨酸及 D-(－)-N-乙酰丙氨酸，然后利用二者在乙醇中溶解度的差别进行分离。

小知识 //

反 应 停 事 件

旋光性对生物具有很重要的意义。很多药物只有其中一种旋光异构体有效，而另一种异构体对人体有害。因此，对外消旋药物必须进行手性拆分，否则会产生严重后果。例如，20 世纪 60 年代发生的反应停事件，欧洲一些医生曾给孕妇服用没有经过拆分的外消旋药物以抑制女性怀孕早期的呕吐，然而在短短 4 年内，诞生了 12 000 名海豹婴儿，后经调查发现"沙利度胺"具有左旋(—)和右旋(＋)两种结构：

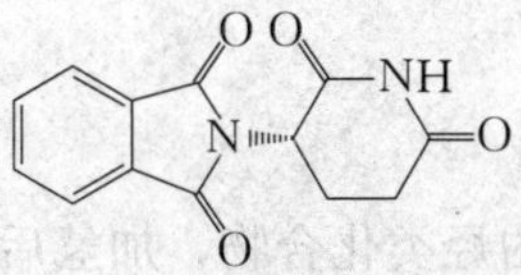

(—)-沙利度胺 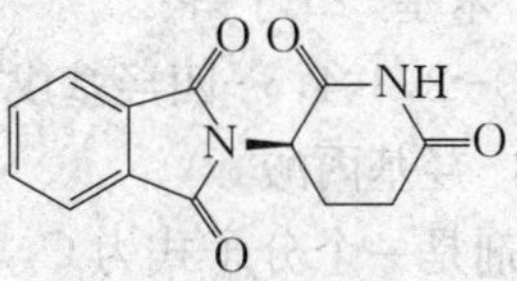　　　　　　　(＋)-沙利度胺

左旋体具有治疗作用，可以减轻孕妇的早期妊娠反应，但是它的手性"伙伴"(右旋体)却具有致畸性，导致使用该药的母亲生下残疾的孩子。所以现在的药物在研制成功后，都要经过严格的生物活性和毒性试验，以避免其对人体的潜在危害。

Miller M T. Thalidomide embryopathy: amodel for the study of congenital incomitant horizontal strabismus. Transactions of the American Ophthalmological Society, 1991，89：623 - 674.

习　　题

1. 区别下列各组概念并举例说明。

(1)手性和手性碳原子　　　　　　　(2)旋光度和比旋光度

(3)对映体和非对映体　　　　　　　(4)内消旋体和外消旋体

(5)构型和构象　　　　　　　　　　(6)构造异构和立体异构

2. 写出下列化合物各旋光异构体的投影式和透视式，并用 R/S 法标记手性碳原子的构型，注明它有无旋光性。

(1)$CH_3CH_2CHBrCH_2OH$　　　　　　(2)$C_6H_5CHOHCHO$

(3)$HOOCCHBrCOOH$　　　　　　　(4)$C_6H_5CHOHCHNH_2CH_2OH$

3. 用 R/S 法标记下列化合物中手性碳原子的构型。

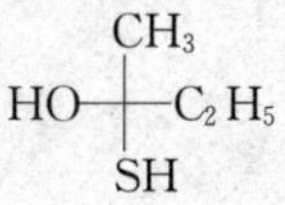

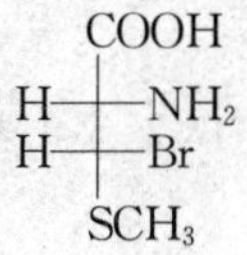

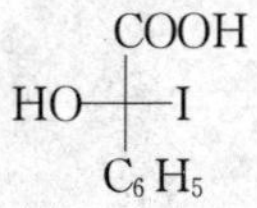

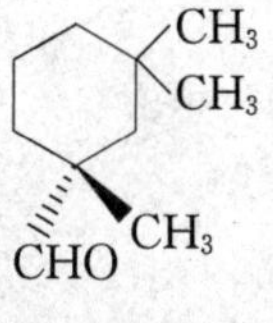

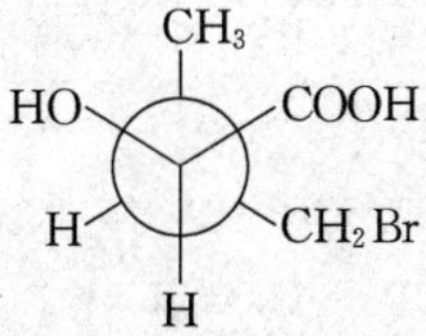

4. 判断下列化合物哪些有旋光性。

(1)
$$
\begin{array}{c}
CH_3 \\
H{-}\!\!{-}Br \\
H{-}\!\!{-}Br \\
CH_3
\end{array}
$$

(2) [环己烷 OH OH 结构]

(3) [环己烷 CH₃ OH SCH₃ 结构]

(4)
$$
\begin{array}{c}
Cl \\
\ \ \ \ \ C{=}C{=}C \\
Cl
\end{array}
\begin{array}{c}
CH_3 \\
H
\end{array}
$$

5. 写出下列旋光异构体的费歇尔投影式。

(1)S-1-氯-1-溴丙烷

(2)($4S$，$2E$)-4-甲基-2-己烯

(3)($2R$，$3S$)-3-苯基-2-丁醇

(4)($2S$，$3R$，$4S$)-2,3,4,5-四羟基戊醛

(5)S-2-甲基-3-羟基丙酸

6. 家蝇的性引诱剂是一个分子式为 $C_{23}H_{46}$ 的烃类化合物，加氢后生成 $C_{23}H_{48}$；用热而浓的 $KMnO_4$ 氧化时，生成 $CH_3(CH_2)_{12}COOH$ 和 $CH_3(CH_2)_7COOH$。它和溴的加成物是一对对映体的二溴代物。试问这个性引诱剂具有何种结构？

7. 某旋光性物质的浓度是 $0.092\ g\cdot mL^{-1}$，若将该溶液放在 5 cm 长的盛液管中，于 20 ℃下测得旋光度为 $+3.45°$，计算该物质的比旋光度；若将该溶液放在 10 cm 长的盛液管中测定，则应观察到的旋光度是多少？

8. 薄荷醇和氰戊菊酯具有以下结构，分子中有几个手性碳原子？有几个旋光异构体？可组成多少个外消旋体？

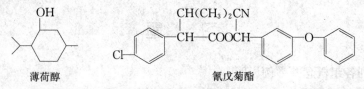

薄荷醇   氰戊菊酯

第六章

波 谱 学 基 础

在研究天然产物和人工合成的有机化合物时，其中一项很重要的任务就是结构的鉴定及分析。在有机化学的早期发展过程中，人们采用化学试验的经典分析方法来鉴定化合物结构，这些方法需要较长的时间、较多的样品和试剂、多步骤的反应过程，并且可靠性差。自20世纪50年代以来，光谱学的迅速发展，为有机化合物的结构分析研究带来了质的飞跃。应用得最普遍的是红外光谱、紫外光谱、核磁共振谱和质谱，它们可以提供分子中的结构信息，具有快速、准确、微量等优点。将不同的光谱结合使用，就可得到化合物分子中比较全面的结构信息。通过这些信息，我们能够正确地确定物质的组成和各组分的化学结构，弥补了经典化学分析方法的不足，显著提高了结构分析的水平。

本章将简要介绍红外光谱、紫外光谱、核磁共振谱和质谱的基本原理，介绍如何应用这四大光谱确定有机化合物的结构。

第一节　波谱学概述

一、电磁波的基本性质

波谱是电磁波谱的简称。波谱学是研究光（或电磁波）与原子或分子相互作用的一门科学。

光与物质的作用相当普遍。如植物的光合作用，人的视觉对颜色的感受，都是光与物质作用的结果。实际上，一切物质都会吸收某些波长的光。波谱就是利用光与物质相互作用获得有关数据，来探索分子内部的结构，从而获得分子的真实结构。

光是一种电磁波，或称电磁辐射。电磁辐射是高速度的微粒运动，其能量是量子化的，光量子的能量与频率成正比，与波长成反比。波长越短或频率越高，能量就越大，其关系式如下：

$$E = h\nu = h \cdot c/\lambda$$

式中，E 为电磁波能量（J）；h 为普朗克（Planck）常数（6.625×10^{-34} J·s）；ν 为频率（Hz）；c 为光速（3×10^8 m·s^{-1}）；λ 为波长（cm）。光的频率可用波数（σ）来表示。波数的定义是1 cm长度内波的数目，单位为 cm^{-1}。

波长常用单位除了厘米（cm）外，还有微米（μm）、纳米（nm）。它们之间的换算关系如下：

$$1 \text{ nm} = 10^{-3} \text{ μm} = 10^{-7} \text{ cm} = 10^{-9} \text{ m}$$

二、吸收光谱与能级跃迁

一个原子或分子吸收一定的电磁辐射能（ΔE）时，就由一种稳定的状态（基态）跃迁到另一种状态（激发态），如图 6-1 所示。它所吸收光子（电磁波）的能量等于体系能量的变化量（ΔE）。所以，只有当吸收电磁辐射的能量在数值上等于两个能级之差时，才发生辐射的吸收产生吸收光谱。

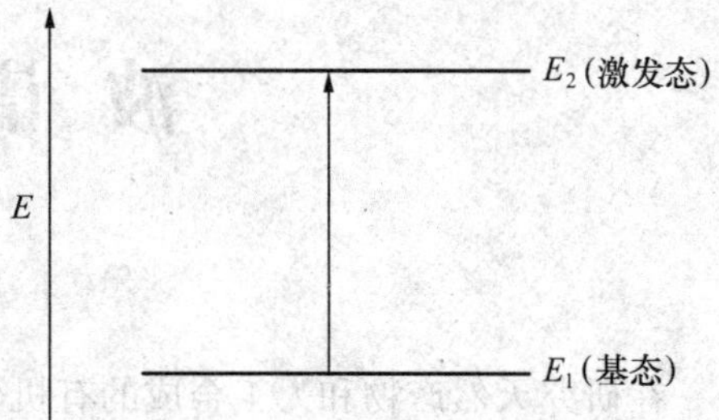

$$\Delta E = E_{激发态} - E_{基态} = h\nu = hc/\lambda$$

则

$$\nu = \frac{E_{激发态} - E_{基态}}{h}$$

根据光的波长或频率的不同，可将其划分为若干个光谱区域，如 γ 射线、X 射线、紫外光、可见光、红外光、微波及无线电波等（表 6-1）。有机物质在光的作用下，吸收一定频率的光后，产生一定的吸收光谱，什么样的物质吸收何种波长的光是由其分子结构决定的。

图 6-1　能级的跃迁

表 6-1　电磁波与分子运动跃迁的关系

电磁波	波长/μm	波数/cm^{-1}	应用范围
微波	400～25 000	25～0.4	电子在磁场内自转
远红外光	25～1 000	400～10	分子转动
中红外光	2.5～25	4 000～400	分子转动和振动
近红外光	0.8～2.5	1.25×10^4～4 000	分子振动
可见光	0.4～0.8	2.5×10^4～1.25×10^4	电子跃迁
近紫外光	0.2～0.4	5.0×10^4～2.5×10^4	电子跃迁
远紫外光	0.01～0.2	1.0×10^6～5.0×10^4	内层电子（σ）跃迁
X 射线	<0.01	>1.0×10^6	核跃迁

从表 6-1 可知，紫外吸收光谱（ultraviolet spectroscopy，简称 UV）是由于分子中电子由基态跃迁到激发态而引起的，通过紫外吸收光谱，可了解化合物分子中的共轭体系及其取代情况；红外光谱（infrared spectroscopy，简称 IR）是由于分子中原子和基团振动能级的跃迁引起的，从红外光谱中可以了解分子中的官能团及其周围的情况；核磁共振谱（nuclear magnetic resonance spectroscopy，简称 NMR）是由磁核吸收能量产生跃迁引起的，从中可以了解化合物分子中磁核的数目、性质、分布及周围情况。

质谱（mass spectroscopy，简称 MS）是使待测物质受到高能电子流的轰击，产生各种离子的碎片，这些碎片按不同质荷比（m/e）进行分离并记录而获得的。质谱实际上不是波谱，而是分子及其碎片的质量谱。质谱与紫外光谱、红外光谱和核磁共振谱结合起来使用，能顺利解决许多有机化合物结构测定问题。

第二节　紫外光谱

紫外光是波长为 $10\sim400$ nm 的光波，它介于 X 射线的长波区与可见光的短波区之间，其中 $10\sim200$ nm 为远紫外区，$200\sim400$ nm 为近紫外区。紫外光谱是用紫外分光光度计来测定的。在有机化合物结构分析中，近紫外区最为有用，通常所谓的紫外光谱，实际上就是近紫外光区的光谱。紫外光谱是电子光谱的一部分，电子光谱是由电子跃迁而产生的吸收光谱的总称，它还包括可见吸收光谱。一般紫外分光光度计能够测定的范围在 $200\sim800$ nm 的紫外和可见光区域内。

一、紫外光谱的表示方法

紫外光谱图通常是以吸收的波长(λ)为横坐标，用纳米(nm)表示；以吸收强度(A)为纵坐标，用摩尔吸收系数 ε 或 $\lg\varepsilon$ 表示。吸收带的最高点为最大吸收峰，相应波长为最大吸收波长，用 λ_{max} 表示；最大吸收峰的吸收强度用 ε_{max} 或 $\lg\varepsilon_{max}$ 表示(图 $6-2$)。

根据比尔-朗伯(Beer - Lambert)定律：

$$A = \lg I_0/I = \lg 1/T = \varepsilon cL$$

式中，A 为吸光度；I_0 为入射光强度；I 为透射光强度；T 为透光率(%)；ε 为摩尔吸收系数(表示 1 L 溶液中含 1 mol 样品，通过厚度为 1 cm 时，在指定波长下测得的吸光度)；c 为样品浓度($mol \cdot L^{-1}$)；L 为样品厚度(通常为1 cm)。

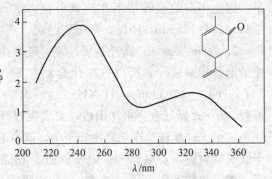

图 $6-2$　香芹酮在乙醇中的紫外吸收光谱

吸收强度 A 与溶液浓度 c 成正比，因此可用紫外光谱定量测定有机物含量。图 $6-2$ 为香芹酮在乙醇中的紫外吸收光谱，其最大吸收波长为 245 nm($\lambda_{max}=245$ nm)，最大吸收强度 $\lg\varepsilon_{max}=4.0$。

二、电子跃迁及类型

有机分子在紫外-可见光照射下，吸收一定能量的光子，价电子(主要是价电子)能级发生跃迁。有机分子中的价电子通常有三种，即形成 σ 键的 σ 电子；形成 π 键的 π 电子；未成键的孤对电子，也叫 n 电子。由于化合物不同，所含价电子类型不同，故产生的电子跃迁类型也不同。电子跃迁由成键轨道(σ，π，n)跃迁到反键轨道(σ^*，π^*)。以上三种价电子由紫外辐射引起的跃迁类型有四种，即 $\sigma\rightarrow\sigma^*$、$n\rightarrow\sigma^*$、$\pi\rightarrow\pi^*$、$n\rightarrow\pi^*$(＊表示反键轨道)，如图$6-3$所示。

由图 $6-3$ 可以看出电子由基态跃迁到激发态所需要的能量大小不同，所需能量由大到小顺序为 $\sigma\rightarrow\sigma^* > n\rightarrow\sigma^* > \pi\rightarrow\pi^* > n\rightarrow\pi^*$，这是由于 σ 键的电子云在键轴方向相互重叠，键结合牢固，故激发所需能量大。π 键是在键轴垂直方向相互侧面重叠，但重叠程度比前者

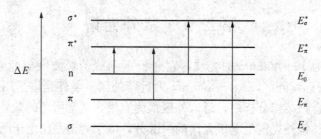

图 6-3 电子跃迁能量示意图

小，故容易激发。n 电子比成键电子受原子核束缚小，一般活动性大，更容易激发。

化合物分子中价电子分布情况有差异，因而吸收紫外光后出现不同类型的电子跃迁，得到不同的紫外光谱图。

1. σ→σ* 跃迁 在只含 σ 电子的饱和化合物中，要实现 σ→σ* 电子跃迁需要较高的能量，因此相应的吸收带不在近紫外区（$200 \sim 400$ nm），而在远紫外区（<200 nm）。例如：C_2H_6 $\lambda_{max} = 135$ nm。所以，常用正己烷、正庚烷等有机物作紫外光谱测定时的溶剂。

2. n→σ* n→σ* 跃迁是氧、氮、硫和卤素原子中的未共用电子所产生的电子跃迁，需要的能量相对较小，所以这些化合物在紫外区域内有吸收。例如：CH_3Cl $\lambda_{max} = 173$ nm；CH_3OH $\lambda_{max} = 183$ nm；CH_3NH_2 $\lambda_{max} = 213$ nm。从这些数据可知，随着元素原子的电负性增强，n→σ* 跃迁变得更加困难，最大吸收峰值变小。

3. n→π* 跃迁 在化合物分子中，既存在未共用电子又存在 π 电子时，这类分子吸收适当波长辐射后，发生 n→π* 电子跃迁。它需要的能量更小，在近紫外区域有吸收。例如：醛、酮、羧酸等在 $270 \sim 300$ nm 处产生吸收。吸收强度不大，但极易辨认，特征明显。

4. π→π* 分子中有 π 电子的均发生 π→π* 跃迁。由于不同分子中 π 键周围的电子结构不同，π 电子跃迁所需能量也不同，吸收峰出现的区域也有差别。例如：芳香族化合物是一个闭合的共轭体系，在 $230 \sim 270$ nm 处发生 π→π* 跃迁；共轭二烯烃、烯酮（—C=C—CO—）在 $200 \sim 250$ nm 处产生较强的吸收带；而乙烯分子中，π 电子实现 π→π* 跃迁所需能量比共轭二烯烃大，$\lambda_{max} = 162$ nm。这说明分子中 π→π* 共轭体系越长，吸收峰向长波方向移动（红移），而吸收强度也增加。这是由于随共轭体系的增长，π 电子的离域活动范围加大，产生 π→π* 跃迁所需能量也就越低（表 6-2）。

表 6-2 共轭体系的 λ_{max} 和 ε_{max}

化合物	双键数	λ_{max}/nm	ε_{max}	颜 色
乙烯	1	171	10 000	无
丁二烯	2	217	21 000	无
己三烯	3	258	35 000	无
二甲基辛四烯	4	296	52 000	淡黄
癸五烯	5	335	118 000	淡黄
二氢 δ-胡萝卜素	8	415	210 000	橙黄
番茄红素	11	470	185 000	红色

具有 π 电子的化合物(烯、炔、酮、醛、羧酸、酯、腈、偶氮化合物、硝基化合物等)均能产生 $\pi \rightarrow \pi^*$ 跃迁,是紫外光谱中产生吸收的主要原因,这些化合物中的官能团统称为发色团。发色团的特点是紫外吸收增强,吸收峰红移。表 6-3 列出了一些常见发色团的特征吸收。

表 6-3 常见发色团的紫外特征吸收

发色团	测定化合物	λ_{max}/nm	ε_{max}	溶 剂
\C=C/	乙烯	165 193	15 000 10 000	蒸气
—C≡C—	2-辛炔	195 223	2 100 160	庚烷
\C=O	丙酮 丙醛	188 279	900 10	己烷 异辛烷
—COOH	乙酸	292 208	21 32	95%乙醇
—NO₂	硝基甲烷	201	5 000	甲醇
—COOR	乙酸乙酯	204	60	水
—CO—NH₂	乙酰胺	220	63	水
—N=N—	偶氮甲烷	338	4	95%乙醇
C=C—C=C	1,3-丁二烯	217	21 000	正己烷
—C≡N	乙腈	167	弱	气态

有些基团本身不是发色团,但当它们与发色团相连时,便导致 $n \rightarrow \pi^*$ 跃迁,并使 $\pi \rightarrow \pi^*$ 跃迁的 λ_{max} 红移,同时吸收强度增加,如—X、—NH₂、—ÖH、—ÖR 等,这些带有孤对电子的饱和基团称为助色团。例如:苯 $\lambda_{max}=225$ nm,$\varepsilon_{max}=230$;苯胺 $\lambda_{max}=280$ nm,$\varepsilon_{max}=1\,430$。

三、紫外光谱在有机化学中的应用

1. 定性分析 紫外光谱图比较简单,许多结构上的变动不一定能从紫外光谱图中反映出来,但可测定某些不饱和有机物和发色官能团,特别是测定具有共轭体系化合物的结构。例如:在 290 nm 处有弱的吸收带,可能是含有羰基的化合物;在 200~250 nm 处有强吸收带,则可能有共轭体系或苯环;在 260~300 nm 区域有强吸收,表示有 3~5 个共轭单位;在 260~300 nm 处有中等强度的吸收带,可能有芳香环存在;在 200~800 nm 区域无吸收,则表明此化合物没有共轭双键、苯环、醛基以及硝基等基团的存在。

紫外光谱通常需要与其他光谱或化学分析方法结合起来,才能正确阐明一个有机化合物的结构。

2. 定量分析 紫外光谱的吸收强度 A 与浓度 c 成正比,可通过标准样品和待测样品的吸收强度比较将其定量。这种定量方法要求 λ_{max} 吸收无杂质干扰，否则定量将不准确。

如果在已知物质的紫外光谱中发现有其他吸收峰，便可断定这个物质中有杂质。而且通过测定杂质的 λ_{max} 和 ε_{max} 可对杂质进行定量和半定量检测。如果 $\varepsilon_{max} > 2\,000$，则检出的灵敏度可达 0.005%。

3. λ_{max} 待测物质采用高效液相色谱法的紫外检测器进行定性、定量检测时，若不知道该物质的最大紫外吸收值，将会影响用紫外检测器检测的灵敏度。因此，可根据待测物质的紫外光谱图选择最大紫外吸收波长（λ_{max}），然后再进行高效液相色谱定量测定。

第三节　红外光谱

一、红外光与红外光谱

红外线可引起分子振动能级跃迁和转动能级跃迁，所形成的吸收光谱叫红外光谱。分子发生振动能级跃迁需要吸收一定的能量。这种能量对应于光波的红外区域（$12\,500\sim10\ cm^{-1}$），而且只有在下列条件得到满足时跃迁才会发生：

$$E_{光子} = h\nu_{光} = \Delta E_{振} = h\nu_{振} = hc\sigma$$

即只有当照射体系产生的红外能量（$E_{光}$）与分子的振动能级差（$\Delta E_{振}$）相当时，才会产生分子振动能级的跃迁，从而获得红外光谱。

红外光（辐射）是位于可见光和微波之间的电磁波。红外光又可分为三个区域：

1. 近红外区 $12\,500\sim4\,000\ cm^{-1}$（$0.8\sim2.5\ \mu m$），主要用于研究分子中的 O—H、N—H、C—H 键的振动倍频与组频。

2. 中红外区 $4\,000\sim400\ cm^{-1}$（$2.5\sim25\ \mu m$），主要用于研究大部分有机化合物的振动基频。

3. 远红外区 $400\sim10\ cm^{-1}$（$25\sim1\,000\ \mu m$），主要用于研究分子的转动光谱以及重原子成键的振动等。

本节介绍的红外光谱为中红外区（$2.5\sim25\ \mu m$，即 $4\,000\sim400\ cm^{-1}$）。红外光谱是检测有机化合物分子骨架和官能团应用最广泛、最简便的方法。

二、红外光谱的基本原理

红外光谱是由于分子振动而产生的。当特定频率的红外辐射照射有机分子时，被分子吸收，产生两种不同振动能级之间的跃迁，即从振动基态跃迁到相应的振动激发态。

分子振动可分为两大类：

（1）伸缩振动，以 ν 表示。伸缩振动又可分为对称伸缩振动（ν_s）和不对称伸缩振动（ν_{as}）两种。

（2）弯曲振动，也叫变角振动，以 δ 表示。弯曲振动又分为面内弯曲振动和面外弯曲振动两种。面内弯曲振动又分为剪式振动和平面摇摆；面外弯曲振动又分为非平面摇摆和扭曲振动。

以亚甲基（—CH_2—）为例，如图 6-4 所示：

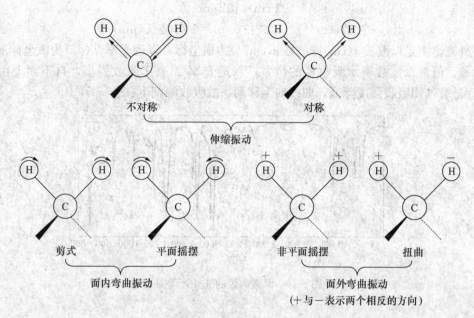

图 6-4　—CH_2—的伸缩振动和弯曲振动

由此可见，化合物分子中各种化学键和官能团的振动是相当复杂的，一种简单的化合物就可以得到一张复杂的红外光谱图。

特别需要说明的是分子在振动过程中必须发生瞬间偶极矩变化，才能吸收红外线而引起能级的跃迁，而且瞬间偶极矩越大，吸收峰越强。结构对称的分子在振动过程中，由于振动方向也是对称的，所以整个分子的偶极矩始终为零，没有吸收峰出现。如 O_2、H_2、CH_2=CH_2、$HC \equiv CH$。

理论上，每种振动在红外光谱区均产生一个吸收峰，但是实际上，峰数往往少于基本振动数目。这是因为：①当振动过程中分子不发生瞬间偶极矩变化时，不引起红外吸收。②频率完全相同的振动彼此发生重叠。③强宽峰往往要覆盖与其他频率相近的弱而窄的吸收峰。④吸收峰有时落在中红外区域($4\,000 \sim 400\ cm^{-1}$)以外。⑤吸收强度太弱，以致无法测定。在上述六种振动中，通常以对称伸缩振动、不对称伸缩振动、剪式振动和非平面摇摆出现较多。

当然也有使峰数增多的因素，如倍频与组频等。但这些峰落在中红外区内较少，而且都是非常弱的峰。

若以连续改变频率的红外线照射待测样品时，红外辐射有些区域被吸收而变得较弱，有些区域被吸收而变得较强。这些不同吸收及不同的吸收强度均由光谱仪放大后自动记录下来，便可得到一张有机化合物的红外光谱图。

一定结构的化合物将产生特征性的红外光谱图，使其与标准光谱比较，即可鉴定结构。化合物分子中特定的官能团是在一定频率范围内产生特征的吸收峰，通过对照各官能团的特征吸收表就可获得化合物的结构信息。

三、红外光谱的表示方法

红外区波长可用微米(μm)和波数(cm^{-1})来表示。波长与波数的换算关系如下：

$$1 \text{ cm} = 10^4 \ \mu\text{m}$$

$$\text{波数}(\text{cm}^{-1}) = 1/\text{波长}(\text{cm}) = 10^4/\text{波长}(\mu\text{m})$$

红外光谱图是以波长 $\lambda(\text{cm})$ 或波数 $\sigma(\text{cm}^{-1})$ 为横坐标，以透光率 $T(\%)$ 为纵坐标所作的吸收曲线。通常以波数表示吸收峰的位置；以透光率 T 表示吸收强度，自下而上由 0 到 100%。随着基团吸收强度降低，曲线向上移动，故吸收峰朝下(图 6-5)。

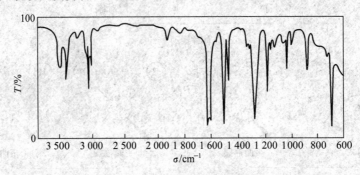

图 6-5　某芳香烃的红外光谱图

四、红外光谱与分子结构的关系

除光学对映体外，任何不同的化合物均可以得到不同的红外光谱图。但是在红外光谱图中各种特定的官能团如—CH_3、—OH、—COOH、—NH_2、—C≡C—、$\diagdown C=C \diagup$ 等在一定频率里产生特征吸收峰，这种特征吸收峰在红外光谱上的位置基本保持不变。一张红外光谱图往往会出现几十个吸收峰，一般情况下，只需判别其中的几个或十几个特征峰，即可对有机物结构进行鉴定。各种化学键在红外光谱上的吸收位置及强度见表 6-4。

表 6-4　主要化学键的吸收频率及强度

化学键	振动方式	吸收频率/cm^{-1}	强　度
C—H	烷烃(伸缩)	3 000~2 850	S
	—CH_3(弯曲)	约 1 450，约 1 375	M
	—CH_2—(弯曲)	约 1 465	M
	—$CH(CH_3)_2$(弯曲)	1 389~1 381 1 372~1 368	M(两个峰强度相当)
=C—H	烯烃(伸缩)	3 100~3 000	M
	烯烃(弯曲)	1 700~1 000	S
≡C—H	炔烃(伸缩)	约 3 300	S
苯环上的 =C—H	芳烃(伸缩)	3 150~3 050	S
	芳烃(弯曲)	1 000~700	S
—CHO上的氢	醛(伸缩)	2 900~2 700	W
C=C	烯烃(伸缩)	1 680~1 600	M-W
	芳烃(伸缩)	1 600~1 400	M-W

（续）

化学键	振动方式	吸收频率/cm^{-1}	强　度
C≡C	炔烃(伸缩)	2 250～2 100	M - W
C=O	醛(伸缩)	1 740～1 720	S
	酮(伸缩)	1 725～1 705	S
	羧酸(伸缩)	1 725～1 700	S
	酯(伸缩)	1 750～1 730	S
	酰胺(伸缩)	1 700～1 640	S
—OH	醇，酚(伸缩)	3 650～3 600	
	游离	3 400～3 200	M
	氢键	3 300～2 500	M
C—O	醇、醚、酯、羧酸(伸缩)	1 300～1 000	S
N—H	伯、仲胺(伸缩)	约 3 500	M
—C≡N	腈(伸缩)	2 260～2 200	M
—N=O	硝基	1 600～1 500	S
C—X	氟	1 400～1 000	S
	氯	800～600	S
	溴	<600	S

注：S代表强，M代表中等，W代表弱。

参照表 6-4，可以推测化合物的红外光谱吸收特征，再根据红外光谱特征，初步推测化合物可能存在什么官能团，并且进一步选择正确结构。

五、红外光谱的解析和应用

测定已知物质的红外光谱，可与标准红外光谱图做对比。测定未知物质的红外光谱，可利用特征红外吸收峰来鉴定分子中存在的官能团和化学键。红外光谱还能跟踪有机化学反应的进程，如醇和酸的酯化反应，检查反应是否进行，可对反应原料(醇和酸)和反应产物进行红外光谱鉴定。如果产物中无羟基和羧基的吸收峰，并有新的酯键吸收峰出现，则说明反应已经完成。另外，红外光谱和紫外光谱一样也可进行定量分析。但是，由于红外光谱灵敏度较低，在定量分析中不如紫外光谱应用得那么广泛。

解析红外光谱图应注意如下事项：

(1)由高频区和吸收强的峰开始解析，预测试样分子中可能存在的官能团。

(2)不需解析谱图中每一个吸收峰，因为一般有机化合物谱图吸收峰仅有 20% 属于定域振动。因此只分析谱图中某些官能团的特征吸收峰就可以了。

例 1　某一化合物分子式为 $C_9H_{10}O_2$，根据红外光谱图 6-6 推测它的可能结构式。

光谱解析：3 000～2 850 cm^{-1} 为—CH_3、—CH_2—的伸缩振动；1 430～1 360 cm^{-1} 为 C—H弯曲振动；3 050 cm^{-1} 左右为苯环上的C—H伸缩振动峰；1 720 cm^{-1} 为 C=O 的伸缩振

动(由于羰基与苯环共轭，使得 C=O 的伸缩振动从 $1\,750\ \text{cm}^{-1}$ 移至 $1\,720\ \text{cm}^{-1}$)；$1\,600\ \text{cm}^{-1}$ 左右为苯环骨架的伸缩振动；$1\,280\ \text{cm}^{-1}$、$1\,100\ \text{cm}^{-1}$ 左右为C—O—C的伸缩振动吸收峰。因此，该化合物为苯甲酸乙酯。

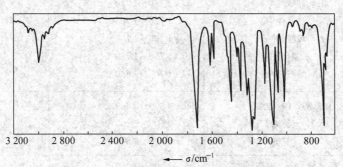

图 6 - 6　分子式为 $C_9H_{10}O_2$ 的红外光谱图

第四节　核磁共振

核磁共振是以兆周数量级的无线电波作用到具有磁性的原子核上，引起原子核自旋取向改变所得到的吸收光谱。通过解析核磁共振光谱图，可以知道磁核的数目、种类、分布及周围的情况。核磁共振谱是研究有机化合物结构的重要工具之一。目前，已经广泛应用的有 ^1H、^{13}C、^{19}F、^{15}N、^{31}P 等原子核的核磁共振谱，其中 ^1H 和 ^{13}C 的核磁共振谱应用最为广泛，两者相辅相成，能提供有机物分子中氢及碳原子的类型、数目、相互连接方式、周围化学环境，甚至空间排列等结构信息，在确定有机化合物分子的平面及立体结构中发挥着巨大的作用。近年来，随着超导脉冲傅里叶变换核磁共振仪的使用及各种一维及二维核磁共振软件的不断开发和应用，有机化合物结构鉴定工作的速度及质量均已大大提高。对于相对分子质量小于 $1\,000$、样品量在几个毫克的微量物质，仅用核磁共振测定技术即可正确测定它们的分子结构。本节仅着重讨论核磁共振氢谱(简称 ^1H - NMR)。

一、核磁共振的基本原理

1. 核自旋和核磁共振研究的对象　核磁共振主要是由原子核的自旋运动所引起的。不同的原子核，自旋运动的情况不同，它们可以用自旋量子数表示。一些原子核有自旋现象，因而具有自旋角动量，由于核是带电粒子，故自旋同时将产生核磁矩。核磁矩与角动量都是矢量，方向是平行的。核的自旋角动量(ρ)是量子化的，可以用核的自旋量子数或简称自旋 I 来表示：

$$\rho = \sqrt{I(I+1)} \cdot h/2\pi$$

式中，h 为普朗克常数；I 为 0，1/2，1，3/2，2，…

显然，$I=0$ 的原子核是没有自旋角动量的。只有 $I>0$ 的原子核才有自旋角动量，具有磁性，并成为核磁共振研究的对象。核磁共振是研究处在静磁场具有磁性的原子核与电磁波的相互作用。可参照表 6 - 5，根据某个原子的质量数(A)及原子序数(Z)推断该原子核的自旋量子数(I)，并可推测它有无自旋角动量(ρ)，即获知是否是核共振研究的对象。

表6-5 核的自旋量子数(I)与质量数(A)及原子序数(Z)的关系

质量数(A)	原子序数(Z)	自旋量子数(I)	例	磁性
奇数	奇数或偶数	半整数($n/2$, $n=1,3,5\cdots$)	^{1}H、^{13}C、^{17}O、^{19}F、^{31}P、^{15}N、^{35}Cl、^{79}Br、^{125}I 等	有
偶数	偶数	零	^{12}C、^{16}O、^{32}S	无
偶数	奇数	整数($n/2$, $n=2,4,6\cdots$)	^{2}H、^{14}N	有

2. 核磁共振 核自旋若无外磁场的影响，它们的取向是任意的。但在外磁场的作用下，磁核^{1}H 和^{13}C 只有两种自旋取向：一种与外磁场同向，为低能态；另一种与外磁场反向，为高能态。如图6-7所示。

在外加磁场中回旋的质子受到电磁辐射时，就会吸收一定频率的电磁波，当所吸收的电磁波能量恰为两种取向的能量差(ΔE)时，质子就从低能级状态跃迁到高能级状态，同时产生共振吸收信号。这种现象称为核磁共振。核不同取向的能量差(图6-8)用下式表示。

$$\Delta E = E_{高} - E_{低} = h\nu = h\gamma \cdot H_0/2\pi \quad (\nu = \gamma \cdot H_0/2\pi)$$

式中，h 为普朗克常数(6.625×10^{-34} J·s)；ν 为频率(Hz)；H_0 为外加磁场强度(T)；γ 为磁旋比(常数，质子的 $\gamma = 26\,750$)。

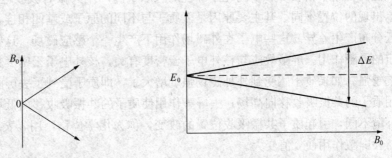

图6-7 磁性核在外磁场中的自旋取向　　图6-8 磁性核能级被外磁场分裂

式中，ν 与 H_0 的关系就是共振条件，即改变照射频率(ν)或改变外加磁场强度(H_0)，使得 $\Delta E = h\nu = h\gamma \cdot H_0/2\pi$ 等式成立，就会产生核磁共振。显然，随着 H_0 增大，发生核跃迁时需要的能量也相应增大；反之，则相应减小。一般仪器是采用改变磁场强度的办法来实现核磁共振的，如外加磁场强度(H_0)为 2.35 T(特)时，^{1}H 核共振需要的照射频率为 100 MHz。

二、核磁共振谱的表示方法

核磁共振谱是将高频能量的吸收强度(用面积或阶梯式积分曲线的高度表示)为纵坐标，磁核吸收峰位置(用 δ 表示)为横坐标绘制出来的。图谱的左边为低磁场，右边为高磁场。

图 6-9 是正丙酸的^{1}H-NMR 谱图。

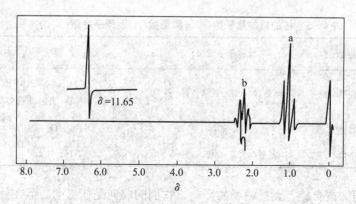

图 6-9 正丙酸的^{1}H-NMR 谱图

三、核磁共振谱与有机物结构的关系

有机物的核磁共振谱主要有三方面的特征，即吸收峰的位置、数目和吸收强度。不同结构的有机物这三方面的特征不同。

1. 化学位移 在核磁共振谱中，用化学位移表示磁核吸收峰的位置。

如果化合物分子中所有的氢质子化学环境都一样，其共振频率也一样，那么在核磁共振氢谱中只能出现一个吸收峰。不同化学环境的氢原子因产生共振时吸收电磁波的频率不同，在谱图上出现的位置不同。其主要原因是氢质子与不同的原子或基团相连，使得氢质子周围的电子云分布产生差异。这些电子在外磁场作用下产生一个感应磁场，这些感应磁场对质子产生一定的屏蔽作用。屏蔽效应与核外电子云密度有关，核外电子云密度越大，氢核受屏蔽效应影响越强。如果质子感受到外加磁场强度增大了，即质子受到了去屏蔽作用。因此，受屏蔽作用质子的共振吸收移向高场；去屏蔽作用使质子的共振吸收移向低场。这种由于质子的化学环境不同，引起质子共振吸收位置的改变，称为化学位移，用 δ 表示。屏蔽作用使 δ 值变小；去屏蔽作用使 δ 值变大。

由于磁核在分子中微小的化学环境差别，吸收频率各异，吸收峰的位置也有差别。利用这一相关性，可以从核磁共振氢谱中获得有价值的结构信息。

在实际测定中，以某一参比物质的峰为基点，让其他磁核的峰与其比较。通常所用的参比物质为四甲基硅烷（tetramethylsilane，简称 TMS），化学结构为 $(CH_3)_4Si$。因为它的 12 个氢核化学环境相同，在核磁共振氢谱中出现一个峰，又由于屏蔽效应很强，峰出现在高场，将此峰位置定为零（$\delta=0$），以它为相对标准，绝大多数氢质子的化学位移 δ 值均大于零。其表达式如下：

$$\delta = \frac{\nu_{样品} - \nu_{TMS}}{\nu_0} \times 10^6$$

式中，$\nu_{样品}$、ν_{TMS} 分别为样品、TMS 的共振频率；ν_0 为操作仪器选用的频率。因为所得值很小，一般只有百万分之几，为使用方便，故乘以 10^6。

各种常见氢质子的化学位移值见表6-6。

表6-6 常见各种氢质子的化学位移值

质子类型	化学位移(δ)	质子类型	化学位移(δ)
TMS	0.0	I—C—H	2.0～4.0
R—CH$_3$	0.9	HO—C—H	3.4～4.0
R$_2$CH$_2$	1.3	RO—C—H	3.3～4.0
R$_3$CH	1.5	RCOO—CH	3.7～4.1
C=C—H	4.6～5.9	$\overset{O}{\overset{\|}{RO-C-CH}}$	2.0～2.2
C≡C—H	2.0～3.0	$\overset{O}{\overset{\|}{-C-CH}}$	2.0～2.7
Ar—H	6.0～8.5	$\overset{O}{\overset{\|}{-C-H}}$	9.0～10.0
Ar—CH$_3$	2.2～3.0	R—OH	1.0～5.5
C=C—CH$_3$	1.7	Ar—OH	4.0～12.0
F—C—H	4.0～4.5	C=C—OH	15.0～17.0
Cl—C—H	3.0～4.0	RCOOH	10.5～12.0
Br—C—H	2.5～4.0	RNH$_2$	1.0～5.0

2. 自旋偶合和自旋裂分 分子中仅有一个质子的化合物 $CHCl_3(\delta=7.25)$或仅含有同种质子的化合物如$(CH_3)_4Si(\delta=0)$和$CH_3COCH_3(\delta=2.07)$等，它们的核磁共振氢谱上只出现一个单峰。若分子中相邻碳原子上具有不同类型的氢质子时，质子间就发生磁性相互作用，使吸收峰出现分裂，这种现象称为自旋偶合。由于自旋偶合使吸收峰产生分裂，所以这种现象又称为自旋裂分。自旋偶合与自旋裂分是由于邻近质子在外磁场影响下也有顺磁和反磁两种取向，这些取向质子自旋的磁矩通过成键电子传递可影响所测质子周围的磁场，使之有微小的增加或减少：若磁场强度有所增加，则可在稍低场发生共振；若磁场强度有所减小，则在稍高场发生共振。这样就产生了峰的裂分。

自旋偶合形成的峰裂分数目和相邻碳原子上的不同种氢质子数目有关。当一种氢质子有 n 个相邻的不同氢质子存在时，其核磁共振氢谱的峰裂分成 $n+1$ 个。各分裂峰的强度比等于$(a+b)^n$ 二项展开式的各项系数比，见表6-7。

表6-7 裂分峰数和相对强度比

相邻等价氢的数目	峰的总数	峰的相对强度比	相邻等价氢的数目	峰的总数	峰的相对强度比
0	1	1	4	5	1：4：6：4：1
1	2	1：1	5	6	1：5：10：10：5：1
2	3	1：2：1	6	7	1：6：15：20：15：6：1
3	4	1：3：3：1			

　　根据上述自旋偶合和裂分规律，从图6-9正丙酸（CH_3CH_2COOH）的核磁共振氢谱中可看到—CH_2—的邻近碳上的氢质子为3，再加1，为4，即分裂峰为四重峰（受邻近甲基的影响），相对强度为1：3：3：1；其中—CH_3出现三重峰（受邻近亚甲基的影响），强度比为1：2：1。

　　裂分峰之间间隔（裂距）的大小用偶合常数 J 表示，以 Hz 为单位。互相偶合的质子，它们的偶合常数相等，如正丙酸（CH_3CH_2COOH）的两组吸收峰中，三重峰和四重峰的偶合常数相等。因此，可以利用偶合常数的大小判断氢核之间的相互关系，再结合裂分情况、化学位移等即可推断化合物片段的结构。

　　3. 积分曲线　核磁共振谱中信号的面积与各种质子的数目成正比，信号面积一般采用阶梯式的积分曲线表示。从积分线的出发点到终点的高度代表总的质子数，而每个阶梯的高度与相应的质子数成正比。如果被测物质的分子式已确知，就可以利用积分曲线求出各种质子的数目。

　　例如图6-10丁酮的核磁共振氢谱。丁酮的分子式为 C_4H_8O，图中三种信号峰积分面积比为2：3：3。所以在低场区（左侧）的质子群应为 $8 \times 2/8 = 2$（质子）；稍高场区（中间）的质子群应为 $8 \times 3/8 = 3$（质子）；高场（右侧）区的质子群为 $8 \times 3/8 = 3$（质子）。因此，利用积分曲线的相对强度可求出不同化学环境中氢的数目。

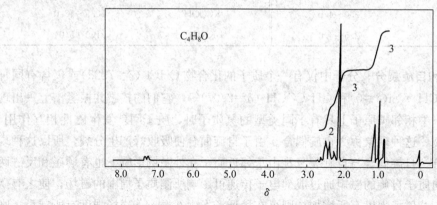

图6-10　丁酮的核磁共振氢谱

四、核磁共振谱的解析和应用

　　从核磁共振谱中可以得到比紫外光谱、红外光谱更多的关于有机化合物结构的信息。

　　例2　一分子式为 C_8H_9Cl 的化合物核磁共振氢谱如图6-11所示，请推测该化合物的可能结构式。

　　(1)根据分子式计算不饱和度：

$$不饱和度 = 碳数目 + 1 - \frac{H数 + X数 - N数}{2}$$

$$C_8H_9Cl 的不饱和度 = 8 + 1 - 10/2 = 9 - 5 = 4$$

　　(2)根据积分曲线的相对峰面积比求出每组质子群的质子数（图6-11）。

　　各组峰的积分面积比为4：2：3（从左到右）。即每组质子群的质子数分别为4、2、3。

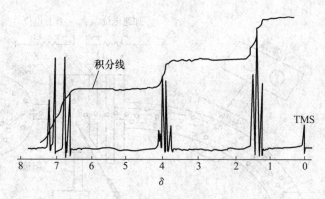

图 6-11　C_8H_9Cl 的 ^1H-NMR

(3)根据各种常见氢质子的化学位移值 δ(表 6-6)求出每组峰代表的基团：

$\delta=1.2\sim1.6$，含有 3 个质子，三重峰(受邻近亚甲基影响)，为—CH_3；

$\delta=3.8\sim4.1$，含有 2 个质子，四重峰(受邻近甲基影响)，为—CH_2—；

$\delta=6.7\sim7.2$，故有苯环存在，含有 4 个质子，且为苯环对位两取代。

(4)确定结构式：

$$Cl-\!\!\bigcirc\!\!-CH_2CH_3$$

第五节　质　　谱

质谱与紫外光谱、红外光谱、核磁共振谱不同，它不是吸收光谱。质谱是把有机化合物分子用一定方式裂解后生成的各种离子，按其质量大小排列而成的图谱。

测定有机化合物的质谱，只需少量样品，常用量约 1 mg，最少用量只需几微克。

通过质谱分析可以得到有机化合物的精确分子质量，并能推测分子式及其相关结构的信息。如将质谱与气相色谱和液相色谱联用，还可以测定混合物中各组分的化学结构以及它们的含量。在农业上常用质谱进行同位素示踪技术的研究。随着计算机的广泛应用，质谱分析变得更加快速、准确、简便。

一、质谱的基本原理

质谱的基本原理很简单，在进行质谱测定时，有机化合物首先在高真空中受热汽化，并受到 $50\sim100$ eV 的电子流轰击，除了产生分子离子以外，还形成许多离子碎片。这些离子碎片若存活时间大于 10^{-6} s，它们将会被电场加速。之后，连续改变加速电压(称为电压扫描)或连续改变磁场强度(称为磁场扫描)就能使各离子依次按质荷比(m/z)值大小顺序先后通过收集狭缝，并发出讯号，这些讯号经放大器放大后输给记录仪，记录仪就会绘出样品的质谱图。

质谱是由质谱仪来测定的。质谱仪主要由离子源(包括样品室和电离室)、分离管和磁铁、收集器(包括检测器和放大器)和记录系统三大部分组成。单聚焦质谱仪如图 6-12 所示。

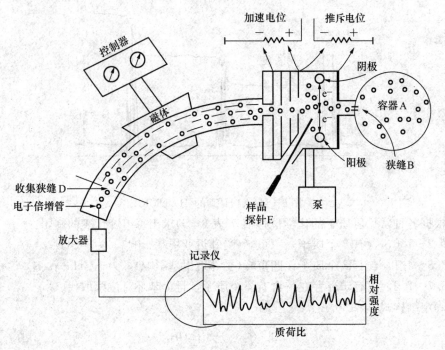

图 6-12　单聚焦质谱仪示意图

在电离室内，气态的样品分子受到高速电子流（能量通常是 70 eV 左右）的轰击，可以发生不同的电离反应，其中一种反应就是样品分子的一个价电子被电离，生成了一个带正电荷的游离基：

$$M + e^- \longrightarrow M^{\overset{+}{\cdot}} + 2e^-$$

其中，$M^{\overset{+}{\cdot}}$ 代表带奇数个电子的正离子，称作分子离子。这里"＋"代表正电荷，"·"代表不成对的单电子。

通常有机化合物分子发生电离，仅需 10～15 eV 的能量。故当轰击电子的能量达 70 eV 时，多余的能量能使分子离子中较不稳定的化学键断裂，生成碎片离子。这些碎片离子还可以继续断裂，生成数量更多、质量更小的碎片离子。各种碎片离子依次按质荷比（m/z）值大小顺序达到收集器，讯号放大并绘出有机化合物的质谱图。

质荷比（m/z）、离子运动轨迹的半径（R）、磁场强度（H）、加速电压（V）的关系为：

$$m/z = \frac{H^2 R^2}{2V}$$

从上式可知，m/z 与 H 成正比，与 V 成反比。因此，仪器的 V 和 R 保持不变，而使磁场由小到大依次增加，各种离子会按照 m/z 由小到大的顺序先后通过分离管，最后到达收集器。

二、质谱的表示方法

质谱常采用质谱图和质谱表来表示。

1. 质谱图 　绝大多数质谱用线条图表示。图 6-13 为苯甲酸丁酯的质谱图。横坐标表示质荷比(m/z)，实际上指离子质量。纵坐标表示离子的相对丰度，也叫相对强度。相对丰度是以最强的峰(叫基峰)作为标准，它的强度定为100，其他离子峰以基峰的百分比表示其强度。图中 m/z 为105的峰为基峰。质谱图比较直观，但相对丰度比不够精确。

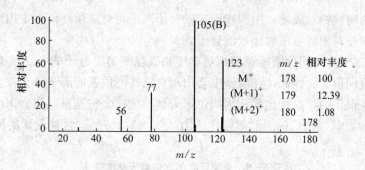

图 6-13 苯甲酸丁酯的质谱图

2. 质谱表 化合物裂解后，碎片离子的质荷比(m/z)、离子的相对丰度都以表格形式列出来，如表 6-8 所示。

表 6-8 苯甲酸丁酯的分子离子、碎片离子的质荷比(m/z)和相对丰度

m/z	相对丰度	m/z	相对丰度	m/z	相对丰度	m/z	相对丰度	m/z	相对丰度
27	3.6	43	5.9	65	0.4	105	100(B)	135	13
28	2.5	50	3.0	76	2.0	106	7.8	149	0.3
29	5.1	51	1.1	77	37.0	107	0.5	163	0.3
39	2.4	52	0.8	78	3.0	121	0.3	178	2.0
40	0.3	55	2.7	79	5.1	122	17	179	0.3
41	6.0	56	19	80	0.3	124	5.3		
42	0.3	57	1.5	104	0.7	125	0.5		

三、质谱的解析和应用

质谱在有机化合物结构鉴定中的作用主要有两个：①确定化合物的相对分子质量，以此确定准确的分子式；②提供某些一级结构的信息。

1. 相对分子质量的确定 测定相对分子质量的根本问题是如何判断未知物的分子离子(M^+)峰，一旦分子离子峰在谱图中的位置被确定下来，它的 m/z 值即给出了化合物的相对分子质量。

(1)利用氮规则确定分子离子峰 由 C、H、O、N 组成的化合物中，若含奇数个氮原子，则分子离子的相对质量一定是奇数；若含偶数个氮原子或不含氮原子，则分子离子的相对质量一定是偶数。

(2)准确的分子离子峰可通过寻找它和它的碎片峰的 m/z 关系来证明 初步确定的分子离子峰与邻近碎片离子峰之间的质量差若是合理的，那么被确定的分子离子峰可能成立；否

则就是错误的。质量差为 15(—CH_3)、18(H_2O)、31(—OCH_3)、43(CH_3CO—)等均是合理的质量差，而质量差为 4～14、21～23、37、38、50～53 是不合理的。

2. 分子式的确定

(1)利用高分辨质谱仪的数据库检索，确定未知物的分子式　质谱仪中的数据库已存有各种元素组成的精确相对质量，用初步确定的分子离子相对质量在谱库中用计算机对分子式进行检索，找到相对质量数最为接近的分子式。

(2)用分子离子峰的同位素峰簇的相对丰度和氮规则确定分子式　组成有机化合物的元素一般都含有重同位素。因此，在质谱中会出现含这些同位素的离子峰。在自然界各种同位素的丰度比率是恒定的，这种比率称为同位素天然丰度比。它是重同位素丰度对最轻同位素丰度的百分比。如 ^{13}C 和 ^{12}C 的天然丰度比为 $^{13}C/^{12}C=1.107\%$。常见元素的同位素天然丰度比见表 6-9。

表 6-9　常见元素的同位素天然丰度比

同位素	^{13}C	^{2}H	^{17}O	^{18}O	^{15}N	^{33}S	^{34}S	^{37}Cl	^{81}Br
相对丰度比/%	1.107	0.0145	0.037	0.204	0.366	0.750	4.215	24.263	49.48

1963 年，J. H. Beynon 和 A. E. 威廉斯计算了相对分子质量在 500 以下只含 C、H、O、N 化合物的 M^+、$(M+1)^+$、$(M+2)^+$ 的相对丰度，并列成表。若每一个峰的丰度都有和表中 $(M+1)^+$、$(M+2)^+$ 各丰度计算值相近的元素组成，并符合氮规则，该式子即为未知物的分子式。

例 3　已知下列质谱数据，确定其分子式。

m/z	相对丰度/%	m/z	相对丰度/%	m/z	相对丰度/%
150(M)	100	150(M+1)	9.9	150(M+2)	0.9

查 Beynon 表，相对分子质量为 150 的式子共 29 个，相对丰度比较接近的有 6 个：

分子式	M+1	M+2	分子式	M+1	M+2
$C_2H_{10}N_2$	9.25	0.38	$C_8H_{12}N_3$	9.98	0.45
$C_8H_8NO_2$	9.23	0.73	$C_9H_{10}O_2$	9.96	0.84
$C_8H_{10}N_2O$	9.61	0.61	$C_9H_{13}NO$	10.34	0.68

根据氮规则，相对分子质量为 150，应含偶数个氮或不含氮，这样又排除了 3 个分子式，在剩余的 3 个分子式中相对丰度最接近的分子式为 $C_9H_{10}O_2$。

3. 推导化合物的结构式　解析碎片离子的质荷比(m/z)，了解化合物的开裂类型，将各个碎片连接起来，推断化合物的结构式，或结合其他的光谱(紫外光谱、红外光谱、核磁共振谱)数据推导结构式。

例 4　根据图 6-6 分子式为 $C_9H_{10}O_2$ 的红外光谱图和图 6-14 的质谱图，确定其结构式。

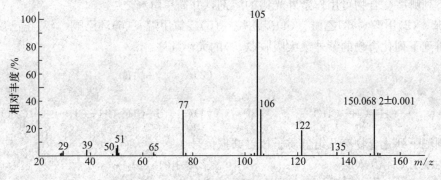

图 6-14 分子式为 $C_9H_{10}O_2$ 的质谱图

结构断裂方式：

$$\text{Ar—}\overset{\overset{+\cdot}{\overset{\|}{O}}}{C}\text{—O—CH}_2\text{—CH}_3 \xrightarrow{a} \text{Ar—C}\equiv\text{O}^+ \qquad m/z\ 105$$

$$\text{Ar—}\overset{\overset{\|}{O}}{C}\text{—O}\overset{+\cdot}{\text{—}}\text{CH}_2\text{—CH}_3 \xrightarrow{a} \text{Ar—}\overset{\overset{\|}{O}}{C}\text{—}\overset{+}{O}\text{=CH}_2 \qquad m/z\ 135$$

$$\text{Ar—C—O} \longrightarrow \text{Ar—}\overset{\overset{+}{\overset{\text{H}}{\cdots}}}{C}\overset{\text{O}}{\text{O}} \qquad m/z\ 122$$

此分子式的不饱和度为 5；红外光谱图显示分子中有苯环和酯基，并且羰基和苯环共轭。但苯环上的取代情况则不十分清楚。从质谱图中 $m/z\ 105$、$m/z\ 135$(M—15)和 $m/z\ 122$(M—28)明确验证苯环上为单取代，其结构式为苯甲酸乙酯：

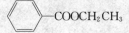

习　题

1. 下列结构信息是由何种波谱提供的？
(1)相对分子质量　　　　　　　　　　(2)共轭体系
(3)官能团　　　　　　　　　　　　　(4)质子的化学环境

2. 某化合物的分子式为 C_2H_4O，其光谱特征是：^1H - NMR 谱仅有一单峰 $\delta\,3.6$，IR 谱在 $2\,925\ \text{cm}^{-1}$ 处有一强吸收峰，另外在 $1\,465\ \text{cm}^{-1}$ 处有吸收峰；UV 谱在 $210\ \text{nm}$ 以上没有吸收。试推导这个化合物的可能结构式，并对光谱特征加以解释。

3. 化合物 $C_8H_{10}O$ 显示宽的 IR 谱带，中心吸收在 $3\,300\ \text{cm}^{-1}$ 处，这个化合物 NMR 谱的数据为：$\delta\,7.18(5H)$，$\delta\,4.65(1H)$四重峰，$\delta\,3.76(1H)$单峰，$\delta\,1.32(3H)$二重峰。

(1)推出化合物的结构式；
(2)该化合物有没有对映异构体；
(3)IR 给出的是哪个基团的特征频率？

4. 下列哪些化合物可用作紫外光谱的溶剂，并简单解释之：

(1)苯　(2)甲醇　(3)乙醚　(4)碘乙烷　(5)二氯甲烷　(6)环己酮　(7)正己烷

5. 排列下列化合物的紫外最大吸收(λ_{max})的大小顺序。

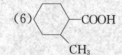

6. 预测下列化合物有几组氢质子核磁共振信号。

(1)$HOCH_2CH_2CH_2OH$

(2)$CH_3CH_2CH_2Br$

(3)$(CH_3CH_2)_2O$

(4)$CH_3COOCH_2CH_3$

(5)H_3C——⬡——CH_3

(6)⬡—$COOH$（带CH_3）

7. 某碳氢化合物 A，分子式为 118，$KMnO_4$ 氧化得苯甲酸。A 的 ^1H - NMR 质子峰 δ 2.1，5.4，5.5，7.3，其相应峰面积比为 3 : 1 : 1 : 5。试推导 A 的可能结构式。

8. 某化合物在质谱图上只有 3 个主要峰，其 m/z 数值为 15，94 和 96，其中 94 与 96 两峰的相对强度近似相等(96 峰略低)，试写出该化合物的结构式。

第七章

卤　代　烃

烃分子中的一个或多个氢原子被卤素原子(F、Cl、Br、I)取代后生成的衍生物称为卤代烃(alkyl halides)，一般用 RX 表示。卤素原子是卤代烃的官能团。

卤代烃的性质通常比烃活泼，能发生多种化学反应而转变成其他各类化合物。卤代烃也常常作为有机合成试剂、阻燃剂、制冷剂等，所以卤代烃是一类重要的有机化合物。由于在自然界中卤代烃的天然存储量较少，所以卤代烃一般由人工合成得到。

一、卤代烃的分类和命名

1. 卤代烃的分类

(1)根据卤代烃分子中所含卤素原子的不同，可将卤代烃分为氟代烃、氯代烃、溴代烃和碘代烃。例如：

<blockquote>

氟代烃　CH_3CH_2F　　　　　　氯代烃　CCl_4

溴代烃　$BrCH_2CH_2Br$　　　　　碘代烃　CHI_3

</blockquote>

(2)根据卤代烃分子中烃基结构的不同，可将卤代烃分为饱和卤代烃、不饱和卤代烃和卤代芳烃。例如：

<blockquote>

$CH_3CH_2CH_2Cl$　　　　　$CH_3CH{=}CHBr$

饱和卤代烃　　　　　　　不饱和卤代烃　　　　　　卤代芳烃

</blockquote>

饱和卤代烃又可分为脂肪族卤代烷烃和脂环族卤代烷烃。不饱和卤代烃也可分为卤代烯烃、卤代炔烃及卤代二烯烃等。不同烃基结构的卤代烃，化学性质不同。

(3)在卤代烷烃中，根据与卤素原子相连的碳原子类型不同，可将卤代烃分为伯卤代烃(1°或一级卤代烃)、仲卤代烃(2°或二级卤代烃)和叔卤代烃(3°或三级卤代烃)。例如：

<blockquote>

$CH_3CH_2CH_2CH_2Cl$

伯卤代烃(1°)　　　　　　仲卤代烃(2°)　　　　　　叔卤代烃(3°)

</blockquote>

(4)根据分子中所含卤素原子的数目，可将卤代烃分为一元卤代烃、二元卤代烃和多元卤代烃。例如：CH_3CH_2I、$CH_2Cl{-}CH_2Cl$、$F_2C{=}CF_2$ 和 〔〕—CF_3 等。

2. 卤代烃的命名　结构比较简单的卤代烃可以用普通命名法命名。以烃为母体，卤素为取代基，称为"卤代某烃"。也可以按照与卤原子相连的烃基名称来命名，称为"某基卤"。某些多卤代烃常用俗名。例如：

$$CH_3CH_2Br \qquad CH_2=CHCl$$

溴乙烷（乙基溴）　　氯乙烯（乙烯基氯）　　溴苯（苯基溴） 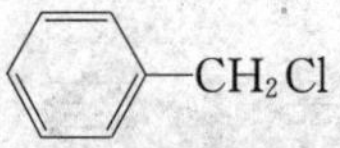　　氯化苄（苄基氯）

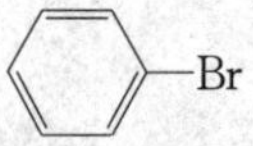

$$CH_2=CHCH_2Cl \qquad CH_3CH=CHBr$$

烯丙基氯　　　　　　　丙烯基溴　　　　　　　　叔丁基氯

$$CHI_3 \qquad CHCl_3$$

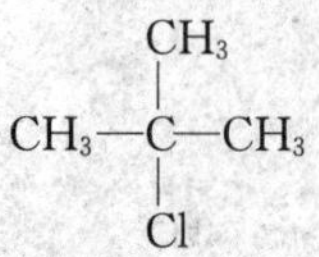

碘仿　　　氯仿　　　　　β-溴代苯乙烯 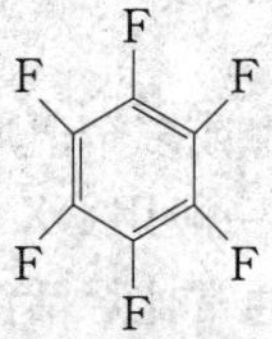　　　　　全氟苯

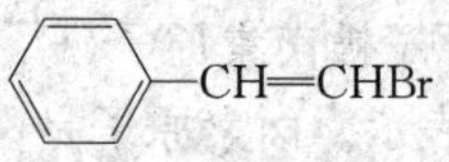

对于结构复杂的卤代烃，则采用系统命名法命名。卤代烃系统命名法的基本要点与烃类的命名法相似。选择最长碳链为主链，把卤素原子当取代基，烃当作母体来命名。从靠近取代基的一端将主链碳原子依次编号。将侧链和卤原子作为取代基。书写名称时，取代基的先后顺序按次序规则排列，即先写次序低的原子和基团，次序越高越靠后。例如：

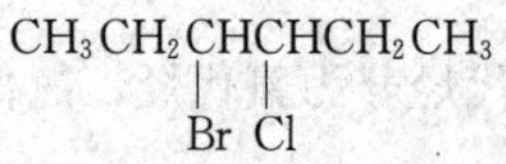

$$CH_3CH_2CHCHCH_2CH_3 \qquad CH_3CHCH_2CHCH_3$$

3-氯-4-溴己烷 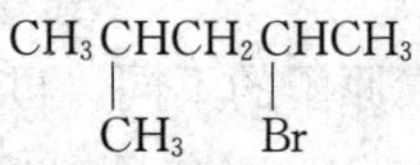　　　　　　2-甲基-4-溴戊烷 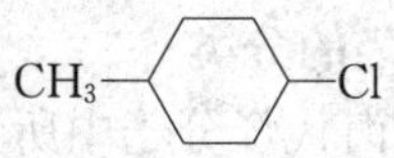　　　　　1-甲基-4-氯环己烷

对于不饱和卤代烃，将含有卤素和不饱和键的最长碳链作为主链，编号时要使双键和三键的位次最小；卤代芳烃则以芳香烃为母体，卤原子为取代基来命名；多卤代烃则按 F、Cl、Br、I 的顺序命名。例如：

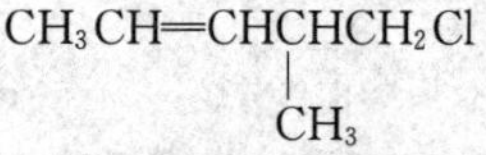

$$CH_3CH=CHCHCH_2Cl \qquad CH=CCH_2CHCH_3$$

4-甲基-5-氯-2-戊烯 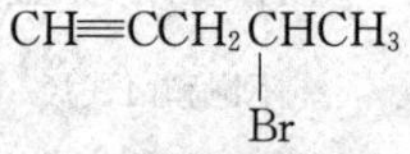　　　　4-溴-1-戊炔 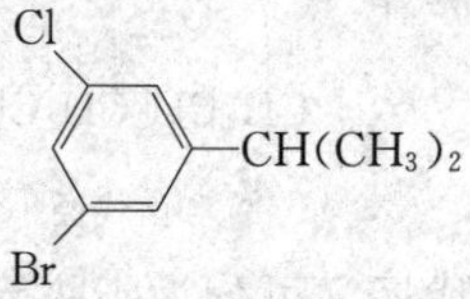　　　　　3-氯-5-溴异丙苯

$$CCl_2F_2 \qquad CCl_2F-CClF_2$$

二氟二氯甲烷　　　1,1,2-三氟-1,2,2-三氯乙烷　　　3-溴-1-环己烯

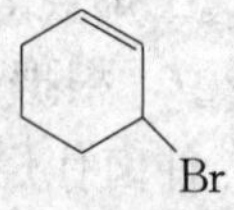

思考题 7-1 写出 C_4H_9Br 和 $C_3H_4Cl_2$ 同分异构体的结构式，用系统命名法命名，并指出其中的卤代烃类型。

二、卤代烃的物理性质

在室温下，除氯甲烷、溴甲烷、氯乙烷和氯乙烯等为气体外，其他常见的一元卤代烃均为液体,十五个碳原子以上的卤代烃是固体。一元卤代烷的沸点随着碳原子数的增加而升高,除分子质量的因素外,主要是因为C—X键的极性增加了分子之间的吸引力。在相同烃基的卤代烃中,碘代烃的沸点最高,氟代烃最低。在卤素相同的各异构体中,直链异构体沸点最高,支链越多,沸点越低。

卤代烃虽然有一定极性,但由于它们不能和水形成氢键,所以卤代烃都不溶于水,而溶于烃、醇、醚等多种有机溶剂。有些卤代烃本身就是良好的有机溶剂,如二氯甲烷、三氯甲烷和四氯化碳等。含一个氟或氯原子的低级烷烃或炔烃的相对密度小于1,其他氯代烃、溴代烃、碘代烃以及多卤代烃的相对密度都大于1。

一般情况下,碘代烷和邻二碘代烷的热稳定性都不好,久置后会变成红棕色,受热或光照时,易发生分解反应,脱去碘化氢或单质碘,生成烯烃。其他卤代烃则较稳定。表7-1列出了某些卤代烃的主要物理常数。

表 7-1 卤代烃的物理常数

化 合 物	熔点/℃	沸点/℃	相对密度(20 ℃)
氯甲烷	−97.7	−24.2	0.920
溴甲烷	−93.7	3.5	1.732
碘甲烷	−66.5	42.4	2.279
二氯甲烷	−96.7	40.2	1.336
三氯甲烷	−63.5	61.2	1.489
四氯化碳	−23.0	76.8	1.594
氯乙烷	−138.0	12.3	0.903
溴乙烷	−118.9	38.4	1.460
碘乙烷	−110.9	72.4	1.933
1-氯丙烷	−123.0	46.4	0.890
氯乙烯	−160.0	−13.9	0.908
烯丙基氯	−136.0	45.7	0.938
氟苯	−41.9	85.0	1.025
氯苯	−40.0	132.0	1.106
溴苯	−30.5	156.2	1.495
碘苯	−29.3	188.5	1.824
氯化苄	−39.2	179.4	1.100
邻二氯苯	−17.0	180.0	1.305
对二氯苯	−53.0	143.0	1.247

三、卤代烃的化学性质

卤代烃的主要化学性质是由官能团卤素原子所决定的。由于卤素的电负性较大,C—X键是极性共价键,因此,在外来试剂的作用下,C—X键容易发生异裂。C—X键断裂的难易程度取决于键的极性和可极化度。卤素的电负性愈大，则键的极性也愈大，所以 C—X 键的极性大小应为 C—F ＞ C—Cl ＞ C—Br ＞ C—I。但是，在进攻试剂产生的电场影响下，卤代烃的极性分子会发生诱导极化。卤原子的诱导极化能力（极化度）随着原子序数的增大而急剧增大，而键的极化度往往决定着化学反应的活性。因此，C—I 键在亲核试剂进攻下最容易断裂。所以，卤代烃的反应活性顺序为 R—I ＞ R—Br ＞ R—Cl ＞ R—F。C—X 键断裂后，卤原子被其他的电子给予体原子或基团取代。

1. 亲核取代反应　在卤代烃中，C—X 键是极性共价键，卤原子带有较多的负电荷，与卤原子相连的碳原子是缺电子中心，带有部分正电荷而有亲电性，容易受到电子给予体原子或基团这类亲核试剂（常用 Nu^- 或 Nu：表示）进攻，C—X 键断裂而发生亲核取代反应（nucleophilic substitution reaction），常用 S_N 表示。

$$Nu^- + \overset{\delta^+}{R} \text{—} \overset{\delta^-}{X} \longrightarrow R\text{—}Nu + X^-$$

卤代烃可与许多试剂作用，使分子中的卤素原子被其他原子或基团取代，生成醇、醚、腈、胺、硫醇等化合物，在有机合成上有着重要的作用。

（1）水解反应　卤代烷与氢氧化钠的水溶液作用，发生碱性条件下的水解。

$$C_5H_{11}Cl + NaOH \xrightarrow{\quad H_2O \quad} C_5H_{11}OH + NaCl$$

此反应所用底物 $C_5H_{11}Cl$ 来源于戊烷混合物的氯代反应，碱性水解产物是戊醇的混合物（称杂油醇），可用作溶剂。在此反应中，强碱 OH^- 取代了弱碱 Cl^-，故反应可进行到底。一般情况下，都是由醇制备卤代烃，但在合成结构比较复杂的醇时，分子中引入一个羟基比引入卤原子困难。所以，在合成中往往先导入卤素原子，再利用卤代烃的水解反应制备结构较复杂的醇。例如：

$$CH_2=C(CH_3)_2 \xrightarrow[ROOR']{NBS} CH_2=\underset{\underset{CH_3}{|}}{C}CH_2Br \xrightarrow{Ag_2O-H_2O} CH_2=\underset{\underset{CH_3}{|}}{C}CH_2OH$$

（2）醇解反应　醇的碱金属盐（烷氧基负离子 RO^- 是亲核试剂）与卤代烷反应，生成的产物是醚。此反应常用来合成不对称醚类化合物，称为威廉姆森（Williamson）法合成醚。例如：

$$CH_3CH_2Br + NaOCH(CH_3)_2 \longrightarrow C_2H_5OCH(CH_3)_2 + NaBr$$

硫醇钠或酚钠也可与卤代烃反应，合成硫醚或芳基醚。适当的卤代醇（如 β-氯代醇），在碱性条件下可发生分子内的亲核取代反应，生成环状的醚。例如：

$$HOCH_2CH_2Cl \xrightarrow[H_2O]{CaO} \overset{\displaystyle O}{\underset{CH_2\text{—}CH_2}{\diagup \diagdown}}$$

（3）氰解反应　伯卤代烷与氰化钠（或氰化钾）在醇溶液中，氰基（—CN）取代了卤代烷中的卤原子，生成腈。

$$CH_3CH_2CH_2Br + NaCN \xrightarrow[H_2O]{C_2H_5OH} CH_3CH_2CH_2CN$$

卤代烷的氰解反应在反应物中引入了氰基，产物腈比反应物的碳原子数增加一个，在有机合成反应中，这是增长碳链的重要方法之一。腈可在酸性条件下水解生成羧酸；腈又可还原生成胺：

$$RCN \begin{cases} \xrightarrow{H^+/H_2O} RCOOH & 羧酸 \\ \xrightarrow{[H]} RCH_2NH_2 & 胺 \end{cases}$$

（4）氨解反应 氨与卤代烷反应时，氨基取代卤原子生成伯胺和卤化氢。伯胺是一种有机弱碱，它与卤化氢结合形成铵盐，当用碱中和时，则得游离伯胺。

$$RX + NH_3 \longrightarrow RNH_2 \cdot HCl \xrightarrow{NaOH} RNH_2$$

过量的氨起到碱的作用，如乙二胺的制取：

$$ClCH_2CH_2Cl + 4NH_3 \xrightarrow{110\sim120\ ℃} H_2NCH_2CH_2NH_2 + 2NH_4Cl$$

卤代烷与伯胺反应可生成仲胺，后者与卤代烷进一步反应可生成叔胺，叔胺再与卤代烷作用则生成季铵盐。

（5）卤离子交换反应 在丙酮或丁酮溶剂中，溴代烷或氯代烷与溶于其中的碘化钠作用，生成碘代烷。例如：

$$CH_3CHCH_3\ (Br) + NaI \longrightarrow CH_3CHCH_3\ (I) + NaBr$$

（6）与硝酸银的反应 卤代烃与硝酸银的醇溶液反应，卤原子被取代并生成卤化银沉淀，此反应可用于鉴别卤代烃。

$$RX + AgNO_3 \longrightarrow R-ONO_2 + AgX\downarrow\ (X=Cl、Br、I)$$

不同结构的卤代烃与硝酸银醇溶液反应的活性不同。烯丙基型卤代烃、苄基型卤代烃、叔卤代烃、碘代烷在室温下与硝酸银的醇溶液反应，立刻生成卤化银沉淀；伯卤代烃、仲卤代烃与硝酸银的醇溶液加热反应，才能生成卤化银沉淀；乙烯型卤代烃、卤代苯、多卤代烃即使加热也不与硝酸银的醇溶液反应。

2. 消除反应 卤代烃在碱的醇溶液中加热，可从分子中脱去一分子卤化氢而生成烯烃。这种由一个分子中脱去一些小分子，如 H_2O、HX、NH_3 等，同时形成双键的反应称为消除反应（elimination reaction），常用 E 表示。由于在反应中卤代烷分子中的 β-碳原子上的氢原子和卤原子发生消除反应，所以此反应称为 β-消除反应。这是制备不饱和烃的重要方法之一。

$$R-CH-CH_2\ (H\ X) + KOH \xrightarrow[\triangle]{C_2H_5OH} R-CH=CH_2 + KX + H_2O$$

不同级别的卤代烃在相同条件下发生消除反应的活泼性不同，叔卤代烃最容易脱去卤化氢，伯卤代烃最难。当卤代烃中有多种 β-氢原子时，消除反应可以在两种不同的方向进行，得到两种不同的产物。例如，2-溴丁烷的消除反应：

$$CH_3CH_2CHCH_3\ (Br) \xrightarrow[\triangle]{KOH/C_2H_5OH} CH_3CH=CHCH_3 + CH_3CH_2CH=CH_2$$
2-丁烯(81%) 1-丁烯(19%)

主要产物是 2-丁烯，即主要生成在双键碳原子上取代基最多的烯烃，或消除含氢比较少的碳原子上的氢原子，这个经验规律称为查依采夫（Saytzeff）规则。

卤代烯烃或 β-碳原子上连有苯环的卤代烃进行消除反应时，总是倾向于生成稳定的共轭烯烃。例如：

$$\text{C}_6\text{H}_5-CH_2CHCH_2CH_3\ (Cl) \xrightarrow[\triangle]{KOH/C_2H_5OH} \text{C}_6\text{H}_5-CH=CHCH_2CH_3$$
主要产物

3. 与金属反应 卤代烃能与多种金属（如 Mg、Al、Li 等）反应，生成金属有机化合物。

例如，卤代烃在无水乙醚中与金属镁反应，生成金属镁有机化合物，俗称格林雅（Grignard）试剂，简称格氏试剂。

$$RX + Mg \xrightarrow{\text{无水乙醚}} RMgX$$

由于 C—Mg 键为极性很强的共价键，性质极为活泼，能与许多含活泼氢的化合物（如水、醇、酸、胺等）、含极性双键的化合物（如醛、酮、酯、二氧化碳等）和环氧化合物等反应，生成烃、醇和羧酸类化合物。格氏试剂是有机合成中一类重要的化合物。格氏试剂在空气中还可慢慢地与空气中的氧气、水和二氧化碳发生反应。

$$RMgX + H_2O \longrightarrow RH + Mg(OH)X$$

$$RMgX + O_2 \longrightarrow ROMgX \xrightarrow{H_2O} ROH + Mg(OH)X$$

$$RMgX + CO_2 \xrightarrow{\text{无水乙醚}} RCOOMgX \xrightarrow{H_2O} RCOOH + Mg(OH)X$$

因此，制备和使用格氏试剂时，必须在无水乙醚中进行，使用的仪器要绝对干燥，隔绝空气和二氧化碳，最好在氮气保护下进行。苯基卤化镁和乙烯基卤化镁的制备，需在四氢呋喃中进行：

$$\text{⬡—Cl} + Mg \xrightarrow{\text{四氢呋喃}} \text{⬡—MgCl}$$

四、卤代烃的两种反应机理

1. 亲核取代反应机理　卤代烃的水解及其与氰化钠、氨、醇钠等的反应有一个共同特点，即反应都是由试剂的负离子部分或具有未共用电子对的分子进攻电子云密度较小的碳原子，从而发生取代反应。这些进攻的离子或分子都有较大的电子云密度，具有亲核性质，称为亲核试剂。由亲核试剂进行的取代反应叫亲核取代反应。通过对卤代烃亲核取代反应的动力学和立体化学研究，证明亲核取代反应可以下述两种反应机理进行。

（1）单分子亲核取代反应（S_N1）　S_N1 反应分两步完成。第一步由卤代烃的 C—X 键异裂生成碳正离子中间体（慢步骤）；第二步由碳正离子与亲核试剂结合生成取代产物（快步骤）。

单分子亲核取代反应

$$\underset{\overset{|}{CH_3}}{\overset{CH_3}{\underset{|}{CH_3-C-Br}}} \xrightleftharpoons{\text{慢}} \underset{\overset{|}{CH_3}}{\overset{CH_3}{\underset{|}{CH_3-C^+}}} + Br^- \quad （第一步）$$

$$\underset{\overset{|}{CH_3}}{\overset{CH_3}{\underset{|}{CH_3-C^+}}} + OH^- \xrightarrow{\text{快}} \underset{\overset{|}{CH_3}}{\overset{CH_3}{\underset{|}{CH_3-C-OH}}} \quad （第二步）$$

由于第一步是慢反应，也是决定整个反应速率的步骤，这一步骤只与叔丁基溴分子有关，而与亲核试剂 OH^- 无关。而碳正离子一旦形成，立刻与亲核试剂 OH^- 结合。所以称此反应为单分子亲核取代反应，用 S_N1 表示（"1"表示单分子）。这种反应在动力学上属于一级反应：

$$v = k[(CH_3)_3CBr]$$

碳正离子的稳定性顺序为：叔碳正离子＞仲碳正离子＞伯碳正离子＞甲基碳正离子。所以，S_N1 反应的速度为：烯丙基型、苄基型卤代烃＞叔卤代烃＞仲卤代烃＞伯卤代烃＞卤甲烷＞乙烯型卤代烃和卤苯。

若 α-碳原子为手性碳原子，进行 S_N1 反应时，由于碳原子发生 sp^2 杂化，生成的碳正离子中间体具有平面构型，亲核试剂可以从平面两侧与其结合，生成的取代产物为一对对映体。这种化学反应过程称为外消旋化。外消旋化是 S_N1 反应的立体化学特征。

（2）双分子亲核取代反应（S_N2）　这类反应的特点是 C—X 键的断裂和 C—O 键的形成同时发生，反应经过一个过渡状态。例如溴乙烷的碱性水解：

双分子亲核取代反应

由于过渡态的形成涉及两个分子，所以称该反应为双分子亲核取代反应，用 S_N2 表示（"2"表示双分子），在动力学上表现为二级反应：

$$v = k[CH_3CH_2Br][OH^-]$$

在 S_N2 反应中，中心碳原子上连接的烷基越多，碳原子的电子云密度越大，亲核试剂进攻时的空间位阻就越大，导致反应活性降低。所以 S_N2 反应的速度为：烯丙基型、苄基型卤代烃＞卤甲烷＞伯卤代烃＞仲卤代烃＞叔卤代烃＞乙烯型卤代烃、卤苯。

在形成过渡态时，亲核试剂 OH^- 只有从离去基团 Br 的背面沿着 C—Br 键的轴线进攻中心碳原子，OH^- 和 Br 的相互排斥作用才最小。当 OH^- 向中心碳原子靠近到一定程度时，OH^- 和碳原子间形成一个微弱的键（以虚线表示），而 C—Br 键逐渐伸长和变弱，但还没有完全断裂（也以虚线表示）。与此同时，中心碳原子由 sp^3 杂化态转变为 sp^2 杂化。因此，在过渡状态下，中心碳原子和两个氢原子及甲基在同一平面上，相互间键角为 $120°$，另外一个 p 轨道分别与 OH^- 和 Br 部分结合。当 OH^- 进一步接近中心碳原子时，生成 C—O 键，而 C—Br 键完全断裂，生成 Br^- 离子，中心碳原子恢复为 sp^3 杂化态。整个取代过程就像雨伞被大风由里向外吹反转了一样，得到的产物具有与原来的卤代烷相反的构型。这种构型转化称为瓦尔登（Walden）转化。瓦尔登转化是 S_N2 反应的立体化学特征。例如，R-（－）-2-溴辛烷与氢氧化钠进行 S_N2 反应时发生构型转化得到 S-（＋）-2-辛醇：

（－）-2-溴辛烷　　　　（＋）-2-辛醇
$[\alpha]=-34.6°$（光学纯度100%）　$[\alpha]=+9.9°$（光学纯度100%）

需要指出的是，卤代烃的两种反应机理在反应中是同时存在和相互竞争的，只是在一定条件下某一反应机理占优势。影响反应机理的因素很多，除卤代烃的结构外，亲核试剂的亲核性、亲核试剂的浓度、溶剂的极性及离去基团等对反应机理也有很大影响。总体上来说，叔卤代烃主要按 S_N1 机理进行，伯卤代烃主要按 S_N2 机理进行，而仲卤代烃则两种机理都有。

思考题 7-2

(1)顺-4-溴代环己醇和 NaOH 发生 S_N2 反应时，将生成什么产物？若发生 S_N1 反应呢？

(2)下列卤代烃与乙氧基负离子反应的相对速率为：

$$CH_3Br, \quad CH_3CH_2Br, \quad CH_3CH_2CH_2Br, \quad CH_3\underset{\underset{CH_3}{|}}{C}HCH_2Br, \quad CH_3\underset{\underset{CH_3}{|}}{\overset{\overset{CH_3}{|}}{C}}CH_2Br$$

100   6   2   0.2   0.000 02

解释在连有卤素的碳原子上的基团大小对反应速率的影响。

(3)卤代烷与 NaOH 在 H_2O-HOC_2H_5 溶液中反应，试判断下列情况属于卤代烷的哪种亲核取代反应机理。

①产物发生瓦尔登转化；   ②增加 NaOH 的浓度对反应有利；

③伯卤代烷的反应活性大于仲卤代烷；   ④有重排产物生成；

⑤叔卤代烷的反应活性高于仲卤代烷；   ⑥反应速度与亲核试剂的性质有直接关系。

---

2. 消除反应机理 消除反应和取代反应一样，也可以按两种不同的机理进行，包括双分子消除反应(E2)和单分子消除反应(E1)。

(1)**单分子消除反应(E1)** 卤代烃首先发生异裂形成碳正离子(活性中间体)，然后在亲核试剂(碱)的作用下，β-碳原子上脱去一个质子，同时在 α-碳原子和 β-碳原子之间形成一个双键而生成烯烃。例如，叔丁基溴在碱性溶液中发生的消除反应：

单分子消除反应

$$CH_3\underset{\underset{CH_3}{|}}{\overset{\overset{CH_3}{|}}{C}}Br \underset{慢}{\rightleftharpoons} CH_3\underset{\underset{CH_3}{|}}{\overset{\overset{CH_3}{|}}{C^+}} + Br^-$$

$$CH_3\underset{\underset{CH_2-H}{|}}{\overset{\overset{CH_3}{|}}{C^+}} + OH^- \xrightarrow{快} CH_3\underset{\underset{}{}}{\overset{\overset{CH_3}{|}}{C}}=CH_2 + H_2O$$

第一步慢反应是决定反应速度的步骤，由于它只涉及卤代烃一个分子，动力学上为一级反应，所以称为单分子消除反应，用 E1 表示。

E1 和 S_N1 反应很相似，第一步都是形成碳正离子，第二步 S_N1 反应是碳正离子与亲核试剂结合，而 E1 反应是 β-碳原子上的氢以质子形式脱去形成双键。无论是 E1 反应或是 S_N1 反应中，第一步生成的碳正离子还有可能发生重排转变成更稳定的碳正离子，然后消去质子或与亲核试剂作用。

一般情况下，只有叔卤代烃按 E1 机理发生消除反应，而仲卤代烃和伯卤代烃则是按照 E2 机理发生消除反应。

(2)**双分子消除反应(E2)** 在溴乙烷的消除反应中，碱进攻 β-氢原子，形成一个过渡态，C—H 键与 C—Br 键的断裂、π 键的形成协同进行，反应一步完成。由于卤代烃和碱都参与整个反应，动力学上为二级反应，所以称为双分子消除反应，用 E2 表示。

双分子消除反应

$$HO^- + CH_2\text{—}CH_2\text{—}Br \longrightarrow [\ \overset{HO^{---}H}{CH_2\text{====}CH_2^{---}Br}\ ] \longrightarrow CH_2\text{==}CH_2 + H_2O + Br^-$$

由于在 E2 反应中，亲核试剂 OH^- 进攻 β-氢原子，不是攻击 α-碳原子，不存在 S_N2 反应中的那种空间障碍，而且 α-碳原子上支链越多，β-氢原子数目越多，亲核试剂攻击 β-氢的概率就越大，对 E2 反应越有利。在过渡态时，多个支链烷基的存在，对部分双键的形成有推动作用，不仅可以降低过渡态的热力学能（内能），还会使生成的烯烃获得最大程度的稳定。故 E2 反应的活泼性次序为：叔卤代烷＞仲卤代烷＞伯卤代烷。

亲核试剂进攻 β-氢原子后，C—H 键及 α-碳原子上的 C—X 键逐渐断裂，π 键在 α-碳与 β-碳之间形成。为了便于 π 键形成，两个离去基团必须相距最远，使进攻的亲核试剂不受离去基团的影响；所以，两个离去基团必须共平面，以利于 p 轨道尽可能地侧面重叠而降低能量，有利于消除反应进行。因此，E2 消除是反式共平面消除，即在形成过渡态时，要求被消除的两个基团处于反式共平面的位置，这样既可使过渡态的 p 轨道实现最大程度的重叠，又可避免进攻试剂与离去基团的相互干扰，有利于双键的生成。例如，1-溴-1,2-二苯基丙烷的两种异构体在氢氧化钠的醇溶液中发生 E2 反应，分别得到不同构型的烯烃产物：

在有两种 β-氢的情况下，优势产物根据查依采夫规律，即由生成烯烃的稳定性来决定。如 R-2-氯丁烷和 S-2-氯丁烷的消除产物均是反-2-丁烯：

与 E2 反应不同，一般情况下，E1 消除在立体化学上是没有立体选择性的。

思考题 7-3

(1)比较下列化合物在浓 NaOH 醇溶液中按 E2 机理消除反应的活性。

$$CH_3CH_2CH_2CH_2Br \qquad CH_3CH_2\overset{\displaystyle |}{\underset{\displaystyle Br}{C}}HCH_3 \qquad CH_3CH_2\overset{\displaystyle |}{\underset{\displaystyle Br}{C}}(CH_3)_2$$

(2)比较顺-4-叔丁基溴代环己烷和反-4-叔丁基溴代环己烷在异丙醇钾的醇溶液中按 E2 机理发生消除反应的速率，并写出反应方程式。

3. 取代反应与消除反应的竞争　卤代烃既可以发生取代反应，又可以进行消除反应，而且都是在碱性条件下进行。因此，取代反应和消除反应往往同时发生和相互竞争。根据卤代烃的结构和反应条件等因素对反应的影响，掌握反应规律，控制反应条件，可以使某一反应为主。

（1）卤代烃的结构　卤代烃 α-碳原子上支链增加，空间位阻增大，不利于亲核试剂进攻，不利于 S_N2 反应；而进攻 β-氢原子的机会增多，有利于 E2 反应。一般来说，伯卤代烃容易进行取代反应，只有在强碱性条件下才进行消除反应。无论消除反应还是取代反应，伯卤代烃均按双分子反应机理进行。

$$CH_3CH_2CH_2CH_2Br \xrightarrow[H_2O]{NaOH} CH_3CH_2CH_2CH_2OH$$

某些含活泼 β-氢原子的伯卤代烃以消除产物为主，如：

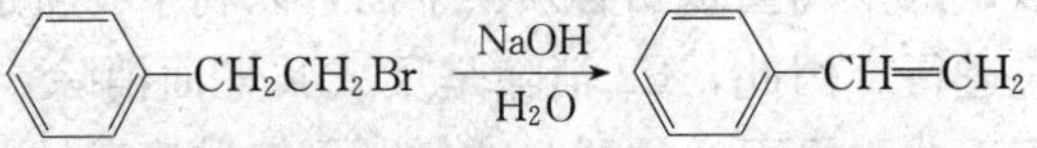

$$\text{〇}-CH_2CH_2Br \xrightarrow[H_2O]{NaOH} \text{〇}-CH=CH_2$$

叔卤代烃比较容易进行消除反应，即使在弱碱条件下仍以消除产物为主。

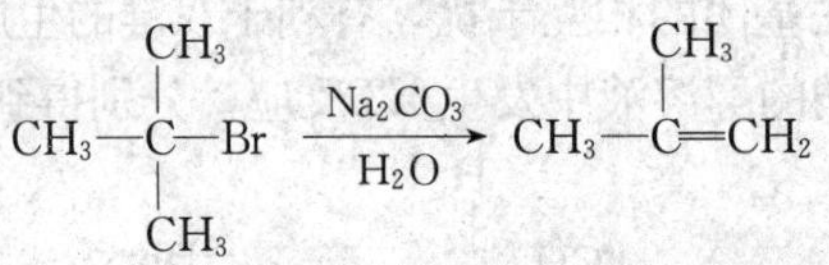

$$\begin{array}{c} CH_3 \\ | \\ CH_3-C-Br \\ | \\ CH_3 \end{array} \xrightarrow[H_2O]{Na_2CO_3} \begin{array}{c} CH_3 \\ | \\ CH_3-C=CH_2 \end{array}$$

而仲卤代烃介于伯卤代烃和叔卤代烃之间，究竟以哪种反应为主，主要取决于具体的卤代烃结构和反应条件等因素。

（2）试剂的性质　进攻试剂的碱性越强，亲核性越强，浓度越高，越有利于消除反应。反之，碱性较弱，亲核性较弱，浓度较低，则有利于取代反应。

（3）溶剂的性质　一般来说，溶剂的极性愈大，愈有利于取代反应，溶剂的极性愈小，愈有利于消除反应。因此，取代反应常用 KOH 的水溶液，而消除反应常用·KOH 的醇溶液。

（4）反应温度　由于消除反应中 C—H 键的断裂活化能较高，因此，升高温度有利于消除反应。

思考题 7 - 4

（1）预测在双分子反应的条件下，下列各组化合物中哪个会产生较多的消除产物：

① 溴乙烷和 β-苯基溴乙烷；　　　　　　　② α-苯基溴乙烷和 β-苯基溴乙烷；

③ 异丁基溴和正丁基溴；　　　　　　　　④ 异丁基溴和叔丁基溴。

（2）异丙基溴在 KOH 的醇溶液中脱溴化氢需要回流几个小时。但在室温时，在 DMSO（二甲基亚砜）中用叔丁醇钾则不到 1 min 就能完成，试解释之。

五、卤代烃化学结构与化学活性的关系

卤代烃的化学结构对卤代烃的化学性质有很大影响。不同的卤代烃中卤原子的活性不同。在不饱和卤代烃和卤代芳烃中，由于双键或苯环与卤原子之间的相对位置不同，卤原子的活性有很大差异。在饱和卤代烃中，由于卤原子连接的碳原子不同，化学反应活性也有差异。

1. 乙烯型卤代烃和卤苯　乙烯型卤代烃和卤苯即使在加热条件下，也不与 $AgNO_3$ 的醇溶液反应。说明这种结构中的卤原子特别不活泼，亲核取代反应活性很低。在卤乙烯分子中，卤原子上的一对 p 电子与碳碳双键的 π 电子发生重叠，形成 p-π 共轭体系(图7-1)。

由于 p-π 共轭的结果，卤乙烯分子中的电子云分布发生了平均化，卤原子上的 p 电子向双键移动，卤原子的电子云密度降低，从而降低了 C—X 键的极性。另外，sp^2 杂化的碳原子吸电子能力较强，从而也使 α-碳原子上有较多

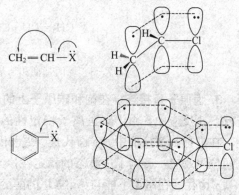

图7-1　氯乙烯和氯苯的 p-π 共轭示意图

的负电荷，不利于亲核试剂的进攻。同时，碳原子和氯原子间距离缩短(C—Cl 键长：氯乙烷为 0.177 nm；氯乙烯为 0.169 nm)，结合得更牢固，C—X 键不易断裂。故卤原子活性很低。

卤素与苯环直接相连的卤代烃，分子中也存在 p-π 共轭效应，所以卤原子与卤乙烯中的卤原子一样，也不活泼。例如氯苯，只有在高温、高压及催化剂存在下才发生水解反应：

$$\text{Cl} \diagdown \diagup + NaOH \xrightarrow{300\ ℃,\ 1.52\ MPa} \text{OH} \diagdown \diagup + NaCl$$

2. 烯丙基型和苄基型卤代烃　烯丙基型和苄基型卤代烃在室温下能与 $AgNO_3$ 的醇溶液迅速反应，生成 AgX 沉淀，说明卤原子很活泼。

$$CH_2=CHCH_2\text{—}X \qquad \diagdown\diagup\text{—}CH_2X$$

这是因为它们离解后形成的烯丙基正离子和苄基正离子可以形成 p-π 共轭体系(图7-2)，使正电荷得到分散，具有特殊的稳定性。所以，烯丙基型和苄基型卤代烃容易离解形成碳正离子，容易发生取代反应。

$$CH_2=CH\overset{+}{—}CH_2 \qquad \diagdown\diagup\text{—}\overset{+}{CH_2}$$

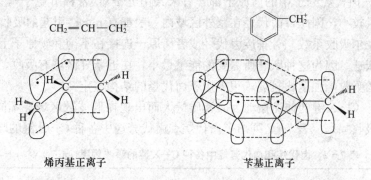

烯丙基正离子　　　　　　苄基正离子

图7-2　烯丙基正离子和苄基正离子 p-π 共轭示意图

另外，由于 σ-π 超共轭和 β-碳原子的吸电子作用，使 α-碳原子上电子云密度降低，有利于亲核试剂进攻。而邻近 π 键可以对 S_N2 反应中的过渡态起稳定作用(图7-3)，因此烯丙基型和苄基型卤代烃在 S_N2 反应中的活性也很高。

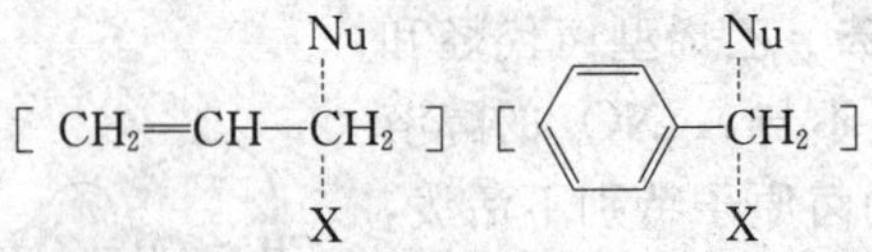

图 7-3 烯丙基型和苄基型卤代烃发生 S_N2 反应的过渡态

3. 卤原子直接连接在饱和碳原子上的卤代烃 这类卤代烃又分为 1°、2°、3°卤代烃。在进行 S_N1 反应中，由于碳正离子稳定性的原因，3°卤代烃＞2°卤代烃＞1°卤代烃的反应活性。在进行 S_N2 反应中，1°卤代烃＞2°卤代烃＞3°卤代烃的反应活性，这主要是由于烃基的空间位阻效应，影响了过渡态的稳定性。

3°卤代烃在室温下能与 $AgNO_3$ 的醇溶液迅速反应，生成 AgX 沉淀，而1°和2°卤代烃要加热才能产生沉淀。

综合上述卤代烃的结构和化学活性的关系，在进行取代反应时的活性顺序为：

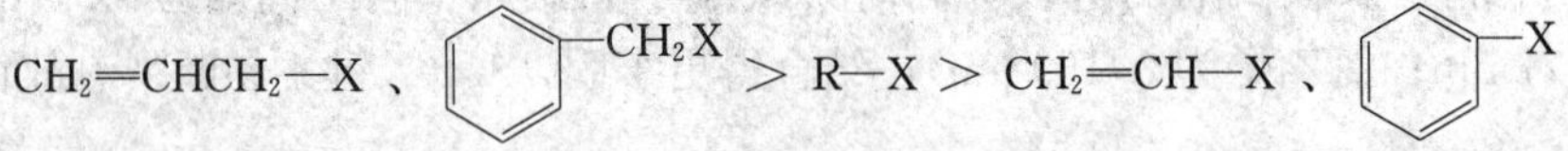

思考题 7-5

(1)命名下列化合物，并指出属于何种类型的卤代烃。

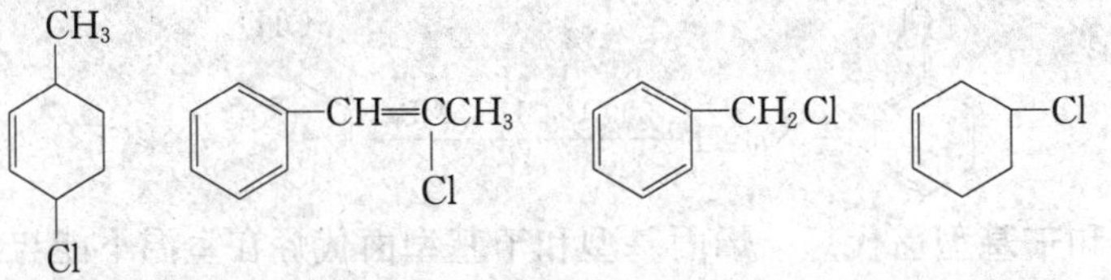

(2)比较下列各化合物进行亲核取代反应的活性顺序。

$$CH_2=CHCH_2Br \quad CH_3CH_2CH_2Br \quad CH_3CH=CHBr \quad CH_2=CHCH(Br)CH_3$$

六、卤代烃的光谱学特征

1. 紫外光谱 卤代烃分子中的卤原子都含有未共用电子对（常称 n 电子），由于 n 电子跃迁所需要的能量较小，因此，卤代烃在紫外区域内一般都有 n→σ* 引起的吸收，在200 nm左右出现较小的摩尔吸收系数。芳香族卤代烃或者卤原子连接在不饱和碳原子上的卤代烃可以产生 n→π* 的跃迁。因为这种跃迁所需要的能量最小，在近紫外区域有吸收。由于这两种电子跃迁所产生的吸收峰强度比较弱，很少用于卤代烃的结构鉴定。

2. 红外光谱 C—X 键的伸缩振动因卤素质量大而出现在低波数区域。不同的 C—X 键具有不同的红外吸收频率。表 7-2 列出了卤代烷和卤代芳烃中各种 C—X 键的吸收频率。

表 7-2 卤代烷和卤代芳烃中各种 C—X 键的吸收频率(cm^{-1})

C—X	卤 代 烷	卤 代 芳 烃
C—F	1 120～1 365	1 100～1 270
C—Cl	560～830	1 030～1 100
C—Br	515～680	1 030～1 075
C—I	485～610	～1 060

如果同一碳原子上卤素增多，吸收位置向高波数移动，如—CF_2— 在 $1\,120\sim1\,280\ \text{cm}^{-1}$，—$CF_3$ 在 $1\,120\sim1\,350\ \text{cm}^{-1}$；—CCl— 在 $560\sim600\ \text{cm}^{-1}$，$CCl_4$ 在 $797\ \text{cm}^{-1}$。

3. 核磁共振谱　在卤代烃中，由于卤素电负性较强，因此使直接相连的碳和邻近碳上质子屏蔽降低，质子的化学位移向低场方向移动。连有卤素的碳原子上的质子化学位移一般在 $2.16\sim4.4$；相邻碳上质子所受影响减小，化学位移一般在 $1.24\sim1.55$；相隔一个碳原子时，影响很小，化学位移在 $1.03\sim1.08$。不同的卤原子电负性不同，对相同的氢核能引起不同的化学位移变化。卤原子电负性越大，化学位移值越大。随着卤原子数目增多，氢核受到的去屏蔽作用越大，它的化学位移向低场移动越多。表 7-3 列出了在卤代甲烷中不同的卤原子引起质子化学位移的变化。

表 7-3　卤代甲烷中不同卤原子引起质子化学位移的变化

化合物	CH_4	CH_3F	CH_3Cl	CH_3Br	CH_3I	CH_2Cl_2	$CHCl_3$
化学位移(δ)	0.23	4.26	3.05	2.68	2.16	5.33	7.24

4. 质谱　卤代烃的主要裂分作用是卤素原子的离子裂解、α-裂解、脱卤化氢，即质谱中通常有明显的 X、M—X、M—HX、M—H_2X 和 M—R 峰。另外，卤代烃的质谱还具有以下特征：

(1)卤代烃的 M^+ 一般不明显，但卤代芳烃的 M^+ 明显。

(2)氯代烃和溴代烃具有特征的同位素离子峰。含一个氯原子化合物的 M＋2 峰强度相当于 M 峰的 1/3(由于 ^{37}Cl 同位素的存在)；含一个溴原子化合物的 M＋2 峰强度与 M 峰的强度相当(由于 ^{81}Br 同位素的存在)。因此，可以利用同位素离子峰 M＋2、M＋4、M＋6 及峰的相对强度等来判断卤代烃中卤原子的数目和种类。氟代烃和碘代烃因自然界没有重同位素，所以没有相应的同位素峰。

七、卤代烃的重要化合物

1. 溴甲烷(CH_3Br)　常温下，溴甲烷为无色气体，沸点 $3.5\ ℃$，不溶于水，易溶于乙醇、乙醚和氯仿等有机溶剂，不易燃烧，可加压液化后储存于高压容器中。它有强烈的神经毒性，可作为熏蒸杀虫剂，用于熏杀仓库、种子、温室及土壤害虫。由于它对人畜有较大毒性，使用时要谨慎。

2. 三氯甲烷($CHCl_3$)　三氯甲烷俗称氯仿，是一种无色而有香甜味的液体，沸点 $61.2\ ℃$，不能燃烧，不溶于水，相对密度 1.489，能溶解油脂、蜡、有机玻璃和橡胶等多种有机物，是常用的有机溶剂，曾被用作外科手术麻醉剂。

三氯甲烷可由四氯化碳还原制得，工业上可用乙醇与次氯酸盐作用制备：

$$CCl_4 \xrightarrow{\text{Fe}/H_2} CHCl_3$$

$$CH_3CH_2OH + NaOCl \longrightarrow CHCl_3 + HCOONa$$

三氯甲烷在光作用下，易被空气中的氧分解生成剧毒的光气。因此，一般应保存在棕色瓶中，避免日光照射。医药用氯仿需加入 1‰乙醇，使可能生成的光气转化成无毒物质(碳酸二乙酯)。

$$2CHCl_3 + O_2 \xrightarrow{\text{日光}} 2Cl-\overset{\overset{\displaystyle O}{\|}}{C}-Cl + 2HCl$$

光气

3. 四氯化碳（CCl_4） 四氯化碳为无色液体，沸点 76.8 ℃，相对密度 1.594，不溶于水，能溶解脂肪、油漆、树脂和橡胶等多种有机物，是常用的溶剂。四氯化碳不能燃烧，受热易挥发，其蒸气比空气重，不导电，它的蒸气可把燃烧物体覆盖，使之与空气隔绝而达到灭火效果，是一种常用的灭火剂，适用于油类和电源的灭火，但灭火时能产生光气，要注意空气流通，以防中毒。四氯化碳与金属钠在较高温度时能猛烈爆炸，所以，当金属钠着火时不能用它来灭火，更不能用金属钠来干燥。在农业上，四氯化碳可作熏蒸杀虫剂，并能治疗牲畜的寄生虫病。

4. 二氟二氯甲烷（CF_2Cl_2） 二氟二氯甲烷商品名为氟利昂，为无色无臭的气体，易挥发，沸点 -29.8 ℃，易压缩成不燃性液体，解压后立即汽化，同时吸收大量的热。氟利昂无毒，无腐蚀性，不能燃烧，性质稳定，因此可用作制冷剂。但大量使用后发现，由于氟利昂很稳定，飘浮聚积于大气层上部，对空气臭氧层有较大破坏作用，国际上已禁止使用。现在已被无氟制冷剂取代。氟利昂是氟代烃的总称，含有氟和氯的烷烃统称氟利昂，常用数字加以区别。例如，二氟二氯甲烷称为氟利昂-12，简称 F-12；1,1,2,2-四氟-1,2-二氯乙烷称为氟利昂-114，简称 F-114。数字的含义是个位数代表氟原子数，十位数代表氢原子数加一，百位数代表碳原子数减一。例如：

CCl_3F $\qquad$ $CClF_3$ $\qquad$ $CHClF_2$ $\qquad$ $F_2ClC-CFCl_2$

氟利昂-11 $\qquad$ 氟利昂-13 $\qquad$ 氟利昂-22 $\qquad$ 氟利昂-113

5. 四氟乙烯 四氟乙烯为无色气体，不溶于水，易溶于有机溶剂。它在过氧化物引发下，加压可聚合成聚四氟乙烯：

$$n CF_2{=}CF_2 \xrightarrow[\text{加压}]{\text{聚合}} \left[CF_2-CF_2\right]_n$$

聚四氟乙烯是优良的合成塑料，具有很好的耐热、耐寒和延展性，可在 $-269\sim250$ ℃ 范围内使用，化学稳定性超过一般塑料，与强酸、强碱、强氧化剂均不发生作用，耐腐蚀，是化工设备耐腐蚀性的理想材料。商品名称为"特氟隆"（Teflon）。

6. 六六六和滴滴涕 六六六（BCH）和滴滴涕（DDT）是有机氯农药的主要品种，曾广泛应用于农业生产和公共卫生，是我国最早大规模使用的杀虫剂，20 世纪 70 年代是我国使用有机氯农药的高峰期，80 年代初达到顶峰。

1,2,3,4,5,6-六氯环己烷（六六六） $\qquad$ 2,2-二(对氯苯基)-1,1,1-三氯乙烷（滴滴涕）

由于 BCH 和 DDT 等有机氯农药化学性质稳定，在环境中降解十分缓慢，以及它的亲脂性等特点，在环境和动、植物体内大量蓄积并通过食物链进入人体，对机体健康构成潜在威胁。我国于 1983 年停止生产 BCH 和 DDT，并于 1986 年在农业上全面禁止使用。在禁用多年后的今天，仍可从各种环境介质样品中检出 BCH 和 DDT 的残留物及代谢物。

7. 二噁英 二噁英是一类有机氯化物，美国环保局(EPA)确认的二噁英类物质有 30 种，其中包括氯代二苯并二噁英(PCDDs)7 种，如 2,3,7,8 - 四氯代二苯并对二噁英(2,3,7,8 - TCDD)，氯代二苯并呋喃(PCDFs)10 种，如 2,3,7,8 - 四氯代二苯并呋喃(2,3,7,8 - TCDF)，氯代联苯(PCBs)13 种，如 2,2′,3,3′,4,4′-六氯联苯。它们总称为二噁英或氯代二噁英。

2,3,7,8-四氯代二苯并对二噁英　　2,3,7,8-四氯代二苯并呋喃　　2,2′,3,3′,4,4′-六氯联苯

二噁英主要来源于焚烧和化工生产。如城市废弃物、医院废弃物及化学废弃物的焚烧；钢铁和某些金属冶炼以及汽车尾气排放等；另外，氯酚、氯苯、多氯联苯及氯代苯氧乙酸除草剂等的生产过程、制浆造纸中的氯化漂白及其他工业生产中也会产生二噁英。美国 EPA 的评估报告认为二噁英能引起公众健康长时间、大范围的损害。植物靠根部吸收和叶面沉积的途径累积PCDDs和PCDFs。由于这些物质是强亲脂性的，根部吸收比较少，大部分沉积在植物叶子的表面，因此叶面沉积是农作物污染的主要途径。二噁英类化合物由于下列两个方面的原因造成对环境的特殊影响：首先，二噁英具有超长的物理、化学、生物降解期，需要几十年甚至更长时间才能被分解；其次，由于在环境中长时间的积累，结果能在水体沉淀物和食物链中达到非常高的水平。由于它们有较长的半衰期以及能通过大气长距离的转移，因此可以说二噁英无处不在。

小知识 //

卤 代 烷 灭 火 器

卤代烷灭火器是充装卤代烷灭火剂的灭火器。我国主要使用的是 1211(CF_2ClBr)和 1301(CF_3Br)。它的灭火效率高，灭火速度快，当防火区内的灭火剂浓度达到临界灭火值时，一般为体积的 5％就能在几秒钟内甚至更短时间内将火焰扑灭。卤代烷灭火主要不是依靠冷却、稀释氧或隔绝空气等物理作用来实现的，而是通过抑制燃烧的化学反应过程，中断燃烧的链反应而迅速灭火的，属于化学灭火。

高根妙，唐祝华，冯巧娣，诸容，张新根. 卤代烷灭火器灭 A 类表面火灾的试验与研究. 消防科技，1991，2：16 - 17.

习 题

1. 用系统命名法命名下列各化合物：

(1) $(CH_3)_2CHCH_2C(CH_3)_2CH_2Cl$

(2) $CH_3\overset{Br}{\underset{}{CH}}CH\overset{CH_2Cl}{\underset{}{CH}}CH_2CH_2CH_3$

(3) $CH_3C{\equiv}CCH_2CH_2CH_2Cl$

(4)
$$\underset{H}{\overset{H_3C}{>}}C=C\underset{CH_2Br}{\overset{CH_2CH_3}{<}}$$

(5) $ClCH_2CH_2CH\!=\!CH_2$

(6) —Br

(7) CH_3—◯—CH_2Cl

(8) Cl—◯—CF_3

(9)

(10) F—◯—$\underset{\underset{CH_2CH_2CH_3}{|}}{CHCH_2Cl}$

2. 写出下列化合物的结构式：

(1) 4-(甲氧甲基)氯苄

(2) 顺-1,2-二氯环己烷

(3) 八氯环戊-1-烯

(4) 异丙基溴

(5) α-苯基碘乙烷

(6) (E)-4-溴-3-甲基-2-戊烯

(7) 1,2-二氟-1,2-二氯乙烷

3. 比较下列化合物进行 S_N1 反应的活性：

(1) ① ◯—CH_2Br　② ◯—$\underset{\underset{Br}{|}}{CH}$—◯　③ ◯—$CH_2CH_2Br$

(2) ① $CH_3CH\!=\!CHCH_2Br$　② $CH_3CH_2\underset{\underset{Br}{|}}{CH}CH_3$　③ $CH_3\underset{\underset{CH_3}{|}}{\overset{\overset{CH_3}{|}}{C}}Br$

④ $CH_3CH_2CH_2CH_2Br$　⑤ $CH_3CH_2CH\!=\!CHBr$

4. 比较下列化合物进行 S_N2 反应的活性：

(1) ① ◯—$\underset{\underset{CH_3}{|}}{\overset{\overset{Br}{|}}{CH}}$　② ◯—CH_2Br　③ ◯—$\underset{\underset{CH_3}{|}}{\overset{\overset{CH_3}{|}}{C}}$—Br

(2) ① $CH_3CH_2CH_2CH_2Br$　② $CH_3CH_2\underset{\underset{CH_3}{|}}{CH}CH_2Br$　③ $CH_3CH_2\underset{\underset{CH_3}{|}}{\overset{\overset{CH_3}{|}}{C}}CH_2Br$

(3) ① ◯—I　② ◯—Cl　③ ◯—Br

5. 以卤代烷与 NaOH 在水和乙醇混合物中的反应为例，列表比较 S_N1 和 S_N2 反应机理：

(1) 立体化学

(2) 动力学级数

(3) 甲基卤、乙基卤、异丙基卤、叔丁基卤的相对反应速率

(4) RCl、RBr、RI 的相对反应速率

(5) RX 浓度增加对速率的影响

(6) NaOH 浓度增加对速率的影响

6. 用简单的化学方法区别下列化合物：

(1)

(2)1-溴-1-丁烯，3-溴-1-丁烯，4-溴-1-丁烯

7. 写出氯化苄与下列试剂反应的主要产物：

(1)NaOH 水溶液　　　　　(2)C_2H_5ONa　　　　　(3)NaCN 乙醇溶液

(4)$C_2H_5NH_2$　　　　　　(5)NaI 丙酮溶液　　　　(6)NaSCH$_3$

8. 完成下列反应式：

$$(1) \underset{\substack{| \\ CH_3 \ Cl}}{CH_3CH-CHCH_3} \xrightarrow[\triangle]{KOH/C_2H_5OH} ? \xrightarrow{HCl} ? \xrightarrow{NH_3} ?$$

$$(2) CH_3CH{=}CH_2 \xrightarrow{HBr} ? \xrightarrow[\text{无水乙醚}]{Mg} ? \xrightarrow{CO_2} ? \xrightarrow{H_2O} ?$$

$$(3) ClCH{=}CHCH_2Cl \xrightarrow[\text{乙醇}]{NaCN} ? \xrightarrow{H_3^+O} ?$$

$$(4) \underset{\substack{| \\ Cl}}{CH_3CH_2CHCH_3} \xrightarrow[C_2H_5OH, \triangle]{NaOH} ? \xrightarrow[CCl_4]{Br_2} ? \xrightarrow[C_2H_5OH]{KOH} ? \xrightarrow[CCl_4]{2Br_2} ?$$

(5) $\xrightarrow[h\nu]{Br_2}$? $\xrightarrow[C_2H_5OH, \triangle]{KOH}$? $\xrightarrow[ROOR]{HBr}$? $\xrightarrow[CH_3COCH_3]{NaI}$?

9. 完成下列转化：

(1)甲苯 ⟶ 邻氯苯乙腈

(2)环己烷 ⟶ 环己甲酸

(3)2-甲基-3-氯丁烷 ⟶ 2-甲基丁烷

10. 某一卤代烃 C_3H_7Br(A)与氢氧化钾的醇溶液作用生成 C_3H_6(B)，(B)氧化后得到具有两个碳原子的羧酸(C)、二氧化碳和水。(B)与溴化氢作用，则得到(A)的异构体(D)。推导(A)、(B)、(C)、(D)的结构。

醇、酚、醚

醇(alcohols)、酚(phenols)、醚(ethers)都是烃的含氧衍生物。醇和酚是烃的羟基衍生物；醚是氧原子直接与两个烃基相连接而成的化合物，通常由醇或酚制取，是相应的醇或酚的同分异构体。

第一节　醇

醇是烃分子中氢原子被羟基取代后的衍生物，羟基是醇的官能团。

一、醇的分类和命名

1. 醇的分类　根据醇分子中羟基的数目，可分为一元醇、二元醇和多元醇：

CH_3CH_2OH $n\text{-}C_4H_9OH$ $HOCH_2CH_2OH$

乙醇(一元醇)   正丁醇(一元醇)   乙二醇(二元醇)

$$CH_2\text{—}CH\text{—}CH_2$$
$$\;\;|\quad\;\;|\quad\;\;|$$
$$OH\;\;\;OH\;\;\;OH$$

丙三醇(多元醇)   环己六醇(多元醇)

根据醇分子中烃基的不同可分为脂肪醇、脂环醇和芳香醇(芳烃侧链上的氢被羟基取代的醇)；由烃基是否含有不饱和键可分为饱和醇和不饱和醇。

$CH_3CH_2CH_2OH$

正丙醇(脂肪醇)   环己醇(脂环醇)   3-环己烯-1-醇

$CH_2\text{=}CH\text{—}CH_2OH$

烯丙醇(不饱和醇)   苄醇(芳香醇)   3-苯基-2-丙烯-1-醇(肉桂醇)

根据羟基所连碳原子类型可分为伯醇(一级醇 1°)、仲醇(二级醇 2°)和叔醇(三级醇 3°)：

$$CH_3\text{—}CH\text{—}CH_2OH \qquad CH_3\text{—}CH\text{—}CH_2\text{—}CH_3 \qquad (CH_3)_3C\text{—}OH$$
$$\qquad\;\;|\qquad\qquad\qquad\qquad |$$
$$\qquad CH_3 \qquad\qquad\qquad\qquad OH$$

异丁醇(伯醇)   仲丁醇(仲醇)   叔丁醇(叔醇)

2. 醇的命名 结构简单的醇可用普通命名法，即根据与羟基相连的烃基名称来命名。在"醇"字前加上烃基的名称，"基"字一般可省去。

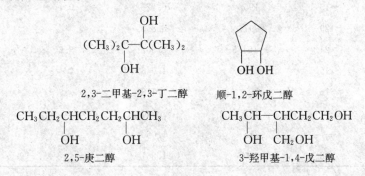

CH₃CH₂CH₂OH　　(CH₃)₂CHCH₂OH

正丙(基)醇　　　　异丁(基)醇　　　　苯甲(基)醇

结构较复杂的醇，用系统命名法命名。选择连有羟基的最长碳链为主链，把支链作为取代基，从离羟基较近的一端开始依次给主链碳原子编号。按主链所含碳原子数目称为"某醇"，在醇名称的前面注明羟基的位次。不饱和醇应选择既含连有羟基的碳原子，又含双键或叁键碳原子在内的最长碳链作为主链，主链的碳原子编号使羟基的位次最小。

CH₃CH₂CHCH₂OH
　　　　|
　　　　CH₃

2-甲基-1-丁醇

CH₃CH=CHCH₂OH

2-丁烯-1-醇(巴豆醇)

2-甲基-3-苯基-1-丙醇

二元醇和多元醇的命名应选择含有尽可能多的羟基的碳链作为主链，羟基的数目写在醇字的前面，并注明羟基的位次。

(CH₃)₂C—C(CH₃)₂

2,3-二甲基-2,3-丁二醇

顺-1,2-环戊二醇

CH₃CH₂CHCH₂CH₂CHCH₃
　　　　|　　　　|
　　　　OH　　　OH

2,5-庚二醇

3-羟甲基-1,4-戊二醇

思考题8-1 用系统命名法命名下列各化合物，并指出伯、仲、叔醇：

(1) ⬡—CH₂CH₂CH₂OH

(2) ⬡—C(CH₂—CH=CH₂)₂
　　　　|
　　　　OH

(3) (CH₃)₂C=CHCH₂OH

(4) CH₃CH₂CH₂CHCHCH(CH₃)₂
　　　　　　　|
　　　　　　　OH

二、醇的物理性质

直链饱和一元醇中，含 C₄ 以下为有酒味的无色液体，含 C₅～C₁₀ 的为具有不愉快气味的油状液体，C₁₂ 以上的醇为无味的蜡状固体。一些常见醇的物理常数见表8-1。

直链饱和一元醇的沸点和烷烃一样，随碳原子数的增加有规律的上升，每增加一个系差(CH₂)，沸点将升高 18～20 ℃；同碳数的醇支链愈多沸点愈低。低级醇的沸点比与其分子质量相近的烷烃要高得多，甲醇(相对分子质量32)的沸点为 64.7 ℃，而乙烷(相对分子质量30)

表 8-1 醇的物理常数

名　　称	熔点/℃	沸点/℃	相对密度(20 ℃)	溶解度(100 g 水中，20 ℃)/g	折射率(n_D^{20})
甲　醇	−97	64.7	0.792	∞	1.328 8
乙　醇	−115	78.4	0.789	∞	1.361 1
丙　醇	−126	97.2	0.804	∞	1.385 0
异丙醇	−88.5	82.3	0.786	∞	1.377 6
丁　醇	−90	117.8	0.810	7.9	1.399 3
异丁醇	−108	107.9	0.802	10	1.395 9
仲丁醇	−114	99.5	0.808	12.5	1.397 8
叔丁醇	26	82.5	0.789	∞	1.387 8
正戊醇	−78.5	138	0.817	2.4	1.410 1
正己醇	−52	155.8	0.820	0.6	1.416 2(n_D^{25})
正庚醇	−34	176	0.822	0.2	1.422 5~1.425 0
正辛醇	−15	195	0.825	0.1	1.430 0
烯丙醇	−129	97	0.855	∞	1.413 5
环己醇	24	161.5	0.962	3.6	1.465 0(n_D^{22})
苯甲醇	−15	205	1.046	4	1.539 6
1,2-乙二醇	−16	197	1.113	∞	1.430 0(n_D^{25})
1,2-丙二醇	—	187	1.040	∞	1.429 3(n_D^{27})
1,3-丙二醇	—	215	1.060	∞	—
丙三醇	18	290	1.261	∞	1.474 6

沸点为−88.6 ℃。醇在液体状态时，分子之间通过氢键而缔合，它们的分子实际上是以"分子缔合体"形式存在：

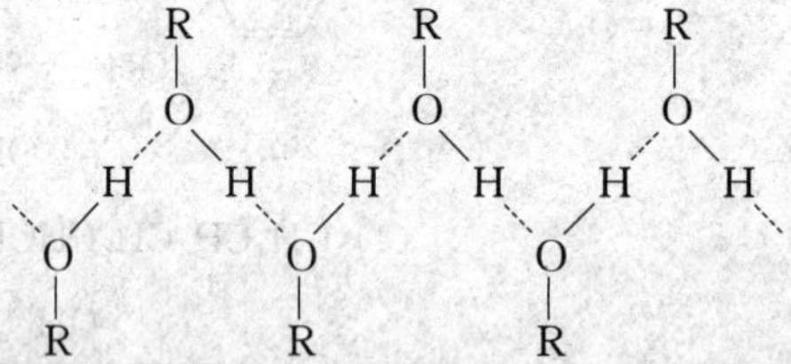

要使液态的醇变为蒸气(单分子状态)，不仅要破坏分子间的范德华引力，还必须消耗一定的能量破坏氢键(氢键 O—H···O 的键能为 21~30 kJ·mol^{-1})，这是醇具有高沸点的原因。醇分子中烃基的存在对缔合有阻碍作用，烃基越大，位阻作用也越大。因此直链饱和一元醇的沸点随分子质量的增加与相应的烷烃愈来愈接近，10 个碳以上的醇与相应烷烃已比较接近了。

低级醇能与水形成氢键，故能与水混溶。但烃基越大，醇羟基与水分子形成的氢键就越弱，醇的溶解度渐渐由取得支配地位的烃基所决定，因而在水中的溶解度渐渐减小至不溶。高级醇与烷烃极相似，不溶于水，易溶于非极性溶剂中。

低级醇还能和一些无机盐类（$MgCl_2$、$CaCl_2$、$CuSO_4$ 等）形成结晶状的分子化合物，称为结晶醇化物，如 $MgCl_2 \cdot 6CH_3OH$，$CaCl_2 \cdot 4C_2H_5OH$，$CaCl_2 \cdot 4CH_3OH$ 等。结晶醇不溶于有机溶剂而溶于水，常利用这一性质分离提纯醇或除去混合物中混杂的少量低级醇。例如，工业用的乙醚中常含有少量乙醇，可用 $CaCl_2$ 与乙醇生成结晶醇化物而将其除去。基于同样理由，除去乙醇中微量水不可用 $CaCl_2$。

三、醇的化学性质

醇的化学性质主要由羟基官能团决定，同时也受到烃基的一定影响。醇分子中 C—O 键和 O—H 键都是极性键，这是醇易于发生反应的两个部位：

$$R-\overset{|}{\underset{|}{C}}+O+H$$

1. 与活泼金属的反应　醇羟基上的氢具有一定的酸性，能和活泼金属如 Na、K、Mg（加热）、Al（加热）等发生反应，放出氢气。

$$C_2H_5OH \xrightarrow{Na} C_2H_5ONa + H_2$$

醇与金属钠的反应比水与金属钠的反应要缓和得多，表明醇是比水弱的酸。由于烷基的推电子效应，增加了醇分子中氧原子周围的电子云密度，O—H 键上的氢原子受到的束缚力加大，使得氢不易被取代。邻近羟基碳原子上的烷基增多，氧原子上的电子云密度增大，O—H 键的极性减小，酸性随之减弱，与钠的反应活性也随之降低。故醇的酸性及与活泼金属反应活性的顺序为：

$$H_2O > CH_3OH > RCH_2OH > R_2CHOH > R_3COH$$

醇的酸性比水小，其共轭碱 RO^- 的碱性比 OH^- 大。醇钠遇水立即水解生成醇和氢氧化钠：

$$RCH_2ONa \xrightarrow{H_2O} RCH_2OH + NaOH$$

醇钠在有机合成中用作碱性试剂，也常用作分子中引入烃氧基（RO—）的亲核试剂。

2. 与氢卤酸的反应　氢卤酸与醇反应生成卤代烷和水，这是制备卤代烃的重要方法：

$$R-OH \xrightarrow{HX} R-X + H_2O \quad (X=Cl、Br、I)$$

反应中醇的 C—O 键断裂，羟基被卤原子取代，属于亲核取代反应。C—OH 键断裂较难，需要酸的催化，使羟基质子化后以水分子的形式离去。醇的反应活性是烯丙基式（或苄基式）醇>3°醇>2°醇>1°醇；氢卤酸的反应活性是 HI>HBr>HCl。例如，一级醇与氢碘酸（47%）一起加热就可以生成碘代烃；与氢溴酸（48%）作用时必须在硫酸作用下加热才能反应；与浓盐酸作用时必须有氯化锌存在并加热才能反应。而 3°醇和烯丙基式（或苄基式）醇在室温下和浓盐酸一起震荡就可以反应：

$$CH_3CH_2CH_2CH_2OH \xrightarrow[\triangle]{HBr, H_2SO_4} CH_3CH_2CH_2CH_2Br$$

$$CH_3CH_2CH_2CH_2OH \xrightarrow[\triangle]{HCl, ZnCl_2} CH_3CH_2CH_2CH_2Cl$$

$$(CH_3)_3COH \xrightarrow{浓\ HCl} (CH_3)_3CCl$$

实验室常用卢卡斯(Lucas)试剂(浓盐酸和无水氯化锌配成的溶液)来区别不同级别的醇。低级一元醇(C_6 以下)能溶于卢卡斯试剂中，其氯代物不溶。从出现浑浊所需的时间可以鉴别出伯、仲、叔醇。

$$
\begin{array}{ll}
\left.
\begin{array}{l}
伯醇 \\
仲醇 \\
叔醇
\end{array}
\right\} \xrightarrow{\text{卢卡斯试剂}}
\begin{array}{l}
加热后出现浑浊 \\
静置几分钟后出现浑浊 \\
很快出现浑浊
\end{array}
\end{array}
$$

醇与氢卤酸的反应是酸催化下的亲核取代反应，一般认为烯丙基式(或苄基式)醇、叔醇、仲醇是按 S_N1 反应机理进行：

$$(CH_3)_3C\!-\!OH + HX \rightleftharpoons (CH_3)_3C\!-\!\overset{+}{O}H_2 + X^-$$

$$(CH_3)_3C\!-\!\overset{+}{O}H_2 \rightleftharpoons (CH_3)_3C^+ + H_2O$$

$$(CH_3)_3C^+ + X^- \longrightarrow (CH_3)_3C\!-\!X$$

醇羟基上的氧原子接受一个质子形成锌盐(质子化醇)，使 C—O 键的极性增加，这样更容易离解生成碳正离子和水，碳正离子很快与卤离子生成卤代烃。

多数伯醇因较难形成碳正离子，与氢卤酸的反应是按 S_N2 反应机理进行：

$$RCH_2\!-\!OH + H^+ \underset{}{\overset{快}{\rightleftharpoons}} RCH_2\!-\!\overset{+}{O}H_2$$

$$X^- + RCH_2\!-\!\overset{+}{O}H_2 \xrightarrow{慢} \left[X^{\delta-}\cdots\overset{R}{\underset{H}{\overset{|}{C}}}\cdots\overset{\delta+}{O}H_2 \right] \longrightarrow RCH_2\!-\!X + H_2O$$

醇与氢卤酸若以 S_N1 机理进行反应，会有重排产物生成，特别是当 β-碳上有支链时，重排趋势增大，导致反应主产物卤代烃中的烃基与母体醇中的烃基具有不同的结构：

$$
CH_3\!-\!\underset{\underset{H}{|}}{\overset{\overset{CH_3}{|}}{C}}\!-\!\underset{\underset{OH}{|}}{\overset{\overset{H}{|}}{C}}\!-\!CH_3 \xrightarrow{HBr} CH_3\!-\!\underset{\underset{Br}{|}}{\overset{\overset{CH_3}{|}}{C}}\!-\!\underset{\underset{H}{|}}{\overset{\overset{H}{|}}{C}}\!-\!CH_3
$$

$$
CH_3\!-\!\underset{\underset{CH_3}{|}}{\overset{\overset{CH_3}{|}}{C}}\!-\!CH_2OH \xrightarrow{HBr} CH_3\!-\!\underset{\underset{Br}{|}}{\overset{\overset{CH_3}{|}}{C}}\!-\!CH_2\!-\!CH_3
$$

3. 与卤化磷反应　醇与 PX_3 反应，生成相应的卤代烃和亚磷酸：

$$ROH + PX_3 \longrightarrow RX + H_3PO_3$$

此反应不易发生重排，产率较高，是制备溴代烃和碘代烃的常用方法。氯代烃常用 PCl_5 与醇反应制备：

$$CH_3CH_2OH + PCl_5 \longrightarrow CH_3CH_2Cl + POCl_3 + HCl$$

4. 与亚硫酰氯反应　亚硫酰氯与醇反应，可直接得到氯代烃，同时生成 SO_2 和 HCl 两种气体，这是制备氯代烃的常用方法：

$$ROH + SOCl_2 \xrightarrow{\triangle} RCl + SO_2\uparrow + HCl\uparrow$$

此反应不仅速度快，条件温和，产率很高，且不会导致重排发生。两种生成物 SO_2 和 HCl 在反应中很容易离开反应体系，促使反应完成，使产物的收集和纯化更加容易。

5. 脱水反应 醇的脱水反应有两种方式，一种是分子内脱水生成烯烃；另一种是分子间脱水生成醚。

（1）分子内脱水 醇在较高温度（400～800 ℃）下，直接进行 β-消除，生成烯烃，如有 $AlCl_3$ 或浓 H_2SO_4 等酸性催化剂存在时，可在较低温度下进行。

$$-\overset{\underset{|}{H}}{C}-\overset{\underset{|}{OH}}{C}- \xrightarrow{H^+} -C=C- + H_2O$$

醇在强酸作用下的脱水反应按 E1 机理进行：

$$CH_3CH_2OH + H_2SO_4 \rightleftharpoons CH_3CH_2\overset{+}{O}H_2 + HSO_4^-$$

$$CH_3CH_2\overset{+}{O}H_2 \rightleftharpoons CH_3CH_2^+ + H_2O$$

$$CH_3CH_2^+ \longrightarrow CH_2=CH_2 + H^+$$

不同类型的醇脱水反应的活性不同（3°＞2°＞1°）：

$$CH_3CH_2OH \xrightarrow[170\ ℃]{95\%\ H_2SO_4} CH_2=CH_2$$

$$CH_3CH_2\underset{\underset{OH}{|}}{C}HCH_3 \xrightarrow[100\ ℃]{65\%\ H_2SO_4} CH_3CH=CHCH_3$$

$$CH_3CH_2\underset{\underset{OH}{|}}{C}(CH_3)_2 \xrightarrow[87\ ℃]{46\%\ H_2SO_4} CH_3CH=\underset{\underset{CH_3}{|}}{C}CH_3$$

醇的脱水与卤代烃的脱卤化氢一样，遵循查依采夫规则，即消除羟基和含氢数目更少的 β-碳原子上的氢原子。

对于某些不饱和醇脱水时，首先要考虑的是能否生成含稳定共轭体系的烯烃，可能不遵循查依采夫规则，如：

$$\text{(苯)}-CH_2-\underset{\underset{OH}{|}}{C}H-\underset{\underset{CH_3}{|}}{C}H-CH_3 \xrightarrow[\triangle]{浓\ H_2SO_4} \text{(苯)}-CH=CH-\underset{\underset{CH_3}{|}}{C}H-CH_3$$

醇的消除反应一般按 E1 机理进行，故容易发生分子重排：

$$CH_3-\underset{\underset{CH_3OH}{|}}{\overset{\overset{CH_3}{|}}{C}}-CH_3 \xrightarrow[\triangle]{H_2SO_4} CH_3-\underset{\underset{CH_3}{|}}{C}=\overset{\overset{CH_3}{|}}{C}-CH_3 + CH_3-\underset{\underset{CH_3}{|}}{\overset{\overset{CH_3}{|}}{C}}-CH=CH_2$$

$$\text{（主）} \qquad\qquad\qquad \text{（次）}$$

（2）分子间脱水 醇在相对较低温度下加热，脱水生成醚。如乙醇在140 ℃左右，主要发生 α-碳的亲核取代反应，生成乙醚：

$$CH_3CH_2OH \xrightarrow[140\ ℃]{浓\ H_2SO_4} CH_3CH_2OCH_2CH_3 + H_2O$$

$$CH_3CH_2\overset{\curvearrowleft}{O}H + CH_3-CH_2-\overset{+}{O}H_2 \xrightarrow{S_N2} CH_3CH_2\underset{+}{\overset{\overset{H}{|}}{O}}CH_2CH_3 \longrightarrow CH_3CH_2OCH_2CH_3$$

　　醇加热脱水生成醚或烯烃是两个互相竞争的反应。一般情况下，加热温度低利于成醚，温度高利于成烯。

思考题 8 - 2　应选用哪些醇合成下列烯烃：

(1) $CH_3CH=C-CH_3$
　　　　　　　$|$
　　　　　　　CH_3

(2) $CH_3-CH=C-C_6H_5$
　　　　　　　　　　$|$
　　　　　　　　　　CH_3

(3) ⬡$-CH_3$

(4) $CH_3-C=CH-CH_2CH_2Br$
　　　　　$|$
　　　　　CH_3

6. 成酯反应　醇与有机酸及酰卤、酸酐作用都可生成酯：

$$RCOOH + R'OH \xrightarrow[\triangle]{H_2SO_4} RCOOR' + H_2O$$

　　这是一个可逆反应，若在反应过程中不断除去水（产物之一），可使平衡右移以提高产率。

　　醇也可以和含氧无机酸反应，生成无机酸酯：

$$CH_3OH + HOSO_3H \xrightarrow{0\,℃} CH_3-OSO_3H + H_2O$$
硫酸氢甲酯

$$CH_3OH + CH_3-OSO_3H \xrightarrow{减压蒸馏} CH_3-OSO_2O-CH_3 + H_2O$$
硫酸二甲酯

$$\begin{matrix} CH_2-OH \\ | \\ CH-OH \\ | \\ CH_2-OH \end{matrix} \xrightarrow{HONO_2} \begin{matrix} CH_2-ONO_2 \\ | \\ CH-ONO_2 \\ | \\ CH_2-ONO_2 \end{matrix}$$
三硝酸甘油酯（硝化甘油）

　　硫酸二甲酯是有机合成和化工工业中广泛使用的甲基化试剂，可向目标分子中引入甲基。

　　7. 氧化反应　醇分子中，由于羟基的诱导效应，使得 α-碳原子上的氢原子（简称 α- H）较活泼，容易被氧化。

　　(1)氧化　一级醇被重铬酸钾或高锰酸钾等氧化剂氧化先生成醛，进一步氧化成羧酸；二级醇氧化生成酮；三级醇没有 α- H，一般不易被氧化。

$$CH_3CH_2OH \xrightarrow{[O]} CH_3COOH$$

$$\begin{matrix} CH_3CHCH_3 \\ | \\ OH \end{matrix} \xrightarrow{[O]} \begin{matrix} CH_3CCH_3 \\ \| \\ O \end{matrix}$$

　　由于醛在有机合成中是非常重要的原料，醇的来源又很丰富，实验室常采用特殊氧化剂，如新制的二氧化锰或三氧化铬/吡啶将伯醇氧化为醛。

$$CH_2=CH-CH_2OH \xrightarrow{MnO_2} CH_2=CH-CHO$$

$$CH_3CH_2CH_2CH_2OH \xrightarrow[吡啶]{CrO_3} CH_3CH_2CH_2CHO$$

　　(2)脱氢　一级、二级醇的蒸气在高温下通过活性铜催化剂可发生脱氢作用，生成醛、酮。此反应多用在有机化工生产中。

$$RCH_2OH \xrightleftharpoons{Cu/325\ ℃} RCHO + H_2$$

$$RCHR'OH \xrightleftharpoons{Cu/325\ ℃} R-\overset{\overset{O}{\|}}{C}-R' + H_2$$

若反应中通入空气，氢被氧化，醇则全部转化为醛或酮：

$$CH_3CH_2OH + O_2 \xrightarrow[550\ ℃]{活性\ Ag\ 或\ Cu} CH_3CHO + H_2O$$

四、醇的光谱学特征

1. 红外光谱 醇的O—H伸缩振动产生的特征吸收峰有两个，未缔合的自由—OH在 $3\,610 \sim 3\,650\ cm^{-1}$ 区域（峰尖，强度不定），缔合的—OH在 $3\,500 \sim 3\,600\ cm^{-1}$（外形较宽）。在大于 $3\,300\ cm^{-1}$ 处出现宽的吸收峰，通常说明分子中含有羟基。醇在 $1\,000 \sim 1\,200\ cm^{-1}$ 处有C—OH 伸缩振动吸收峰。其中一级醇约在 $1\,050 \sim 1\,085\ cm^{-1}$；二级醇约在 $1\,100\ cm^{-1}$ 附近，三级醇在 $1\,150\ cm^{-1}$ 附近。有时可根据此吸收峰确定一级、二级或三级醇。

2. 紫外光谱 大部分醇在近紫外区没有吸收，故低级醇常用作测定其他有机化合物紫外吸收光谱的溶剂。

3. 核磁共振氢谱 由于存在氢键，醇羟基质子（O—H）的化学位移（δ 值）在 $1 \sim 5.5$ 范围内，具体位置取决于氢键的数目和强度（同时受浓度、溶剂和温度影响）。醇羟基质子只有一个单峰，不分裂邻位碳上的质子，也不被邻位碳上的质子所分裂。如乙醇羟基氢的 δ 值约为 5.4，单峰；亚甲基的 δ 值约为 3.7，四重峰（被甲基质子分裂）；甲基的 δ 值约为 1.72，三重峰（被亚甲基质子分裂）。

4. 质谱 脂肪醇的分子离子峰 M^+ 往往很弱，分子质量越大，M^+ 越弱；除甲醇外，大多数醇因易失水而形成（M—18）峰。芳香醇的分子离子峰一般较强，（M—28）和（M—29）峰是较特征的碎片峰（丢失 CO 和 CHO）。

五、醇的重要化合物

1. 甲醇 甲醇俗称木醇，无色液体，沸点 $64.7\ ℃$，易燃，有毒，误饮能使眼睛失明，甚至中毒致死。甲醇可用合成气（CO 和 H_2）在加热、加压和催化剂存在下直接合成：

$$CO + H_2 \xrightarrow[300\ ℃/20\ MPa]{ZnO-Cr_2O_3-CuO} CH_3OH$$

甲醇能和水及大多数有机溶剂互溶，是常用的有机溶剂。主要用于制备甲醛和甲基化试剂。

2. 乙醇 乙醇俗名酒精，是应用最广的醇。无色，易燃，具特殊气味，沸点 $78.4\ ℃$，可与水及多种有机溶剂互溶。主要用作化工原料、燃料、防腐剂及医学消毒剂。工业酒精是由乙烯加水制取。食用酒精是粮食发酵法制取：

$$谷类 \longrightarrow 淀粉 \xrightarrow{淀粉酶} 麦芽糖 \xrightarrow{麦芽糖酶} 葡萄糖 \xrightarrow{酒化酶} CH_3CH_2OH + CO_2$$

发酵液经精馏后可得到 95.5% 的乙醇。一般所说的酒精是指含 95.5% 乙醇和 4.5% 水分的恒沸混合物。用直接蒸馏的方法不能将水完全除去。实验室中常用生石灰或离子交换树脂去水后得无水乙醇（99.5%），再用金属镁或分子筛处理，可得纯净乙醇（99.95%）。

3. 乙二醇 乙二醇俗名甘醇，无色有甜味的黏稠液体。沸点 197 ℃，能与水、乙醇或丙酮混溶，但不能溶于极性较小的乙醚。乙二醇的熔点低，为 −16 ℃。与水混溶后，可降低水的冰点。40%（体积比）乙二醇的水溶液冰点为 −25 ℃，60%（体积比）的水溶液的冰点为 −49 ℃，常用作汽车散热器的防冻剂和飞机发动机的制冷剂。乙二醇也是合成树脂、合成纤维的重要原料。

4. 丙三醇 丙三醇俗名甘油，无色有甜味黏稠液体，沸点 290 ℃（分解），熔点 18 ℃，能与水混溶，不溶于有机溶剂，有强吸水性。甘油在碱性条件下与 Cu^{2+} 形成深蓝色溶液。这个反应常用于鉴定多元醇的存在。

$$\begin{array}{c} CH_2-OH \\ | \\ CH-OH \\ | \\ CH_2-OH \end{array} \xrightarrow[\text{NaOH}]{Cu^{2+}} \begin{array}{c} CH_2-O \\ | \quad\quad Cu \\ CH-O \\ | \\ CH_2-OH \end{array} \text{（深蓝色）}$$

甘油在纺织、医药、化妆品工业及日常生活中用途很广。如与硝酸成酯后得到的三硝酸甘油酯（硝化甘油）是军工炸药和弹药的生产原料。硝化甘油亦可作医用药治疗心绞痛和心肌梗死。甘油可从油脂水解得到，是肥皂工业的副产物。

5. 苯甲醇 苯甲醇又称苄醇，无色有香味液体，可溶于乙醇、乙醚等有机溶剂。能被空气缓慢氧化为苯甲醛。常用作香料的溶剂和定香剂。有弱麻醉作用，可用作医用局部麻醉剂。

第二节　酚

酚是羟基与芳香环直接相连的化合物，通式为 Ar—OH，Ar 表示芳香基。

一、酚的分类和命名

酚类化合物按照芳香环的不同可分为苯酚、萘酚、蒽酚等，也可按照羟基数目的多少分为一元酚、二元酚和多元酚。

酚的命名是在酚字前加上芳香基的名称，以此作为母体。将其他取代基的名称和位次写在母体名称前面。若芳香环上的羟基不是优先基团，以优先基团和芳环作为母体，羟基作为取代基。

2-甲基-4-羟基苯磺酸　　　5-甲氧基-1,3-苯二酚　　　6-甲基-2-萘酚

2,4,6-三硝基苯酚　　　1,3,5-苯三酚　　　2-甲基-6-氨基苯酚
（苦味酸）　　　　　　（均苯三酚）

思考题 8-3 命名下列化合物:

(1) HO—⟨benzene⟩—Cl　　(2) ⟨benzene with OH, HO, CH₃⟩　　(3) HO—⟨benzene⟩—NO₂

二、酚的物理性质

酚一般多为固体。由于酚分子间可形成氢键,所以沸点都很高。邻位有羟基、氯或硝基等的酚,可以形成分子内氢键,使分子间难以缔合,相对于它们的间位和对位异构体,沸点要低得多。

苯酚常温下微溶于水,加热则溶解度迅速增大。酚在水中的溶解度随羟基数目的增多而增大。纯净的酚是无色的,但往往由于少量被缓慢氧化而带有粉红色至褐色。酚类化合物可溶于乙醇、乙醚、苯等有机溶剂。常见酚的物理常数见表 8-2。

表 8-2　酚的物理常数

名　　称	熔点/℃	沸点/℃	溶解度(100 g 水中)/g	pK_a(25 ℃)
苯酚	41	182	8.2	10.00
邻甲苯酚	31	191	2.5	10.29
间甲苯酚	12	202	2.6	10.09
对甲苯酚	35	202	2.3	10.26
邻氯苯酚	9	173	2.8	8.48
间氯苯酚	33	214	2.6	9.02
对氯苯酚	43	220	2.6	9.38
邻硝基苯酚	45	216	0.2	7.22
间硝基苯酚	96	194(9.3×10^3 Pa)	2.2	8.39
对硝基苯酚	114	279(分解)	1.3	7.15
2,4-二硝基苯酚	113	分解	0.6	4.09
2,4,6-三硝基苯酚	122	分解(300 ℃爆炸)	1.4	0.38
α-萘酚	94	279	难	9.31
β-萘酚	123	286	0.1	9.55
邻苯二酚	105	245	45.1	9.48
间苯二酚	111	281	123	9.44
对苯二酚	173	286	8	9.96

三、酚的化学性质

酚和醇都含有羟基,故它们的 C—O 键和 O—H 键应表现出相似的化学性质。但由于酚羟基可与苯环形成 p-π 共轭体系，致使 C—O 键极性减弱，不能进行亲核取代反应，较难生成醚和酯，不能发生消除反应。同时，由于酚羟基的 O—H 键极性增加，反应活性增强，酸性变大。

羟基对苯环是一个很强的邻、对位致活基团，故酚比苯进行亲电取代反应要容易得多。

1. 酚的酸性　苯酚呈酸性，大多数酚的 pK_a 都在 10 左右。苯酚和氢氧化钠等强碱反应，生成酚盐而溶于水中：

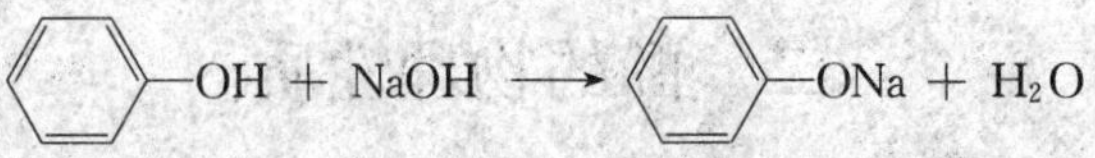

$$\text{C}_6\text{H}_5\text{—OH} + \text{NaOH} \longrightarrow \text{C}_6\text{H}_5\text{—ONa} + \text{H}_2\text{O}$$

相比之下，醇与氢氧化钠不能反应，醇钠遇水立即完全水解，这都说明酚的酸性比醇强。但酚的酸性比碳酸弱，它不能溶解在 $NaHCO_3$ 溶液中，将 CO_2 通入酚钠的溶液中，可使酚游离出来。

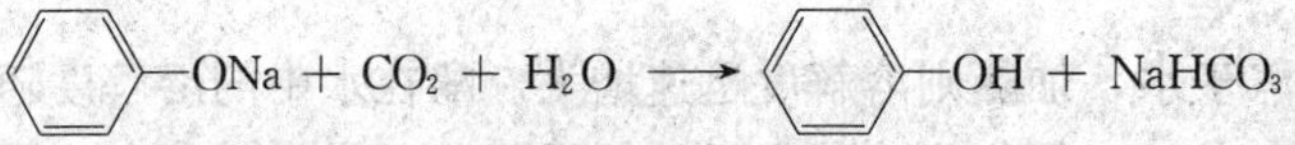

$$\text{C}_6\text{H}_5\text{—ONa} + \text{CO}_2 + \text{H}_2\text{O} \longrightarrow \text{C}_6\text{H}_5\text{—OH} + \text{NaHCO}_3$$

酚的酸性取决于 O—H 键的极性，若芳环上连有吸电子基团，并通过苯环产生诱导效应，致使羟基氧的电子云密度降低，O—H 键的极性增大，酚的酸性变大；若芳环上连有推电子基团，则酚的酸性减弱；吸电子基团越多或吸电子基的吸电子能力越强，酚的酸性也越大：

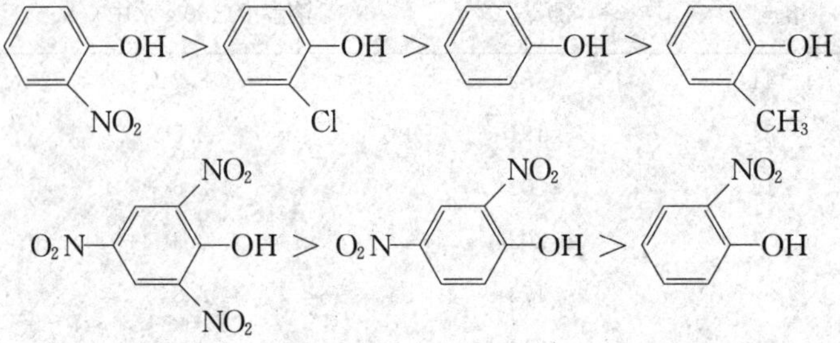

思考题 8-4　不查表，比较下列化合物的酸性：
间溴苯酚、间甲苯酚、间硝基苯酚、苯酚

2. 与 FeCl₃ 的颜色反应　大多数酚与 $FeCl_3$ 溶液作用生成带颜色的络合物离子。不同的酚产生不同的颜色，这个特征常用来鉴别酚。

$$6\text{C}_6\text{H}_5\text{OH} + \text{Fe}^{3+} \longrightarrow [\text{Fe}(\text{OC}_6\text{H}_5)_6]^{3-} + 6\text{H}^+$$
紫色

与 $FeCl_3$ 的颜色反应不限于酚，具有烯醇式结构的化合物都有类似反应。

3. 醚和酯的生成　酚不能直接分子间脱水得到醚，可由烃基化反应制醚：

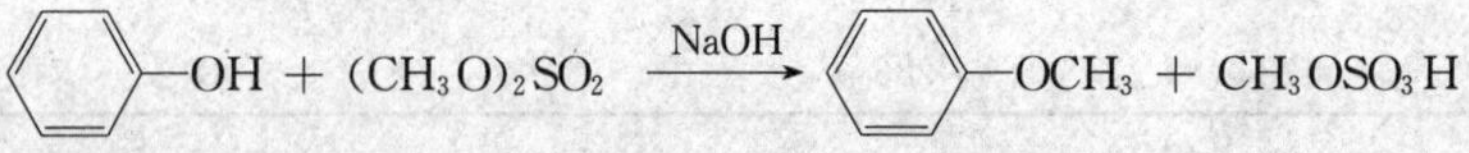

$$\text{C}_6\text{H}_5\text{—OH} + \text{CH}_3\text{Cl} \longrightarrow \text{C}_6\text{H}_5\text{—OCH}_3 + \text{HCl}$$

$$\text{C}_6\text{H}_5\text{—OH} + (\text{CH}_3\text{O})_2\text{SO}_2 \xrightarrow{\text{NaOH}} \text{C}_6\text{H}_5\text{—OCH}_3 + \text{CH}_3\text{OSO}_3\text{H}$$

酚不能与羧酸反应成酯，需要与活性更大的酰卤或酸酐反应才能得到酚酯：

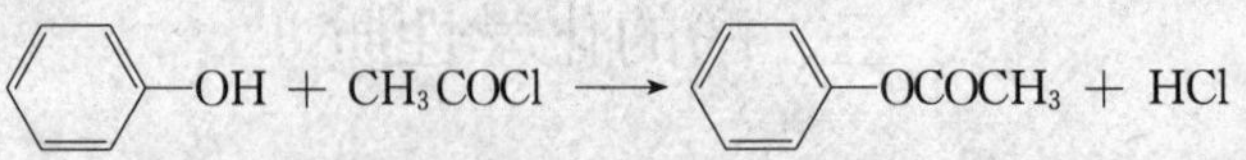

$$\text{C}_6\text{H}_5\text{—OH} + \text{CH}_3\text{COCl} \longrightarrow \text{C}_6\text{H}_5\text{—OCOCH}_3 + \text{HCl}$$

4. 氧化反应　酚容易被氧化。苯酚久储会被空气氧化呈粉红色至褐色。故酚在进行磺化、硝化时必须控制反应条件，以避免酚被氧化。苯酚在氧化剂作用下，羟基和对位氢原子均被氧化：

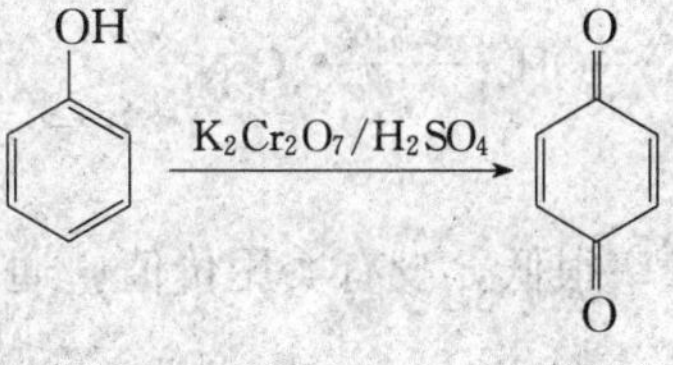

对苯醌

二元酚如邻苯二酚和对苯二酚更易被氧化：

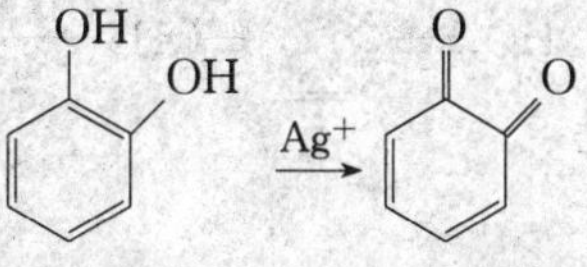

邻苯醌

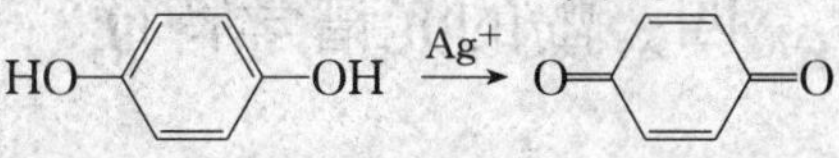

对苯醌

5. 芳环上的取代反应　酚羟基的邻、对位受到羟基的活化，很容易发生亲电取代反应，且易生成多元取代物。

(1)卤代　苯酚的水溶液与饱和溴水在常温下即可作用，迅速生成 2,4,6-三溴苯酚。这个反应常用于苯酚的定性及定量分析。

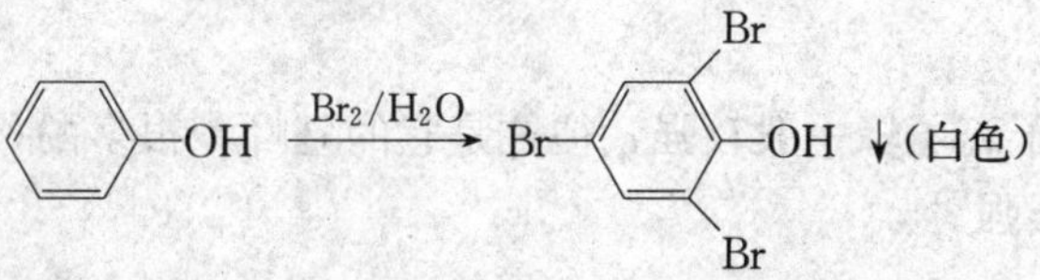

(2)磺化　酚与浓硫酸反应生成羟基苯磺酸。产物与温度有关：

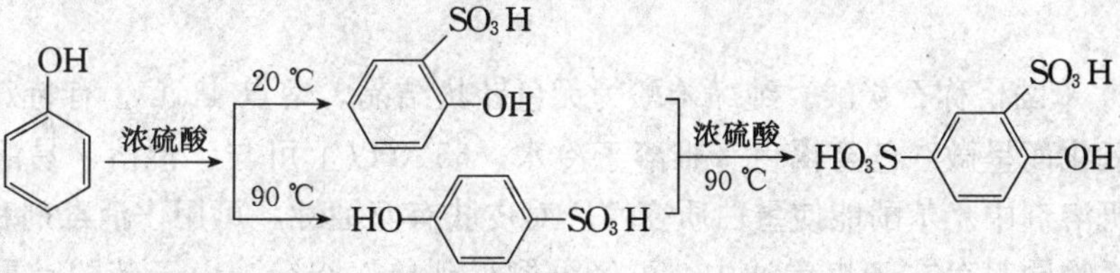

在不同温度下，分别得到不同的一元取代物。两种产物进一步磺化，得到二元取代物。磺化反应是可逆的，在稀硫酸溶液中加热回流即可除去磺酸基。

(3)硝化　苯酚与稀硝酸在常温下即可反应。

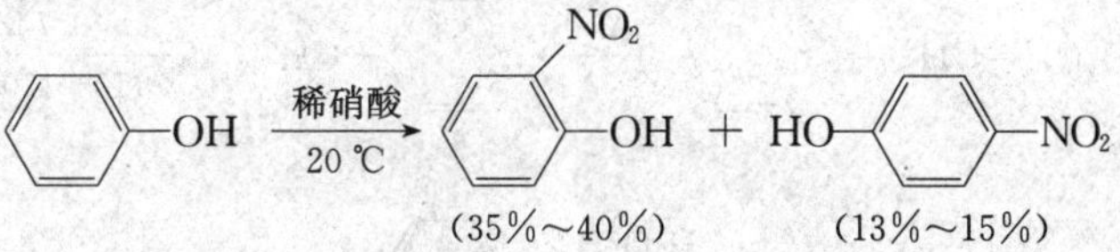

(35%～40%)　　(13%～15%)

邻硝基苯酚形成分子内氢键而成螯环分子，因此难发生分子间缔合，也难与水缔合，沸点比对位异构体低得多，水溶性也很差，故可用水蒸气蒸馏法蒸出，与对位异构体分开。此反应中苯酚易被氧化，产率不高，但提纯容易，所以仍是制取邻硝基苯酚和对硝基苯酚的常用方法。

苯酚与浓硝酸反应，可得到 2,4,6-三硝基苯酚(苦味酸)：

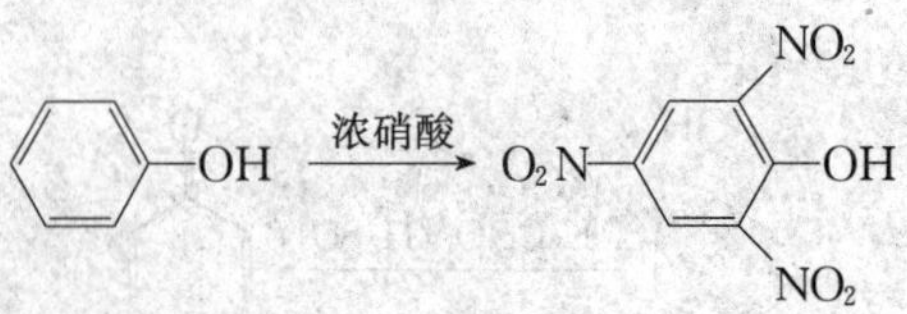

因苯酚易被氧化，此反应产率很低，没有实用价值。通常是先磺化使酚羟基的还原活性降低后，再硝化来制取苦味酸。

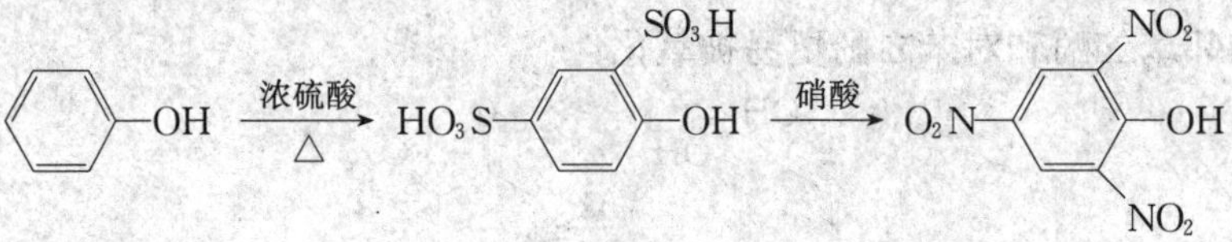

四、酚的光谱学特征

1. 红外光谱　酚羟基的特征吸收峰与醇相似，受氢键影响较大。一般有两个吸收峰。自由羟基的O—H伸缩振动吸收峰在 $3\,600\sim3\,611\ cm^{-1}$ 处，峰形尖锐；缔合的O—H伸缩振动峰在 $3\,200\sim3\,500\ cm^{-1}$ 处，峰形较宽。酚的C—OH伸缩振动吸收峰在 $1\,200\sim1\,300\ cm^{-1}$ 处。

2. 核磁共振氢谱　酚羟基的核磁共振谱与醇类似，受温度、溶剂和浓度的影响很大，一般情况下，羟基氢质子 δ 值在 $4\sim8$ 范围内，发生分子内缔合的酚羟基氢质子 δ 值在 $10.5\sim16$ 范围内。

3. 质谱　酚的分子离子峰一般较强，往往是它的基峰，很多酚(苯酚除外)的(M-1)峰及失水峰(M-18)都很强。

五、酚的重要化合物

1. 苯酚　苯酚俗称石炭酸。纯净苯酚为无色针状结晶，熔点 $41\ ℃$，有特殊气味，见光及空气能被氧化而呈微红色至褐色。难溶于冷水，$65\ ℃$ 以上可与水混溶，易溶于乙醇、乙醚等极性有机溶剂中。苯酚能使蛋白质变性，对皮肤有腐蚀性，可用作消毒剂和防腐剂。苯酚和它的同系物同时存在于煤焦油中，可经分馏得到单一组分。由于苯酚是重要的化工原料，从煤焦油中提取不能满足需求，现在工业上大部分苯酚由化学合成方法制取。目前最常用的方法是异丙苯氧化法：

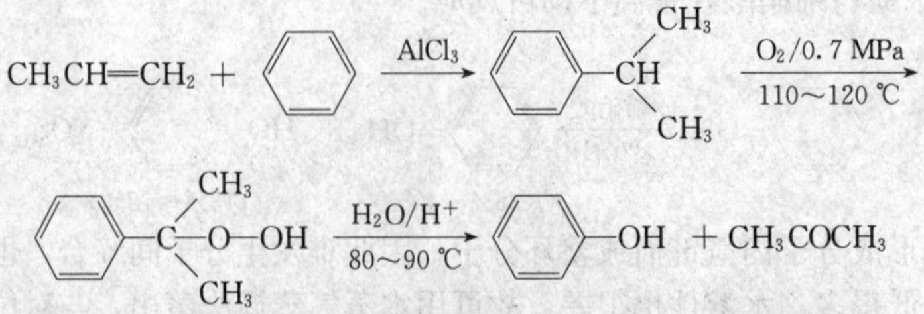

2. 甲苯酚　甲苯酚有邻、间、对三种异构体，它们都存在于煤焦油中。三种异构体沸点较接近，溶解性也相似，很难分离，使用时为三种异构体的混合物，统称甲酚。甲酚有与

苯酚相似的气味，有很好的杀菌效果。含甲酚47%～53%的肥皂水溶液称"煤酚皂"，俗称来苏儿(lysol)，是常见的杀菌消毒液。

3. 苯二酚 苯二酚也有邻、间、对三种异构体，苯二酚都有还原性，可还原银氨溶液，与$FeCl_3$反应显色。邻位和对位异构体的还原性很强，常用作显影剂，将经曝光活化的溴化银还原为金属银。苯二酚还常用作抗氧化剂或阻聚剂。如，苯甲醛易自动氧化，可与氧生成过氧酸，加入千分之一的对苯二酚就可抑制其自动氧化；苯乙烯室温下避光保存仍会慢慢聚合，在见光或较高温度下，聚合的速度大大加快，因此，在储藏苯乙烯时，常加入苯二酚抑制其聚合。

4. 苯三酚 苯三酚亦有三种异构体：

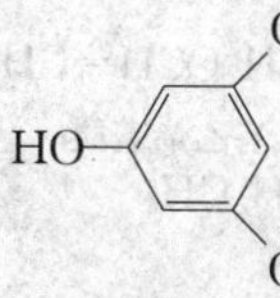

间苯三酚 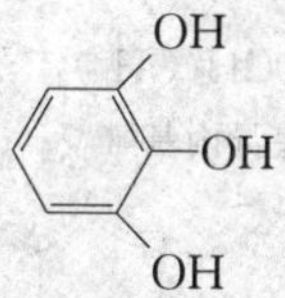　　　　　连苯三酚 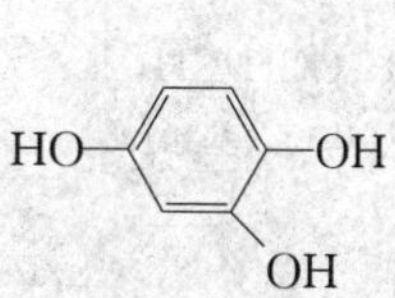　　　　　偏苯三酚

连苯三酚是通过加热焦倍酸(没食子酸)，使它脱羧后制得，连苯三酚因此又称焦倍酚或焦性没食子酸，是无色结晶粉末状，熔点133 ℃，易溶于水，具有很强的还原性，可用作显影剂，它的强碱溶液容易被氧氧化，故可用于混合气体中氧的定量分析或混合气体的脱氧纯化。

5. 萘酚 萘酚有两种异构体：

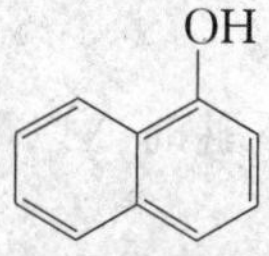

α-萘酚 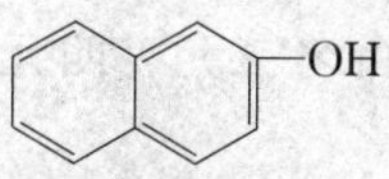　　　　　β-萘酚

两种萘酚都少量存在于煤焦油中，一般由相应的萘磺酸盐经碱熔酸化制取：

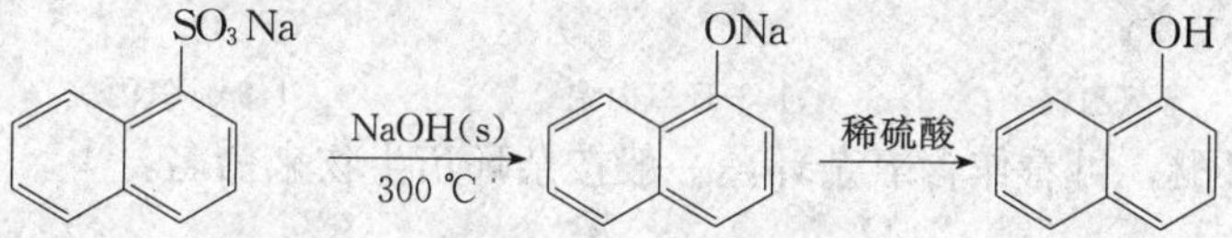

萘酚很容易发生亲电取代反应，主要用于合成染料。

第三节 醚

醚是两个烃基通过氧原子连接而成的化合物，可看作是醇或酚分子中羟基上的氢原子被烃基取代后的衍生物。氧原子与两个烃基相连接的键C—O—C称为醚键，是醚的官能团。醚是醇或酚的官能团异构体。

一、醚的分类和命名

醚分子中的烃基可以是脂肪烃基、脂环烃基或芳香基，可用通式R—O—R′，R—O—Ar或Ar—O—Ar′来表示。两个烃基相同(R=R′或Ar=Ar′)称为简单醚；不相同(R≠R′，Ar≠

Ar′或 R—O—Ar）称为混合醚。脂环烃环上碳原子被氧原子替换后叫环醚，这时醚键在环

上，如 $\begin{matrix} CH_2-CH_2 \\ \diagdown O \diagup \end{matrix}$ 、 环状（四氢呋喃）。

结构简单的醚采用普通命名法命名。命名时，写出两个烃基的名称，再加上"醚"字，"基"字一般可省去。

$$CH_3OCH_3 \qquad CH_3CH_2OCH_2CH_3$$

二甲醚 　　　　二乙醚（乙醚）　　　　　　　　二苯醚

对于混合醚，较小的、较简单的烃基写在前面；分子中有芳香基时，芳香基写在前面，如：

$$CH_3OCH_2CH_3 \qquad CH_3OCH(CH_3)_2 \qquad CH_3CH_2OCH\!=\!CH_2$$

甲（基）乙（基）醚 　　甲基异丙基醚 　　　　乙基乙烯基醚

苯甲醚 　　　　　　　　　β-萘乙醚

烃基结构较复杂的醚用系统命名法命名。取较大的烃基作为母体，把较小的烃基和氧原子放在一起作为取代基，称为烃氧基（RO—）。

$$CH_3CH_2\!\!\underset{\underset{CH_3}{|}}{CH}\!\!-O-CH_3$$

2-甲氧基丁烷 　　　　　3-甲氧基苯酚 　　　$CH_3OCH_2CH_2OCH_3$ 　1,2-二甲氧基乙烷

环醚又称环氧化合物，命名三元、四元环的环醚时，以环氧为词头，写在母体烃基之前：

$$\begin{matrix} CH_2-CH_2 \\ \diagdown O \diagup \end{matrix} \qquad \begin{matrix} CH_2-CH-CH_3 \\ \diagdown O \diagup \end{matrix} \qquad \begin{matrix} CH_2-CH_2-CH_2 \\ \diagdown \quad O \quad \diagup \end{matrix}$$

环氧乙烷 　　　　　1,2-环氧丙烷 　　　　　　1,3-环氧丙烷

含较大环的环醚，可看作含氧杂环，一般按杂环衍生物来命名：

四氢呋喃 　　　　　　1,4-二氧六环

思考题 8-5 命名下列化合物：

(1) $CH_3CH_2OCH_2CH_2Br$ 　　　　　　(2) $CH_3CH_2OCH_2CH_2CH(CH_3)_2$

(3)  　　　　(4) $\begin{matrix} CH_2-CH-CH_3 \\ \diagdown O \diagup \end{matrix}$

二、醚的物理性质

大多数醚为易挥发、易燃的液体。醚分子中没有与氧相连的活泼氢，分子间不能形成氢

键，所以沸点比同分异构的醇要低得多。多数醚不溶于水，乙醚只能稍溶于水，但四氢呋喃（THF）和1,4-二氧六环却能和水完全互溶，这是因为二者容易和水形成氢键。乙醚和四氢呋喃分子所含碳原子数相同，分子质量相近，四氢呋喃的氧原子因成环后的C—O—C键的键角变小而突出在外，易与水分子中的氢原子形成氢键，从而大大增加了水溶性。常见醚的物理常数见表8-3。

表8-3　醚的物理常数

名　　称	熔点/℃	沸点/℃	相对密度（20 ℃）
二甲醚	−140	−24.9	0.661
甲乙醚	—	7.9	0.697
二乙醚	−116	34.6	0.714
二丙醚	−122	90.5	0.736
二异丙醚	−85.9	68	0.735
甲氧基丙烷		39	0.733
乙基乙烯基醚		36	0.763
乙二醇二甲醚	—	83	0.862
环氧乙烷	−111.3	11	0.897
1,4-二氧六环	11.8	101.3	1.036
四氢呋喃	−65	67	0.888
苯甲醚	−37	154	0.994
二苯醚	27	258	1.073

三、醚的化学性质

醚是一类相当不活泼的化合物（某些环醚除外），化学稳定性仅次于烷烃。醚键对碱、氧化剂、还原剂都十分稳定。醚与金属钠不反应，可用金属钠来干燥。许多反应（酸性强的反应物除外）可用醚作反应溶剂。醚可以发生一些特有的反应。

1. 锌盐的生成　所有的醚都能溶解在强酸中。氧原子接受强酸中的质子而形成锌盐：

$$ROR + H_2SO_4(浓) \xrightarrow{低温} \overset{+}{\underset{H}{R}OR} + HSO_4^-$$

锌盐在浓酸和低温下稳定，用水稀释或受热后分解为原来的醚和酸。利用这一特性，可用冷的浓硫酸洗涤除去混合物中含有的少量醚类杂质。

2. 醚键的断裂　在较高温度下，强酸（氢碘酸或氢溴酸）能使醚键断裂：

$$ROR' \xrightarrow[\triangle]{HX} R'X + ROH \xrightarrow{HX} RX + H_2O$$

醚键断裂后生成卤代烃和醇。醇可进一步与过量的氢卤酸反应生成卤代烃。混合醚与氢卤酸反应时总是较小的烃基生成卤代烃；芳基烃基醚总是烃氧键断裂，生成酚和卤代烃。

$$CH_3CH_2CH_2CH_2OCH_3 \xrightarrow{HI} CH_3CH_2CH_2CH_2OH + CH_3I$$

$$\text{〇}-OCH_2CH_3 + HI \longrightarrow \text{〇}-OH + CH_3CH_2I$$

二芳基醚在氢卤酸作用下，醚键一般不断裂。

3. 过氧化物的生成　醚对一般氧化剂非常稳定，但与空气长时间接触，会慢慢生成不易挥发的过氧化物。过氧化物不稳定，受热容易分解而发生爆炸。因此，醚类化合物应避光保存在深色玻璃瓶中，尽量避免暴露在空气中。可以在醚类物质中加入微量的对苯二酚或其他抗氧化剂以抑制过氧化物的生成。

长时间储存的醚在使用前，应检验是否有过氧化物的存在。常用淀粉—KI 试纸或硫酸亚铁—硫氰化钾（KCNS）混合液来检验，试纸变蓝或溶液呈血红色表明有过氧化物存在。可加入适量 5% 的 $FeSO_4$ 于醚中振荡，使过氧化物分解。

四、醚的光谱学特征

1. 红外光谱　醚唯一可鉴别的特征是在 $1\,020\sim1\,275\ cm^{-1}$ 范围内有强度大且宽的 C—O 伸缩振动吸收峰。烷基醚在 $1060\sim1150\ cm^{-1}$；芳基醚和乙烯基醚在 $1200\sim1275\ cm^{-1}$。但这一吸收峰含 C—O 键的化合物如醇、羧酸、酯等都有，故不能作为醚的特征吸收峰，而只能认定分子中有 C—O 或 =C—O 的存在。

2. 质谱　醚的分子离子峰很弱，易发生 α-碎裂丢失较大的羟基从而形成 m/z 比为 31、45、59、73 等烷氧偶电子离子系列，亦易通过 i-过程形成 29、43、57、71 等烷基偶电子离子系列，这两个系列碎片峰对醚的结构鉴定很重要。

五、醚的重要化合物

1. 乙醚　乙醚是最常用的醚。无色液体，沸点低（34.6 ℃），易挥发，易燃，蒸气和空气混合到一定比例时，遇火引起爆炸，蒸气遇到热的金属（如铁丝网）也会着火。因此，使用时需保持室内通风良好，蒸馏乙醚应用水浴加热，避开明火。乙醚中一般含少量的水和乙醇，可先用固体 $CaCl_2$，再用金属钠（钠丝）干燥，除去微量的水和醇，得到无水乙醚。为防止乙醚的自动氧化，可加极少量的抗氧化剂。

乙醚微溶于水，能溶解很多种有机物，化学性质稳定，是常用的有机溶剂。乙醚对生物体有较强的麻醉作用，曾在临床医学上作为全身麻醉剂。

2. 环氧乙烷　环氧乙烷为无色有毒气体，沸点为 11 ℃，可与水互溶，与空气混合形成可爆炸气体。环氧乙烷可由乙烯催化氧化制取：

$$CH_2\text{==}CH_2 \xrightarrow[250\ ℃]{O_2/Ag} \underset{O}{\overset{CH_2\text{—}CH_2}{\diagdown\diagup}}$$

环氧乙烷化学性质非常活泼，是很重要的有机合成中间体。

$$
\underset{O}{\overset{H_2C\text{——}CH_2}{\diagdown\diagup}} \longrightarrow
\begin{cases}
\xrightarrow{H_2O} & HOCH_2CH_2OH \\
\xrightarrow{HBr} & HOCH_2CH_2Br \\
\xrightarrow{NH_3} & HOCH_2CH_2NH_2 \\
\xrightarrow{ROH} & HOCH_2CH_2OR（乙二醇醚）\\
\xrightarrow[干醚]{RMgX} & RCH_2CH_2OMgX \xrightarrow{H_2O} RCH_2CH_2OH
\end{cases}
$$

由环氧乙烷生成的乙二醇、乙醇胺、乙二醇醚等都是重要的化工产品。如乙二醇醚具有醇和醚的性质，是良好的有机溶剂，常称溶纤素，广泛用于纤维素酯和油漆工业；乙二醇是制涤纶聚对苯二甲酸二乙二醇酯的原料；乙醇胺可作为溶剂、乳化剂及合成洗涤剂的原料。环氧乙烷与格氏试剂反应是制备伯醇的重要方法。

3. 冠醚　冠醚是 20 世纪 70 年代新发展的具有特殊络合性能的环醚类化合物。它们的结构特征是分子中具有 —OCH_2CH_2 重复单位，由于形状似皇冠，故统称冠醚（grown ethers）。

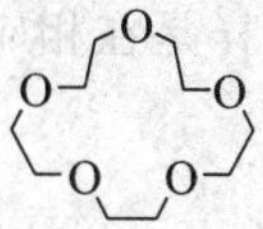

15-冠-5 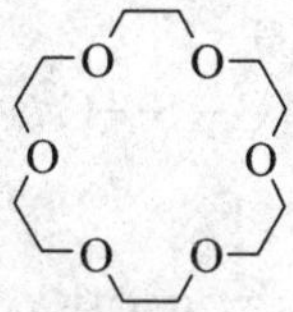　　　　　　　　18-冠-6

这类化合物有特定的简化命名法（另有系统命名法），名称为 X-冠-Y，X 表示环上原子的总数，Y 表示环上氧原子的总数。

冠醚的一个重要特点是含有未共用电子对的氧原子易和金属离子形成络合物。环的大小不同，络合的金属离子也不同。如 12-冠-4 与锂离子络合，15-冠-5 与钠离子络合，18-冠-6 与钾离子络合等。这些络合物有不同的熔点，因此可利用此性质来分离金属离子混合物。更重要的是冠醚可作为相转移催化剂（phase transfer catalysis，简称 PTC），能使水相的反应物转入有机相中。如卤代烷和 KCN 水溶液互不相溶，即为两相（有机相和水相），RX 分子和 KCN 接触只能在两相界面进行，不能充分反应，产率很低。若加入 18-冠-6 后，KCN 可由水相进入有机相中，与 RX 在有机溶剂中充分接触，从而迅速反应，产率极高。反应过程如下：

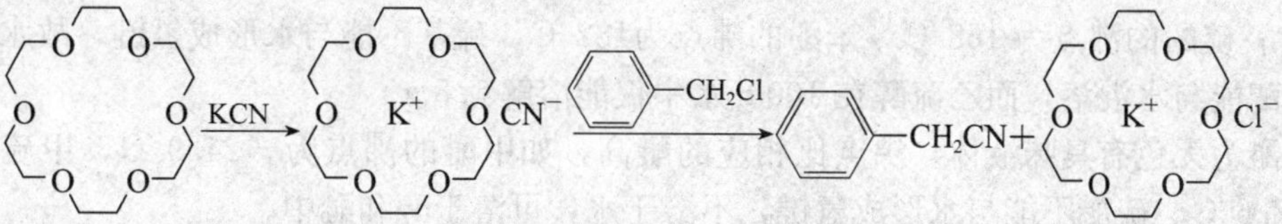

冠醚的络合选择性和相转移性在有机合成中有重大意义，对其研究正在不断深入。但是冠醚毒性大，合成难度高，价格昂贵是这一领域亟须解决的主要难题。

第四节　硫醇、硫酚和硫醚

硫和氧同属元素周期表第 VI 族，最外层电子数都是六个，都能形成两价化合物。醇、酚及醚分子中的氧原子被硫原子替代后分别得到硫醇、硫酚和硫醚。

一、硫醇、硫酚和硫醚的命名

硫醇和硫酚的官能团是 —SH ，称为巯基。硫醇和硫酚可看作烃分子中的氢原子被巯基取代后的衍生物。它们的命名与醇、酚类似，在相应的含氧化合物的类名前加上硫字。结构复杂时，可将巯基当作取代基来命名。

$$CH_3SH \qquad \underset{\underset{\displaystyle SH}{|}}{CH_3CHCH_3} \qquad \text{（苯环）}—SH$$

甲硫醇 　　　　　异丙硫醇 　　　　　　苯硫酚

$$Cl—\text{（苯环）}—SH \qquad \text{（苯环）}\underset{SH}{\overset{SH}{<}} \qquad \underset{\underset{\displaystyle SH}{|}}{CH_3CH}\underset{\underset{\displaystyle SH}{|}}{\overset{\overset{\displaystyle OH}{|}}{CHCH}}CH_3$$

对氯苯硫酚 　　　　　邻苯二硫酚 　　　　2,4-二巯基-3-戊醇

硫醚的官能团是硫醚键C—S—C。硫醚的命名同样是在相应的含氧醚的"醚"字前加一"硫"字即可：

$$CH_3SCH_3 \qquad CH_3SCH_2CH_3 \qquad \text{（苯环）}—SCH_3 \qquad \underset{\underset{\displaystyle SCH_3}{|}}{CH_3CHCH_2CH_2CH_3}$$

（二）甲硫醚 　　　甲乙硫醚 　　　　　苯甲硫醚 　　　　2-甲硫基戊烷

二、硫醇、硫酚和硫醚的物理性质

硫醇是具有特殊臭味的化合物，低级硫醇有毒，有极其难闻的臭味。乙硫醇在空气中的浓度为 $5×10^{-10}$ g·L^{-1} 即能为人所感觉。黄鼠狼散发出来的防护剂中就含有丁硫醇。燃料气中加入极少量的三级丁硫醇，稍有泄露，即可闻到臭味从而提醒人们。随着硫醇的分子质量增大，臭味逐渐变弱。

硫的电负性比氧小，外层电子离核较远，所以硫醇（或硫酚）的巯基之间相互作用弱，形成氢键的能力比相应的醇和酚弱，故沸点较低。如甲硫醇的沸点为 6 ℃，而甲醇的沸点为64.7 ℃；硫酚的沸点为 168 ℃，苯酚的沸点为182 ℃。巯基不能与水形成氢键，故水溶性很弱，乙醇能与水混溶，而乙硫醇在 100 g 水中仅能溶解 1.5 g。

硫醚为无色有臭味液体。沸点比相应的醚高，如甲醚的沸点为 -24.9 ℃，甲硫醚的沸点为37.6 ℃。硫醚不能与水形成氢键，不溶于水，可溶于醇和醚中。

三、硫醇、硫酚和硫醚的化学性质

1. 硫醇和硫酚的化学性质　硫醇和硫酚与醇和酚结构相似，化学性质有相似的地方，但也有差别。

（1）酸性　硫醇、硫酚的酸性比相应的醇、酚要强得多。例如，乙硫醇的 pK_a 为 10.5，难溶于水，易溶于稀的氢氧化钠水溶液，生成乙硫醇钠；而乙醇（pK_a =18）不能与碱溶液反应。硫醇与碱反应生成的化合物称为硫醇盐。

$$CH_3CH_2SH \xrightarrow{NaOH} CH_3CH_2SNa$$

硫醇还可与汞、铜、银、铅等重金属离子形成不溶于水的硫醇盐。如：

$$CH_3CH_2SH \xrightarrow{HgO} (CH_3CH_2S)_2Hg$$

二乙硫醇汞

$$CH_3CH_2SH \xrightarrow{Pb(OCOCH_3)_2} Pb(SCH_2CH_3)_2$$

二乙硫醇铅

这一反应可用来鉴定硫醇的存在。硫醇亦因此可作为重金属中毒的解毒剂。例如，可用 2,3-二巯基-1-丙醇与汞离子生成稳定的环硫化合物，从而解除汞中毒。

$$\underset{\underset{SH}{|}}{CH_2}-\underset{\underset{SH}{|}}{CH}-\underset{\underset{OH}{|}}{CH_2} \xrightarrow{Hg^{2+}} H_2C-\overset{\overset{H}{|}}{C}-CH_2OH\downarrow$$

（2）氧化反应　硫醇比醇更易被氧化，易被温和氧化剂（如 H_2O_2、$NaIO$、I_2 或 O_2）氧化为二硫化物：

$$R-SH + I_2 \longrightarrow R-S-S-R + HI$$

这个反应可定量进行，可用于测定巯基化合物的含量，亦可用来除去体系中的硫醇杂质。

硫醇被强氧化剂氧化（如 HNO_3、$KMnO_4-H_2SO_4$）生成磺酸：

$$R-SH \xrightarrow{浓硝酸} R-\overset{\overset{O}{\|}}{S}-OH \xrightarrow{浓硝酸} R-SO_3H$$

烃基亚磺酸　　　　　烃基磺酸

硫酚也可进行上述氧化反应。

（3）酯化反应　与醇相似，硫醇也可与羧酸发生酯化反应：

$$R-SH + R'COOH \rightleftharpoons R'CO-SR + H_2O$$

（4）亲核取代反应　硫醇的酸性比醇强，故其共轭碱 RS^- 的碱性比 RO^- 弱，但在亲核取代和亲核加成反应中，RS^- 的亲核性要比 RO^- 强得多。这是由于硫的价电子离核较远，受核的束缚力小，其极化度较大；同时硫原子周围空间大，空间阻碍小，导致 RS^- 的给电子性增强，即亲核性增强。

$$CH_3CH_2-SH + (CH_3)_2CHCH_2-Br \xrightarrow[NaOH]{H_2O} (CH_3)_2CHCH_2-S-CH_2CH_3$$

由于 RS^- 的强亲核性和弱碱性，所以取代反应速度快，硫醚产率一般很高，而消去反应几乎不发生。

2. 硫醚的化学性质　硫醚化学性质稳定，但硫原子易氧化得到高价化合物。

（1）氧化反应　硫醚在常温下用浓硝酸、三氧化铬或过氧化氢氧化生成亚砜；在强氧化条件下，如用发烟硝酸、高锰酸钾、有机过氧酸氧化则生成砜。

$$CH_3-S-CH_3 \begin{cases} \xrightarrow[或浓\ HNO_3]{H_2O_2} \underset{二甲亚砜}{\underset{\overset{\|}{O}}{CH_3-S-CH_3}} \\ \xrightarrow[或\ RCOOOH]{发烟\ HNO_3} \underset{二甲砜}{\underset{\underset{\|}{O}}{\overset{\overset{O}{\|}}{CH_3-S-CH_3}}} \end{cases}$$

（2）分解反应　硫醚可发生氢解反应和热解反应，工业上应用此反应来脱硫：

$$CH_3CH_2-S-CH_2CH_3 \xrightarrow[\substack{400\,℃ \\ 200\sim300\,℃}]{\text{H}_2,\text{钼酸钴}} \begin{cases} CH_3CH_3 + H_2S \\ CH_2=CH_2 + H_2S \end{cases}$$

小知识 //

氢 键

中科院国家纳米科学中心 2013 年 11 月 22 日宣布,该中心科研人员裘晓辉及其团队成员对一种专门研究分子和原子内部结构的显微镜——非接触原子力显微镜进行了核心部件的创新,极大提高了这种显微镜的精度,成功地捕捉到了氢键的图像,为"氢键的本质"这一化学界争论了 80 多年的问题提供了直观证据。这不仅将人类对微观世界的认识向前推进了一大步,也为在分子和原子尺度上的研究提供了更精确的方法。图中黄色标示的为氢键(红色为四个八羟基喹啉)(被自然杂志选为年度照片)。

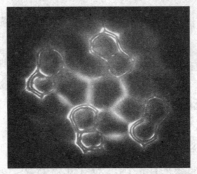

氢键

氢 键

Zhang J, Chen P C, Yuan B K, Ji W, Cheng Z H, Qiu X H. Real-space identification of intermolecular bonding with atomic force microscopy. Science, 2013, 342(6158), 611-614.

昆 虫 信 息 素

1959 年西德化学家 Butenadlt 成功地从 50 万头家蚕雌蛾的提取物中分离、鉴定出第一个昆虫性信息素——蚕蛾醇,其化学名称为(E, Z)-8,10-十六碳双烯-1-醇,是一种非手性的醇。

蚕蛾醇

食菌甲分泌的聚集信息素的成分为 6-甲基-5-庚烯-2-醇,其对映体质量比为 35∶65(R/S),只有对映体同时存在时才能够观察到其生物活性,单独使用对映体中的任何一种则不具备生物活性。

R 型   S 型

车超,张钟宁. 昆虫信息素手性与活性关系研究进展. 农药学学报, 2007, 1: 1-5.

习　题

1. 命名下列化合物：

(1) $CH_3CH_2CHCH_3$
　　　　$|$
　　　　OH

(2) $CH_3CHCH_2CH_2CH_2OH$
　　　$|$
　　　OH

(3) 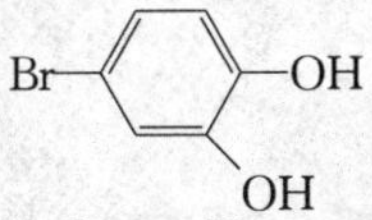 Br——苯环——OH

(4) CH_3CH_2—CH—$CHCH_3$
　　　　　　　$|$　　$|$
　　　　　　OCH_3　OH

(5)

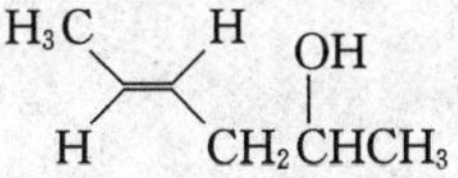

(6)

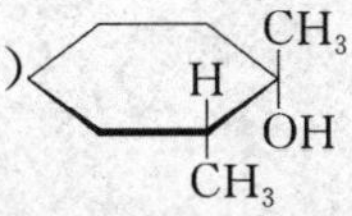

(7) CH_3CH_2—O—$CH(CH_3)_2$

(8) 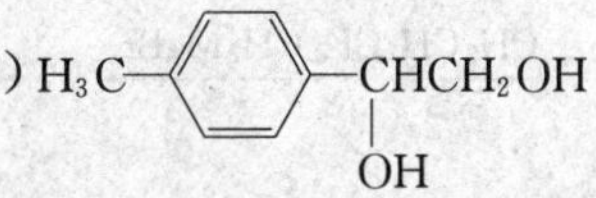 H_3C——苯环——$CHCH_2OH$
　　　　　　　　　　$|$
　　　　　　　　　OH

(9) $CH_3OCH_2CHCH_2CH(CH_3)_2$
　　　　　　　$|$
　　　　　　　OH

(10)

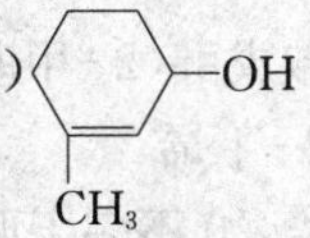

2. 写出下列化合物的构造式：

(1) (E)-2-丁烯-1-醇

(2) 烯丙基正丁基醚

(3) 对硝基苯乙醚

(4) 1,2-二苯基乙醇

(5) 2,3-二甲氧基丁烷

(6) 1,2-环氧丁烷

(7) 新戊醇

(8) 邻甲氧基苯甲醚

(9) 苦味酸

(10) 三硝酸甘油酯

3. 比较下列化合物与卢卡斯试剂反应的活性次序：

(1) 正丙醇　　　(2) 2-甲基-2-戊醇　　　(3) 甲醇

4. 比较下列各化合物在水中的溶解度，并说明理由：

(1) $CH_3CH_2CH_2OH$

(2) $CH_3CH_2CH_2CH_2OH$

(3) $CH_3OCH_2CH_3$

(4) $CH_3CH_2CH_3$

5. 用化学方法鉴别下列各组化合物：

(1) $CH_2=CH—CH_2OH$，$CH_3CH_2CH_2OH$，$CH_3CH_2CH_2Cl$

(2) $CH_3CH_2CH(OH)CH_3$，$CH_3CH_2CH_2CH_2OH$，$(CH_3)_3C—OH$

(3) 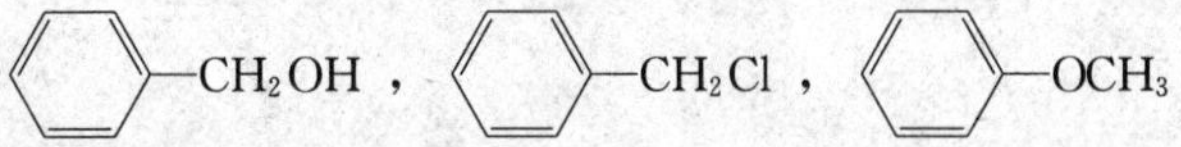 苯环—CH_2OH，　苯环—CH_2Cl，　苯环—OCH_3

(4) 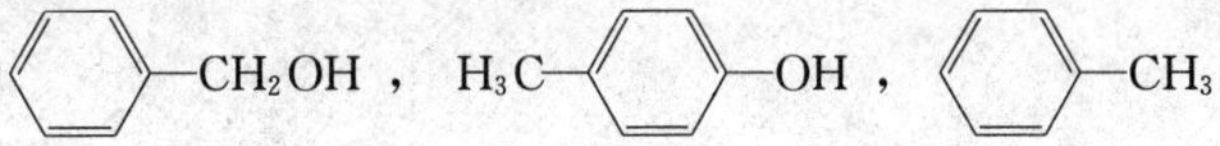 苯环—CH_2OH，　H_3C—苯环—OH，　苯环—CH_3

6. 完成下列各反应：

(1) $(CH_3)_2CCH_2CH_2CH_3$　$\xrightarrow[\triangle]{H_2SO_4}$
　　　　　$|$
　　　　OH

(2) $\text{C}_6\text{H}_5\text{—OCH}_2\text{CH}_3 \xrightarrow{\text{HI}}$

(3) $\text{CH}_3\text{CH—CH(CH}_3)_2 \xrightarrow{\text{PCl}_5}$
         $|$
       OH

(4) 邻-CH_2OH(苯环)-OH $\xrightarrow[\triangle]{\text{CH}_3\text{COOH}}$

(5) (环己基)—OH, CH_3 $\xrightarrow[\triangle]{\text{H}_2\text{SO}_4}$

(6) $\text{C}_6\text{H}_5\text{—OH} \xrightarrow[\text{H}_2\text{O}]{\text{Br}_2}$

(7) $\underset{\text{O}}{\text{H}_2\text{C}\text{—CH}_2} \xrightarrow{\text{CH}_3\text{CH}_2\text{CH}_2\text{CH}_2\text{MgBr}} ? \xrightarrow[\text{H}^+]{\text{H}_2\text{O}}$

7. 完成下列转变：

(1) 3-甲基-2-丁醇 $\longrightarrow$ 叔戊醇(2-甲基-2-丁醇)

(2) 2-丁醇 $\longrightarrow$ 2-甲基-2-丁烯

8. 用指定原料合成下列化合物(不多于两个碳的有机化合物可任意选用)。

(1) $(\text{CH}_3)_3\text{C—OH} \longrightarrow (\text{CH}_3)_3\text{CCH}_2\text{CH}_2\text{OH}$

(2) $\text{CH}_3\text{CH}_2\text{CH}_2\text{CH}_2\text{OH} \longrightarrow \text{CH}_3\text{COOCH—CH}_2\text{CH}_3$
                                    $|$
                                    CH_3

(3) $\text{CH}_3\text{CH}_2\text{CH}_2\text{OH} \longrightarrow \text{CH}_3\text{CH}_2\text{CH}_2\text{COOH}$

9. 用适当的化学方法将下列混合物中的少量杂质除去。

(1) 乙醚中含有少量乙醇

(2) 乙醇中含有少量水

(3) 环己醇中含有少量苯酚

10. 有一化合物(A)$\text{C}_5\text{H}_{11}\text{Br}$ 和 NaOH 水溶液共热后生成 $\text{C}_5\text{H}_{12}\text{O}$(B)。(B)具有旋光性，能和金属钠反应放出氢气，和浓 H_2SO_4 共热生成 C_5H_{10}(C)，(C)经臭氧化和在还原剂存在下水解，生成丙酮和乙醛，试推测(A)、(B)、(C)的结构，并写出各步反应式。

第九章

醛、酮、醌

醛(aldehydes)、酮(ketones)、醌(quinones)都是烃的重要含氧衍生物，可由醇或酚氧化得到。它们广泛分布于自然界中，是生物代谢过程中的中间产物，并在生物体的代谢过程中发挥重要的作用，许多天然色素具有醌的结构。醛、酮在工业生产上充当着重要的化工原料或溶剂，并在医药上得到了广泛的应用。因此，醛、酮、醌在理论研究和实际应用上都具有非常重要的作用和意义。

醛和酮分子中都含有相同的官能团——羰基（$-\overset{O}{\underset{}{C}}-$），所以统称为羰基化合物。羰基碳原子上至少连有一个氢原子的羰基化合物称为醛。羰基碳原子上连接两个烃基的羰基化合物称为酮。例如：

醛：$H-\overset{O}{\underset{}{C}}-H$ $R-\overset{O}{\underset{}{C}}-H$ $Ar-\overset{O}{\underset{}{C}}-H$

酮：$R-\overset{O}{\underset{}{C}}-R'$ $Ar-\overset{O}{\underset{}{C}}-R$ $Ar-\overset{O}{\underset{}{C}}-Ar$

从结构上看，醌则是一种特殊的环状不饱和共轭二元酮，因此与醛、酮一并讨论。例如：

第一节 醛 和 酮

一、醛、酮的分类和命名

1. 醛、酮的分类 根据分子中与羰基相连的烃基不同，醛、酮可分为脂肪族醛、酮，脂环族醛、酮和芳香族醛、酮；根据烃基是否含有碳碳不饱和键，又可分为饱和醛、酮和不饱和醛、酮；醛、酮分子中羰基的数目可以是一个、两个或多个，因此还可分为一元醛、酮，二元醛、酮和多元醛、酮。羰基上连有甲基的酮叫甲基酮。

2. 醛、酮的命名　醛、酮主要采用系统命名法命名，有时也用它们的俗名。

（1）饱和脂肪族醛、酮的命名　选择含有羰基的最长碳链作为主链，并根据主链碳原子数命名为"某醛"或"某酮"作为母体。主链编号从距离羰基最近的一端开始，注明羰基的位次。醛基的编号始终为1，命名时不必注明。醛、酮中取代基的位次也可用希腊字母标出，与羰基相连的碳原子标为α，其余的依次为β，γ，δ，…例如：

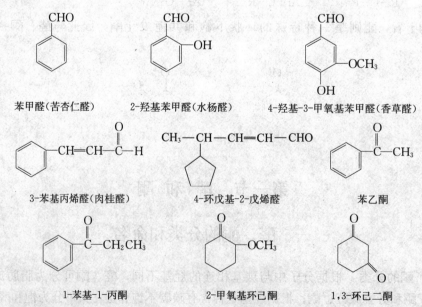

3-甲基戊醛（β-甲基戊醛）　　　5-甲基-4-乙基-2-己酮（γ-甲基-β-乙基-2-己酮）

丙二醛　　　　　　　　2,4-戊二酮

（2）不饱和脂肪族醛、酮的命名　选择同时含有羰基和碳碳不饱和键的最长碳链为主链，主链的编号仍从距离羰基最近的一端开始，醛不用标明醛基的位次，酮书写时分别在母体名称之前依次注明不饱和键和羰基的位次。例如：

2-丁烯醛（巴豆醛）　（Z）-2-甲基-2-丁烯醛　　　4-甲基-5-庚烯-3-酮

（3）含有芳环或脂环醛、酮的命名　通常以含有羰基的侧链为主链，将芳环和脂环作为取代基，视为脂肪族醛、酮的衍生物来命名。若为脂环族酮，则以"环某酮"为母体，编号从羰基开始。例如：

苯甲醛（苦杏仁醛）　2-羟基苯甲醛（水杨醛）　　4-羟基-3-甲氧基苯甲醛（香草醛）

3-苯基丙烯醛（肉桂醛）　　4-环戊基-2-戊烯醛　　　　苯乙酮

1-苯基-1-丙酮　　　　2-甲氧基环己酮　　　1,3-环己二酮

（4）同时含有酮基和醛基化合物的命名　按照醛的命名原则命名，将酮基作为取代基。例如：

$$CH_3-\overset{\overset{\displaystyle O}{\|}}{C}-CH_2-\underset{\underset{\displaystyle CH_3}{|}}{CH}-CHO \qquad CH_3-\overset{\overset{\displaystyle O}{\|}}{C}-\underset{\underset{\displaystyle CH_3}{|}}{CH}-\overset{\overset{\displaystyle O}{\|}}{C}-CHO$$

2-甲基-4-戊酮醛 3-甲基-2,4-戊二酮醛

思考题 9-1 写出分子式为 $C_6H_{12}O$ 的脂肪族醛、酮和分子式为 $C_{11}H_{14}O$ 的芳香族醛、酮的所有异构体，并用系统命名法命名。

二、醛、酮的物理性质

在常温常压下，除甲醛为气体外，十二个碳原子以下的脂肪族醛、酮为液体，高级脂肪族醛、酮和芳香酮多为固体。一些醛、酮的物理常数见表9-1。

表 9-1 一些常见醛、酮的物理常数

名 称	熔点/℃	沸点/℃	相对密度(d_4^{20})	溶解度(100g 水中)/g
甲 醛	−92	−21	0.815	易溶
乙 醛	−121	20.8	0.783 4(d_4^{18})	16
丙 醛	−81	48.8	0.805 8	7
丁 醛	−99	75.7	0.817 0	4
丙烯醛	−87.7	53	0.841 0	易溶
苯甲醛	−26	178.6	1.041 5(d_4^{10})	0.33
丙 酮	−95.4	56.2	0.789 9	∞
丁 酮	−86.4	79.6	0.805 4	35.3
2-戊酮	−77.8	102	0.808 9	微溶
3-戊酮	−39.8	101.7	0.813 8	4.7
苯乙酮	20.5	202	1.028 1	微溶
二苯酮	48.1	305.9	1.097 6	不溶
环己酮	−16.4	155.6	0.947 8	微溶

醛、酮的沸点随相对分子质量的增加而逐渐升高。由于醛、酮分子一般都具有较大的极性，分子间易产生较强的偶极与偶极作用力，所以醛、酮的沸点比相对分子质量相近的烃或醚高，但由于分子间不能以氢键缔合，其沸点又比相对分子质量相近的醇低，见表9-2。

表 9-2 一些相对分子质量相近的烷、醇、醚、酮的沸点

化合物	戊 烷	乙 醚	丁 醛	丁 酮	丁 醇
相对分子质量	72	74	72	72	74
沸点/℃	36.1	34.6	75.7	79.6	117.8

由于醛、酮分子都能通过羰基上的氧原子与水形成氢键(图9-1)，所以碳原子数少于4个的脂肪族醛、酮都易溶于水。但随着碳原子数目的增加，烃基疏水能力增强，醛、酮在水

中的溶解度迅速降低，5 个碳原子以上的醛、酮微溶或不溶于水，而易溶于有机溶剂。

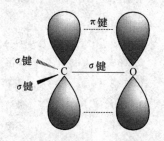

图 9-1　醛、酮与水形成氢键示意图

　　低级醛具有强烈的刺激气味，中级醛如壬醛、癸醛等在低浓度时具有花果香味，芳香醛具有芳香气味。低级酮具有清爽的气味，而中级酮多有花香味。所以，某些中级醛、酮和一些芳香醛可作为化妆品和食品的调香剂。

三、醛、酮的化学性质

　　醛、酮分子中的羰基决定着醛、酮的主要性质。羰基由碳原子和氧原子以双键结合而成，其中羰基碳原子为 sp^2 杂化，它的 3 个 sp^2 杂化轨道分别与氧原子和其他两个原子的原子轨道正面重叠形成三个共平面的 σ 键，键角接近 120°，碳原子上未参与杂化的 p 轨道与氧原子的一个 p 轨道侧面重叠又形成一个 π 键，如图 9-2 所示。

　　在羰基中，由于氧原子的电负性大于碳，因此，易于流动的 π 电子云并非均匀地分布在碳原子和氧原子之间，而是偏向于氧，使得氧原子上的电子密度较高，带部分负电荷，以 δ^- 表示；碳原子上的电子云密度较低，带部分正电荷，以 δ^+ 表示。所以，羰基是一个极性较强的不饱和基团，如图 9-3 所示。

<table>
<tr><td>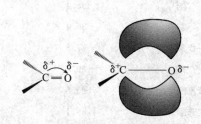</td></tr>
</table>

图 9-2　羰基的分子结构示意图　　　　图 9-3　羰基的 π 电子云分布及极性示意图

　　由于在羰基的结构中存在不稳定的 π 键，所以羰基可以发生加成反应，但它与烯烃、炔烃的加成反应又有所不同，带部分正电荷的碳比带部分负电荷的氧活泼性高，容易受负离子或富电子的亲核试剂进攻而发生羰基上的亲核加成反应。此外，还会因羰基的强吸电子作用的影响而发生 α-氢的反应，也会因羰基上连有氢原子而发生醛的氧化还原反应等。醛、酮的化学反应主要发生在以下部位：

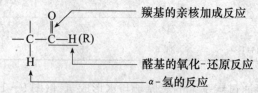

　　1. 羰基的亲核加成反应　当羰基进行加成时，带部分正电荷的羰基碳原子很容易受亲

核试剂的进攻，生成四面体结构的氧负离子中间体，然后试剂中带正电荷的部分加到带负电荷的氧原子上。能与羰基发生加成反应的亲核试剂种类很多，它们通常为含碳、氮、硫、氧的一些试剂（如 HCN、$R—Mg—X$、$H_2N—Y$、$NaHSO_3$、$R—OH$、H_2O 等）。其加成反应的历程可用以下通式表示：

羰基亲核加成反应

$$\ce{C=O} + :Nu^- \longrightarrow \left[\ce{C}\begin{smallmatrix}O^-\\Nu\end{smallmatrix}\right] \xrightarrow{H^+} \ce{C}\begin{smallmatrix}OH\\Nu\end{smallmatrix}$$

醛或酮　　　亲核试剂　　　氧负离子中间体　　　加成产物

　　醛、酮的分子结构直接影响亲核加成反应的难易程度。凡有利于降低羰基碳原子电子云密度，提高其正电性的因素和减小亲核试剂向羰基碳原子进攻的空间位阻，有利于四面体结构的氧负离子中间体形成的因素，均有利于亲核加成反应的进行。由于连在羰基碳原子上的烃基给电子诱导效应强于氢，空间体积大于氢，所以，醛的亲核加成反应活性高于酮，甲基酮又高于非甲基酮。芳香族醛、酮不仅有较大的空间位阻，而且分子中的羰基可与芳环形成 $\pi-\pi$ 共轭体系，降低了羰基碳原子的正电性，所以，芳香族醛、酮的亲核加成反应活性分别低于脂肪族醛、酮。醛、酮发生亲核加成反应的活性顺序一般为：

$$\underset{H}{\overset{O}{\ce{H-C-H}}} > \underset{H}{\overset{O}{\ce{R-C-H}}} > \underset{H}{\overset{O}{\ce{Ph-C-H}}} > \underset{CH_3}{\overset{O}{\ce{CH_3-C-CH_3}}} > \overset{O}{\ce{cyclohexanone}} >$$

$$\underset{CH_3}{\overset{O}{\ce{R-C-CH_3}}} > \underset{R'}{\overset{O}{\ce{R-C-R'}}} > \underset{CH_3}{\overset{O}{\ce{Ph-C-CH_3}}} > \overset{O}{\ce{Ph-C-Ph}}$$

　　（1）与氢氰酸的加成反应　　氢氰酸是一种弱的、含碳的亲核试剂，醛、脂肪族甲基酮和碳原子数少于 8 个的脂环族酮能与之发生亲核加成反应，生成 α-羟基腈。

$$\underset{(CH_3)H}{\overset{R}{\ce{C=O}}} + CN^- \underset{慢}{\rightleftharpoons} \left[\underset{(CH_3)H}{\overset{R}{\ce{C}}}\begin{smallmatrix}O^-\\CN\end{smallmatrix}\right] \underset{快}{\overset{H^+}{\rightleftharpoons}} \underset{(CH_3)H}{\overset{R}{\ce{C}}}\begin{smallmatrix}OH\\CN\end{smallmatrix}$$

醛或甲基酮　　　　　　　　氧负离子中间体　　　　　　α-羟基腈

　　此反应是可逆的。由于引入的 —CN 与碳链直接相连，使生成的 α-羟基腈比原来的醛或酮增加了一个碳原子。α-羟基腈在酸性条件下可与水作用，—CN 水解为 —COOH，生成 α-羟基酸。所以，醛、酮与氢氰酸的加成反应在有机合成中常作为增长碳链的方法之一，也是制备多一个碳原子的 α-羟基酸的一种重要方法。例如：

$$\ce{CH_3CH_2-\overset{O}{C}-H} + HCN \overset{OH^-}{\rightleftharpoons} \ce{CH_3CH_2-\overset{OH}{CH}-CN} \xrightarrow{H_2O/H^+} \ce{CH_3CH_2-\overset{OH}{CH}-COOH}$$

α-羟基丁腈　　　　　　　　　　　α-羟基丁酸

　　实验证明，醛、酮与氢氰酸的亲核加成反应受酸碱的影响很大。碱能明显地加快反应速度，而酸则对反应产生强烈的抑制作用。这是因为 HCN 是一种弱酸，加碱能促进它的电离，增加 CN^- 的浓度，加酸则增加了 H^+ 的浓度，抑制了氢氰酸的电离，导致 CN^- 浓度降低。所以，醛、酮与氢氰酸的亲核加成反应是分两步完成的，首先进攻羰基碳原子引起反应的是亲核试剂 CN^-，而不是 H^+，该步反应是决定整个反应速度的关键步骤。

思考题 9-2 排出下列化合物与氢氰酸发生亲核加成反应的活性顺序。

(1)二苯酮 (2)氯乙醛 (3)丙酮 (4)乙醛 (5)苯甲醛 (6)环戊酮

(2)**与格氏试剂的加成反应** 格氏试剂是一种含碳的亲核试剂,分子中的 C—Mg 键是高度极化的,与 Mg 相连的碳原子带有部分负电荷,具有很强的亲核性,易与醛、酮发生亲核加成反应,其加成产物可在酸性条件下水解生成醇。

甲醛与格氏试剂加成后再水解可生成比格氏试剂多一个碳原子的伯醇,其他的醛得到仲醇,酮则生成叔醇。因此,选用不同的醛、酮与格氏试剂反应可合成不同结构的伯、仲、叔醇。这不仅是制备醇的一种重要方法,同时也是有机合成中常用的增碳合成反应。

思考题 9-3 完成下列转化:

(3)**与亚硫酸氢钠的加成反应** 亚硫酸氢钠是一种含硫的弱亲核试剂。醛、脂肪族甲基酮和碳原子数少于 8 个的脂环酮能与过量的亚硫酸氢钠饱和溶液发生加成反应,生成 α-羟基磺酸钠。

α-羟基磺酸钠

此反应是可逆的，加入过量的亚硫酸氢钠，可使平衡向右移动。α-羟基磺酸钠具有无机盐的性质，易溶于水，不溶于有机溶剂和饱和的亚硫酸氢钠溶液，以白色结晶析出。α-羟基磺酸钠与稀酸或稀碱共热，能分解为原来的醛、酮。利用此反应可以鉴别醛、甲基酮或碳原子数少于 8 个的脂环族酮，也可以从混合物中分离和提纯醛、甲基酮或碳原子数少于 8 个的脂环族酮。

$$
\underset{\underset{H(CH_3)}{|}}{\overset{\overset{OH}{|}}{R-C-SO_3Na}}
\begin{array}{l}
\xrightarrow[\triangle]{HCl} \quad \underset{}{R-\overset{\overset{O}{\|}}{C}-H(CH_3)} + NaCl + SO_2\uparrow + H_2O \\
\xrightarrow[\triangle]{Na_2CO_3} \quad \underset{}{R-\overset{\overset{O}{\|}}{C}-H(CH_3)} + Na_2SO_3 + CO_2\uparrow + H_2O
\end{array}
$$

（4）与醇的加成反应　醇是一种含氧的弱亲核试剂，在无水氯化氢的催化作用下，可与醛发生加成反应，生成半缩醛。半缩醛一般不稳定，可继续反应生成稳定的缩醛，此反应是可逆的。

$$
\underset{}{R-\overset{\overset{O}{\|}}{C}-H} + R'OH \underset{}{\xrightleftharpoons{\text{无水 HCl}}} \underset{\underset{OR'}{|}}{\overset{\overset{OH}{|}}{R-C-H}} \underset{}{\xrightleftharpoons{R'OH/\text{无水 HCl}}} \underset{\underset{OR'}{|}}{\overset{\overset{OR'}{|}}{R-C-H}} + H_2O
$$

半缩醛　　　　　　缩醛

缩醛对碱、氧化剂和还原剂都比较稳定，但在稀酸中易水解为原来的醛和醇。所以，在有机合成中常利用该性质来保护活泼的醛基。

例如，由 $CH_2\text{=}CHCH_2CHO$ 转化为 $CH_3CH_2CH_2CHO$：

$$
CH_2\text{=}CHCH_2CHO + 2CH_3OH \xrightarrow{\text{无水 HCl}} CH_2\text{=}CHCH_2-\underset{\underset{OCH_3}{|}}{\overset{\overset{OCH_3}{|}}{CH}}-OCH_3
$$

$$
\xrightarrow{H_2/Ni} CH_3CH_2CH_2-\underset{\underset{OCH_3}{|}}{\overset{\overset{OCH_3}{|}}{CH}}-OCH_3 \xrightarrow{H_2O/H^+} CH_3CH_2CH_2-\overset{\overset{O}{\|}}{C}-H + 2CH_3OH
$$

如果同一分子内既有羰基又有羟基，其间的距离又适当，则易在分子内进行醛与醇的加成，形成比较稳定的五元或六元环状半缩醛。例如：

$$
\underset{}{H-\overset{\overset{O}{\|}}{C}-CH_2CH_2CH_2-\overset{\overset{OH}{|}}{CH}-CH_3} \xrightleftharpoons{\text{无水 HCl}}
$$

六元环状半缩醛

乙二醇、丙二醇及其结构类似物比较容易与醛反应生成五元或六元环状缩醛。

$$
\underset{}{R-\overset{\overset{O}{\|}}{C}-H} + \underset{\underset{}{CH_2-CH_2}}{\overset{\overset{OH\ \ OH}{|\ \ \ |}}{}} \xrightleftharpoons{\text{无水 HCl}}
$$

五元环状缩醛

通常情况下，酮与一元醇的加成比较困难，但结构比较特殊的酮也可以在一定的条件下与醇作用生成半缩酮或缩酮。这将在碳水化合物一章中继续讨论。

（5）与水的加成反应　水是一种极弱的、含氧亲核试剂，一般的醛、酮难与水发生亲核加成反应，但羰基特别活泼的醛、酮能与水发生加成，生成水合物（同碳二元醇）。例如，甲醛在水溶液中主要以水合物存在。

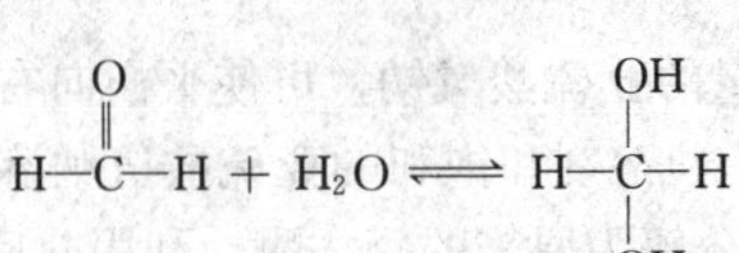

$$H-\overset{\displaystyle O}{\overset{\|}{C}}-H + H_2O \rightleftharpoons H-\overset{\displaystyle OH}{\underset{\displaystyle OH}{\overset{|}{\underset{|}{C}}}}-H$$

水合甲醛

同碳二元醇一般不稳定，易脱水分解为原来的醛或酮，所以不能将甲醛的水合物从甲醛的水溶液中分离出来。但对于羰基上连有强吸电子基团的醛或酮，可与水加成形成稳定的水合物（同碳二元醇）。例如，三氯乙醛和茚三酮可与水迅速反应生成稳定的加成产物水合三氯乙醛和水合茚三酮。

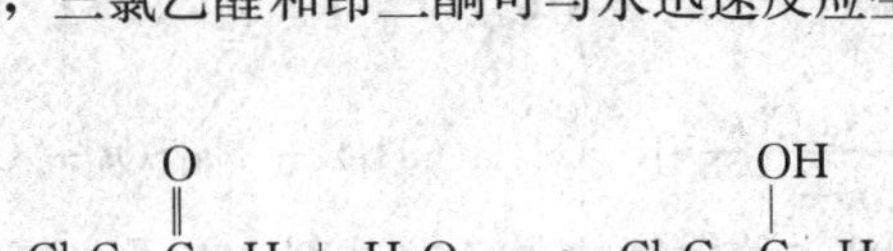

$$Cl_3C-\overset{\displaystyle O}{\overset{\|}{C}}-H + H_2O \longrightarrow Cl_3C-\overset{\displaystyle OH}{\underset{\displaystyle OH}{\overset{|}{\underset{|}{C}}}}-H$$

三氯乙醛　　　　　　　水合三氯乙醛（水合氯醛）

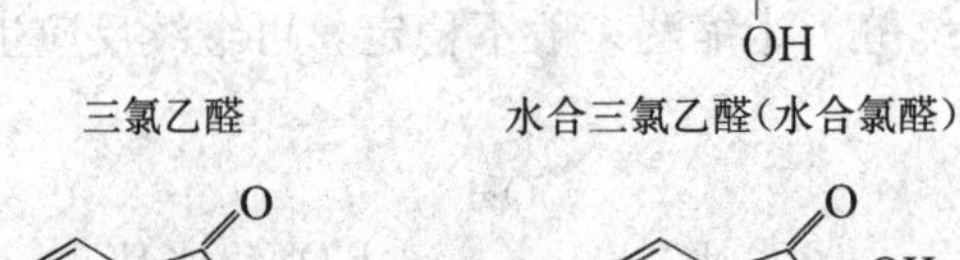

茚三酮　　　　　　水合茚三酮

水合三氯乙醛在医学上常用作催眠剂和镇静剂。水合茚三酮在氨基酸的纸层析和薄层层析中用作显色剂。

（6）与氨的衍生物的加成反应　氨的某些衍生物是含氮的亲核试剂，可与醛、酮发生亲核加成反应生成醇胺，由于醇胺分子中同一碳原子上同时连有羟基和取代的氨基，很不稳定，进一步迅速缩合脱水生成含碳氮双键的缩合产物。这些缩合产物有良好的结晶或特殊的颜色，常用于鉴定羰基的存在。因此，将氨的衍生物统称为羰基试剂。常见的羰基试剂有：

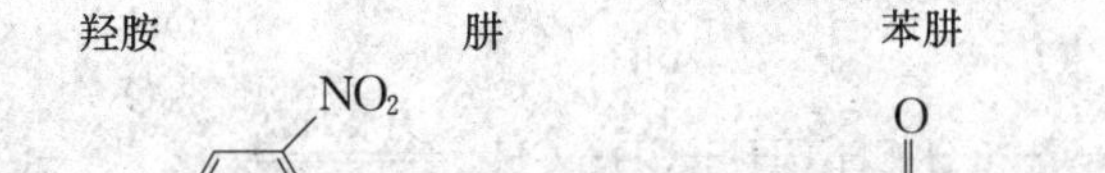

NH₂—OH　　　　NH₂—NH₂　　　　〈苯环〉—NHNH₂

羟胺　　　　　　肼　　　　　　　苯肼

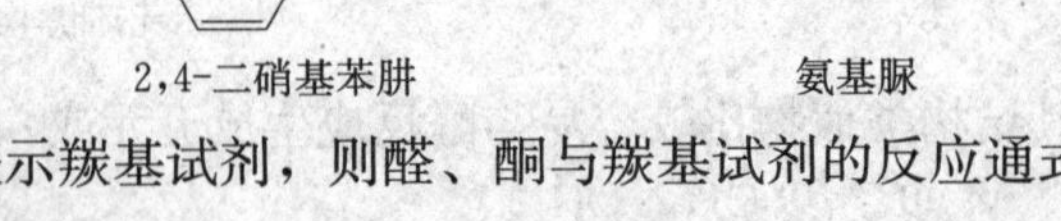

2,4-二硝基苯肼　　　　　　氨基脲

如果用 NH_2—Y 表示羰基试剂，则醛、酮与羰基试剂的反应通式可表示为：

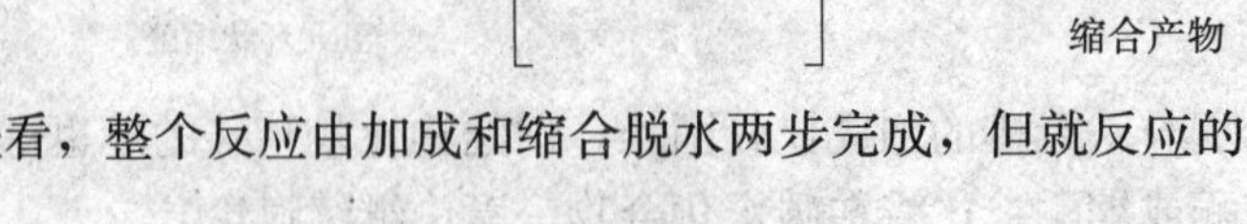

$$-\overset{\displaystyle O}{\overset{\|}{C}}- + NH_2-Y \longrightarrow \left[-\overset{\displaystyle OH}{\underset{\displaystyle |}{\overset{|}{C}}}-\overset{\displaystyle H}{\underset{\displaystyle |}{\overset{|}{N}}}-Y\right] \xrightarrow{-H_2O} -\overset{|}{C}=N-Y$$

缩合产物

从反应的过程看，整个反应由加成和缩合脱水两步完成，但就反应的最终产物而言，反应的结果相当于：

$$\diagdown\!\!/C=\boxed{O + H_2}N-Y \xrightarrow{-H_2O} \overset{|}{C}=N-Y$$

例如：

$$R\text{—}CHO + \begin{cases} NH_2\text{—}R' \\ NH_2\text{—}OH \\ NH_2\text{—}NH_2 \\ NH_2NH\text{—}C_6H_5 \\ NH_2NH\text{—}C_6H_3(NO_2)_2 \\ NH_2\text{—}NH\text{—}C(=O)\text{—}NH_2 \end{cases} \xrightarrow{-H_2O} \begin{cases} R\text{—}CH\text{=}N\text{—}R' \quad \text{Schiff 碱} \\ R\text{—}CH\text{=}N\text{—}OH \quad \text{肟} \\ R\text{—}CH\text{=}N\text{—}NH_2 \quad \text{腙} \\ R\text{—}CH\text{=}NNH\text{—}C_6H_5 \quad \text{苯腙} \\ R\text{—}CH\text{=}NNH\text{—}C_6H_3(NO_2)_2 \quad \text{2,4-二硝基苯腙} \\ R\text{—}CH\text{=}N\text{—}NH\text{—}C(=O)\text{—}NH_2 \quad \text{缩氨脲} \end{cases}$$

羰基试剂不是很强的亲核试剂，反应一般需弱酸（常用醋酸）的催化，酸的作用是使羰基氧质子化，以增加羰基碳原子的正电性。但不宜使用强酸催化，因为强酸会与羰基试剂中氮原子上的未共用电子对结合生成 $H_3N^+\text{—}Y$，使氮原子失去亲核性。

醛、酮与羟胺、苯肼、2,4-二硝基苯肼以及氨基脲反应得到的加成缩合产物很容易结晶，有固定的熔点，收率高，易于提纯，在稀酸作用下，又能分解为原来的醛或酮。因此，可利用这些性质来鉴别、分离和提纯醛、酮。

思考题 9-4 设计用化学方法从乙醇和丙酮混合液中分离提纯乙醇和丙酮的实验步骤，并加以鉴别。

---

2. α-氢的反应 醛、酮分子中，与羰基直接相连的碳原子上的氢原子称为 α-H。由于受羰基的强吸电子诱导效应的影响，α-C 与 α-H 之间的 C—H 键极性进一步加大，α-H 以质子形式离去的趋势增强而显得较活泼，表现出一定的酸性。例如，乙醛和丙酮的 α-H 的 pK_a 分别为 17 和 20，而乙烷中 H 的 pK_a 为 40，其酸性明显比乙烷的强。此外，具有 α-H 的醛、酮还容易发生 α-卤代反应、卤仿反应和羟醛缩合反应。

（1）α-卤代与卤仿反应 醛、酮的 α-氢原子易被卤素取代，生成 α-卤代醛、酮。当一个卤素原子引入到 α-C 上后，由于卤素原子的吸电子诱导效应的影响，使 α-C 上其余的氢原子的活泼性进一步增强，更容易被卤素所取代。所以，α-卤代反应难于停留在一元取代阶段，往往生成多卤代物。例如，乙醛在水溶液中就可被氯取代，生成一氯乙醛、二氯乙醛和三氯乙醛的混合物。

$$CH_3CHO \xrightarrow{Cl_2} CH_2ClCHO \xrightarrow{Cl_2} CHCl_2CHO \xrightarrow{Cl_2} CCl_3CHO$$

碱的存在有利于 α-H 的离去，所以在碱性溶液中，α-卤代反应进行得更为迅速。α-C 上同时连有三个 α-H 的醛、酮与卤素的碱溶液（次卤酸盐）作用时，可顺利地发生 α-卤代反应，生成三卤代醛、酮。生成的三卤代醛、酮由于三卤甲基（$X_3C\text{—}$）的强吸电子诱导效应而使羰基碳原子显示出很强的正电性，在碱性溶液中，很容易被 OH^- 进攻进一步迅速分解成三卤甲烷（卤仿）和羧酸盐。

$$\underset{\text{醛(酮)}}{CH_3\overset{O}{\overset{\|}{C}}\text{—}H(R)} + X_2 \xrightarrow{OH^-} \underset{\text{三卤代醛(酮)}}{CX_3\overset{O}{\overset{\|}{C}}\text{—}H(R)} \xrightarrow{OH^-} \underset{\text{羧酸盐}}{{}^-O\overset{O}{\overset{\|}{C}}\text{—}H(R)} + \underset{\text{卤仿}}{CHX_3}$$

这个反应称为卤仿反应。可用于制备减少一个碳原子的羧酸。若采用碘的氢氧化钠溶液（次碘酸钠）参与反应，则生成的产物为黄色结晶——碘仿（CHI_3），现象非常明显，称之为碘仿反应。

$$CH_3-\overset{O}{\overset{\|}{C}}-H(R) \xrightarrow{I_2/NaOH(NaIO)} NaO-\overset{O}{\overset{\|}{C}}-H(R) + CHI_3\downarrow(黄色)$$
碘仿

卤仿反应的反应历程为：

$$(R)H-\overset{O}{\overset{\|}{C}}-CH_3 + OH^- \rightleftharpoons (R)H-\overset{O}{\overset{\|}{C}}-\overset{-}{C}H_2 + H_2O$$

$$(R)H-\overset{O}{\overset{\|}{C}}-\overset{-}{C}H_2 + X-X \longrightarrow (R)H-\overset{O}{\overset{\|}{C}}-CH_2X + X^-$$

$$(R)H-\overset{O}{\overset{\|}{C}}-CH_2X + 2X-X \xrightarrow{OH^-} (R)H-\overset{O}{\overset{\|}{C}}-CX_3 + 2HX$$

$$(R)H-\overset{O}{\overset{\|}{C}}-CX_3 + OH^- \longrightarrow (R)H-\overset{O}{\overset{\|}{C}}-OH + {}^-CX_3 \longrightarrow (R)H-\overset{O}{\overset{\|}{C}}-O^- + CHX_3$$

凡是具有 $CH_3-\overset{O}{\overset{\|}{C}}-$ 结构的醛、酮都可以发生卤仿反应，常利用碘仿反应来鉴别乙醛和甲基酮。由于碘的氢氧化钠溶液中存在的次碘酸钠具有氧化性，它能将乙醇或羟基在第二位碳原子上的仲醇氧化为乙醛或甲基酮，然后进一步发生碘仿反应生成黄色结晶。因此，碘仿反应还可以鉴别具有 $CH_3-\overset{OH}{\overset{\|}{CH}}-$ 结构的醇。

思考题 9-5 以 ⬡—CH₂CH=CH₂ 为原料制备 ⬡—CH₂COOH。

思考题 9-6 下列化合物中哪些能发生碘仿反应？

CH_3CH_2CHO $CH_3CH(OH)CH_2CH_3$ $CH_3CH_2CH_2OH$ $CH_3CH_2COCH_3$

$C_6H_5COCH_3$ $CH_3COCH_2CH_2COCH_3$ $C_6H_5CH(OH)CH_3$ $C_6H_5CH_2CH_2OH$

---

(2)羟醛缩合反应　在稀碱的催化作用下，含有 α-H 的醛可发生分子间的加成反应生成 β-羟基醛，这个反应称为羟醛缩合反应。β-羟基醛的 α-H 由于同时受醛基和羟基吸电子诱导效应影响而比缩合前更为活泼，在加热或酸的作用下很容易与 β-C 上的羟基一起以水的形式脱去，生成碳碳双键与羰基共轭的比较稳定的 α,β-不饱和醛。例如：

$$CH_3-\overset{O}{\overset{\|}{C}}-H + CH_3-\overset{O}{\overset{\|}{C}}-H \xrightarrow{稀\ OH^-} CH_3-\overset{OH}{\overset{\|}{CH}}-CH_2-\overset{O}{\overset{\|}{C}}-H \xrightarrow{\triangle} CH_3-CH=CH-\overset{O}{\overset{\|}{C}}-H$$
β-羟基丁醛   α,β-不饱和醛

在同等条件下，含 α-H 的酮也可发生上述类似反应，但由于电子效应和空间效应的影响，缩合反应不像醛那么容易，平衡主要偏向反应物一边，只能得到少量的产物。

$$CH_3-\overset{O}{\overset{\|}{C}}-CH_3 + CH_3-\overset{O}{\overset{\|}{C}}-CH_3 \xrightarrow{稀\ OH^-} CH_3-\underset{\underset{CH_3}{|}}{\overset{\overset{OH}{|}}{C}}-CH_2-\overset{O}{\overset{\|}{C}}-CH_3$$
99%　　　　　　　　　　　　　　1%

碱催化下的羟醛缩合反应历程为：首先在碱的作用下，α-H 与 OH^- 结合以 H_2O 的形式离去，生成一个活泼的碳负离子。碳负离子是一种很强的亲核试剂，它能迅速进攻另一分子醛或酮的羰基碳原子，发生亲核加成反应，生成 β-羟基醛或 β-羟基酮。例如：

$$R-\overset{\underset{\displaystyle H}{|}}{C}H-\overset{\underset{}{\overset{\displaystyle O}{\|}}}{C}-H + OH^- \rightleftharpoons R-\bar{C}H-\overset{\overset{\displaystyle O}{\|}}{C}-H + H_2O$$

$$R-CH_2-\overset{\overset{\displaystyle O}{\|}}{C}-H + R-\bar{C}H-\overset{\overset{\displaystyle O}{\|}}{C}-H \rightleftharpoons R-CH_2-\overset{\overset{\displaystyle O^-}{|}}{C}H-\overset{\overset{\displaystyle R}{|}}{C}H-\overset{\overset{\displaystyle O}{\|}}{C}-H$$

$$R-CH_2-\overset{\overset{\displaystyle O^-}{|}}{C}H-\overset{\overset{\displaystyle R}{|}}{C}H-\overset{\overset{\displaystyle O}{\|}}{C}-H \xrightarrow{H_2O} R-CH_2-\overset{\overset{\displaystyle OH}{|}}{C}H-\overset{\overset{\displaystyle R}{|}}{C}H-\overset{\overset{\displaystyle O}{\|}}{C}-H + OH^-$$

含有 α-H 的不同醛进行羟醛缩合反应的产物复杂，难于分离并且产率很低，在有机合成上意义不大。不含有 α-H 的醛[如 HCHO、$(CH_3)_3C-CHO$、$Ar-CHO$ 等]之间不能发生羟醛缩合反应，但它们能与其他含 α-H 的醛发生不同分子间的交叉羟醛缩合反应，且产率较高。例如：

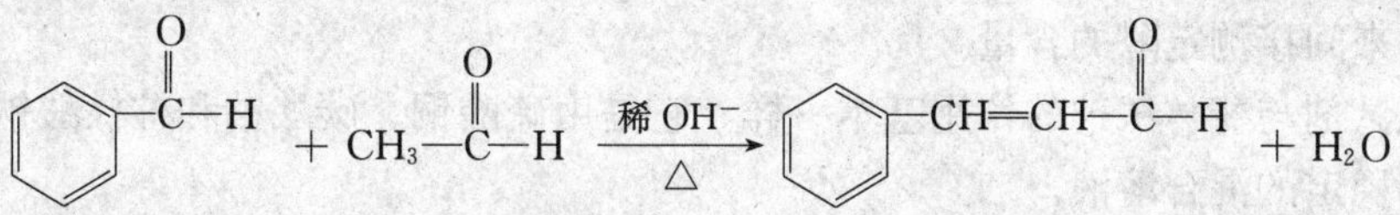

羟醛缩合反应是有机合成中增长碳链的方法之一。在生物体内糖的环状结构形成过程中也存在类似羟醛缩合反应。

思考题 9-7 下列物质可由哪些化合物通过羟醛缩合反应得到？写出其反应式。

$$CH_3CH_2CH=\overset{\overset{\displaystyle CH_3}{|}}{C}-CHO \qquad C_6H_5CH=\overset{\overset{\displaystyle C_6H_5}{|}}{C}-CHO$$

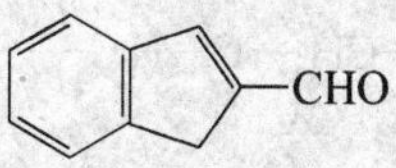

---

3. 氧化反应

(1)与强氧化剂的氧化反应　醛、酮都可以被强氧化剂如重铬酸钾、高锰酸钾的酸性溶液和硝酸等氧化。醛被氧化成同数碳原子的羧酸。

$$R-CHO + KMnO_4 \xrightarrow{H^+} R-COOH$$

酮在长时间的加热情况下，可在羰基的两侧发生断链氧化，生成小分子羧酸的混合物。例如：

$$CH_3CH_2CH_2-\overset{\overset{\displaystyle O}{\|}}{C}-CH_3 + HNO_3 \xrightarrow{\triangle} CH_3CH_2CH_2COOH + CH_3CH_2COOH + CH_3COOH$$

酮的氧化反应在有机合成上意义不大，但环己酮由于具有环状的对称结构，其氧化断裂产物主要是己二酸。工业上利用该反应来制备己二酸，并以之作为合成纤维尼龙-66 的重要原料。

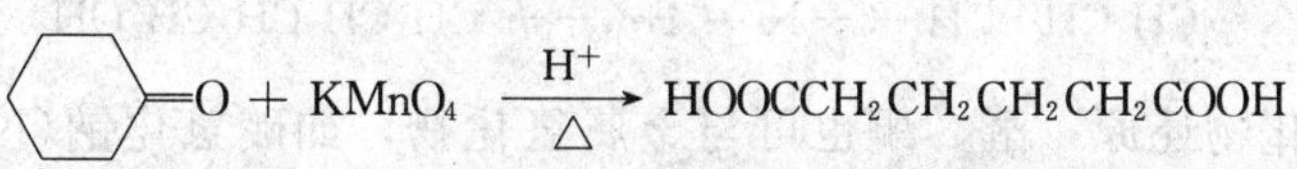

$$\text{环己酮} + KMnO_4 \xrightarrow{H^+}{\triangle} HOOCCH_2CH_2CH_2CH_2COOH$$

(2)与弱氧化剂的氧化反应　醛不仅可被强氧化剂氧化，而且还可被弱氧化剂如托伦

(Tollens)试剂、斐林(Fehling)试剂和本尼地(Benedict)试剂等氧化，酮则不能。

托伦试剂是硝酸银的氨溶液。醛与托伦试剂反应，醛被氧化成为含有同数碳原子的羧酸，银离子被还原成单质银，以黑色沉淀析出。

$$R—CHO + 2[Ag(NH_3)_2]OH \longrightarrow R—COONH_4 + 2Ag\downarrow + H_2O + 3NH_3$$

如果用于反应的试管内壁非常洁净，金属银就能附着在试管壁上，形成明亮的银镜，所以此反应又叫银镜反应。

斐林试剂是由 $CuSO_4$、NaOH 和酒石酸钾钠按一定比例配制而成的混合溶液。由于该溶液不稳定，一般先配制成斐林试剂Ⅰ(硫酸铜溶液)和斐林试剂Ⅱ(NaOH 与酒石酸钾钠的混合溶液)分别保存，使用时等体积混合即得深蓝色的斐林试剂。酒石酸钾钠的作用是与 Cu^{2+} 形成配离子，避免生成 $Cu(OH)_2$ 沉淀。

醛与斐林试剂共热，醛被氧化为羧酸，Cu^{2+} 被还原为砖红色的 Cu_2O 沉淀。

$$R—CHO + Cu^{2+} \xrightarrow[\triangle]{OH^-} R—COO^- + \underset{\text{砖红色}}{Cu_2O\downarrow} + H_2O$$

斐林试剂与醛作用生成氧化亚铜的反应能定量完成。因此，可以通过测定反应中生成氧化亚铜的量来间接测定醛的含量。

本尼地试剂与斐林试剂的作用基本一样，它是由硫酸铜、碳酸钠和柠檬酸钠组成的一种比斐林试剂稳定的混合溶液。

托伦试剂能氧化脂肪醛和芳香醛；斐林试剂可氧化脂肪醛，但不氧化芳香醛；本尼地试剂只氧化除甲醛以外的脂肪醛。这三种弱氧化剂都不氧化碳碳重键和羟基，具有氧化选择性。利用这些性质，既可鉴别酮、脂肪醛和芳香醛，又可进行一些特殊的有机合成。例如：

$$CH_2{=}CH—CH_2—\overset{\overset{\large O}{\|}}{C}—H \xrightarrow[\triangle]{Cu^{2+}/OH^-} CH_2{=}CH—CH_2—\overset{\overset{\large O}{\|}}{C}—O^- + Cu_2O\downarrow$$

$$CH_2{=}CH—CH_2—CH_2—\overset{\overset{\large O}{\|}}{C}—H \xrightarrow{KMnO_4/H^+} HO—\overset{\overset{\large O}{\|}}{C}—CH_2—CH_2—\overset{\overset{\large O}{\|}}{C}—OH + CO_2\uparrow + H_2O$$

思考题 9-8 用简单的化学方法鉴别下列化合物：

甲醛溶液、乙醛、丙醛、苯甲醛、丙酮、苯乙酮、乙醇、丙醇

4. 还原反应

(1)催化加氢还原　醛、酮在 Ni 或 Pt、Pd 等的催化下加氢，能分别被还原成伯醇或仲醇。

$$\underset{\text{醛(酮)}}{R—\overset{\overset{\large O}{\|}}{C}—H(R')} + H_2 \xrightarrow{Ni} \underset{\text{伯醇(仲醇)}}{R—\overset{\overset{\large OH}{|}}{C}H—H(R')}$$

醛、酮的催化加氢还原反应不具有选择性。如果醛、酮分子内同时含有碳碳双键或碳碳三键，羰基和碳碳不饱和键都将同时被加氢还原，生成饱和醇。例如：

$$CH_3CH{=}CH—\overset{\overset{\large O}{\|}}{C}—H + H_2 \xrightarrow{Ni} CH_3CH_2CH_2CH_2OH$$

(2)用金属氢化物还原　醛、酮也可与金属氢化物，如硼氢化钠($NaBH_4$)、氢化铝锂($LiAlH_4$)、异丙醇铝{$Al[OCH(CH_3)_2]_3$}等发生还原反应，生成醇。由于该反应由金属氢

化物提供的负氢离子所引起，它是一种亲核试剂，所以它只能对羰基进行亲核加氢还原，而对碳碳双键或叁键不起作用，具有较高的选择性，可用于不饱和醛、酮分子中羰基的选择性还原。例如：

$$CH_3CH=CH-\overset{\overset{\displaystyle O}{\|}}{C}-H \xrightarrow{LiAlH_4} \xrightarrow{H_2O/H^+} CH_3CH=CHCH_2OH$$

（3）克里门逊（Clemmenson）还原法　将锌汞齐和浓盐酸一并与醛、酮共热，则醛、酮的羰基可失氧得氢还原成亚甲基（—CH₂—）。例如：

$$\underset{}{\overset{\overset{\displaystyle O}{\|}}{C}-CH_3} \xrightarrow[HCl]{Zn-Hg} \underset{}{-CH_2CH_3}$$

此反应在浓盐酸介质中进行，所以分子中不能带有对酸敏感的基团，如醇羟基、碳碳双键等。例如，$CH_2=CH-CH_2-CO-CH_3$ 中的羰基就不能用此法还原，因为浓盐酸将与分子中的双键发生加成反应。

（4）武尔夫-开息纳尔（Wolff-Kishner）-黄鸣龙还原法　将醛、酮与肼反应生成腙，然后将腙和浓碱溶液在封闭管中加热，腙失去氮，使羰基还原成亚甲基。后来，我国化学家黄鸣龙对该方法进行了改进，采用二聚乙二醇或三聚乙二醇为溶剂，使反应操作简单化，产率也提高。例如：

$$CH_3CH_2CH_2CH_2-\overset{\overset{\displaystyle O}{\|}}{C}-H \xrightarrow[(HOCH_2CH_2)_2O,\triangle]{NH_2NH_2,NaOH} CH_3CH_2CH_2CH_2CH_3$$

通过芳烃的傅-克酰基化反应制得芳香酮，再利用克里门逊还原法或武尔夫-开息纳尔-黄鸣龙还原法将羰基还原成亚甲基，可间接地在芳环上引入较长的直链烷基，从而避免直接进行傅-克烷基化产生的碳链异构化。例如：

$$\underset{}{\bigcirc} + CH_3CH_2-\overset{\overset{\displaystyle O}{\|}}{C}-Cl \xrightarrow[\triangle]{无水\ AlCl_3} \underset{}{-\overset{\overset{\displaystyle O}{\|}}{C}-CH_2CH_3} \xrightarrow[(HOCH_2CH_2)_2O,\ \triangle]{NH_2NH_2,\ NaOH} \underset{}{-CH_2CH_2CH_3}$$

在有机化学中，常把加氢或脱氧的反应称为还原，脱氢或得氧的反应称为氧化。醛、酮是烃的含氧化衍生物的中间氧化产物，它既可进一步氧化成羧酸，也可还原成醇或烃，在有机化学理论研究和实际应用上都处于非常重要的地位。

5. 歧化反应（Cannizzaro 反应）　不含 α-H 的醛可在浓碱的作用下发生自身的氧化-还原反应，即一分子醛被氧化成羧酸，另一分子醛被还原成醇。例如：

$$2H-\overset{\overset{\displaystyle O}{\|}}{C}-H \xrightarrow{浓\ NaOH} CH_3OH + H-\overset{\overset{\displaystyle O}{\|}}{C}-ONa$$

$$2\underset{}{-\overset{\overset{\displaystyle O}{\|}}{C}-H} \xrightarrow{浓\ NaOH} \underset{}{-CH_2OH} + \underset{}{-\overset{\overset{\displaystyle O}{\|}}{C}-ONa}$$

两种不同的无 α-H 的醛进行交叉歧化反应时，产物复杂、不易分离，实用价值不大。但如果是甲醛和其他无 α-H 的醛进行歧化反应，则主要是甲醛被氧化，其他的醛被还原。例如：

$$\underset{\overset{\displaystyle O}{\parallel}}{C_6H_5CHO} + H-\overset{\overset{\displaystyle O}{\parallel}}{C}-H \xrightarrow{\text{浓 NaOH}} C_6H_5CH_2OH + H-\overset{\overset{\displaystyle O}{\parallel}}{C}-ONa$$

四、醛、酮的光谱学特征

1. 紫外光谱　醛、酮的羰基在 160 nm 附近有 $\pi \to \pi^*$ 跃迁的强吸收，在 270～300 nm 区域有 $n \to \pi^*$ 跃迁的弱吸收带（R-谱带）；α,β-不饱和醛、酮在 200～250 nm 处有 $\pi \to \pi^*$ 跃迁的强吸收带（K-谱带）。所以，饱和醛、酮和共轭醛、酮在光谱学上的最显著区别在紫外区。

2. 红外光谱　醛、酮都含有羰基，羰基的红外光谱在 1 750～1 680 cm^{-1} 之间有一个很强的伸缩振动吸收峰，它是鉴别羰基最迅速和最容易辨认的吸收谱带；当羰基与双键共轭时，吸收向低波数方向移动；当羰基与苯环共轭时，芳环在 1 600 cm^{-1} 区域的吸收峰分裂为双峰，在 1 580 cm^{-1} 处又出现一个新的吸收峰；当羰基碳上连有吸电子基时，吸收峰向高波数方向移动。各种醛、酮的羰基在红外光谱上的吸收位置见表 9-3。

表 9-3　各种醛、酮的羰基在红外光谱上的吸收位置

化合物类型	吸收频率/cm^{-1}	化合物类型	吸收频率/cm^{-1}
R—CHO	1 740～1 720	R—CO—R	1 725～1 705
Ar—CHO	1 715～1 695	Ar—CO—R	1 700～1 680
RCH=CHCHO	1 690～1 680	RCOCH=CHR	1 685～1 665
RCH=CHCH=CHCHO	1 680～1 660	RCH=CHCOCH=CHR	1 670～1 660

　　酮羰基的吸收位置较醛略低，一般不易区别。但—CHO 中 C—H 由于费米共振在 2 740 cm^{-1} 和 2 855 cm^{-1} 处有双重吸收峰，虽然强度不大，却有较大的鉴定价值，可用来判断是否有—CHO 的存在。

3. 核磁共振氢谱　醛基上的氢原子在 $\delta 9 \sim 10$ 处有一个很强的共振峰，这个质子和相邻碳上质子的偶合常数很小（J 为 3～7 Hz）。而碳碳双键上的氢原子的共振峰出现在 $\delta 5$ 附近处。这可能是因为羰基极化的影响，降低了质子的屏蔽效应。因此，可利用醛基上氢原子的核磁共振峰来鉴别醛、酮。

4. 质谱　醛、酮的 M$^+$ 峰都很明显，但脂肪族醛、酮的 M$^+$ 峰没有芳香族醛、酮的强。脂肪族醛、酮都可生成 M—R 或 M—1 特征峰，此外，醛还可生成 m/z 为 44 或 44 + $n\times$14（$n=1,2,\cdots$）等离子峰，酮可生成 m/e 为 58 或 58 + $n\times$14（$n=1,2,\cdots$）等离子峰。芳香族醛易产生 M—1 和 M—29 的峰，芳香族酮易形成特征的 ArC≡O$^+$ 的离子峰和芳基离子的吸收峰。

五、醛、酮的重要化合物

1. 甲醛　甲醛是一种无色有刺激性气味的气体，易溶于水和乙醇，市售的 40% 甲醛水溶液（含 8%～10% 甲醇），商品名为"福尔马林"，它可使蛋白质变性，常用作消毒剂和生物

标本的防腐剂。

甲醛的化学性质比其他醛类活泼，易被氧化，且极易聚合。如在常温下，甲醛气体就可自动聚合成环状的三聚甲醛。

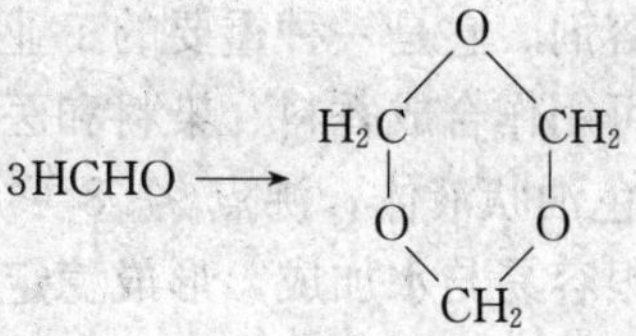

$$3HCHO \longrightarrow$$

三聚甲醛

三聚甲醛为白色结晶粉末，熔点 64 ℃，在中性或碱溶液中性质比较稳定，类似于缩醛。但在酸的作用下加热，容易解聚为甲醛。所以，常用聚合和解聚两种特性来保存、运输或精制甲醛。

甲醛在水溶液中也可以发生聚合，长期放置的浓的甲醛水溶液会析出多聚甲醛。

$$HOCH_2-OH + nHO-CH_2-OH + HO-CH_2OH \longrightarrow HOCH_2 \{ CH_2-O \}_n CH_2OH + H_2O$$

多聚甲醛

多聚甲醛为白色固体，聚合度 8～100，仍具有甲醛的刺激性气味，熔点 120～170 ℃，在少量硫酸催化下加热，可重新解聚为甲醛。多聚甲醛是气态甲醛的主要来源，常用作仓库里的熏蒸剂和消毒杀菌剂。

甲醛与氨作用生成环状化合物——六次甲基四胺 $(CH_2)_6N_4$。六次甲基四胺的商品名为乌洛托品，为白色结晶粉末，熔点 263 ℃，易溶于水，在医药上用作利尿剂及尿道消毒剂，还可以用作橡胶的硫化促进剂。它与浓硝酸作用可生成一种烈性的炸药——黑索金。

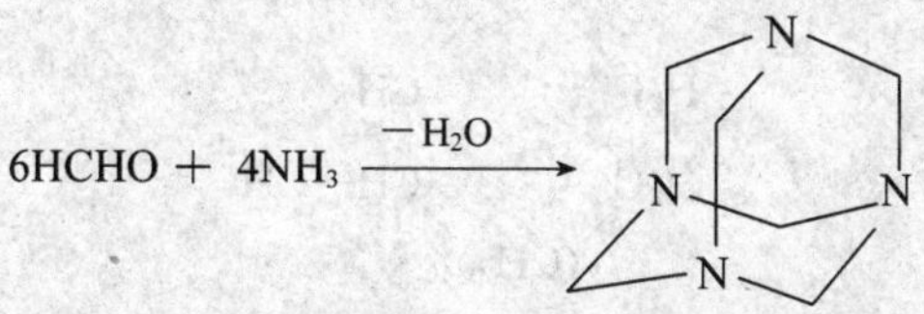

$$6HCHO + 4NH_3 \xrightarrow{-H_2O}$$

六次甲基四胺

甲醛在工业上有着广泛的用途，大量的甲醛用于制造酚醛树脂、脲醛树脂、合成纤维及季戊四醇等。

2. 乙醛 乙醛又名醋醛，是具挥发性并有刺激性气味的液体，沸点20.8 ℃，易溶于水和乙醇等有机溶剂。乙醛可由乙炔加水制得。乙醛也容易聚合，在少量硫酸存在下，室温下即可聚合成三聚乙醛或四聚乙醛：

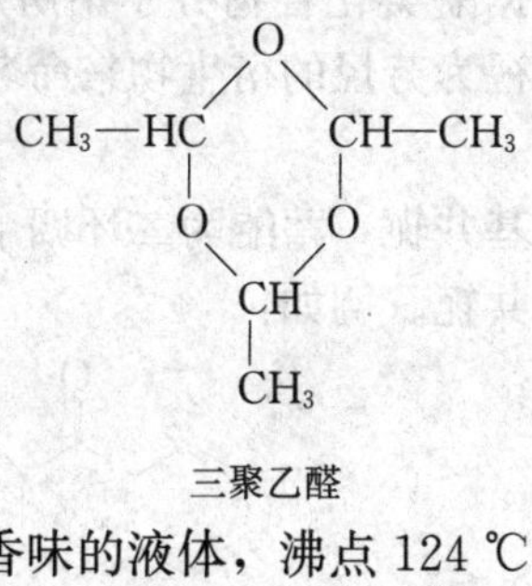

三聚乙醛 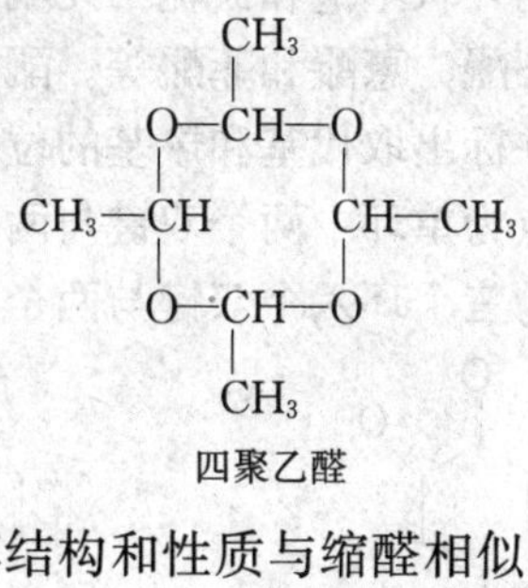   四聚乙醛

三聚乙醛为有香味的液体，沸点 124 ℃。其结构和性质与缩醛相似，不具有醛的性质，不容易氧化，加稀酸加热即可解聚为乙醛。

乙醛是有机合成的重要原料，可用来合成乙酸、乙酸酐、三氯乙醛、丁醇、丁醛、季戊四醇等。

3. 苯甲醛　苯甲醛是有机合成的重要原料，是一种具有苦杏仁味的无色液体，俗称苦杏仁油，沸点 178.6 ℃。苯甲醛以糖苷的形式存在于杏仁及桃李的果核中，微溶于水，易溶于乙醇、乙醚、苯及氯仿等有机溶剂。它是一种重要的工业原料，可用于制备肉桂醛、肉桂酸、苯乙醛和苯甲酸苄酯等。也可用作合成香料、染料和医药等的原料。

4. 三氯乙醛　三氯乙醛为无色油状液体，沸点 97.8 ℃。由于三氯甲基的吸电子诱导效应，使得羰基碳的正电性增强，很容易与水加成，形成稳定的水合三氯乙醛。水合三氯乙醛的商品名为水合氯醛，它为无色液体，熔点 51.7 ℃，沸点 96.3 ℃，有刺激性气味，易溶于水和有机溶剂，可用作催眠、镇静剂和兽用麻醉剂。在工业上使用三氯乙醛来制备药物、农药等。

5. 丙酮　丙酮是无色易挥发的液体，沸点 56.2 ℃，具有特殊的气味，易溶于水及乙醇、乙醚、氯仿等有机溶剂，是一种良好的有机溶剂，广泛用于油墨、涂料、人造纤维和无烟火药中，也是合成有机玻璃、环氧树脂、农药、抗生素、食品防腐剂等的重要原料。

在生物体的新陈代谢过程中，丙酮是糖类物质的代谢产物，有少量存在于人体的尿液中，糖尿病患者的尿液和汗中的丙酮含量比正常人高。

6. 麝香酮　麝香酮的化学名为 3-甲基环十五酮，是麝香的主要成分，它是由雄麝鹿臭腺中分离的一种活性物质，天然产的左旋体是无色油状液体，沸点 328 ℃；合成的为外消旋体，白色针状结晶，熔点 6.3 ℃，沸点 120 ℃，有天然麝香浸液的特殊香气。不溶于水，易溶于乙醇。它可用作高级香精变调剂和定香剂。

3-甲基环十五酮（麝香酮）

第二节　醌

一、醌的结构及命名

醌是一类特殊的环状不饱和共轭二元酮。根据醌类化合物分子中所含环状结构的不同，可将醌分为苯醌、萘醌、蒽醌和菲醌等。醌一般视为芳烃的衍生物来命名，在"醌"字的前面加上芳基的名称，并标出取代基和羰基的位置。

苯醌的结构特点为单环中两个双键与两个羰基共轭，萘醌为二环四个双键与两个羰基共轭，蒽醌和菲醌则为三个环六个双键与两个羰基共轭。例如：

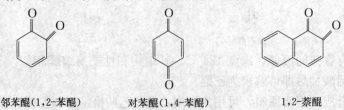

邻苯醌（1,2-苯醌）　　对苯醌（1,4-苯醌）　　1,2-萘醌

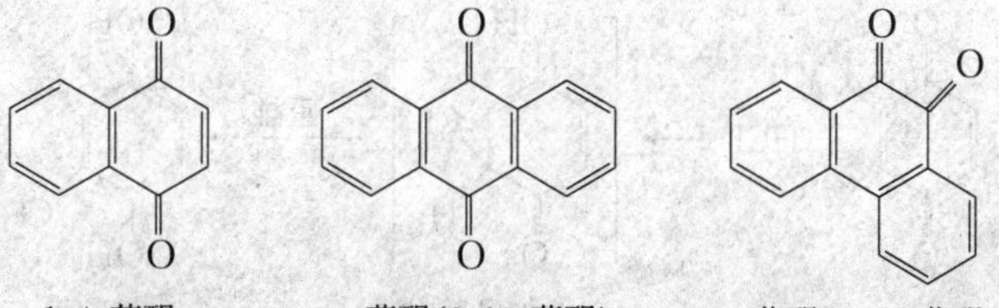

1,4-萘醌　　　γ-蒽醌(9,10-蒽醌)　　　γ-菲醌(9,10-菲醌)

X 衍射分析表明，苯醌分子中的碳碳键长为 0.149 nm 及 0.132 nm，这与烃中碳碳单键 0.154 nm 和碳碳双键 0.134 nm 的长度非常接近，但由于氧原子的强吸电性，致使共轭体系中的电子云密度不能平均化。所以醌类物质不具有芳香性。醌具有环状 α，β-不饱和二元酮的结构特征，都含有如下的碳链骨架——醌型结构：

二、醌的性质

具有较大共轭体系的化合物都是有色的，所以醌都为有色物质，对位醌多呈淡黄色或黄色，邻位醌则常为红色或橙红色。对位醌具有刺激性气味，并易随水蒸气汽化，而邻位醌无气味，不易随水蒸气汽化。醌通常都为结晶型固体。

醌的性质与 α，β-不饱和酮类似，具有烯烃和羰基化合物的典型反应性能，可以进行多种形式的加成反应。

1. 加成反应

(1)羰基的亲核加成反应　醌分子中的羰基，能与羰基试剂、格氏试剂等发生亲核加成反应。例如，对苯醌能与羟胺作用得到对苯醌单肟和对苯醌双肟。

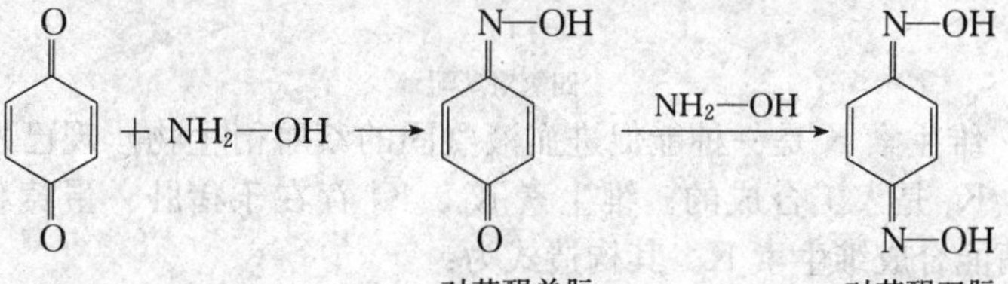

对苯醌单肟　　　　　对苯醌双肟

(2)碳碳双键的亲电加成反应　醌分子中的碳碳双键可以和卤素、卤化氢等发生亲电加成反应。例如，对苯醌和氯加成可生成二氯和四氯加成产物。

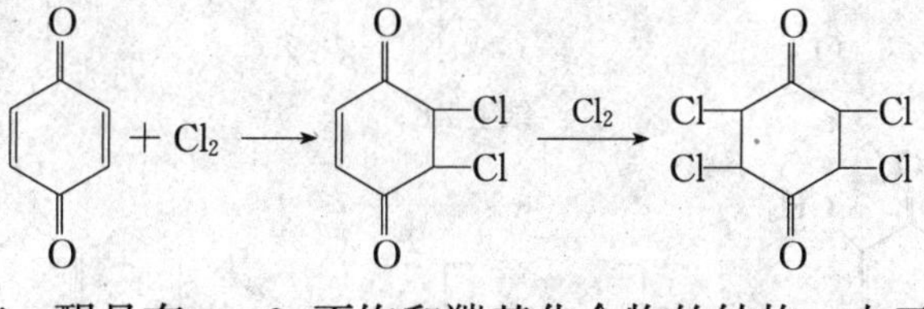

(3)1,4-加成反应　醌具有 α，β-不饱和羰基化合物的结构。由于碳碳双键和碳氧双键共轭，它可与氢卤酸等许多试剂发生 1,4-加成反应。例如，对苯醌与氯化氢加成后，生成2-氯对苯二酚。

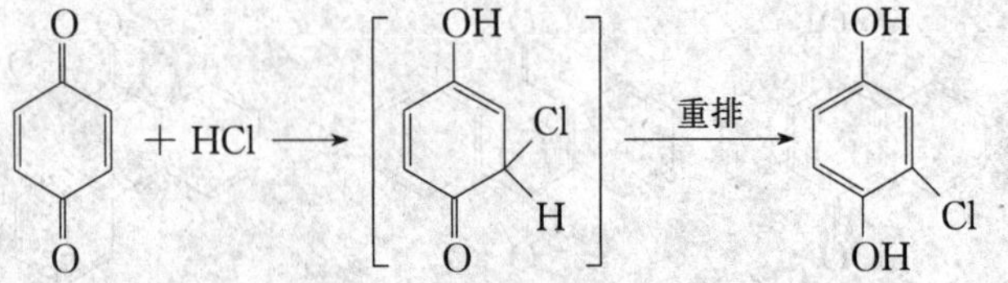

1,4-加成反应

2. 还原反应　酚很容易氧化成醌，醌也易被还原成二元酚。对苯醌与对苯二酚之间还可通过氧化-还原同时相互转化。

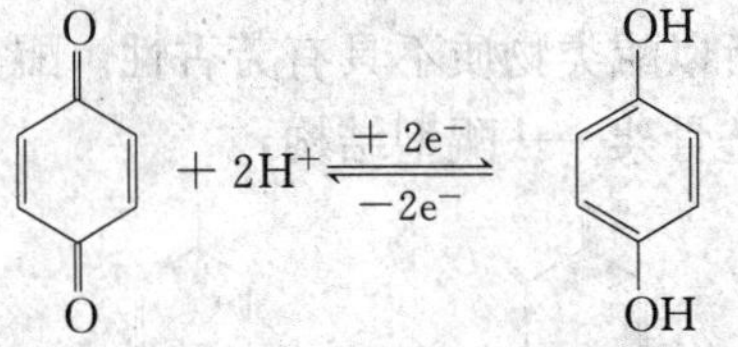

对苯醌　　　　　　　　　对苯二酚（氢醌）

醌和酚之间的氧化-还原是可逆的，利用它们之间的氧化-还原电对可设计成氢醌电极，测定氢离子浓度。这种氧化-还原反应在生理生化过程中也具有重要的意义。生物体内的氧化-还原常以脱氢或加氢方式进行，通过一系列的氧化-还原反应，最后将氢传递给氧，这样才能使氧化产生的能量逐步缓慢释放，以供生物体利用。在该过程中，常有一些物质在酶的控制下进行氢的传递作用，其中之一就是通过醌和酚之间的氧化-还原体系来实现的。

三、醌的重要化合物

1. 四氯对苯醌　四氯对苯醌为黄色结晶，在农业生产上可作为种子的消毒和杀菌剂。

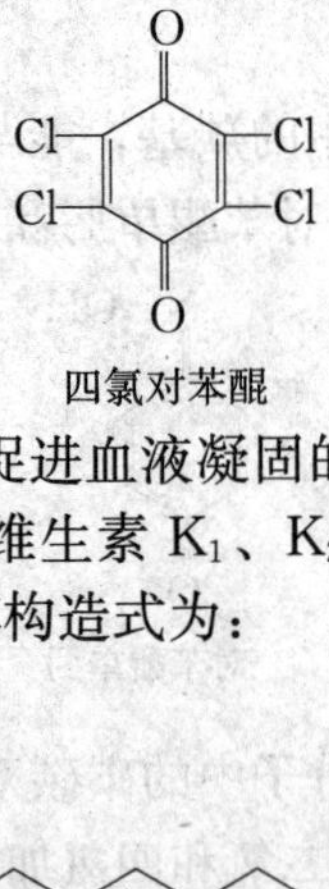

四氯对苯醌

2. 维生素 K　维生素 K 是一种能促进血液凝固的萘醌衍生物。现已发现的天然产物有维生素 K_1 和 K_2，K_3 是人工合成的。维生素 K_1、K_2 存在于猪肝、蛋黄和绿色蔬菜中，人和动物肠内的细菌能合成维生素 K。其构造式为：

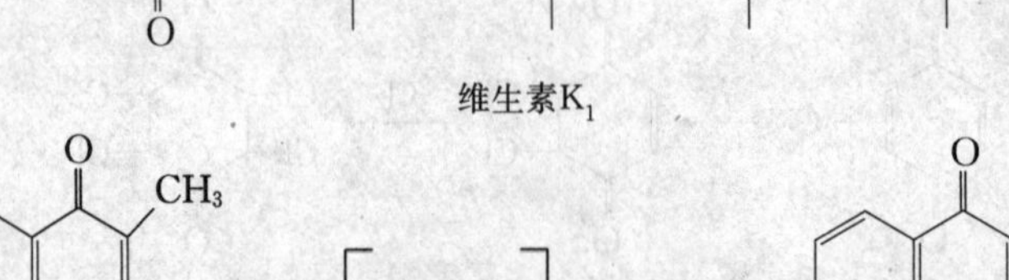

维生素K_1

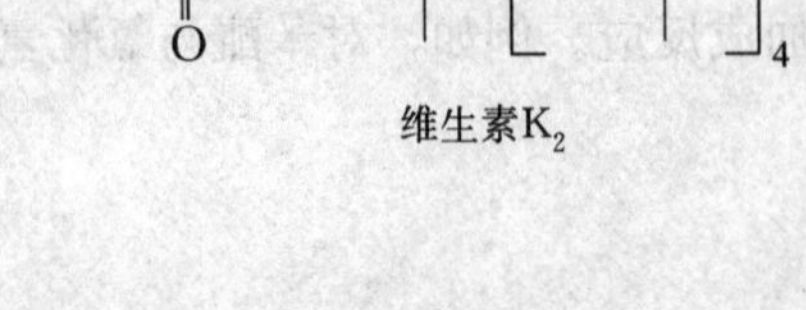

维生素K_2

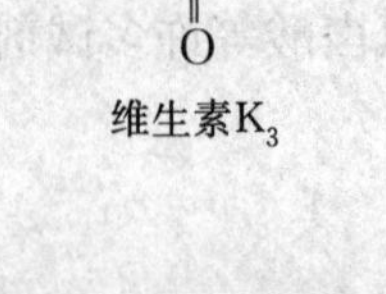

维生素K_3

维生素 K_1 为黄色油状物，维生素 K_2 为黄色结晶体，能溶于油脂和石油醚、乙醚、丙酮等有机溶剂。它们的性质不稳定，受光、氧化剂、强酸或卤素等作用易分解。在动物体内，它参与凝血酶原的合成，可用于治疗阻塞性黄胆和新生儿出血等病。

维生素 K_3 的化学名称为 2-甲基-1,4-萘醌，亮黄色结晶，有特殊的气味，熔点 105～107℃，不溶于水，易溶于有机溶剂，其生理作用和用途与维生素 K_1 相同。

3. 泛醌(辅酶 Q)　泛醌是对苯醌的衍生物，因其广泛存在于动植物体中而得名。它属于脂溶性物质，在线粒体中参与电子转移作用，与糖类、脂类和蛋白质的代谢有关。在绿色植物的光合作用中参与氢的传递和电子转移，是生物体内氧化-还原过程中极为重要的物质。

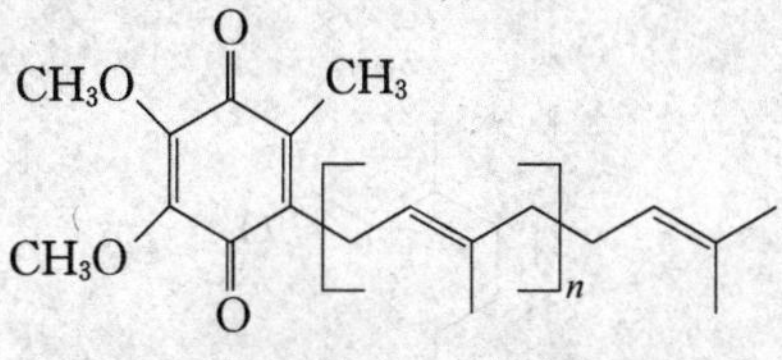

泛醌(人体中，n一般为9)

辅酶 Q 在生物体内的电子转移作用，是通过生物体内泛醌与氢化泛醌之间温和的氧化-还原反应和反应所伴随的电子得失变化来实现的。

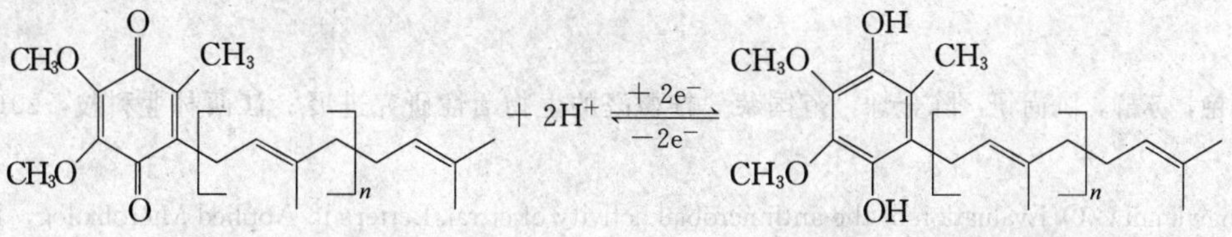

泛醌(氧化态)　　　　　　　　　　　氢化泛醌(还原态)

4. 黑色素　黑色素是存在于皮肤中的一种色素。它是在苯丙氨酸羟化酶的作用下，苯丙氨酸首先被氧化为酪氨酸，酪氨酸在酶的作用下进一步氧化为二羟基苯丙氨酸(多巴)后，再经一系列变化，最后转化得到的。如果身体中缺乏了黑色素，就会导致皮肤变白(头发、皮肤、眼球中缺少色素)的现象。

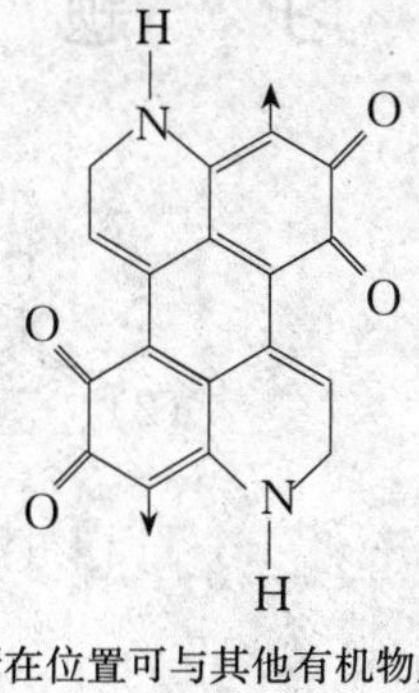

(箭头所在位置可与其他有机物质结合)

黑色素

5. 大黄素　大黄素为蒽醌的衍生物，呈黄色，是中药大黄的主要有效成分，是广泛存在于霉菌、真菌、地衣、昆虫及花中的色素。

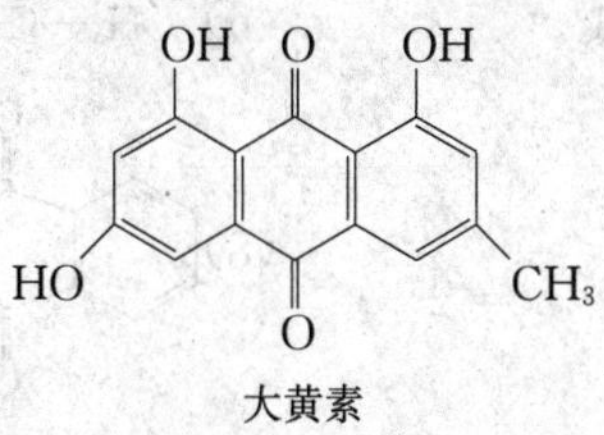

大黄素

小知识 //

柠 檬 醛

　　香水、家用洗涤剂和布丁都能散发出清香味，主要是因为它们都添加了芳香剂。芳香剂中重要的一类是柠檬醛及其衍生物。柠檬醛有两种构型，即橙花醛和香叶醛，在酸奶、果汁和糖果等食物中很常见。柠檬醛具有驱蚊、杀虫等作用，而且具有抗菌、抗氧化及防腐等生物活性。柠檬醛也是合成高级香料的重要原料之一。柠檬醛作为原料还能合成维生素 A 和维生素 E。羟基香茅醛是柠檬醛的一种衍生物，它能散发出一种清新的水果香味。

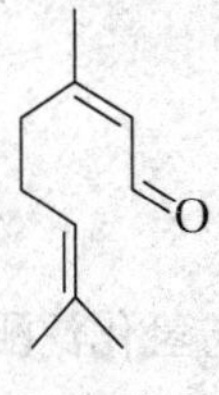

橙花醛 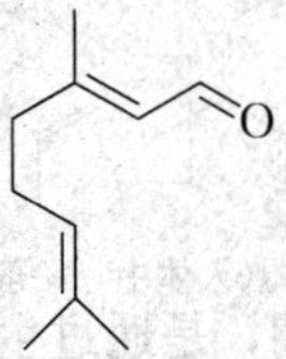　　　　　　　　　香叶醛 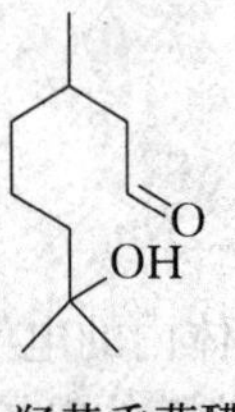　　　　　　　　羟基香茅醛

刘艳，苏群，陈尚钘，陈金珠，范国荣．柠檬醛的生物活性研究进展．江西林业科技，2013，1：43-46.

Onawunmi G O. Evaluation of the antimicrobial activity of citral. Letters in Applied Microbiolog，1989，9 (3)：105-108.

李丹凤，徐婷，胡静，田怀香．香料化合物柠檬醛稳定性研究进展．食品工业，2016，37(9)：215-219.

习　　题

1. 命名下列化合物：

(1) CH_3CHCHO （上方 CH_3）

(2)

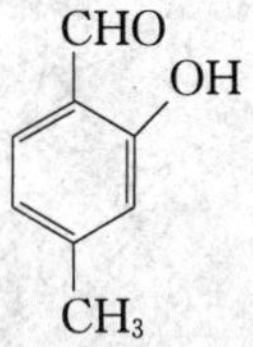

(3) $CH_3CHCH_2CH=CHCHO$ （上方 CH_3）

(4) $CH_3CH-C-CH_3$ （上方 CH_3，中间 O）

(5) $CH_3-C-CH_2-C-CH_2CH_3$ （两个 O）

(6) $CH_3-C-CH_2-CH-CHO$ （左 O，右上 CH_3）

(7)

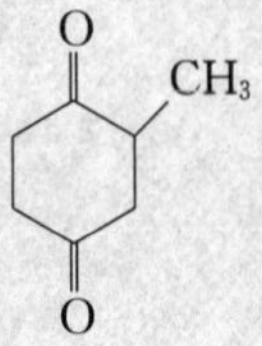

(8)

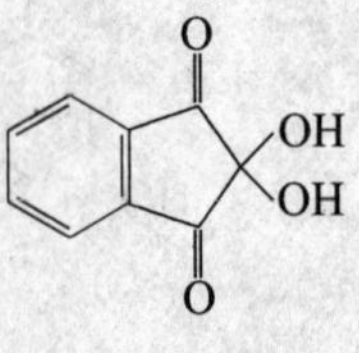

(9) 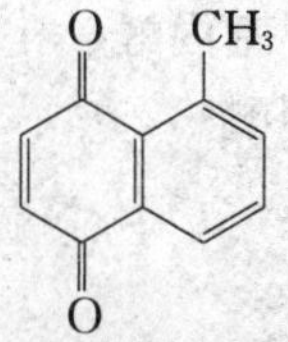　　(10) 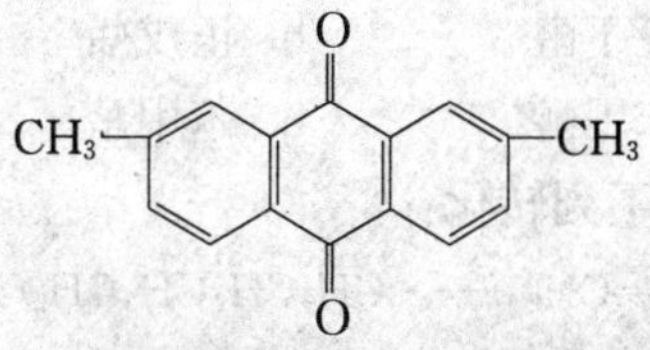

2. 写出下列化合物的构造式：

(1)水合三氯乙醛　　(2)4-甲基-2-戊酮

(3)对溴苯乙酮　　(4)苯甲醛肟

(5)丙酮苯腙　　(6)肉桂醛

(7)乙醛缩乙二醇　　(8)邻羟基苯甲醛

3. 完成下列反应：

(1) $CH_3-CH(OH)-CH_2CH_3 \xrightarrow{(\quad)} CH_3-\overset{O}{\overset{\|}{C}}-CH_2CH_3 \xrightarrow{HCN} (\quad)$

(2) 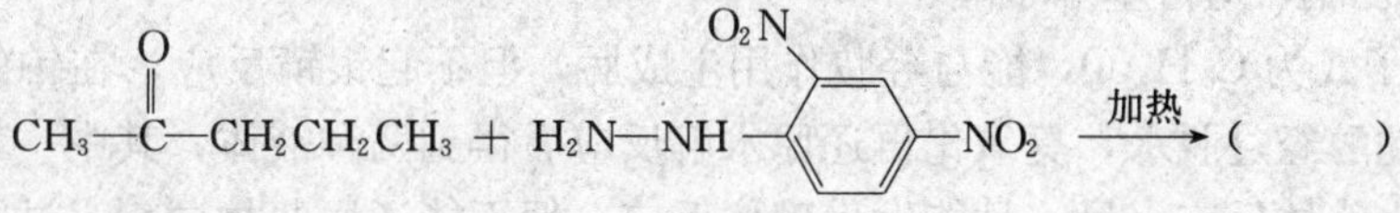

(3) $CH_3CH_2CH_2CHO + CH_3CH_2MgBr \xrightarrow{无水醚} (\quad) \xrightarrow{H^+/H_2O} (\quad)$

(4) $(CH_3)_3CCHO \xrightarrow{浓 NaOH} (\quad)$

(5) 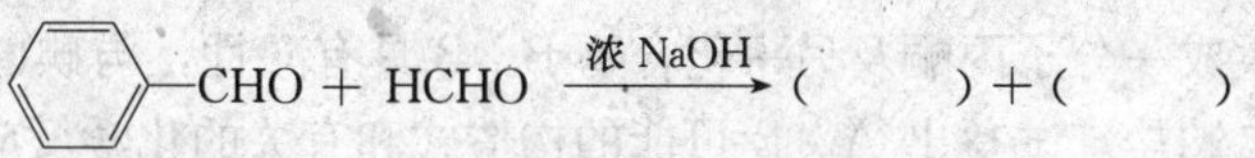

(6) $CH\equiv CH \xrightarrow{(\quad)} CH_3CHO \xrightarrow{(\quad)} (\quad) \xrightarrow{(\quad)} CHCl_3 + (\quad)$

(7) $H_3C-HC=HC-\overset{O}{\overset{\|}{C}}-CH_3 \xrightarrow{Ni/H_2} (\quad)$

(8) 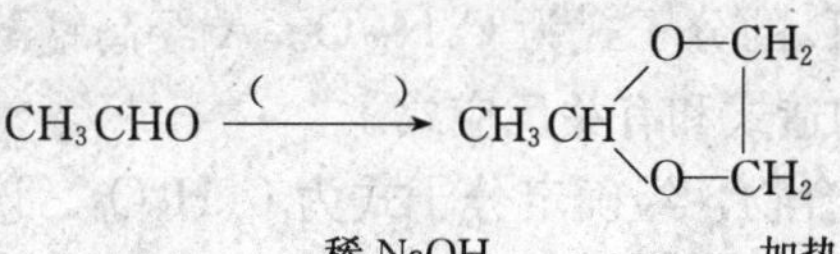

(9) $CH_3CH_2CHO \xrightarrow{稀 NaOH} (\quad) \xrightarrow{加热} (\quad)$

(10) 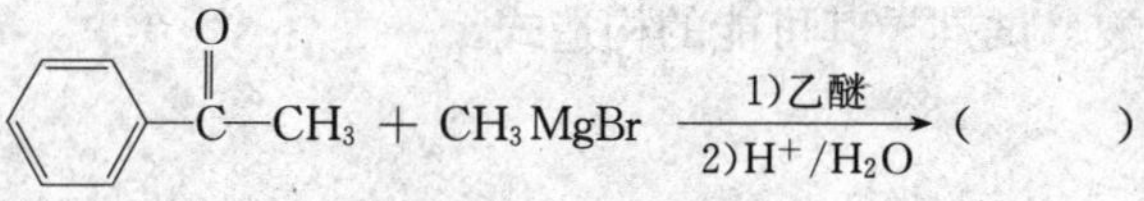

(11) 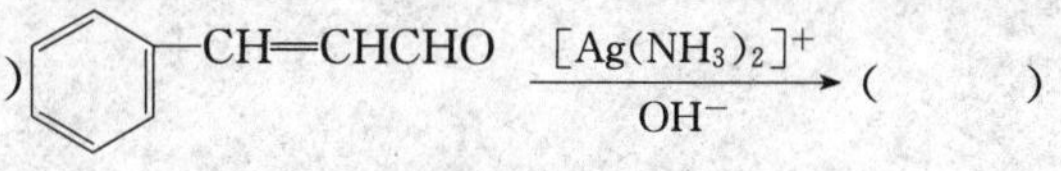

(12) 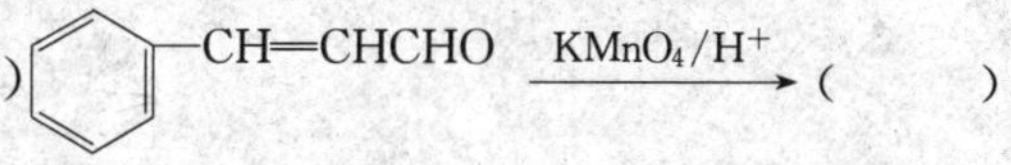

(13) 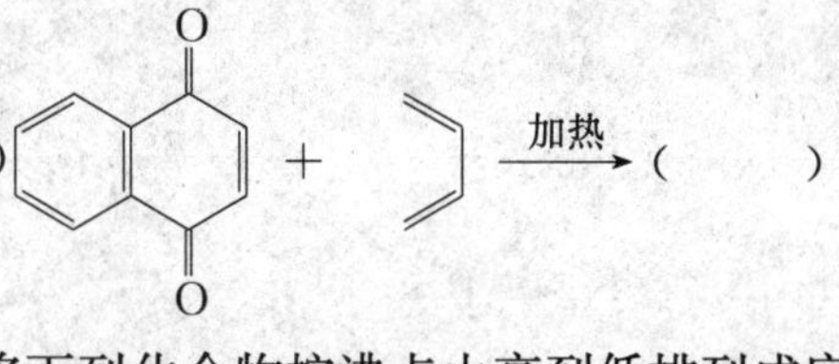

4. 将下列化合物按沸点由高到低排列成序：

(1)a. 正丁醛 　　　b. 正戊烷 　　　c. 正丁醇 　　　d. 2-甲基丙醛

(2)a. 苯甲醇 　　　b. 苯甲醛 　　　c. 乙苯 　　　d. 苯甲醚

5. 完成下列转化：

(1)$CH_2=CH_2 \longrightarrow CH_3CH_2CH_2CH_2OH$

(2)$CH_3CH=CH_2 \longrightarrow CH_3CH_2CH_2CH_2OH$

(3) ⬡ $\longrightarrow$ ⬡—$CH_2CH_2CH_3$

(4)$CH_3CH=CH_2 \longrightarrow CH_3CH_2CH\overset{\underset{\displaystyle CH_3}{|}}{} CCH_2OH$

6. 用简单的化学方法鉴别下列各组化合物：

(1)乙醛、丙醛、丙酮、苯乙酮

(2)戊醛、2-戊酮、3-戊酮、2-戊醇

(3)苯甲醛、苯乙酮、对羟基苯甲醛

7. 某化合物分子式为 $C_6H_{12}O$，能与羟胺作用生成肟，但不起银镜反应，在铂的催化下加氢得到一种醇。此醇经过脱水，臭氧化再还原水解反应后得到两种液体，其中一种能发生银镜反应，但不发生碘仿反应，另一种能发生碘仿反应，但不能还原斐林试剂。试写出该化合物的构造式和有关化学反应式。

8. 某化合物 A 的分子式为 $C_8H_{14}O$，A 可迅速使溴水褪色，也能与苯肼反应生成黄色沉淀，A 经酸性高锰酸钾氧化生成一分子丙酮及另一化合物 B。B 具有酸性，与碘的氢氧化钠溶液反应生成碘仿及丁二酸二钠盐。试写出 A、B 可能的构造式和有关的化学反应式。

9. 某化合物 A 分子式为 $C_{10}H_{12}O_2$，它不溶于氢氧化钠溶液，能与羟氨作用生成白色沉淀，但不与托伦试剂反应，A 经 $LiAlH_4$ 还原得到 B，B 的分子式为 $C_{10}H_{14}O_2$，A 与 B 都能发生碘仿反应。A 与浓的 HI 酸共热生成化合物 C，C 的分子式为 $C_9H_{10}O_2$，C 能溶于氢氧化钠溶液，经克里门逊还原法还原生成化合物 D，D 的分子式为 $C_9H_{12}O$。A 经高锰酸钾氧化生成对甲氧基苯甲酸，试写出 A、B、C、D 的构造式和有关反应式。

10. 从中草药陈蒿中得到一种治疗胆病的化合物，经确定分子式为 $C_8H_8O_2$。该化合物能溶于碱溶液，遇三氯化铁呈淡紫色，与2,4-二硝基苯肼生成腙，可与 I_2 和 NaOH 溶液反应，生成一分子碘仿和一分子水杨酸。试推导其可能的构造式。

第十章

羧酸及其衍生物

羧基($-\overset{\text{O}}{\underset{}{\text{C}}}-\text{OH}$)与烃基或氢原子连接而成的化合物叫羧酸(carboxylic acid)，羧基是羧酸的官能团。羧酸分子中羧基上的羟基被其他原子或基团($-\text{X},-\text{O}-\overset{\text{O}}{\underset{}{\text{C}}}-\text{R},-\text{OR},-\text{NH}_2$等)取代后的产物叫羧酸衍生物(carboxylic acids derivatives)。羧酸及其衍生物广泛存在于自然界，许多既是生物体的重要代谢物质，也是有机合成中极为重要的原料。

第一节 羧 酸

一、羧酸的分类和命名

羧酸是由羧基和烃基两部分组成。按照与羧基所连烃基的不同，可以分为脂肪族羧酸、脂环族羧酸和芳香族羧酸；根据烃基是否含有不饱和键，也可以将羧酸分为饱和羧酸和不饱和羧酸；按照分子中所含羧基数目的不同，还可以分为一元羧酸、二元羧酸和多元羧酸等。例如：

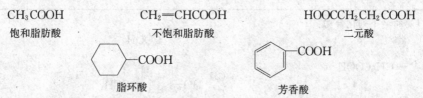

羧酸常用俗名来命名。俗名通常根据其来源而得名，如甲酸最初是由蒸馏蚂蚁而得到的，故称之为蚁酸；乙酸最初是从醋中得到的，称之为醋酸；安息香酸来源于安息香树脂而得名等。有些羧酸的俗名仍保留在各种文献中，并继续在使用。

羧酸的命名绝大多数采用系统命名法。其命名原则基本上与醛的命名原则相同。首先是选择含有羧基的最长碳链为主链，根据主链的碳原子数目称为"某酸"。编号从羧基碳原子开

始，以阿拉伯数字 1，2，3，…来表示链上取代基所处的位次，也可用希腊字母 α，β，γ，δ，…，ω 来表示链上取代基所在的位次，其中 ω 常用来指碳链末端的位置。例如：

$$\overset{\delta}{CH_3}-\overset{\gamma}{CH_2}-\overset{\beta}{\underset{\underset{CH_3}{|}}{CH}}-\overset{\alpha}{CH_2}-COOH$$

3-甲基戊酸或 β-甲基戊酸

不饱和羧酸的命名，要选择含有不饱和键和羧基的最长碳链作主链，称为"某烯酸"或"某炔酸"，并把不饱和键位置注于名称之前。脂肪族二元酸的命名，要选择含有两个羧基的碳链作主链，按主链碳原子的数目称为"某二酸"。例如：

$$CH_2=\underset{\underset{CH_2CH_3}{|}}{C}-CH_2-COOH \qquad HOOC-\underset{\underset{CH_3}{|}}{CH}-CH_2-COOH$$

3-乙基-3-丁烯酸　　　　　　　2-甲基丁二酸

脂环族、芳香族羧酸的命名，通常把脂环或芳香环看作取代基。例如：

反-1,3-环己二甲酸　　　　2-甲基苯甲酸　　　　α-萘乙酸

应当指出的是 α-萘乙酸中"α"指的是萘环上的 α-位，而不是乙酸的 α-碳原子。

下面介绍几个与羧酸有关的基团名称：羧酸分子中羧基除去羟基后的基团按原来酸的名称而称某酰基；去掉氢后的基团则称为某酰氧基；电离出氢离子后的部分称为羧酸根。例如：

$$\underset{\text{羧酸}}{R-\overset{\overset{O}{\|}}{C}-OH} \qquad \underset{\text{酰基}}{R-\overset{\overset{O}{\|}}{C}-} \qquad \underset{\text{酰氧基}}{R-\overset{\overset{O}{\|}}{C}-O-} \qquad \underset{\text{羧酸根}}{R-\overset{\overset{O}{\|}}{C}-O^-}$$

思考题 10-1 命名下列化合物：

(1)

(2)

(3) $CH_3CH_2CH_2\underset{\underset{CH_2COOH}{|}}{CH}CH_2CH_2CH_3$

(4)

二、羧酸的物理性质

在室温下，C_4 以下的低级脂肪酸是具有刺激酸味的无色液体，$C_4 \sim C_{10}$ 的羧酸是具有腐臭气味的油状液体，如丁酸就有腐败的奶油臭味，许多哺乳动物皮肤上的排泄物就含有这些羧酸。而虱子就专找带有微量丁酸臭味的动物作为寄生地，这也就是长时间不洗澡、不换

衣，会长虱子的一个原因。C_{10}以上的羧酸是无气味的蜡状固体。二元脂肪酸和芳香酸都是晶状固体。

羧酸的沸点比分子质量相近的醇要高（表 10-1）。例如乙酸和正丙醇的相对分子质量均为 60，而乙酸的沸点是 118 ℃，正丙醇的是 97 ℃。这是由于羧酸分子通过氢键以二聚体形式存在，而且它的氢键要比醇中的氢键牢固。

$$R-C{\overset{\displaystyle O\cdots H-O}{\underset{\displaystyle O-H\cdots O}{}}}C-R$$

表 10-1　部分羧酸的物理常数

名　　称	熔点/℃	沸点/℃	溶解度 (100 g 水中)/g	pK_{a1}	pK_{a2}
甲酸（蚁酸）	8.4	100.7	∞	3.77	
乙酸（醋酸）	16.6	118	∞	4.76	
丙酸	−21	141	∞	4.88	
正丁酸	−5	164	∞	4.82	
正戊酸	−34	186	3.7	4.86	
正己酸	−3	205	1.0	4.85	
十二酸（月桂酸）	44	225	不溶		
十四酸	54	251(13.3 kPa)	不溶		
十六酸（棕榈酸，软脂酸）	63	390	不溶		
十八酸（硬脂酸）	71.5～72.0	360（分解）	不溶	6.37	
丙烯酸（败脂酸）	13	141.6		4.26	
苯甲酸（安息香酸）	122.4	249	0.34	4.19	
反-3-苯基丙烯酸（肉桂酸）	133	300	溶于热水	4.43	
乙二酸（草酸）	189.5	157（升华）	8.6	1.23	4.19
丙二酸（缩苹果酸）	135.6	140（分解）	74.5	2.83	5.69
丁二酸（琥珀酸）	188	235（分解）	5.8	4.19	5.45
顺丁烯二酸（马来酸）	130.5	130（分解）	78.8	1.83	6.07
反丁烯二酸（富马酸）	302	200（升华）	溶于热水	3.03	4.44
己二酸	153	330.5（分解）	1.5	4.42	5.41
邻苯二甲酸	231（速热）		0.7	3.0	5.40

自丁酸开始脂肪族饱和一元羧酸的熔点随分子质量增加而升高，且呈交替上升趋势。一般偶数碳较相邻奇数碳的羧酸熔点要高（图 10-1），与烷烃熔点变化的情况类似。这可能和结晶中分子排列有关，偶数碳原子酸的分子较奇数碳原子酸的分子对称，结晶排列较紧密，这样熔点就高。

C_4 以下的羧酸可和水互溶，随着烃基的增大，水溶性减小。一般二元和多元酸易溶于水。羧酸均溶于极性较小的乙醇、乙醚、苯等有机溶剂。

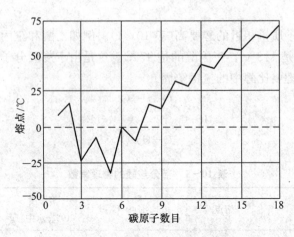

图 10-1　饱和一元羧酸的熔点

三、羧酸的化学性质

羧基是羧酸的官能团，它决定羧酸的主要性质。从形式上看，羧基是由羰基和羟基组成的，但羧基的化学性质不是这两个官能团化学性质的简单加和。如羧酸有明显的酸性，羧基中的羰基难与亲核试剂加成，不能与羰基试剂（如 H_2N-OH 等）发生反应，使羰基失去其典型性质。这些现象主要是由羧基的结构决定的。

羧基中的碳原子是 sp^2 杂化，3 个 sp^2 杂化轨道分别与烃基中的碳原子和 2 个氧原子形成 3 个 σ 键，这 3 个 σ 键在同一个平面上，羧基碳原子的 p 轨道与氧原子的 p 轨道形成一个 π 键，同时羧基中羟基氧原子上的未共用电子对与羰基的 π 键形成 p-π 共轭体系。

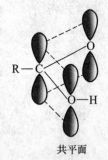

共平面　　　　　　　　　　　　　　p-π共轭

p-π 共轭的结果使键长平均化。结构测定结果表明：羧基负离子中两个碳氧键的键长均为 0.127 nm，氧氢键中氧原子上的电子云向共轭体系中心偏移，导致氧氢间的共用电子对更偏向氧原子，使其极性变大而有利于氢作为质子离去。同时负电荷通过 p-π 共轭可分散在两个电负性较强的氧原子上，使其能量降低，故羧酸表现出明显的酸性。另外，由于羟基氧原子的 p 电子与羰基形成 p-π 共轭，降低了羰基的正电性，所以不利于羰基的亲核加成。

羧酸是一个有机整体。从其结构来看，它的性质可归纳为以下几种反应：

1. 酸性和成盐反应

(1)酸性　羧酸分子中的羟基，由于 p-π 共轭的结果，使 O—H 键的极性大大增强，在水溶液中能电离出氢离子而显酸性。羧酸根负离子的负电荷因离域分散，从而增加了羧酸根负离子的稳定性

$$RCOOH \rightleftharpoons RCOO^- + H^+$$

大多数饱和一元羧酸的酸性较弱，pK_a 在 $4\sim5$ 之间，比碳酸($pK_a=6.35$)和苯酚($pK_a=9.95$)的酸性强些。因此，羧酸不但能使石蕊试液变红，也能与碳酸盐作用放出二氧化碳。羧酸在水中只部分电离，如1 mol·L^{-1}醋酸的水溶液在室温下只有 1‰的醋酸离解成氢离子和醋酸根离子。

$$RCOOH + Na_2CO_3 \longrightarrow RCOONa + CO_2\uparrow + H_2O$$

羧酸的酸性强弱与烃基的结构有关。当吸电子能力较强的原子或基团与羧基直接或间接相连，能增加羧基负离子的电荷分散度，稳定性增强，从而使羧酸的酸性增加。吸电子效应越强或烃基上的吸电子基团越多，酸性也越强。反过来，供电子效应越强或烃基上的供电子基团越多，酸性也越弱。一般情况下，二元羧酸的酸性大于相应的一元羧酸的酸性。

思考题 10-2　排出下列化合物的酸性大小顺序：

$$
\begin{array}{ccc}
CH_3CHCOOH & CH_3CHCOOH & CH_3CH_2COOH \\
| & | & \\
F & CH_3 &
\end{array}
$$

(2)成盐反应　羧酸具有酸的一般性质，能与强碱、碳酸盐、碳酸氢盐、金属氧化物等作用生成羧酸盐和水。例如：

$$RCOOH + NaOH \longrightarrow RCOONa + H_2O$$
$$RCOOH + NaHCO_3 \longrightarrow RCOONa + CO_2\uparrow + H_2O$$
$$RCOOH + CaO \longrightarrow (RCOO)_2Ca + H_2O$$

羧酸盐具有盐类的一般性质，羧酸的碱金属盐如钠盐、钾盐等都溶于水。当羧酸盐与盐酸等无机强酸相遇时，又可得到原来的羧酸。

$$RCOONa + HCl \longrightarrow RCOOH + NaCl$$

因此，可采用碱溶酸析的方法将不溶于水的羧酸与其他物质进行分离和提纯。

思考题 10-3　用化学方法分离苯甲酸、苯酚和丁醚的混合物。

2. 羧酸衍生物的生成
在一定条件下，羧酸中的羟基被卤素(—X)、酰氧基($-O-\overset{\displaystyle O}{\overset{\|}{C}}-R$)、烃氧基(—O—R)、氨基(—NH$_2$)取代，分别生成酰卤、酸酐、酯、酰胺，统称为羧酸衍生物。

(1)酰卤的生成　常见的酰卤为酰氯。可由羧酸与氯化剂(PCl$_3$、PCl$_5$、SOCl$_2$ 等)作用

制得。从高度活泼的酰卤可以制得很多其他有机化合物。一般使用 $SOCl_2$ 更为方便，因为生成的产物除酰氯以外，都是气体，易分离。且过量的 $SOCl_2$ 又因沸点较低（79 ℃），易蒸馏除去（或分离出去）。

$$RCOOH + \underset{\text{亚硫酰氯}}{SOCl_2} \xrightarrow{\triangle} \underset{\text{酰氯}}{R-\overset{\overset{O}{\|}}{C}-Cl} + SO_2\uparrow + HCl\uparrow$$

$$RCOOH + PCl_5 \xrightarrow{\triangle} R-\overset{\overset{O}{\|}}{C}-Cl + POCl_3 + HCl\uparrow$$

$$3RCOOH + PCl_3 \xrightarrow{\triangle} 3R-\overset{\overset{O}{\|}}{C}-Cl + \underset{\text{亚磷酸}}{H_3PO_3}$$

（2）酸酐的生成　除甲酸脱水时生成 CO 外，其他一元羧酸在强热或脱水剂（P_2O_5）存在下加热，两分子间失去一分子水形成酸酐。

$$RCOOH + RCOOH \xrightarrow[\triangle]{P_2O_5} \underset{\text{酸酐}}{R-\overset{\overset{O}{\|}}{C}-O-\overset{\overset{O}{\|}}{C}-R}$$

邻苯二甲酸等二元酸加热后，分子内易脱水生成内酐。

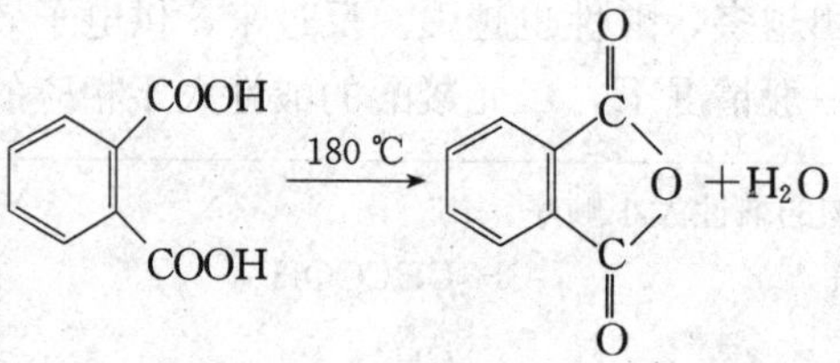

（3）酯的生成　在少量强酸（如浓 H_2SO_4 或干燥 HCl）催化下，羧酸可以与醇反应生成酯，此反应称为酯化反应。

$$RCOOH + R'OH \underset{\triangle}{\overset{H_2SO_4}{\rightleftharpoons}} RCOOR' + H_2O$$

酯化反应是一个可逆反应，其逆反应是酯的水解。为了提高酯的产量，除加酸催化和加热外，通常还采用增加反应物的用量或不断从反应体系中除去生成物的方法，使平衡向生成物方向移动。

酯化反应有两种可能的脱水方式：

$$\underset{\text{（酰氧键断裂）}}{R\overset{\overset{O}{\|}}{C}-\boxed{OH+H}-OR'} \qquad \underset{\text{（烷氧键断裂）}}{R\overset{\overset{O}{\|}}{C}-O-\boxed{H+H-O}-R'}$$

用含有同位素 ^{18}O 的乙醇和乙酸进行酯化反应时，发现 ^{18}O 在酯的分子中，说明酯化反应中羧酸分子发生了酰氧键断裂，酯是由羧酸中的羟基和醇羟基的氢脱水形成的。实验研究证明，大多数酯化反应是按羧酸分子中酰氧键断裂方式脱水的。少数空间阻碍大的羧酸和醇进行酯化反应时，则以醇分子中的烷氧键断裂方式脱水。

按照羧酸分子中酰氧键断裂方式脱水的酸催化酯化反应，其反应历程如下：

$$R-\overset{\overset{\displaystyle O}{\|}}{C}-OH \underset{}{\overset{H^+}{\rightleftharpoons}} R-\overset{\overset{\displaystyle +OH}{\|}}{C}-OH \overset{R'OH}{\rightleftharpoons} R-\overset{\overset{\displaystyle OH}{|}}{\underset{\underset{\displaystyle OH}{|}}{C}}-\overset{+}{\underset{\displaystyle H}{O}}R'$$

四面体中间体

$$\overset{H^+转移}{\rightleftharpoons} R-\overset{\overset{\displaystyle OH}{|}}{\underset{\underset{\displaystyle OR'}{|}}{C}}-\overset{+}{O}H_2 \overset{-H_2O}{\rightleftharpoons} R-\overset{\overset{\displaystyle OH}{|}}{\underset{\underset{\displaystyle +}{}}{C}}-OR' \overset{-H^+}{\rightleftharpoons} R-\overset{\overset{\displaystyle O}{\|}}{C}-OR'$$

酯

H^+首先与羰基上的氧结合(质子化),增加了羧酸分子中羰基碳的亲核性,使其更易与醇分子中的氧结合,形成正离子四面体。四面体中间体不稳定,很快失去一分子水和 H^+,而生成酯。

对于同一种醇,酯化反应速度与羧酸的结构有关,羧酸分子中 α-碳上烃基越多,空间位阻越大,酯化反应速度越慢,一般顺序如下:

$$HCOOH > RCH_2COOH > R_2CHCOOH > R_3CCOOH$$

(4)酰胺的生成　羧酸与氨或碳酸铵作用生成羧酸的铵盐,加热可失水生成酰胺。如果继续加热,则进一步失水变成腈。腈在酸性条件下水解又可生成羧酸。羧酸与胺加热也可生成酰胺。

$$RCOOH \overset{NH_3}{\longrightarrow} RCOONH_4 \overset{\triangle}{\underset{-H_2O}{\longrightarrow}} \underset{酰胺}{RCONH_2} \overset{P_2O_5}{\underset{\triangle,\ -H_2O}{\longrightarrow}} \underset{腈}{RCN} \overset{H_2O}{\underset{H^+}{\longrightarrow}} RCOOH$$

邻苯二甲酰亚胺

3. 脱羧反应　除甲酸和低级二元羧酸外,一般脂肪酸中的羧基比较稳定,难于脱羧,但在特定条件下羧酸分子可以脱去羧基放出 CO_2。饱和一元羧酸或它们的盐与强碱和碱石灰($NaOH - CaO$)共熔即可脱羧,生成少一个碳原子的烷烃。

$$RCOONa \overset{NaOH-CaO}{\underset{\triangle}{\longrightarrow}} RH + Na_2CO_3$$

当羧酸的 α-碳上连有吸电子基团(如羟基、硝基、卤素、羰基等)时,脱羧反应较易进行。例如:

$$CH_3-\overset{\overset{\displaystyle O}{\|}}{C}-CH_2-COOH \overset{\triangle}{\longrightarrow} CH_3-\overset{\overset{\displaystyle O}{\|}}{C}-CH_3 + CO_2\uparrow$$

$$Cl_3CCOOH \overset{\triangle}{\longrightarrow} CHCl_3 + CO_2\uparrow$$

$$CH_3-\overset{\overset{\displaystyle O}{\|}}{C}-COOH \overset{\triangle}{\longrightarrow} CH_3CHO + CO_2\uparrow$$

对于二元羧酸,随着两个羧基的相对位置不同,受热后发生的反应和生成的产物也不同。乙二酸和丙二酸受热脱羧;丁二酸和戊二酸加热时不脱羧,而分子内脱水,生成稳定的酸酐；己二酸和庚二酸在氢氧化钡存在下，既脱羧，又脱水，最后生成环酮。含八个碳以上的二元酸加热时一般是分子间失水而生成酸酐。在成环反应中，产物总是倾向于形成张力较小的五元环或六元环。

$$\begin{array}{c} COOH \\ | \\ COOH \end{array} \xrightarrow{160\sim180℃} HCOOH + CO_2$$
$$\longrightarrow CO + H_2O$$

$$CH_2 \begin{array}{c} COOH \\ \\ COOH \end{array} \xrightarrow{140\sim160℃} CH_3COOH + CO_2$$

$$\xrightarrow{300℃} + H_2O$$

$$\xrightarrow[Ba(OH)_2]{300℃} = O + CO_2 + H_2O$$

4. 还原反应　羧酸很难用催化氢化法还原，但用强还原剂（如 $LiAlH_4$）可将羧酸直接还原成伯醇，但不能还原碳碳不饱和键，所以 $LiAlH_4$ 可将不饱和羧酸还原成不饱和伯醇。

$$RCOOH \xrightarrow{LiAlH_4} RCH_2OH$$

$$CH_2=CHCH_2COOH \xrightarrow{LiAlH_4} CH_2=CHCH_2CH_2OH$$

5. α-氢的卤代反应　羧基是吸电子基团，使得羧酸中的 α-氢较活泼，与醛、酮分子中的 α-氢一样，可被卤代而生成 α-卤代酸。但由于羧基的 p-π 共轭效应，减弱了羰基的吸电性，从而降低了 α-氢的活性。因此，羧酸 α-氢的卤代反应比醛、酮的 α-氢卤代反应困难些，必须在红磷、碘或硫等催化剂作用下进行。例如：

$$CH_3COOH \xrightarrow{Cl_2}{P} CH_2ClCOOH \xrightarrow{Cl_2}{P} CHCl_2COOH \xrightarrow{Cl_2}{P} CCl_3COOH$$

α-卤代酸中的卤原子与卤代烃中的卤原子具有相似的性质。卤代酸是合成农药、药物等重要的工业原料。某些卤代酸如 $2,2$-二氯丙酸（又称达拉明）是一种灭生性除草剂。

四、羧酸的光谱学特征

1. 红外光谱　羧基是由羰基和羟基组成，故其红外光谱也反映出这两种结构单元的谱带。O—H 键的伸缩振动吸收在 $3\,300\sim2\,500\ cm^{-1}$ 内，峰形较宽，这是受羧酸二聚体氢键的影响所致。C=O 伸缩振动一般在 $1\,710\ cm^{-1}$ 左右。如果与双键共轭则降低吸收频率，此时 C=O 的伸缩振动吸收在 $1\,700\sim1\,680\ cm^{-1}$ 范围内。C—O 伸缩振动在 $1\,400\sim1\,100\ cm^{-1}$ 区域出现较强且宽的吸收峰。O—H 键的弯曲振动吸收出现在 $925\ cm^{-1}$ 附近，为一宽吸收峰。

2. 核磁共振谱　羧酸中羧基的质子由于受两个氧原子的吸电子诱导作用，屏蔽作用大大降低，化学位移出现在低场，$\delta=10\sim13$（在强极性溶剂中该峰不出现）。α-H 的化学位移为 $\delta=2.0\sim2.5$。

五、羧酸的重要化合物

1. 甲酸 甲酸俗名蚁酸，存在于蚂蚁、蜂、蜈蚣等动物的毒液以及荨麻中。甲酸为无色有刺激性的液体，沸点 100.7 ℃，溶于水，有较强的酸性和腐蚀性，能腐蚀皮肤。蜂螫刺伤后皮肤肿痛，就是由甲酸引起的，在刺伤处涂上稀氨水可止痛消肿。

甲酸是脂肪酸中唯一在羧基上连有氢原子的酸，故它的酸性比同系列中其他羧酸强。而且该氢原子可以被氧化为羟基，因此甲酸为同系列中唯一有还原性的酸，它可以还原托伦试剂、斐林试剂，也容易被一般的氧化剂氧化生成二氧化碳和水。

$$H{-}\overset{\overset{O}{\|}}{C}{-}OH \xrightarrow{[O]} HO{-}\overset{\overset{O}{\|}}{C}{-}OH \longrightarrow CO_2\uparrow + H_2O$$

甲酸与浓硫酸共热分解为一氧化碳和水。实验室常用此反应制备少量的一氧化碳。

$$H{-}\overset{\overset{O}{\|}}{C}{-}OH \xrightarrow[\triangle]{H_2SO_4} CO\uparrow + H_2O$$

甲酸在纺织工业中可用作印染时的酸性还原剂。甲酸有杀菌能力，可作消毒剂和防腐剂。

2. 乙酸 乙酸俗名醋酸，乙酸是食醋的重要成分，普通食醋含 3％～5％乙酸。乙酸是最早由自然界得到的有机物之一。纯乙酸是无色有刺激性气味的液体，沸点 118 ℃，熔点 16.6 ℃。由于纯乙酸在 16 ℃以下能结成冰状固体，因而常把无水乙酸称为冰醋酸。乙酸易溶于水和其他许多有机物。乙酸广泛用于有机合成中，是制革、纺织、印染、香料等工业中不可缺少的原料。木材干馏或谷物发酵都能得到乙酸。工业上通常用乙烯、乙炔为原料，制备乙醛，再经氧化得到乙酸，这是目前我国生产乙酸的主要方法。

3. 乙二酸 乙二酸常以盐的形式存在于许多草本植物及藻类中，所以称为草酸。纯的乙二酸是无色晶体，熔点 189.5 ℃，含有两个结晶水的乙二酸，熔点为 101.5 ℃。乙二酸易溶于水，难溶于乙醚等非极性溶剂。

乙二酸是最简单的二元酸，除有一般羧酸的性质外，还具有较强的还原性，很容易被高锰酸钾等氧化剂氧化，亦易提纯，在分析化学中常用作标定高锰酸钾浓度的基准物质。

乙二酸和许多金属能够生成可溶性的配离子，所以广泛用作稀土金属的配位剂。在日常生活中用来除去铁锈和蓝黑墨水痕迹。在工业上用作漂白剂。

4. 丁二酸 丁二酸最初由蒸馏琥珀得到，故俗称琥珀酸。广泛存在于一些未成熟的果实内，如葡萄、苹果、樱桃等。

丁二酸是无色晶体，熔点 188 ℃，微溶于乙醇、乙醚、丙酮等有机溶剂。丁二酸是生物代谢过程中的一种重要中间体。

5. 丁烯二酸 丁烯二酸有顺反异构体：

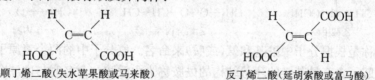

顺丁烯二酸（失水苹果酸或马来酸）   反丁烯二酸（延胡索酸或富马酸）

顺丁烯二酸在自然界尚未发现。人工合成的顺丁烯二酸为无色结晶，熔点 130.5 ℃，易溶于水，受热易脱水生成酸酐。可用于合成树脂，并可用作油脂的防腐剂。

反丁烯二酸广泛存在于动植物体内，是动植物体内代谢的一种中间产物，为无色结晶，熔点为 302 ℃，难溶于水，加热到 300 ℃ 以上时，反式转变为顺式，才能脱水生成酸酐。

6. 苯甲酸 苯甲酸俗称安息香酸，存在于安息香胶及其他一些树脂中。

苯甲酸为无色结晶，熔点 122.4 ℃，受热能升华。难溶于冷水，易溶于热水、乙醇、乙醚和氯仿中。苯甲酸钠可作为食品和药物的防腐剂。

7. α-萘乙酸 α-萘乙酸简称 NAA，是白色晶体，熔点 134 ℃，难溶于水，易溶于乙醇，其钠盐和钾盐则易溶于水。它是一种常用的植物生长调节剂，能促进各种插条生根或防止落花落果等。

第二节 羧酸衍生物

羧酸分子中羧基上的羟基被其他原子或基团取代后的产物，统称为羧酸衍生物。酰卤、酸酐、酯和酰胺是羧酸重要的衍生物。它们都含有酰基 $R-\overset{O}{\overset{\|}{C}}-$（或 $Ar-\overset{O}{\overset{\|}{C}}-$），也称为酰基化合物。

一、羧酸衍生物的命名

酰卤的命名是把酰基和卤原子的名称结合起来称"某酰卤"。例如：

乙酰氯　　　　　　　　2-甲基丙酰溴　　　　　　　　对甲基苯甲酰氯

酸酐的名称是由相应的羧酸加"酐"字组成。同一种酸的酸酐称为单酸酐，相应的酸酐称"某酸酐"。由两种酸组成的酸酐称为混合型酸酐，根据相应的酸称"某酸某酸酐"，通常小分子的酸写在前面。例如：

乙酸酐　　　　　　　　　3-甲基戊酸酐　　　　　　　　乙酸丙酸酐

酯的命名是根据形成它的酸和醇称"某酸某酯"；含有酰基键的环状结构的酯称为内酯，命名时常用 γ，δ，…表示羟基和羰基的相对位置。例如：

乙酸甲酯　　　　　　　　乙酸异丙酯　　　　　　　　γ-丁内酯

酰胺的名称是根据分子中酰基和氨（或胺）来命名。氨分子中的两个氢原子被酰基取代的产物称为酰亚胺；含有酰基键的环状结构的酰胺称为内酰胺，命名时与内酯命名类似，常用 γ、δ…表示氨基和羰基的相对位置；若氮上有取代基，在取代基的名称前冠以"$N-$"，表示取代基连在氮原子上。例如：

$$CH_3-\overset{\overset{\displaystyle O}{\|}}{C}-NH_2$$
乙酰胺

$$CH_3CH_2-\overset{\overset{\displaystyle O}{\|}}{C}-NHCH_3$$
N-甲基丙酰胺

$$CH_3\overset{\overset{\displaystyle CH_3}{|}}{C}HCH_2-\overset{\overset{\displaystyle O}{\|}}{C}-\overset{\overset{\displaystyle CH_3}{|}}{N}-CH_3$$
3-甲基-N,N-二甲基丁酰胺

δ-戊内酰胺

思考题 10-4 命名下列化合物：

(1) $CH_3CH_2\overset{\overset{\displaystyle CH_3}{|}}{C}HCH_2\overset{\overset{\displaystyle O}{\|}}{C}Br$

(2)

(3) $CH_3-\overset{\overset{\displaystyle O}{\|}}{C}-O-$⬡

(4) H_3C-⬡$-\overset{\overset{\displaystyle O}{\|}}{C}-NH_2$

二、羧酸衍生物的物理性质

低级的酰卤和酸酐是有刺激性气味的液体，高级的为白色固体。低级酯为易挥发而具有香味的无色液体，许多花果香气就是由酯引起的，如丁酸甲酯有菠萝的香味等。大多数酰胺均是固体。

酰卤和酯分子之间由于没有氢键缔合，所以它们的沸点比相应的羧酸低。酸酐和酰胺的沸点和熔点均较相应的羧酸高。当酰胺氮上的氢原子被烃基取代后，分子缔合程度减小，其沸点和熔点都降低，如乙酰胺沸点 222 ℃，N，N-二甲基乙酰胺沸点 169 ℃。

酰卤、酸酐不溶于水（水溶性都比相应的羧酸小），低级的酰卤、酸酐遇水分解。C_4 以下的酯有一定的水溶性，随碳原子数增加而降低。低级酰胺可溶于水，如 N，N-二甲基甲酰胺和 N，N-二甲基乙酰胺可与水混溶。液体酰胺都是极好的极性非质子溶剂。一些羧酸衍生物的物理常数见表10-2。

表 10-2 一些羧酸衍生物的物理常数

	名 称	沸点/℃	熔点/℃	相对密度(d_4^{20})
	乙酰氟	20.5		0.993
	乙酰氯	52	−112	1.104
	乙酰溴	76.7	−96	1.52
酰卤	丙酰氯	80	−94	1.065
	丁酰氯	102	−89	1.028
	苯甲酰氯	197.2	−1	1.212
	乙酸酐	139.6	−73	1.082
	丙酸酐	168	−45	1.012
酸酐	丁酸酐	198	−75	0.969
	丁二酸酐	261	119.6	1.104
	苯甲酸酐	360	42	1.199

（续）

名　称		沸点/℃	熔点/℃	相对密度(d_4^{20})
	邻苯二甲酸酐	284	132	1.527
	甲酸甲酯	32	−100	0.974
	甲酸乙酯	54	−80	0.969
酯	乙酸甲酯	57	−98	0.924
	乙酸乙酯	77	−84	0.901
	苯甲酸乙酯	213	−35	1.051(15 ℃)
	甲酰胺	192	2	1.139
	乙酰胺	222	82	1.159
酰胺	苯甲酰胺	290	130	1.341
	乙酰苯胺	305	114	1.21(4 ℃)
	N, N-二甲基甲酰胺	153	−61	0.948(22.4 ℃)

三、羧酸衍生物的化学性质

羧酸衍生物分子中都含有极性官能团酰基，因而具有一些相似的化学性质，如都能发生水解、醇解、氨解等化学反应。但由于酰基所连的基团不同，各衍生物的反应活性也有较大的差异。化学反应活性强弱顺序如下：

$$\underset{\displaystyle R-C-Cl}{O} \; > \; \underset{\displaystyle R-C-O-C-R'}{O \quad\;\; O} \; > \; \underset{\displaystyle R-C-OR'}{O} \; > \; \underset{\displaystyle R-C-NH_2}{O}$$

1. 水解反应　羧酸衍生物都能进行水解反应生成相应的羧酸。

$$\underset{\displaystyle R-C-Cl}{O} + H_2O \xrightarrow{\text{室温}} RCOOH + HCl$$

$$\underset{\displaystyle R-C-O-C-R'}{O \quad\;\; O} + H_2O \xrightarrow{\triangle} RCOOH + R'COOH$$

$$\underset{\displaystyle R-C-O-R'}{O} + H_2O \xrightarrow[\text{H}^+\text{或OH}^-]{\triangle} RCOOH + R'OH$$

$$\underset{\displaystyle R-C-NH_2}{O} + H_2O \xrightarrow[\text{H}^+\text{或OH}^-]{\triangle} RCOOH + NH_3$$

酰氯最容易水解，酸酐次之，酯、酰胺较难。如乙酰氯遇水时发生猛烈的放热反应，而酯、酰胺的水解则需酸或碱作催化剂，同时还要加热。

酸催化下的酯水解反应是成酯反应的逆反应，一定时间后达到平衡，故水解反应不完全。当用碱作催化剂时，首先是亲核试剂氢氧根负离子进攻羰基碳原子，形成一个氧负离子中间体，然后消去烷氧根负离子而生成羧酸，羧酸则进一步与碱作用生成盐，促使酯的水解反应进行到底。这也是发生了酰氧键的断裂。

$$\underset{\substack{\| \\ O}}{R-C}-O-R' + HO^- \rightleftharpoons \underset{\substack{\| \\ OH}}{R-C}-O-R' \rightleftharpoons \underset{\substack{\| \\ O}}{R-C}-OH + {}^-OR'$$

$$\rightleftharpoons RCOO^- + R'OH$$

酰胺水解生成一分子羧酸和一分子氨(或胺)，反应速度比酯水解慢。反应需要酸或碱催化和长时间加热回流。

2. 醇解反应　酰氯、酸酐和酯可以与醇作用，生成的主要产物是相应的酯。

$$\underset{\substack{\| \\ O}}{R-C}-Cl + R''OH \longrightarrow RCOOR'' + HCl$$

$$\underset{\substack{\| \\ O}}{R-C}-O-\underset{\substack{\| \\ O}}{C}-R' + R''OH \xrightarrow{\triangle} RCOOR'' + R'COOH$$

$$\underset{\substack{\| \\ O}}{R-C}-O-R' + R''OH \xrightarrow[\triangle]{H_2SO_4} RCOOR'' + R'OH$$

酰卤和酸酐与醇的作用没有水解反应快，但是也很容易进行，这是一种制备酯的方法。酯与醇的反应比较难，需要在酸或醇钠催化下进行。酯的醇解是一种酯与另一种酯的互相转变，所以又称它为酯交换反应。反应中一般采用大分子醇置换小分子醇或者小分子醇置换大分子醇，便于在反应过程中蒸馏出被置换的醇或相应的酯，从而使平衡移动反应趋于完全。酰胺不能进行醇解。

3. 氨解反应　除酰胺外，酰氯、酸酐和酯能与氨(或胺)反应生成相应的酰胺。

$$\underset{\substack{\| \\ O}}{R-C}-Cl + NH_3 \longrightarrow \underset{\substack{\| \\ O}}{R-C}-NH_2 + NH_4Cl$$

$$\underset{\substack{\| \\ O}}{R-C}-O-\underset{\substack{\| \\ O}}{C}-R' + NH_3 \longrightarrow \underset{\substack{\| \\ O}}{R-C}-NH_2 + R'-\underset{\substack{\| \\ O}}{C}-ONH_4$$

$$\underset{\substack{\| \\ O}}{R-C}-O-R' + NH_3 \longrightarrow \underset{\substack{\| \\ O}}{R-C}-NH_2 + R'OH$$

酰氯和酸酐与氨反应很快，酯需在无水条件下，用过量的氨处理才能得到酰胺，因此，制备酰胺常用酰氯和酸酐作原料。

4. 还原反应　羧酸衍生物的羰基一般比羧酸容易还原。羧酸衍生物均具有还原性，可用多种方法进行还原。催化加氢、氢化铝锂还原、乙醇加钠还原等。例如：

$$RCOCl \xrightarrow{H_2/Ni} RCH_2OH$$

$$RCOOCOR \xrightarrow{LiAlH_4} 2RCH_2OH$$

$$n\text{-}C_{11}H_{23}COOC_2H_5 + Na \xrightarrow{C_2H_5OH} n\text{-}C_{11}H_{23}CH_2OH + C_2H_5OH$$

月桂酸乙酯　　　　　　　　　　　　　　　月桂醇

$$\text{环己基}-\underset{\substack{\| \\ O}}{C}-N(CH_3)_2 \xrightarrow[H^+]{LiAlH_4} \text{环己基}-CH_2N(CH_3)_2$$

5. 酯缩合反应　在含有 α-H 的酯分子中，由于 α-H 比较活泼，所以在强碱(如

C$_2$H$_5$ONa)作用下形成的 α-负碳离子进攻另一分子酯，失去一分子的醇，生成 β-酮酸酯。此反应称为克莱森(Claisen)酯缩合反应。

$$2CH_3\overset{O}{\overset{\|}{C}}OC_2H_5 \xrightarrow{C_2H_5ONa} CH_3\overset{O}{\overset{\|}{C}}CH_2\overset{O}{\overset{\|}{C}}OC_2H_5 + C_2H_5OH$$
乙酸乙酯　　　　　　　　　乙酰乙酸乙酯(β-丁酮酸乙酯)

其反应历程与羟醛缩合反应历程类似：

(1)酯在强碱作用下失去 α-H 形成 α-碳负离子。

$$CH_3\overset{O}{\overset{\|}{C}}OC_2H_5 \xrightarrow{C_2H_5ONa} {}^-CH_2\overset{O}{\overset{\|}{C}}OC_2H_5$$

(2)α-碳负离子作为亲核试剂向另一分子酯的羰基碳进攻而形成氧负离子中间体。

$$CH_3-\overset{O}{\overset{\|}{C}}-OC_2H_5 + {}^-CH_2-\overset{O}{\overset{\|}{C}}-OC_2H_5 \longrightarrow CH_3-\overset{O^-}{\overset{|}{\underset{\underset{O}{\overset{\|}{C}}-OC_2H_5}{\underset{|}{CH_2}}}{C}}-O-C_2H_5$$

(3)由氧负离子中间体消除烷氧基即得 β-酮酸酯。

$$\left[CH_3-\overset{O^-}{\overset{|}{\underset{\underset{O}{\overset{\|}{C}}-OC_2H_5}{\underset{|}{CH_2}}}{C}}-O-C_2H_5\right] \longrightarrow CH_3-\overset{O}{\overset{\|}{C}}-CH_2-\overset{O}{\overset{\|}{C}}-OC_2H_5 + C_2H_5O^-$$

6. 酰胺的酸碱性　在酰胺分子中，由于氮上未共用电子对与羰基形成 p-π 共轭体系，导致氮原子上的电子云密度降低，接受质子的能力下降，即氨基的碱性减弱。因此酰胺是中性或近中性的，它不能使石蕊变色。同时也导致 N—H 键的极性增强，氢原子变得稍活泼，而较易质子化，若与强吸电子基相连时也可表现出一定的酸性。

$$R-\overset{O}{\overset{\|}{C}}NH_2$$

酰亚胺分子中，由于受两个羰基的影响，氮原子上的电子云密度大大降低，失去质子的能力增加，从而使酰亚胺的酸性明显增加，呈弱酸性，可与强碱作用生成较稳定的盐。

7. 酰胺的霍夫曼降级反应　八个碳以下的伯酰胺与溴的碱性溶液作用，脱去羰基生成比酰胺少一个碳原子的伯胺，此反应称为霍夫曼(Hofmann)降级反应。

$$RCONH_2 \xrightarrow[Br_2]{NaOH} RNH_2$$

利用霍夫曼降级反应，不但可以用于制取伯胺，也是使碳链上减少一个碳原子的有效方法。

思考题 10-5　试总结羧酸、酰卤、酸酐、酯和酰胺的相互转变关系并按要求完成下列化合物的转变（无机试剂任选）：

(1) $CH_3CH_2CH_2CH_2CN \longrightarrow CH_3CH_2CH_2CH_2NH_2$

(2)

四、一些重要的羧酸衍生物

1. 乙酰氯和苯甲酰氯　乙酰氯和苯甲酰氯都是无色液体，乙酰氯沸点52 ℃，苯甲酰氯沸点 197.2 ℃。它们很容易水解，并产生刺激性盐酸烟雾。它们都是常用的酰化试剂。

2. 乙酸酐　乙酸酐简称乙酐，是无色稍有刺激性气味的液体，沸点139.6 ℃，遇水水解成乙酸，可溶于有机溶剂，乙酐本身也是一种良好的有机溶剂。

工业上乙酸酐除用作酰化试剂外，还用于制备染料、药物和醋酸纤维等。

3. 邻苯二甲酸酐　邻苯二甲酸酐简称苯酐，是无色固体，熔点 132 ℃，易升华。溶于乙醇、苯和吡啶，微溶于冷水，溶于热水并水解为邻苯二甲酸。是染料、聚酯、增塑剂生产中的重要原料。邻苯二甲酸酐也可与苯酚缩合生成酸碱指示剂酚酞。

4. N，N-二甲基甲酰胺　N，N-二甲基甲酰胺（DMF）是无色透明液体，略带氨味，沸点 153 ℃，熔点—61 ℃。在空气中允许浓度为 $20\sim50\ \mu g \cdot g^{-1}$。

工业上以甲醇、一氧化碳、氨为原料，在高压（温度约 100 ℃，压力约 15 Mpa）下反应可制取 N，N-二甲基甲酰胺。

$$2CH_3OH + CO + NH_3 \xrightarrow[T]{p} H-\overset{\overset{\displaystyle O}{\|}}{C}-N(CH_3)_2 + 2H_2O$$

N，N-二甲基甲酰胺是化学性质稳定、沸点高、毒性小的优良有机溶剂，又是某些有机合成反应的优良催化剂，也是某些农药、合成药物的原料。

5. 除虫菊酯　除虫菊酯是存在于天然植物除虫菊花中有杀虫效力的成分，其结构为：

（R=CH₃ 除虫菊酯Ⅰ，R=COOCH₃ 除虫菊酯Ⅱ）

利用除虫菊酯对害虫击倒快、杀虫谱广，对哺乳动物几乎无毒的优点可以防治害虫。但除虫菊酯对光和空气不稳定，在自然条件下易分解失效，极大地限制了它作为农药的应用。自 20 世纪 50 年代起，人们仿造天然除虫菊酯的结构，经过结构修饰和改造，合成了一系列拟除虫菊酯，成为杀虫剂的一个重要类型。目前人工合成已商品化的农用拟除虫菊酯有很多种类，如丙烯菊酯、溴氰菊酯等。

小知识 ///

布 洛 芬

布洛芬是日常生活中的常备药，具有解热、镇痛、抗炎的作用。它是 Stewart Adams 研究团队于 20 世纪 50 年代发现的。布洛芬自 1966 年在英国上市以来，逐渐成为临床使用最普遍的非甾体类消炎药（NSAIDS）之一。布洛芬可以缓解或消除头痛、牙痛、腰痛及术后疼痛，镇痛作用是阿司匹林的 16～32 倍。此外，布洛芬的退热作用比阿司匹林更有效、作用更持久，和同等剂量的对乙酰氨基酚相比也更有效，所以在大多数情况下，布洛芬可用于持续高热不退的治疗。布洛芬还可用于炎症的治疗，如肩周炎、腱鞘炎、风湿及类风湿关节炎，但抗炎作用相对较弱。

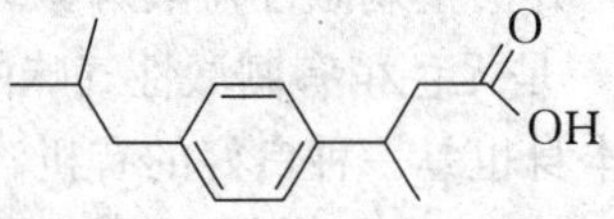

布洛芬

于新怡. 合理使用布洛芬. 首都食品与医药，2017，10：61-82.

习 题

1. 命名下列化合物或写出结构式。

(1) $(CH_3)_2CHCOOH$

(2) $(CH_3CH_2CH_2CO)_2O$

(3)

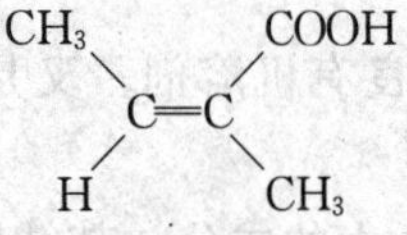

(4)

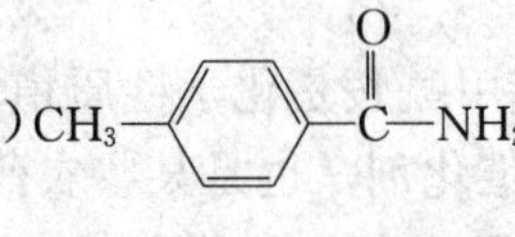

(5)

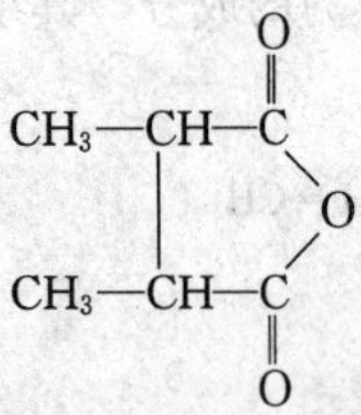

(6)

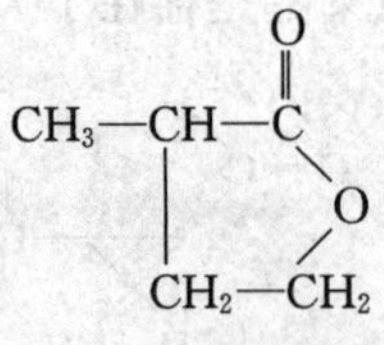

(7) 对甲氧基苯甲酸苄酯

(8) 2-甲基顺丁烯二酸酐

(9) 3-甲基丁酰溴

(10) N，N-二甲基丁酰胺

2. 将下列各组化合物按酸性增强的顺序排列。

(1) 乙烷、乙酸、水、氨、乙醇、碳酸、苯酚、甲酸

(2) 草酸、醋酸、丙二酸、苯酚

(3) 丙酸、2-氯丙酸、3-氯丙酸

3. 用简单的化学方法区别下列各组化合物。

(1) 甲酸、乙酸、乙二酸、乙醛

(2) 乙酸、乙醇、邻甲苯酚

(3) 苯酚、苯甲酸、苯甲酰胺

4. 如何用化学方法分离己醇、己酸和对甲苯酚的混合物？

5. 写出下列反应的主要产物。

(1) $(CH_3)_2CHOH + CH_3-\!\!\!\bigcirc\!\!\!-COCl \longrightarrow$

(2) $2CH_3CH_2COOC_2H_5 \xrightarrow{NaOC_2H_5}$

(3) $CH_3COCl + \!\!\!\bigcirc\!\!\!-CH_3 \xrightarrow{AlCl_3}$

(4) $HOOCCH_2-\!\!\!\bigcirc\!\!\!-CH=CHCH_2CHO \xrightarrow{LiAlH_4}$

(5) $HOOCCH_2-\!\!\!\bigcirc\!\!\!-CH=CHCH_2CHO \xrightarrow{H_2/Pt}$

(6) $CH_3COOCH_3 \xrightarrow{NH_3}$

(7) $CH_3-\!\!\!\bigcirc\!\!\!-CONH_2 \xrightarrow[Br_2]{OH^-}$

(8) $CH_3COOC_2H_5 + CH_3CH_2CH_2OH \underset{H^+}{\rightleftharpoons}$

(9) $\!\!\!\bigcirc\!\!\!-\overset{O}{\overset{\|}{C}}-OCH_3 + CH_3-\overset{O}{\overset{\|}{C}}-OC_2H_5 \xrightarrow{C_2H_5ONa}$

(10) $\!\!\!\bigcirc\!\!\!\underset{CH_2COOH}{\overset{CH_2COOH}{<}} \xrightarrow[\triangle]{Ba(OH)_2}$

6. 完成下列转化(无机试剂任选)。

(1) $CH_3CH_2CH=CH_2 \longrightarrow CH_3CH_2\underset{CH_3}{\overset{|}{C}HCOCl}$

(2) $CH\equiv CH \longrightarrow CH_3COOC_2H_5$

(3) $CH_3CH_2OH \longrightarrow CH_2\underset{COOC_2H_5}{\overset{COOC_2H_5}{<}}$

(4) $(CH_3)_4C \longrightarrow (CH_3)_3CCH_2COOH$

(5) $(CH_3)_2C=CH_2 \longrightarrow (CH_3)_3CCOOH$

(6) 由苯、甲苯合成三苯甲醇

7. 化合物 A、B、C 的分子式均为 $C_3H_6O_2$，只有 A 能与 $NaHCO_3$ 作用放出二氧化碳，B 和 C 在氢氧化钠溶液中水解，B 的水解产物之一能发生碘仿反应。推测 A、B、C 的结构式。

8. 某化合物 $C_5H_6O_3$(A)能与乙醇作用得到两个互为异构体的化合物 B 和 C。将 B 和 C 分别与亚硫酰氯作用后，得到的产物再加入乙醇，均可得到同一种化合物 D。试推导 A、B、

C、D 化合物的结构式并写出有关反应式。

9. 某化合物的分子式为 $C_4H_6O_2$，它不溶于碳酸钠及氢氧化钠水溶液；可使溴水褪色；有类似于乙酸乙酯的香味；和氢氧化钠水溶液共热后则发生反应，生成乙酸和乙醛，试推测该化合物的结构式。

10. 化合物 $A(C_4H_6O_4)$ 加热后得 $B(C_4H_4O_3)$，将 A 与过量甲醇及少量硫酸一起加热得到 $C(C_6H_{10}O_4)$。B 与过量甲醇作用也得到 C。A 与 $LiAlH_4$ 作用得 $D(C_4H_{10}O_2)$。写出 A、B、C、D 的结构式。

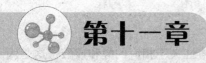

第十一章

取 代 酸

羧酸分子中烃基上的氢原子被其他原子或基团取代后形成的化合物称为取代酸（substi-tuted - acid）。重要的取代酸有卤代酸、羟基酸、氨基酸、羰基酸等，因为这些取代酸含有两个官能团，故属于双官能团化合物，它们既具有两个官能团相互独立的典型反应，也具有两个官能团相互影响而形成的特殊性质。其中卤代酸的性质比较简单，氨基酸在后面一章中单独讨论，本章将重点讨论羟基酸和羰基酸。

第一节 羟 基 酸

一、羟基酸的分类和命名

分子中同时含有羧基和羟基的化合物称为羟基酸（hydroxy - acid）。根据羟基所连烃基的类型，可以将羟基酸分为醇酸和酚酸。羟基连在脂肪烃基上的称为醇酸，连在芳香环上的称为酚酸；在醇酸中，根据羟基和羧基的相互位置关系，又可以将醇酸分为 α -醇酸、β -醇酸、γ -醇酸和 δ -醇酸等。

羟基酸的命名是以羟基为取代基，羧基为母体，按照羧酸的命名原则来命名，如：

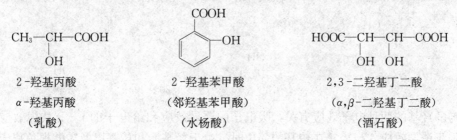

2-羟基丙酸	2-羟基苯甲酸	2,3-二羟基丁二酸
α-羟基丙酸	（邻羟基苯甲酸）	（α,β-二羟基丁二酸）
（乳酸）	（水杨酸）	（酒石酸）

羟基酸也常常用俗名，如上面的乳酸、水杨酸、酒石酸等。

思考题 11 - 1 写出下列化合物的构造式：

(1)2-羟基丁二酸(苹果酸)

(2)3-羧基-3-羟基戊二酸(柠檬酸)

(3)3,4-二羟基苯甲酸

(4)3-羧基-2-羟基戊二酸(异柠檬酸)

二、羟基酸的性质

(一)羟基酸的物理性质

羟基酸一般为白色结晶固体或糖浆状黏稠液体，其水溶性大于相应的醇和羧酸，这是因为分子中的羟基和羧基都可以与水分子形成氢键。同理，由于分子间可形成更多的氢键，羟基酸的熔点也高于相应的羧酸。许多羟基酸具有光学活性，如自然界存在的苹果酸是 L-苹果酸。

(二)羟基酸的化学性质

羟基酸具有羟基和羧基的典型化学性质，同时还有羟基和羧基相互影响所产生的新的化学性质。

1. 酸性　从诱导效应考虑，羟基是吸电子基，因此，醇酸具有比相应的羧酸更强的酸性，其增强的程度与羟基距离羧基的距离有关，羟基距羧基越近，酸性增强的程度越大。如：

$$CH_2-CH_2-CH_2-COOH \qquad CH_3-CH-CH_2-COOH \qquad CH_3-CH_2-CH-COOH$$
$$\underset{OH}{|} \qquad\qquad\qquad \underset{OH}{|} \qquad\qquad\qquad \underset{OH}{|}$$

pKa　　　　4.71　　　　　　　4.41　　　　　　　3.65

由于羟基的吸电子能力弱于卤素原子，所以羟基羧酸的酸性弱于相应的卤代羧酸。

$$CH_2-CH_2-CH_2-COOH \qquad CH_3-CH-CH_2-COOH \qquad CH_3-CH_2-CH-COOH$$
$$\underset{Cl}{|} \qquad\qquad\qquad \underset{Cl}{|} \qquad\qquad\qquad \underset{Cl}{|}$$

pKa　　　　4.50　　　　　　　4.05　　　　　　　2.85

酚酸中的酚羟基对芳香酸的酸性也有影响。实验表明，邻羟基苯甲酸和间羟基苯甲酸的酸性都强于苯甲酸，而对羟基苯甲酸的酸性弱于苯甲酸：

pKa　　　　2.98　　　　　　4.078　　　　　　4.20　　　　　　　4.58

这与酚羟基的两种电子效应有关：吸电子的诱导效应和给电子的 p-π 共轭效应，且共轭效应强于诱导效应。当羟基在羧基的邻位时，由于羟基能和羧基以及羧酸根负离子以氢键结合，大大增强了羧基的电离程度以及羧基负离子的稳定性，因而酸性增强。另外，邻羟基苯甲酸中羟基和羧基的空间位阻使得羧基偏离与苯环的 π-π 共轭平面，相对羧基而言，苯环的给电子效应减弱，故其酸性比苯甲酸增强较多。当羟基在羧基的间位时，由于羧基和羟基未能形成共轭体系，羟基对羧基的作用主要表现为吸电子的诱导效应，这种作用较小，故酸性增强不大。当羟基在羧基的对位时，由于供电子的共轭效应远大于吸电子的诱导效应，羟基的总效应表现为供电子效应，使得羧基电子云密度增大，因而酸性有所减弱。

2. 脱水和脱羧反应　醇酸受热容易发生脱水反应，其产物依羟基和羧基的相对位置而定。

(1)α-醇酸受热脱水时，一般两分子相互酯化，生成六元环的交酯。

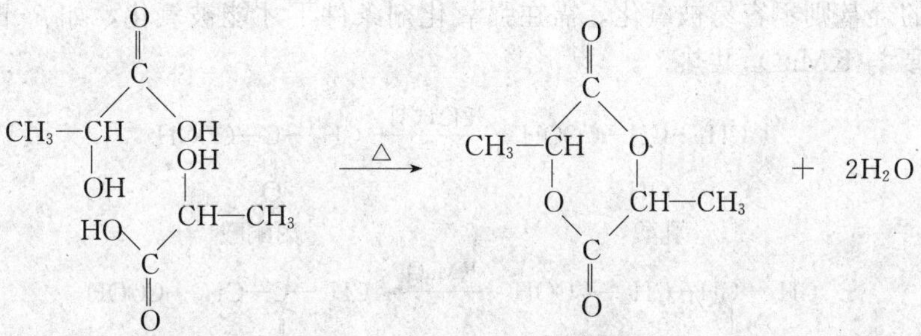

α-羟基丙酸　　　　　　　　　　丙交酯

交酯和其他酯类一样，与酸或碱共热时，也易水解为原来的醇酸。

(2)β-醇酸受热时发生分子内脱水，生成 α,β-不饱和酸。

$$HOCH_2CH_2COOH \xrightarrow{\triangle} CH_2 = CHCOOH + H_2O$$

β-羟基丙酸　　　　　　　　丙烯酸

这是因为 α-氢同时受羧基和羟基的影响，比较活泼，易与邻近的羟基脱水。

(3)γ-醇酸在室温下能自动进行分子内酯化，生成五元环的内酯。δ-醇酸受热则生成六元环的内酯，但不如 γ-醇酸那样容易。

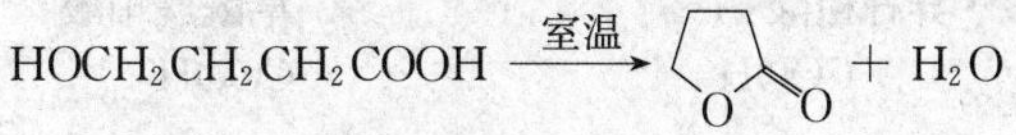

γ-羟基丁酸　　　　γ-丁内酯

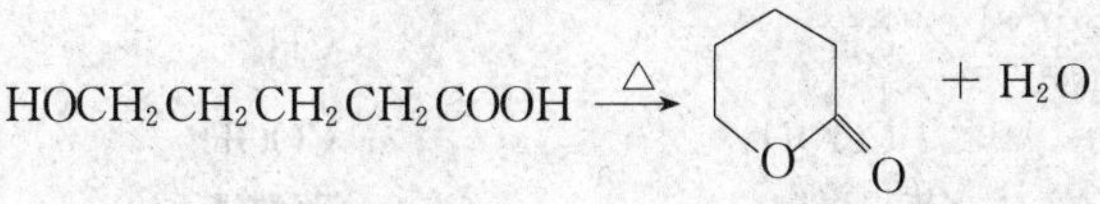

δ-羟基戊酸　　　　δ-戊内酯

羟基和羧基相隔 5 个或 5 个以上碳原子的羟基酸，受热后则发生分子间的酯化脱水，生成链状结构的聚酯：

$$m\,HO(CH_2)_n COOH \longrightarrow H[O(CH_2)_n CO]_m OH + (m-1)H_2O \quad (n \geqslant 5)$$

(4)邻位和对位酚酸受热时易发生脱羧反应。

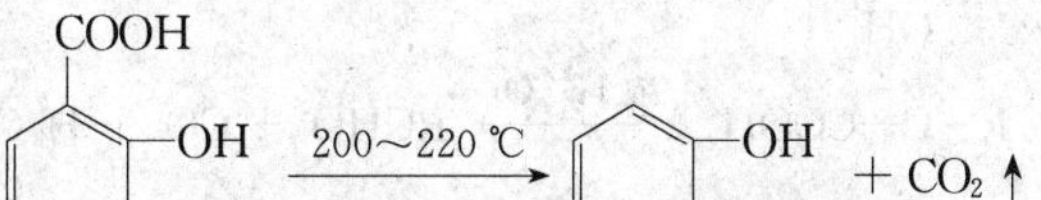

$$五倍子酸 \xrightarrow{200\ ℃} 焦性没食子酸 + CO_2 \uparrow$$

3. α-醇酸的氧化反应　α-醇酸中的羟基受羧基的影响，比醇中的羟基更容易氧化，例如 α-醇酸在弱氧化剂托伦试剂作用下可生成相应的羰基羧酸，而醇和其他醇酸如 β、γ、δ-羟基羧酸中的羟基则不容易被氧化，需在强氧化剂条件下才能被氧化，如 β-醇酸被氧化成 β-酮酸则需要与 $KMnO_4$ 共热。

$$乳酸 \xrightarrow{托伦试剂} 丙酮酸$$

$$β-羟基丁酸 \xrightarrow{KMnO_4} β-丁酮酸$$

羟基酸和酮酸之间的氧化反应是生物体内的一种重要反应，反应多在酶的作用下进行。例如：

$$异柠檬酸 \underset{\longleftarrow}{\overset{异柠檬酸脱氢酶}{\longrightarrow}} 草酰琥珀酸$$

$$苹果酸 \underset{\longleftarrow}{\overset{苹果酸脱氢酶}{\longrightarrow}} 草酰乙酸$$

4. α-醇酸的分解反应　α-醇酸和稀硫酸或盐酸一起加热时发生分解反应，生成一分子甲酸和一分子醛或酮。

$$R{-}CH(OH){-}COOH \xrightarrow[\triangle]{稀\ H_2SO_4} HCOOH + RCHO$$

α-醇酸用浓硫酸加热处理，分解为醛或酮及 CO 和 H_2O：

$$R{-}C(OH)(H){-}COOH \xrightarrow{浓\ H_2SO_4} RCHO + CO + H_2O$$

$$R-\underset{\underset{R'}{|}}{\overset{\overset{OH}{|}}{C}}-COOH \xrightarrow{\text{浓 } H_2SO_4} R-\overset{\overset{O}{\|}}{C}-R' + CO + H_2O$$

思考题 11-2

（1）按酸性递增的顺序排列下列化合物：丙酸、乳酸、β-羟基丙酸、α-氯丙酸

（2）完成下列反应方程式：

$$HOCH_2CH_2CHO \xrightarrow[(2)H_2O/H^+]{(1)HCN} \overset{\triangle}{\longrightarrow}$$

$$CH_3\underset{\underset{Cl}{|}}{CH}CH_2CH_2COOH \xrightarrow[]{NaOH/H_2O} \overset{\triangle}{\longrightarrow}$$

$$\underset{CH_3-CH-CH_2OH}{\overset{CH_3-CH-COOH}{|}} \xrightarrow{\triangle} ? \xrightarrow{NaOH \text{ 溶液}} ? \xrightarrow[H^+]{K_2Cr_2O_7} ? \xrightarrow{300\,℃\text{以上}} ?$$

三、羟基酸的重要化合物

1. 乳酸（α-羟基丙酸） 乳酸因最初是从酸牛奶中发现的，因而称为乳酸。乳酸也存在于腌制的酸菜和肌肉中，特别是肌肉剧烈活动后，乳酸的含量增加，因此感觉肌肉酸胀。工业上由糖经乳酸菌发酵而制得：

$$C_6H_{12}O_6 \xrightarrow[35\sim40\,℃]{\text{乳酸菌}} 2CH_3-\underset{\underset{OH}{|}}{CH}-COOH$$

由酸牛奶、糖发酵及肌肉里得到的乳酸，构造式相同，但旋光性不同，因此它们不是同一种物质。

乳酸通常为无色或微黄色糖浆状液体，熔点 18 ℃，可溶于水、醇、醚和甘油，不溶于氯仿和油脂。工业上用乳酸作除钙剂，印染业用作媒染剂。医药上则用乳酸钙治疗普通缺钙引发的佝偻病。

2. 酒石酸（2,3-二羟基丁二酸） 酒石酸常存在于多种植物中，如葡萄和罗望子，其中尤以葡萄中含量最多，常以酒石酸氢钾的形式存在。酿制葡萄酒时，随着乙醇浓度的增加，发酵液中所含的右旋酒石酸氢钾由于溶解度的减小而结晶析出，被称为酒石，酒石与无机酸作用生成游离态的酒石酸，酒石酸的名称由此而来。

酒石酸为无色半透明结晶或结晶粉末，熔点 170 ℃，易溶于水，不溶于有机溶剂。作为食品中添加的抗氧化剂，酒石酸可以使食物具有酸味。酒石酸最大的用途是作为饮料添加剂，也是药物工业原料。在制镜工业中，酒石酸是一种重要的助剂和还原剂，可以控制银镜的形成速度，获得非常均一的镀层。酒石酸氢钾还是发酵粉的原料，酒石酸钾钠用作泻药、配制斐林试剂。酒石酸的氧锑钾盐，又称吐酒石，用作催吐剂，也是治疗血吸虫病的一种特效药，其结构式为：

$$\begin{array}{l} HO-CH-COOK \\ \quad\quad | \\ HO-CH-COOSbO \end{array}$$

3. 苹果酸(α-羟基丁二酸)　α-羟基丁二酸在未成熟的苹果中含量最多,故又称苹果酸。纯净的苹果酸为无色针状结晶或结晶状粉末,熔点 100 ℃,有较强的吸湿性,易溶于水和乙醇,微溶于乙醚,有特殊愉快的酸味。苹果酸是生物体代谢的中间产物,常用于制药和食品工业。苹果酸受热以 β-羟基酸的形式脱水生成丁烯二酸,丁烯二酸加水后,又可得到苹果酸,这是工业上制备苹果酸常用的方法。

$$HOOC-\underset{\underset{OH}{|}}{CH}-CH_2COOH \underset{H_2O}{\overset{\triangle, -H_2O}{\rightleftharpoons}} HOOC-CH=CH-COOH$$

4. 柠檬酸(3-羧基-3-羟基戊二酸)　柠檬酸又称枸橼酸,广泛分布于自然界中。天然的柠檬酸存在于植物如柠檬、柑橘、菠萝、覆盆子、葡萄等果实和动物的骨骼、肌肉、血液中,尤以柠檬中含量最多,故名柠檬酸。在室温下,柠檬酸为无色半透明晶体或白色颗粒或白色结晶性粉末,无臭,味极酸,在潮湿的空气中微有潮解性。它可以以无水合物或者一水合物的形式存在:柠檬酸从热水中结晶时,生成无水合物;在冷水中结晶则生成一水合物;加热到 78 ℃时一水合物会分解得到无水合物。含一分子结晶水的样品熔点为 100 ℃,不含结晶水的为 153 ℃,易溶于水和乙醇、乙醚,因其酸味爽口,故食品工业用作糖果及清凉饮料的调味剂。

柠檬酸加热到 150 ℃时,可发生分子内脱水生成顺乌头酸,后者加水可产生柠檬酸和异柠檬酸两种异构体。

柠檬酸　　　　　　　顺乌头酸　　　　　　　异柠檬酸

在生物体内,上述反应是在酶催化下进行的,糖、脂肪、蛋白质的代谢均要经过这一过程。柠檬酸的盐类在医药上有多种用途。钠盐为抗凝血剂,钾盐为祛痰剂和利尿剂,锌盐为温和的泻剂,铁铵盐可做补血剂。

5. 水杨酸(邻羟基苯甲酸)　水杨酸存在于柳树皮、树叶内,因此又称为柳酸。纯品为无色针状晶体,味甘酸,熔点 157～159 ℃,76 ℃能升华,微溶于水,能溶于乙醇、乙醚和氯仿中。水杨酸具有酚和羧酸的性质,可与三氯化铁溶液作用显紫色,与 NaOH 作用生成双钠盐;与 NaHCO_3 反应,只有羧基被中和到钠盐;加热到熔点以上,发生脱羧反应生成苯酚;加热至 200 ℃以上可脱羧生成苯酚。

水杨酸及其衍生物具有消毒防腐、解热镇痛和抗风湿的作用,因此在医药工业中有着重要的用途。如乙酰水杨酸是常用的解热镇痛药物阿司匹林的主要成分,水杨酸钠是急性风湿症和风湿性关节炎的治疗药物,水杨酸的酒精溶液可以治疗由霉菌引起的皮肤病等。

水杨酸　　　　　　　　　　　　　　　乙酰水杨酸

由于水杨酸具有去角质、促进代谢的作用，所以许多护肤品中含有水杨酸成分。

6. 没食子酸(3,4,5-三羟基苯甲酸)**和单宁** 没食子酸也叫五倍子酸、棓酸，它是植物中分布最广的一种有机酸，以游离态或结合成单宁存在于茶叶、栗子、柿子及五倍子等植物的叶子中，特别是在没食子和五倍子中含量最多。没食子酸纯品为白色结晶，熔点253 ℃，难溶于冷水，能溶于热水、乙醇和乙醚中，在空气中能被氧化成暗褐色，故可作抗氧剂。其水溶液与三氯化铁溶液能析出蓝黑色沉淀，常用作蓝墨水的原料。当加热至200 ℃以上时，即脱羧生成没食子酚，即1,2,3-苯三酚，又称焦性没食子酸。

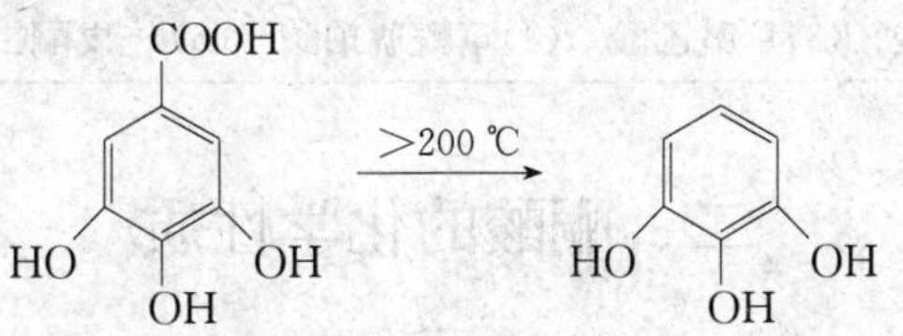

单宁，又称鞣质、鞣酸或单宁酸，是存在于植物体内的没食子酸的衍生物。不同来源的单宁结构不同，但性质相似，都是无定形粉末，有涩味；遇铁盐生成黑色或绿色沉淀；可用作生物碱试剂；具有杀菌、防腐和凝固蛋白质的作用。医药上常用它作止血剂、收敛剂及生物碱中毒时的解毒剂。研究最多的是我国的五倍子单宁，它是由葡萄糖、五倍子酸、间双五倍子酸形成的酯的混合物，其结构通式如下：

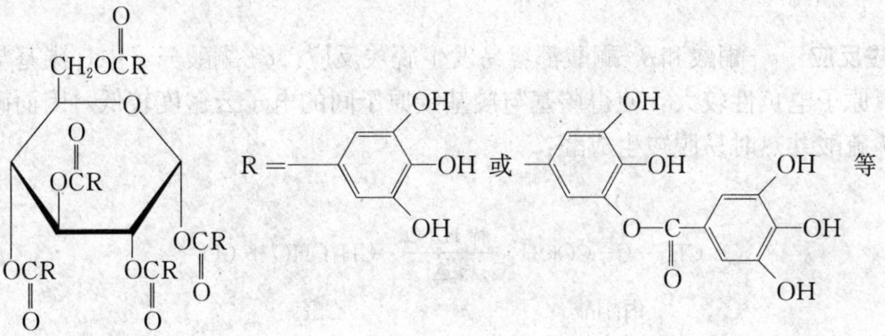

第二节　羰　基　酸

一、羰基酸的分类和命名

分子中同时含有羰基和羧基的化合物称为羰基酸。根据羰基的结构，羰基酸可以分为醛酸和酮酸。按照羰基和羧基的相对位置，也可分为 α-羰基酸、β-羰基酸等。

羰基酸的系统命名，选择包含羰基和羧基在内的最长碳链为主链，以羰基为取代基，羧基为官能团，称为"某醛酸"或"某酮酸"。若为酮酸，羰基的位置需要用阿拉伯数字或希腊字母标明。羰基酸也可用"某酰某酸"的形式进行命名，或称为氧代酸，同时标明羰基的位置。如：

$$OHC\!-\!COOH \qquad OHC\!-\!CH_2\!-\!COOH \qquad CH_3\overset{\displaystyle O}{\overset{\|}{C}}\!-\!COOH \qquad CH_3\overset{\displaystyle O}{\overset{\|}{C}}\!-\!CH_2\!-\!COOH$$

乙醛酸 　　　　 丙醛酸 　　　　 丙酮酸 　　　　 3-丁酮酸(β-丁酮酸)

甲酰甲酸 　　　　 甲酰乙酸 　　　　 乙酰甲酸 　　　　 乙酰乙酸

$$HOOC\!-\!\overset{\displaystyle O}{\overset{\|}{C}}\!-\!CH_2\!-\!COOH \qquad 丁酮二酸(草酰乙酸)$$

思考题 11-3　写出下列化合物的构造式：

(1)丙酮酸　(2)β-丁酮酸　(3)草酰乙酸　(4)草酰琥珀酸　(5)α-戊酮二酸

二、酮酸的化学性质

羰基酸具有羰基和羧基的典型反应，也具有两者相互影响形成的特殊性质。

1. 酸性　羰基对羧基而言是吸电子基，因此羰基酸的酸性大于相应的羧酸和醇酸，例如：

$$CH_3CH_2COOH \qquad\quad CH_3\underset{\underset{\displaystyle OH}{|}}{C}HCOOH \qquad\quad CH_3\underset{\underset{\displaystyle O}{\|}}{C}COOH$$

pK_a 　　　　4.87 　　　　　　　3.86 　　　　　　　2.49

2. 脱羧反应　α-酮酸和β-酮酸都容易发生脱羧反应。α-酮酸分子中，羰基与羧基直接相连，因氧原子电负性较大，使得羰基与羧基碳原子间的电子云密度较低，因而碳碳键容易断裂，与稀硫酸共热时易脱羧生成醛：

$$CH_3\overset{\displaystyle O}{\overset{\|}{C}}\!-\!COOH \xrightarrow[\triangle]{稀\ H_2SO_4} CH_3CHO + CO_2\uparrow$$

丙酮酸 　　　　　　　　　　　乙醛

β-酮酸只在低温下稳定，在室温以上即可脱羧生成酮，这是β-酮酸的共性。如乙酰乙酸在室温下就能慢慢脱羧生成丙酮：

$$CH_3\overset{\displaystyle O}{\overset{\|}{C}}\!-\!CH_2\!-\!COOH \longrightarrow CH_3\overset{\displaystyle O}{\overset{\|}{C}}\!-\!CH_3 + CO_2\uparrow$$

乙酰乙酸 　　　　　　　　　　　丙酮

生物体内某些酮酸在酶催化下也能发生脱羧反应：

$$\begin{array}{c} COOH \\ | \\ C\!=\!O \\ | \\ CH_2COOH \end{array} \xrightarrow{\ 酶\ } \begin{array}{c} COOH \\ | \\ C\!=\!O \\ | \\ CH_3 \end{array} + CO_2\uparrow$$

生物体内丙酮酸缺氧时，在酶的作用下发生脱羧反应，生成乙醛，然后加氢还原为乙醇。水果开始腐烂或饲料开始发酵时常有酒味，就是这个原因。

3. 氧化还原反应　醛酸中的醛基具有醛的性质，因此，醛酸遇到弱氧化剂托伦试剂、斐林试剂等能被氧化成二元酸，如：

$$\begin{array}{c} CHO \\ | \\ COOH \end{array} \xrightarrow[\text{(2)}H^+]{\text{(1)}[Ag(NH_3)_2]^+} \begin{array}{c} COOH \\ | \\ COOH \end{array}$$

$$HOOCCH_2CH_2CHO \xrightarrow{\text{斐林试剂}} NaOOCCH_2CH_2COONa + Cu_2O\downarrow + H_2O$$

如果醛酸中没有 α-氢原子，还可在碱性条件下发生歧化反应。

$$2\begin{array}{c} CHO \\ | \\ COOH \end{array} \xrightarrow[\triangle]{NaOH} \begin{array}{c} COONa \\ | \\ COONa \end{array} + \begin{array}{c} CH_2OH \\ | \\ COONa \end{array}$$

酮和羧酸都不易被氧化，但 α-酮酸却比较容易被氧化，不但强氧化剂（如酸性高锰酸钾）能使其氧化，甚至某些弱氧化剂（如二价铁/过氧化氢、托伦试剂、斐林试剂等）都能使其在脱羧的同时被氧化成少一个碳原子的羧酸。如：

$$CH_3\overset{\displaystyle O}{\overset{\displaystyle \|}{C}}-COOH \xrightarrow{Fe^{2+} + H_2O_2} CH_3COOH + CO_2\uparrow$$

$$R-\overset{\displaystyle O}{\overset{\displaystyle \|}{C}}-COOH \xrightarrow{[Ag(NH_3)_2]^+,\ OH^-} RCOO^- + 2Ag\downarrow + 2NH_3\uparrow$$

思考题 11-4 完成下列转化

(1) $\begin{array}{c} CH_3CHCH_2COOH \\ | \\ OH \end{array} \xrightarrow{KMnO_4/H^+} ? \xrightarrow{\text{室温}} ?$

(2) $CH_3CHO \xrightarrow{?} \begin{array}{c} CH_3CHCN \\ | \\ OH \end{array} \xrightarrow{?} \begin{array}{c} CH_3CHCOOH \\ | \\ OH \end{array} \xrightarrow{KMnO_4/H^+} ? \xrightarrow{\text{稀 } H_2SO_4} ?$

三、羰基酸的重要化合物

1. 乙醛酸 乙醛酸是最简单的醛酸，存在于未成熟的水果和动植物组织中。无水的乙醛酸为黏稠状液体，具有醛和羧酸的一般性质。

2. 丙酮酸 丙酮酸是最简单的酮酸，为无色有刺激臭味的液体，沸点 165 ℃，易溶于水、乙醇和醚中。除了羧酸和酮的反应外，还具有 α-酮酸的特有性质，如氧化脱羧等。丙酮酸是动植物体内糖、蛋白质代谢的中间产物，可由乳酸氧化而得。

3. 乙酰乙酸 乙酰乙酸（CH_3COCH_2COOH）又称为 3-丁酮酸或 β-丁酮酸，它是有机体内脂肪代谢的中间产物，糖尿病患者脂肪代谢不能正常进行，在尿液中有丙酮和乙酰乙酸存在，这在病理学上称为丙酮体，可作为糖尿病的辅助诊断。

乙酰乙酸很不稳定，稍受热即容易发生脱羧反应，失去二氧化碳转化为丙酮。乙酰乙酸形成的酯是稳定的有机物，在有机合成上有重要的应用价值。

4. 草酰乙酸（α-丁酮二酸） 草酰乙酸可由反丁烯二酸制得：

$$\underset{HOOC}{\overset{H}{\diagdown}}C=C\underset{H}{\overset{COOH}{\diagup}} \xrightarrow{\text{稀 } H_2SO_4} \begin{array}{c} CH_2COOH \\ | \\ CHCOOH \\ | \\ OH \end{array} \xrightarrow{[O]} \begin{array}{c} CH_2COOH \\ | \\ C-COOH \\ \| \\ O \end{array}$$

草酰乙酸为晶体，能溶于水。草酰乙酸既是 α-酮酸，又是 β-酮酸，所以它只在低温下稳定，室温以上很容易脱羧生成丙酮酸。

$$\underset{\text{HOOC}}{} \overset{\text{O}}{\underset{\|}{\text{C}}}\text{—CH}_2\text{COOH} \xrightarrow{-\text{CO}_2} \text{HOOC—}\overset{\text{O}}{\underset{\|}{\text{C}}}\text{—CH}_3$$

在生物体内，草酰乙酸与丙酮酸在一些特殊酶的作用下，经缩合、脱羧和氧化等反应可得柠檬酸。

四、乙酰乙酸乙酯

1. 互变异构现象 乙酰乙酸乙酯（也称三乙化合物）是乙酸乙酯在乙醇钠等碱性试剂作用下，发生克莱森酯缩合反应制得的：

$$\text{CH}_3\overset{\text{O}}{\underset{\|}{\text{C}}}\text{—OC}_2\text{H}_5 + \text{H—CH}_2\text{—}\overset{\text{O}}{\underset{\|}{\text{C}}}\text{—OC}_2\text{H}_5 \xrightarrow{\text{C}_2\text{H}_5\text{ONa}} \text{CH}_3\overset{\text{O}}{\underset{\|}{\text{C}}}\text{CH}_2\overset{\text{O}}{\underset{\|}{\text{C}}}\text{OC}_2\text{H}_5 + \text{C}_2\text{H}_5\text{OH}$$

乙酰乙酸乙酯除了具有酮和酯的典型反应外，还能与金属钠作用放出氢气，与乙酰氯作用生成酯，显示出醇羟基的性质；又能使溴的四氯化碳溶液褪色，表明有碳碳重键存在；加入三氯化铁溶液显紫色，表明分子中有烯醇式结构存在。

实验证明，乙酰乙酸乙酯实际上是由酮型和烯醇型两种异构体组成的一个平衡体系：

$$\text{CH}_3\overset{\text{O}}{\underset{\|}{\text{C}}}\text{—CH}_2\text{—}\overset{\text{O}}{\underset{\|}{\text{C}}}\text{—OC}_2\text{H}_5 \Longleftrightarrow \text{CH}_3\overset{\text{OH}}{\underset{|}{\text{C}}}\text{=CH—}\overset{\text{O}}{\underset{\|}{\text{C}}}\text{—OC}_2\text{H}_5$$

室温时   酮型92.5%   烯醇型7.5%

这种能够自发互变的异构体之间存在的动态平衡现象称为互变异构现象。

乙酰乙酸乙酯之所以能形成稳定的烯醇型结构，一方面是由于亚甲基上的氢受羰基和酯基的影响变得比较活泼，另一方面是由于烯醇型可以通过分子内氢键，形成一个较稳定的六元闭合环，使体系能量降低。

$$\begin{array}{c} \text{CH} \\ \diagup \quad \diagdown \\ \text{CH}_3\text{—C} \qquad \text{C—OC}_2\text{H}_5 \\ \diagdown \quad \diagup \\ \text{O} \qquad \text{O} \\ \diagdown \quad \diagup \\ \text{H} \end{array}$$

事实上酮类也存在互变异构现象，只是烯醇型的含量很少，基本以酮型存在。然而含 $-\overset{\text{O}}{\underset{\|}{\text{C}}}\text{—CH}_2\text{—}\overset{\text{O}}{\underset{\|}{\text{C}}}-$ 结构的二元酮和 β-酮酸酯一样，烯醇型的含量一般较高，而有的则很高。

例如：

酮型   烯醇型

$$\text{CH}_3\text{—}\overset{\text{O}}{\underset{\|}{\text{C}}}\text{—CH}_3 \Longleftrightarrow \text{CH}_2\text{=}\overset{\text{OH}}{\underset{|}{\text{C}}}\text{—CH}_3$$

丙酮   0.000 25%

$$CH_3-\overset{O}{\underset{}{C}}-CH_2-\overset{O}{\underset{}{C}}-CH_3 \rightleftharpoons CH_3-\overset{OH}{\underset{}{C}}=CH-\overset{O}{\underset{}{C}}-CH_3$$

乙酰丙酮 　　　　　　　　　80%

$$\text{(苯基)}-\overset{O}{\underset{}{C}}-CH_2-\overset{O}{\underset{}{C}}-CH_3 \rightleftharpoons \text{(苯基)}-\overset{OH}{\underset{}{C}}=CH-\overset{O}{\underset{}{C}}-CH_3$$

苯甲酰丙酮 　　　　　　　　99%

由此可见，影响互变异构体系中烯醇型含量多少的主要因素是化合物的结构。一般来说，分子中含有 $-\overset{O}{\underset{}{C}}-\overset{R(H)}{\underset{}{C}}H-X$（X 为 $-\overset{O}{\underset{}{C}}-R$ 、 $-\overset{O}{\underset{}{C}}-OR$ 、 $-CN$ 、 $-\overset{O}{\underset{}{C}}-H$ 、 $-NO_2$ ）等吸电子基团结构的化合物都能发生酮型和烯醇型互变异构现象。

此外，溶剂的性质对互变异构也有影响。一般在非极性溶剂中烯醇型的含量较高，因为在此条件下，烯醇型易形成分子内氢键。而在极性溶剂中，酮型和烯醇型都能与溶剂形成氢键，使分子内氢键难以形成，因而烯醇型的含量降低。

生物体内的一些物质，如丙酮酸、草酰乙酸、嘧啶和嘌呤的某些衍生物等都能发生互变异构现象。

思考题 11-5 　生物体内丙酮酸和草酰乙酸都能发生互变异构现象，试写出它们的互变平衡体系。

2. 乙酰乙酸乙酯的性质 　乙酰乙酸乙酯为无色具有香味的液体，沸点 180 ℃，微溶于水，易溶于乙醇、乙醚等有机溶剂。

乙酰乙酸乙酯具有特殊的化学性质，能发生多种反应，是一种十分重要的有机合成原料。

（1）分解反应 　乙酰乙酸乙酯分子中羰基与酯基中间的亚甲基碳原子上电子云密度较低，因此，亚甲基与相邻的两个碳原子之间的键容易断裂，在不同条件下可发生不同类型的分解反应。

① 酮式分解：在稀碱（10%NaOH）或稀酸作用下，乙酰乙酸乙酯发生酯基的水解反应，生成的乙酰乙酸不稳定，加热后立即失去二氧化碳生成丙酮，称为酮式分解。

$$CH_3CCH_2COC_2H_5 \xrightarrow[\text{皂化}]{OH^-} \xrightarrow[\text{酸化}]{H^+} CH_3\overset{O}{CCH_2}\overset{O}{C}-OH \xrightarrow[-CO_2]{\triangle} CH_3\overset{O}{C}CH_3$$

② 酸式分解：乙酰乙酸乙酯在浓碱（40%NaOH）溶液中，带有部分正电荷的羰基碳原子受到强亲核试剂 OH^- 的进攻，发生亲核加成，并引起 α- 与 β- 碳原子间的碳碳键发生断裂，最后生成两分子乙酸，称为酸式分解。

$$CH_3\overset{O}{C}CH_2\overset{O}{C}OC_2H_5 \xrightarrow[\triangle]{\text{浓 }OH^-} 2CH_3COONa + C_2H_5OH$$

除乙酰乙酸乙酯外，其他 β-酮酸酯也都能发生上述反应，油脂代谢或酸败中产生的小分子酮和羧酸就是由此而来的。

（2）取代反应 　乙酰乙酸乙酯分子中的亚甲基由于受两个相邻极性基团的影响，亚甲基上的 α-氢原子的酸性比一般的醛、酮、酯的酸性强，在碱性溶液中容易失去形成碳负离子，其形成的碳负离子的负电荷分散到两个羰基氧原子上，使其稳定性比一般的醛、酮、酯形成的碳负离子更加稳定。所以乙酰乙酸乙酯在乙醇钠或金属钠的作用下，活泼亚甲基上的氢原子可以被钠取代，生成乙酰乙酸乙酯的钠盐：

$$CH_3-\overset{O}{\overset{\|}{C}}-CH_2-\overset{O}{\overset{\|}{C}}-OC_2H_5 \xrightarrow{NaOC_2H_5} \left[CH_3-\overset{O}{\overset{\|}{C}}-\overset{-}{C}H-\overset{O}{\overset{\|}{C}}-OC_2H_5\right]Na^+$$

这些钠盐再与卤代烃或酰卤反应，生成烃基或酰基取代的乙酰乙酸乙酯，经酮式分解或酸式分解，可以得到烃基或酰基取代的丙酮或乙酸。

$$\left[CH_3-\overset{O}{\overset{\|}{C}}-\overset{-}{C}H-\overset{O}{\overset{\|}{C}}-OC_2H_5\right]Na^+$$

$$\xrightarrow{R-X} CH_3-\overset{O}{\overset{\|}{C}}-\overset{R}{\overset{|}{C}H}-\overset{O}{\overset{\|}{C}}-OC_2H_5$$

$$\xrightarrow{R-\overset{O}{\overset{\|}{C}}-X} CH_3-\overset{O}{\overset{\|}{C}}-\overset{}{C}H-\overset{O}{\overset{\|}{C}}-OC_2H_5$$ （带 $\overset{O}{\overset{\|}{C}}-R$ 取代）

$$CH_3-\overset{O}{\overset{\|}{C}}-\overset{R}{\overset{|}{C}H}-\overset{O}{\overset{\|}{C}}-OC_2H_5$$

$$\xrightarrow{酮式分解} CH_3-\overset{O}{\overset{\|}{C}}-CH_2-R$$

$$\xrightarrow{酸式分解} R-CH_2-\overset{O}{\overset{\|}{C}}-OH$$

$$CH_3-\overset{O}{\overset{\|}{C}}-\overset{}{C}H-\overset{O}{\overset{\|}{C}}-OC_2H_5$$ （带 $\overset{O}{\overset{\|}{C}}-R$ 取代）

$$\xrightarrow{酮式分解} CH_3-\overset{O}{\overset{\|}{C}}-CH_2-\overset{O}{\overset{\|}{C}}-R$$

$$\xrightarrow{酸式分解} R-\overset{O}{\overset{\|}{C}}-CH_2-\overset{O}{\overset{\|}{C}}-OH$$

重复上述步骤，还可生成二取代的乙酰乙酸乙酯，经酮式分解或酸式分解后，可进一步得到二取代的丙酮或乙酸。这是制备酮的最有价值的方法之一。

$$CH_3-\overset{O}{\overset{\|}{C}}-\overset{R}{\overset{|}{C}H}-\overset{O}{\overset{\|}{C}}-OC_2H_5 \xrightarrow{NaOC_2H_5} \left[CH_3-\overset{O}{\overset{\|}{C}}-\overset{-}{\underset{R}{C}}-\overset{O}{\overset{\|}{C}}-OC_2H_5\right]Na^+$$

$$\left[CH_3-\overset{O}{\overset{\|}{C}}-\overset{-}{\underset{R}{C}}-\overset{O}{\overset{\|}{C}}-OC_2H_5\right]Na^+$$

$$\xrightarrow{R-X} CH_3-\overset{O}{\overset{\|}{C}}-\overset{R}{\underset{R}{C}}-\overset{O}{\overset{\|}{C}}-OC_2H_5$$

$$\xrightarrow{R-\overset{O}{\overset{\|}{C}}-X} CH_3-\overset{O}{\overset{\|}{C}}-\overset{\overset{O}{\overset{\|}{C}-R}}{\underset{\overset{\|}{\underset{R}{C}=O}}{C}}-\overset{O}{\overset{\|}{C}}-OC_2H_5$$

这里的卤代烃常用伯卤代烃或仲卤代烃，因为叔卤代烃在此条件下易脱去卤化氢生成烯烃而不能使用，卤代乙烯及芳香族卤代烃不能发生此反应。

小知识 //

王 浆 酸

10-羟基-2-癸烯酸只存在于蜂王浆中，所以称为王浆酸。王浆酸含量是蜂王浆质量的重要指标之一，一般在 1.4%～2.4%，占总脂肪酸的 50%以上。分离出的纯王浆酸呈白色晶体，在新鲜的蜂王浆中多以游离形式存在，性质比较稳定，有很好的杀菌、抑菌作用。同时它能促进神经干细胞分化（能够分化成神经原、星形胶质细胞或少突胶质细胞），从而能提供治疗和预防神经疾病的有效方法。王浆酸对保护蜂王浆中的活性物质有重要的意义，而且可大大提高蜂王浆的保健和医疗效用。

王浆酸

Hattori N，Nomoto H，Fukumitsu H，Mishima S，Furukawa S. Royal jelly and its unique fatty acid，10-hydroxy-trans-2-decenoic acid，promote neurogenesis by neural stem/progenitor cells in vitro. Biomedical Research，2007，28(5)：261-266.

Sugiyama T，Takahashi K，Mori H. Royal jelly acid，10-hydroxy-trans-2-decenoic acid，as a modulator of the innate immune responses endocrine. Endocr Metab Immune Disord Drug Targets，2012，12(4)：368-376.

习 题

1. 命名下列化合物或根据名称写出结构式：

(1) $HOCH_2\underset{\underset{CH_3}{|}}{C}HCOOH$ (2) $CH_3\underset{\underset{O}{\|}}{C}CH_2\underset{\underset{CH_3}{|}}{C}HCOOH$ (3) 苯$-\underset{\underset{O}{\|}}{C}-CH_2COOC_2H_5$

(4) 环己烷（带 OH、COOH）   (5) $CH_3-\underset{\underset{O}{\|}}{C}-CH_2-COOH$ (6) $CH_3\underset{\underset{CH_3}{|}}{C}HCH_2\underset{\underset{OH}{|}}{C}HCOOH$

(7) 柠檬酸   (8) 乳酸   (9) 乙酰乙酸乙酯

(10) 乙酰水杨酸   (11) 苹果酸   (12) $(2R，3R)$-酒石酸

2. 写出下列反应的主要产物：

(1) $CH_3CH_2\underset{\underset{OH}{|}}{C}HCOOH \xrightarrow{\triangle}$

(2) $CH_3\underset{\overset{|}{CH_3}}{\overset{OH}{|}}{C}H\underset{}{C}HCOOH \xrightarrow{\triangle}$

(3) $CH_3-\underset{\underset{O}{\|}}{C}-\underset{\underset{\underset{CH_3}{|}}{\underset{O}{\|}}{C}}{C}H-COOC_2H_5 \xrightarrow{OH^-} \xrightarrow{H^+} \xrightarrow[-CO_2]{\triangle}$

(4) $CH_3-\underset{\underset{O}{\|}}{C}-\underset{\underset{CH_3}{|}}{C}H-COOC_2H_5 + Br_2 \longrightarrow$

(5) $CH_3CH_2\underset{\underset{OH}{|}}{C}HCOOH \xrightarrow{K_2Cr_2O_7/H^+} ? \xrightarrow{稀\ H_2SO_4} ? \xrightarrow{托伦试剂} ?$

(6) 苯环$\overset{COOH}{\underset{CH_2OH}{}} \xrightarrow[\triangle]{H^+}$

3. 用化学方法鉴别下列各组化合物：

(1) 丁酮、草酰乙酸乙酯、乙酰乙酸乙酯

(2) 水杨酸、乙酰水杨酸、水杨酸甲酯

(3) 2-羟基丙酸、3-羟基丙酸、丙酸、2-丙醇

(4) 水杨酸、苯甲酸、苯酚、苯甲醚

4. 完成下列转化：

(1) $CH_3CHO \longrightarrow CH_3\underset{\underset{O}{\|}}{C}CH_2COOH$ (2) 乙酰乙酸乙酯 $\longrightarrow$ 3-甲基-2-戊酮

5. 写出下列化合物酮型和烯醇型的互变平衡体系：

(1) $CH_3-\underset{\underset{OH}{|}}{C}=CH-\underset{\underset{O}{\|}}{C}-OCH_3$

(2) $CH_3-\underset{\underset{O}{\|}}{C}-CH_2-\underset{\underset{O}{\|}}{C}-CH_3$

(3) $\underset{}{\bigcirc}-\overset{\overset{O}{\|}}{C}-CH_2-\overset{\overset{O}{\|}}{C}-CH_3$

(4) $CH_3-\overset{\overset{O}{\|}}{C}-\underset{\underset{\underset{\underset{CH_3}{|}}{C=O}}{|}}{CH}-\overset{\overset{O}{\|}}{C}-OCH_3$

(5) $CH_3-CH_2-\underset{\underset{O}{\|}}{C}-\underset{\underset{\underset{O}{\|}}{C-OC_2H_5}}{\overset{\overset{O}{\|}}{\overset{\overset{C-OC_2H_5}{|}}{CH}}}$

6. 化合物 A 的分子式为 $C_7H_6O_3$，能溶于氢氧化钠溶液和碳酸氢钠溶液，与三氯化铁溶液发生显色反应，与乙酸酐作用生成分子式为 $C_9H_8O_4$ 的产物，在硫酸催化下，与甲醇作用生成具有杀菌作用的物质 $C_8H_8O_3$；物质 A 硝化后，只得到一种一元硝化产物。试推测化合物 A 的构造式，并写出有关的反应方程式。

7. 有一含 C、H、O 三种元素的化合物 A，经实验有以下性质：①A 呈中性，且在酸性溶液中水解得到两种化合物 B 和 C；②将 B 在稀硫酸溶液中加热得到丁酮；③C 是甲乙醚的同分异构体，并且有碘仿反应。试推测化合物 A 的结构式。

第十二章

含氮和含磷有机化合物

含氮有机化合物是指分子中含有碳氮键的化合物，它们可以看作是烃分子中氢原子被含氮官能团取代的产物。含氮有机化合物种类繁多，广泛存在于自然界，在生命活动和化工产品生产中起着重要作用。本章将讨论胺类（amines）化合物、重氮与偶氮化合物（diazo and azo compounds）、硝基化合物（nitro compounds）、腈（nitriles）等。另外，对含磷有机化合物的类型和有机磷农药也做一简单介绍。

第一节　胺

一、胺的分类和命名

1. 胺的分类　胺可以看作是氨的烃基衍生物。按氨分子中氢原子被烃基取代的数目分为伯、仲、叔胺。伯、仲、叔胺又称为第一、第二、第三胺或一级（1°）、二级（2°）、三级（3°）胺。

$$RNH_2 \qquad\qquad R_2NH \qquad\qquad R_3N$$
$$\text{伯胺} \qquad\qquad \text{仲胺} \qquad\qquad \text{叔胺}$$

伯、仲、叔胺的区别与卤代烃和醇不同，后两者均以官能团所连接的碳分为伯、仲、叔卤代烃或醇，而胺则是以氮上所连接烃基的个数为分类标准。如异丙醇为仲醇，异丙基溴为仲卤代烃，而异丙胺却为伯胺。

$$CH_3-CH-CH_3 \qquad CH_3-CH-CH_3 \qquad CH_3-CH-CH_3$$
$$\quad\ |\qquad\qquad\qquad\ \ |\qquad\qquad\qquad\ \ |$$
$$\quad\ OH \qquad\qquad\qquad\ Br \qquad\qquad\qquad NH_2$$
$$\text{仲醇} \qquad\qquad\quad \text{仲卤代烷} \qquad\qquad \text{伯胺}$$

氮原子与脂肪烃基相连的称脂肪胺；与芳香烃基相连的称芳香胺。还可根据分子中所含氨基的数目而分为一元、二元和多元胺。

$$CH_3CH_2NH_2 \qquad\qquad H_2NCH_2CH_2CH_2CH_2NH_2$$
$$\text{乙胺（一元胺）} \qquad\qquad \text{丁二胺（二元胺）}$$

若氮上连有 4 个烃基，带有正电荷，则它与负离子组合成的化合物称为季铵盐和季铵碱。

$$\overset{+}{R_4N}X^- \qquad\qquad \overset{+}{R_4N}OH^-$$
$$\text{季铵盐} \qquad\qquad\quad \text{季铵碱}$$

应该注意"氨"、"胺"和"铵"字的用法，在表示气体氨或其基时，如氨气、氨基、亚氨基等用"氨"字；表示 NH_3 的烃基衍生物时用"胺"；而对氨或胺的盐类及其氢氧化物则用"铵"。

2. 胺的命名 简单胺的命名是把"胺"字作为类名，在胺字前加上烃基的名称和数目，连有不同烃基时按次序规则，优先者列后。如：

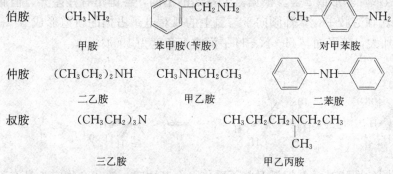

伯胺　　　CH_3NH_2　　　　　　　甲胺　　　　　苯甲胺(苄胺)　　　　　　对甲苯胺

仲胺　　　$(CH_3CH_2)_2NH$　　$CH_3NHCH_2CH_3$　　　　二苯胺
　　　　　　　二乙胺　　　　　　甲乙胺

叔胺　　　$(CH_3CH_2)_3N$　　　$CH_3CH_2CH_2NCH_2CH_3$
　　　　　　　三乙胺　　　　　　　　　　$\overset{|}{CH_3}$
　　　　　　　　　　　　　　　　　　甲乙丙胺

含有两个氨基的化合物称为二胺。如：

$$H_2NCH_2CH_2NH_2 \qquad H_2N\text{—}\bigcirc\text{—}NH_2 \qquad H_2N(CH_2)_6NH_2$$

乙二胺　　　　　　　　对苯二胺　　　　　　　　1,6-己二胺

芳香族的仲胺和叔胺，当氮原子上连有脂肪烃基时，常以芳胺为母体，并在脂肪烃基前冠以"N"字，以表示这个基是在氮上。如：

N-甲基苯胺　　　　　　　　　N,N-二甲苯胺

较复杂的胺或含有其他官能团(特别是含氧官能团)时，一般氨基作为取代基来命名。如：

$$CH_3\text{—}\underset{NHCH_3}{\overset{|}{CH}}\text{—}CH_2CH_2CH_3 \qquad HOCH_2CH_2NH_2 \qquad H_2N\text{—}\bigcirc\text{—}COOH$$

2-甲氨基戊烷　　　　　　　2-氨基乙醇　　　　　　对氨基苯甲酸

季铵类化合物是将阴离子和取代基的名称放在"铵"字之前来命名。如：

$$(CH_3)_4\overset{+}{N}OH^- \qquad\qquad [CH_3\text{—}\underset{C_2H_5}{\overset{CH_3}{\overset{|}{\underset{|}{N}}}}\text{—}C_2H_5]^+Cl^-$$

氢氧化四甲铵　　　　　　　氯化二甲基二乙基铵

思考题 12-1 命名下列化合物，并指出它们属伯胺、仲胺、叔胺还是季铵类化合物。

(1) $CH_3\text{—}\underset{CH_3}{\overset{|}{CH}}\text{—}\underset{NH_2}{\overset{|}{CH}}\text{—}CH_2CH_3$

(2) $\bigcirc\text{—}NHCH_3$

(3) $\bigcirc\text{—}\underset{CH_3}{\overset{|}{N}}CH_2CH_3$

(4) $[(C_2H_5)_4N]^+OH^-$

(5) $[(CH_3)_2CH\overset{+}{N}(CH_3)_3]I^-$

二、胺的结构

胺与氨的结构相似，氮原子为 sp^3 不等性杂化，孤对电子处于 1 个 sp^3 杂化轨道上，另 3 个 sp^3 杂化轨道分别与氢或烃基形成 σ 键。根据氮上基团的不同，各键角有些差异，但脂肪胺的形状一般为棱锥形。在芳胺中，苯环倾向于与氮上的孤对电子占据的轨道形成 p-π 共轭，使 H—N—H 键角加大，苯平面与 H—N—H 平面交叉角度为 $39.4°$。

当氮上连有 3 个不同的取代基，并把孤对电子看作一个基团时，该化合物应为具有手性中心的化合物，理论上应具有对映异构体。但实际上一般不可拆分，这是由于常温下两者可以迅速转化，这种转化只需 $25\ kJ \cdot mol^{-1}$ 的能量。若限制这种转化就可能得到两种异构体。例如，氮上连有 4 个不同基团的季铵化合物，这种转化比较困难，故存在相对稳定的对映异构体。如：

S 构型　　　　　　　　　　*R* 构型

三、胺的物理性质

低级和中级脂肪胺在常温下为无色气体或液体，高级胺为固体。低级脂肪胺有难闻的臭味。如二甲胺和三甲胺有鱼腥味，肉和尸体腐烂后产生的 1,4-丁二胺(腐肉胺)和 1,5-戊二胺(尸胺)有恶臭。

芳香胺多为高沸点的油状液体或低熔点的固体，具有特殊气味，并有较大的毒性，例如，食入 $0.25\ mL$ 苯胺就可能引起严重中毒。许多芳香胺，如 β-萘胺和联苯胺等都具有致癌作用。

伯胺、仲胺分子间能形成氢键而使分子缔合，故沸点比相对分子质量相近的烷烃高，但胺的缔合能力比醇弱，故沸点比相对分子质量相近的醇低。叔胺因分子中氮原子上没有氢，因而不能形成分子间氢键，沸点较低。在碳原子数相同的脂肪胺中，伯胺、仲胺、叔胺的沸点依次降低。伯、仲、叔胺皆能与水形成氢键，低级脂肪胺可溶于水，随着烃基在分子中的比例增大，形成氢键的能力减弱，因此中级、高级脂肪胺及芳香胺微溶或难溶于水。胺大都能溶于有机溶剂。季铵盐具有高的熔点，易溶于水。表 12-1 列出了一些胺的物理常数。

表 12 – 1　胺的物理常数

名　称	熔点 /℃	沸点 /℃	溶解度(100 g 水中)/g
甲　胺	−92.5	−6.7	易溶
二甲胺	−92.2	6.9	易溶
三甲胺	−117.1	9.9	91
乙　胺	−80.6	16.6	∞
二乙胺	−50.0	55.5	易溶
三乙胺	−114.7	89.4	14
正丙胺	−83.0	48.7	∞
正丁胺	−50.0	77.8	∞
苯　胺	−6.0	184.4	3.7
N-甲苯胺	−57.0	196.3	难溶
N，N-二甲苯胺	2.5	194.2	不溶
二苯胺	52.5	302.0	不溶
三苯胺	126.5	365.0	不溶

四、胺的化学性质

胺的化学性质主要取决于它的官能团——氨基。由于氨基氮原子上具有孤对电子，因而胺有亲核性，能与一些亲电化合物如酸(H^+)、卤代烷、酰基化合物等发生反应。不同胺因氮原子所连烃基的种类和数目不同，性质也有差异。

1. 碱性与成盐反应　胺与氨相似，氮上的未共用电子对能接受质子而显碱性。

$$\ddot{N}H_3 + H—OH \rightleftharpoons NH_4^+ + OH^-$$

$$R\ddot{N}H_2 + H—OH \rightleftharpoons [RNH_3]^+ + OH^-$$

胺的碱性强弱可用 pK_b 表示，pK_b 越小，碱性越强。一些胺的 pK_b 值列于表 12 – 2。

表 12 – 2　胺的碱性

化 合 物	pK_b	化 合 物	pK_b
NH_3	4.76	$(CH_3CH_2)_3N$	3.25
CH_3NH_2	3.38	$C_6H_5NH_2$	9.40
$(CH_3)_2NH$	3.27	$(C_6H_5)_2NH$	13.8
$(CH_3)_3N$	4.21	$C_6H_5NHCH_3$	9.6
$CH_3CH_2NH_2$	3.36	$C_6H_5N(CH_3)_2$	9.62
$(CH_3CH_2)_2NH$	3.06		

胺类多为弱碱，其碱性强弱与结构有关。主要规律如下：

(1)以氨为标准，脂肪胺的碱性比氨强，而芳香胺的碱性比氨弱。

碱性　　　$CH_3NH_2 > NH_3 > $ <chem>苯环-NH_2</chem>

pK_b　　　3.38　　4.76　　　　　9.40

氨中氢原子被烷基取代后，由于烷基的斥电子诱导效应，使氮原子上电子云密度升高，因此脂肪胺接受质子的能力比氨强，即碱性比氨强。芳香胺氮原子上的未共用电子对由于与苯环形成共轭体系，而使氮原子上电子云密度降低，所以芳香胺的碱性比氨弱。

(2)脂肪胺中，仲胺的碱性最强，叔胺的碱性往往最弱。如：

$$(CH_3)_2NH(仲) > CH_3NH_2(伯) > (CH_3)_3N(叔) > NH_3$$

pK_b　　　3.27　　　　　3.38　　　　4.21　　　4.76

若仅从诱导效应考虑，由于烷基斥电子，胺中的烷基越多，碱性应该越强，即相对碱性应为叔胺＞仲胺＞伯胺，这在气体状态和非极性溶剂中是正确的，但在极性溶剂中，叔胺的碱性却比仲胺弱。这是因为脂肪胺在水中的碱性强度，不仅决定于氮原子上的电子云密度，也决定于它结合质子后所形成的取代铵离子是否容易溶剂化。胺中氮原子上的氢越多，则与水形成氢键的机会越多，溶剂化程度也越高，取代铵离子就越稳定，碱性也就越强。

伯、仲、叔胺碱性的强弱，主要受电子效应、溶剂化效应两种因素的制约。此外，空间效应也有一定的影响。胺类化合物碱性的强弱是一个综合影响的结果。

(3)芳香胺中，芳基的数目愈多，氮原子上电子云密度降低的程度就愈大，胺的碱性就愈弱。对于取代芳胺来说，通常芳环上连有吸电子基时，使芳胺的碱性减弱；而连有斥电子基时，使芳胺的碱性增强。

胺能和酸成盐，铵盐都是结晶形固体，易溶于水和乙醇。由于胺都是弱碱，所以铵盐遇强碱则能释放出游离胺。

$$RNH_2 \xrightarrow{HCl} RN\overset{+}{H_3}Cl^- \xrightarrow{NaOH} RNH_2 + NaCl + H_2O$$

利用成盐反应能分离提纯胺类化合物，一些植物用酸处理提取生物碱的过程就是这一反应的最好应用。很多胺的药物为便于保存和有利于体内吸收，常常制成水溶性的铵盐。

不溶于水　　　　　　　　　　　　　　　　溶于水

利用一些具有旋光活性的胺<chem>[苯环-CHCH_3 带 NH_2]</chem>或生物碱(马钱子碱、番木鳖碱等)，与有机酸成盐的反应来拆分手性羧酸的对映体。反应生成非对映体的铵盐，利用它们溶解度或在色谱柱上移动速度的差异加以分离，分离后的手性铵盐加无机强酸析出手性有机酸。

$$(\pm)\text{-RCOOH} + (S)\text{-R}'\text{NH}_2 \begin{array}{c} \longrightarrow (+)\text{-RCOO}^-(S)\text{-R}'\overset{+}{\text{N}}\text{H}_3 \xrightarrow{\text{H}^+} (+)\text{-RCOOH} \\ \longrightarrow (-)\text{-RCOO}^-(S)\text{-R}'\overset{+}{\text{N}}\text{H}_3 \xrightarrow{\text{H}^+} (-)\text{-RCOOH} \end{array}$$

　对映体有机酸　　手性胺　　　　　　　　非对映体盐　　　　　手性有机酸

思考题 12-2

(1)将下列化合物按碱性强弱排列顺序：

① $CH_3CH_2NH_2$　　$(CH_3CH_2)_2NH$　　$CH_3-\overset{\overset{\displaystyle O}{\|}}{C}-NH_2$　　$(CH_3CH_2)_3N$

② 苯胺　苯基-NH-苯基　三苯基-N-苯基

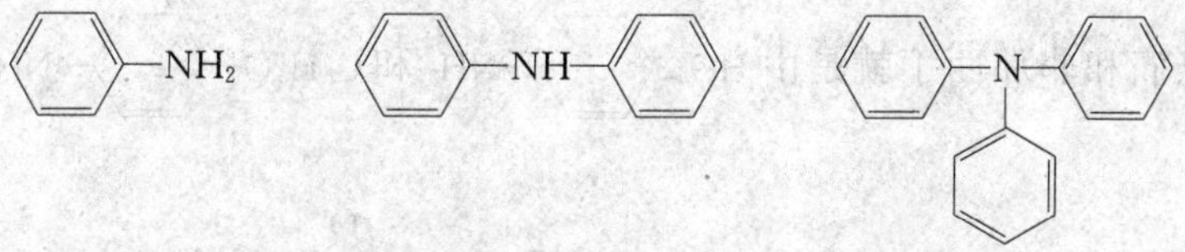

(2)比较下列化合物碱性的强弱：

① $CH_3-\text{苯环}-NH_2$ 和 $O_2N-\text{苯环}-NH_2$

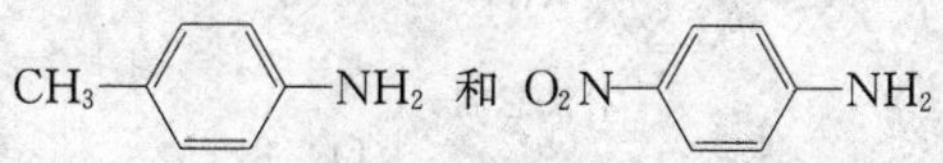

② $CH_3-\text{苯环}-NH_2$ 和 $\text{苯环}-CH_2NH_2$

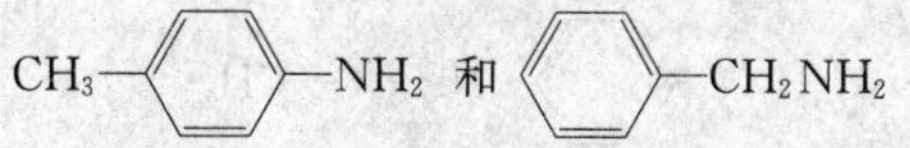

(3)用简便的化学方法分离苯甲酸、苯胺和氯苯的混合物。

2. 烷基化反应　胺作为亲核试剂与卤代烷发生反应，氮上的氢被烷基取代，这个反应称胺的烷基化反应。

$$RNH_2 + RX \longrightarrow R_2NH + HX$$

生成的仲胺可继续与卤代烷反应，生成叔胺，叔胺再与卤代烷反应，则生成季铵盐：

$$R_2NH + RX \longrightarrow R_3N + HX$$
$$R_3N + RX \longrightarrow R_4N^+X^-$$

胺和氨的烷基化往往得到伯、仲、叔胺和季铵盐的混合物。

季铵盐是强碱强酸盐，它不能与碱作用生成相应的季铵碱，若用 AgOH 处理，季铵盐就可转变为季铵碱。

$$(C_2H_5)_4\overset{+}{N}I^- + AgOH \longrightarrow (C_2H_5)_4\overset{+}{N}OH^- + AgI$$

　　碘化四乙铵　　　　　　　　　氢氧化四乙铵

季铵碱是一种强碱，其碱性与苛性碱相当，性质与苛性碱相似，如有强吸湿性，能吸收空气中 CO_2，浓溶液对玻璃有腐蚀性等。

3. 酰基化和磺酰化反应　伯胺和仲胺作为亲核试剂与酰卤、酸酐和酯反应，生成酰胺，这种反应称为胺的酰基化反应。叔胺氮原子上没有氢原子，不能发生酰基化反应。

$$RNH_2 + CH_3-\overset{\overset{\displaystyle O}{\|}}{C}-Cl \longrightarrow RNH-\overset{\overset{\displaystyle O}{\|}}{C}-CH_3 + HCl$$

$$R_2NH + CH_3-\overset{\overset{\displaystyle O}{\|}}{C}-Cl \longrightarrow R_2N-\overset{\overset{\displaystyle O}{\|}}{C}-CH_3 + HCl$$

胺的酰基化产物多为结晶固体，具有一定的熔点，根据熔点的测定可以推断或鉴定伯胺、仲胺。不能被酰基化的是叔胺，利用上述性质可以把叔胺从三类胺的混合物中分离出来，酰胺在酸或碱的催化下，水解生成原来的胺。酰基化反应在有机合成中常用来保护氨基，例如，需要在苯胺的苯环上引入硝基，为防止硝酸将苯胺氧化，则先将氨基进行乙酰化，生成乙酰苯胺，然后硝化，在苯环上导入硝基后，水解除去酰基则得到硝基苯胺。

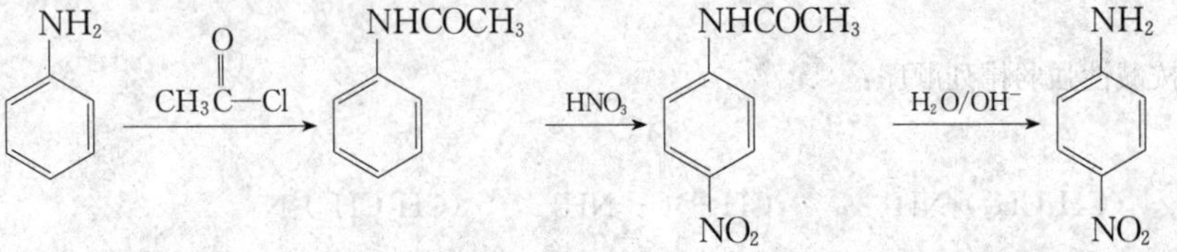

解热镇痛药物扑热息痛和非那西丁就是由 HO—⟨苯环⟩—NH$_2$ 和 C$_2$H$_5$O—⟨苯环⟩—NH$_2$ 乙酰化合成制得。

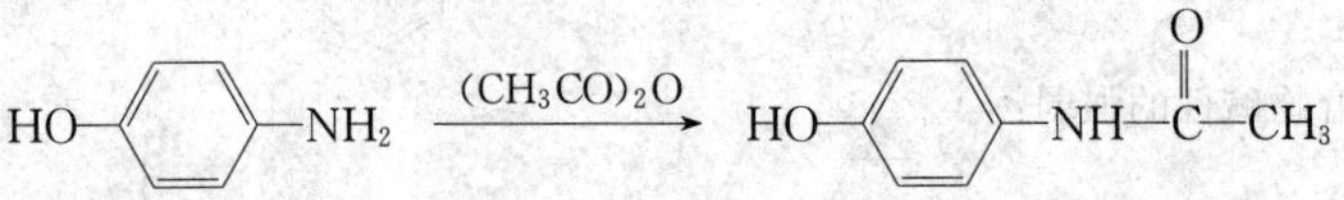

扑热息痛

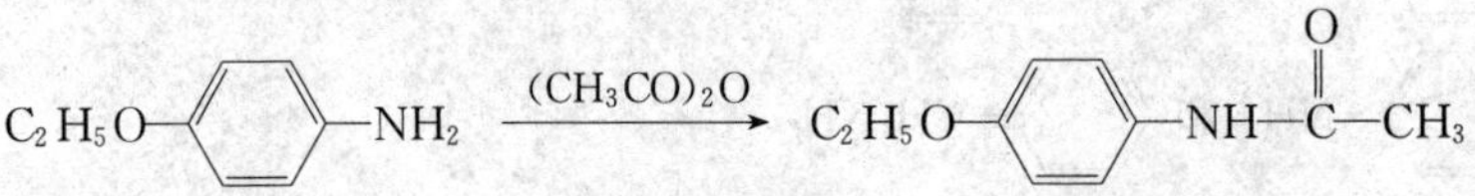

非那西丁

用苯磺酰氯或对甲苯磺酰氯，在碱溶液中与伯胺、仲胺反应，生成相应磺酰胺，称磺酰化反应，也称兴斯堡(Hinsberg)反应。常用于胺的分离与鉴定。

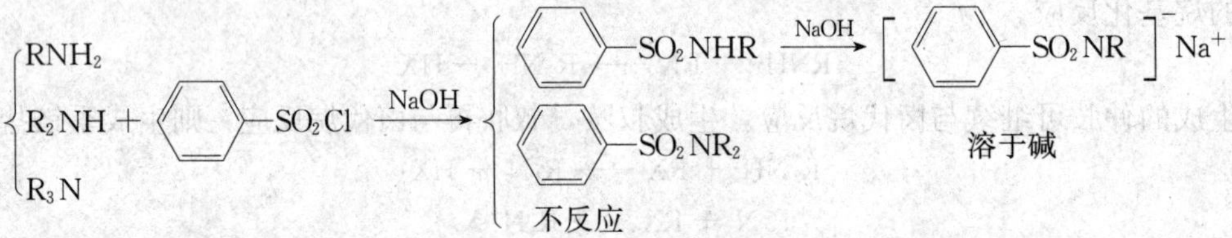

由伯胺生成的苯磺酰胺，由于氮原子上的氢受磺酰基吸电子效应的影响而显酸性，能溶于碱性溶液而成盐。仲胺生成的苯磺酰胺，氮上无氢，不溶于碱性溶液，呈固体析出。叔胺既不发生磺酰化反应，也不溶于碱液。

当伯、仲、叔胺混在一起时，可通过磺酰化反应将它们分离。首先将三种胺与苯磺酰氯反应后的混合物蒸馏，叔胺被蒸出；将剩余蒸馏液过滤，滤出的固体为仲胺的磺酰胺，加酸水解即得仲胺；滤液酸化后加热水解，就得到伯胺。

4. 与亚硝酸反应　亚硝酸不稳定，只能在反应中由亚硝酸钠与盐酸或硫酸作用产生。

伯胺与亚硝酸在常温下作用，产生定量氮气，同时生成醇。反应的中间体是碳正离子，它能进行重排，继续发生各种不同的反应，生成烯烃、卤代烃等混合物。由于反应产物复杂，在有机合成上意义不大，但分析上常根据放出氮气的量来定量测定伯胺。

$$RNH_2 \xrightarrow{NaNO_2, HCl} ROH + N_2\uparrow + HCl$$

$$ArNH_2 \xrightarrow{NaNO_2, HCl} ArOH + N_2\uparrow + H_2O$$

仲胺与亚硝酸作用，得到 N-亚硝基胺。

$$R_2NH \xrightarrow{NaNO_2, HCl} R_2N—N{=}O + H_2O$$

N-亚硝基胺(黄色油状)

$$\text{⟨⟩—NHCH}_3 \xrightarrow{\text{NaNO}_2, \text{HCl}} \text{⟨⟩—N—N=O} + \text{H}_2\text{O}$$
$$\underset{\text{CH}_3}{|}$$

棕黄色油状

N-亚硝基胺一般为黄色油状液体或固体，与稀酸共热则分解为原来的胺。因此，可利用此反应来分离和提纯仲胺。N-亚硝基胺是致癌物质，近年来认为亚硝酸盐的致癌作用，可能就是由于亚硝酸盐在胃酸作用下转变为亚硝酸，然后再与机体内具有仲胺结构的化合物产生亚硝基胺所致。

脂肪族叔胺与亚硝酸只能形成亚硝酸盐而溶于水中。

$$R_3N + HNO_2 \longrightarrow R_3NH^+ NO_2^-$$

芳香族叔胺与亚硝酸反应，则把亚硝基导入芳环。如：

$$\underset{}{\text{⟨⟩—N(CH}_3)_2} + \text{HO—NO} \longrightarrow \text{O=N—⟨⟩—N(CH}_3)_2$$

N,N-二甲基对亚硝基苯胺(绿色片状晶体)

由于伯、仲、叔胺与亚硝酸反应的现象与产物各不相同，所以可通过此反应区别三种胺。

思考题 12-3 试用两种化学方法区别下列化合物：

(1)苯胺　　(2)N-甲基苯胺　　(3)N,N-二甲基苯胺

五、胺的光谱学特征

1. 红外光谱 伯胺和仲胺在 $3\,500\sim3\,300\ \text{cm}^{-1}$ 间有 N—H 伸缩振动吸收。伯胺在此区域有两个吸收峰，仲胺只有一个吸收峰，叔胺由于没有 N—H 键，在此区域没有吸收峰。缔合的伯胺或仲胺，由于形成氢键，N—H 伸缩振动频率向低频位移。

伯胺的 N—H 在 $900\sim650\ \text{cm}^{-1}$ 和 $1\,650\sim1\,560\ \text{cm}^{-1}$ 有较强的弯曲振动吸收。

与饱和碳相连的氨基，在 $1\,250\sim1\,100\ \text{cm}^{-1}$ 间有 C—N 伸缩振动吸收，但常常较弱，而且在此区域有吸收的其他基团很多，因而难以鉴定；与不饱和碳或芳环相连的氨基，在 $1\,350\sim1\,250\ \text{cm}^{-1}$ 间有两个强的 C—N 伸缩振动吸收。

2. 核磁共振氢谱 由于大多数伯胺和仲胺的 N—H 质子交换速率很快，所以 N—H 间质子与 α-位碳原子 子之间没有偶合，故 N—H 质子多表现为尖的单峰。脂肪胺的 N—H 质子吸收 间，芳香族胺的 N—H 吸收在 $\delta 3.0\sim5.0$ 之间。因为胺能形成氢键，所 位移与样品的纯度、溶剂性质、浓度及测试温度都有关系。因此，

要化合物

1. 乙二胺(H_2NCH_2C 无色黏稠液体，凝固点8.5 ℃，沸点 117 ℃，

相对密度 0.899 5(20 ℃)，折射率 1.456 8，易溶于水，能与乙醇混溶，不溶于乙醚、苯，具有氨味。由二氯乙烷或乙醇胺与氨反应制得。

$$ClCH_2CH_2Cl \xrightarrow{NH_3} H_2NCH_2CH_2NH_2$$

$$H_2NCH_2CH_2OH \xrightarrow{NH_3} H_2NCH_2CH_2NH_2$$

乙二胺有毒，对眼睛、呼吸道、皮肤有刺激性。乙二胺是制取药物、农药、黏合剂等化工产品的重要原料。例如用于合成 EDTA：

$$H_2NCH_2CH_2NH_2 + 4ClCH_2COOH \xrightarrow{NaOH} \begin{array}{c} CH_2N(CH_2COOH)_2 \\ | \\ CH_2N(CH_2COOH)_2 \end{array}$$

EDTA

EDTA 可与多种金属络合，形成稳定的五元环螯合物，是化学分析中常用的络合剂。

2. 己二胺（$H_2NCH_2CH_2CH_2CH_2CH_2CH_2NH_2$）　己二胺为片状结晶，熔点 42 ℃，沸点 204 ℃，易溶于水、乙醇和苯。工业上它是用 1,3-丁二烯来制备的。

$$CH_2=CH-CH=CH_2 \xrightarrow{Cl_2} ClCH_2CH=CHCH_2Cl \xrightarrow{2NaCN}$$

$$NCCH_2CH=CHCH_2CN \xrightarrow{[H]} H_2NCH_2(CH_2)_4CH_2NH_2$$

己二胺可用于合成尼龙-66、尼龙-610、二异氰酸酯，以及用作脲醛树脂、环氧树脂等的固化剂、有机交联剂等。

3. 苯胺（苯环—NH_2）　苯胺存在于煤焦油中。新蒸馏的苯胺是无色油状液体，熔点 -6 ℃，沸点 184 ℃，相对密度 1.021 7(20 ℃/4 ℃)，折射率 1.586 3。有毒，有特殊气味，微溶于水，易溶于有机溶剂。长期放置因氧化而变黄、红以至棕色。有色的苯胺可通过蒸馏精制。苯胺可由硝基苯还原得到：

苯胺遇溴水立即生成 2,4,6-三溴苯胺的白色沉淀，此反应可用于苯胺的定性和定量分析。

2,4,6-三溴苯胺（白色沉淀）

苯胺是制造合成染料、农药、药物等化工产品的重要原料。农用杀菌剂敌锈钠、除草剂邻酰胺、苯胺灵（IPC）和氯苯胺灵（CIPC）就是由苯胺及其衍生物合成的。

敌锈钠

邻酰胺

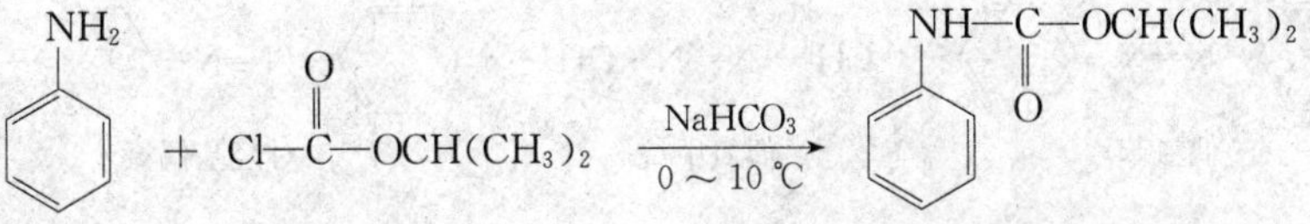

苯氨基甲酸异丙酯(IPC)

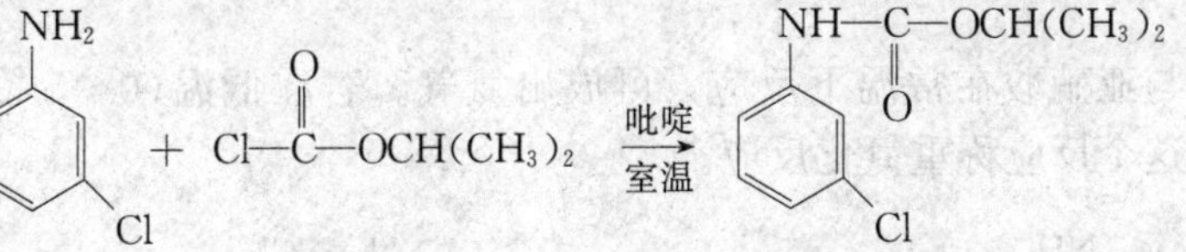

3-氯苯氨基甲酸异丙酯(CIPC)

4. 胆胺和胆碱 胆胺的化学名称是 β-羟乙胺或 β-氨基乙醇，它是无色黏稠液体，是脑磷脂的组成部分。

胆碱的化学名称是氢氧化三甲基羟乙基铵，是卵磷脂的组成部分。最初来源于胆汁，故称胆碱。它具有调节肝中脂肪代谢和抗脂肪肝的作用。

$$HOCH_2CH_2NH_2 \qquad [HOCH_2CH_2\overset{+}{N}(CH_3)_3]OH^-$$

β-羟乙胺(胆胺) 　　　　氢氧化三甲基羟乙基铵(胆碱)

动物体内有一种胆碱酯酶，能催化胆碱与乙酸作用产生乙酰胆碱，也可催化其逆反应。

$$[HOCH_2CH_2\overset{+}{N}(CH_3)_3]OH^- + CH_3COOH \xrightarrow{\text{胆碱酯酶}} [CH_3COOCH_2CH_2\overset{+}{N}(CH_3)_3]OH^- + H_2O$$

乙酰胆碱

乙酰胆碱是生物体内神经传导物质，它在体内的正常合成与分解可保证生理代谢的正常进行。有些有机磷农药(如 1605，1059 等)对昆虫的毒杀作用正是由于这些农药对机体内的胆碱酯酶有强烈的抑制作用，使胆碱酯酶不能再分解乙酰胆碱，而使运动神经受到乙酰胆碱无休止的刺激冲动，造成神经过度兴奋直至神经错乱，导致生理代谢失常而死亡。人、畜有机磷中毒的机理和上述相似，因此在使用这些农药时必须注意人、畜的安全防护。

5. 氯化氯代胆碱(矮壮素){$[ClCH_2CH_2\overset{+}{N}(CH_3)_3]Cl^-$} 矮壮素的化学名称为 2-氯乙基三甲基氯化铵，简称 CCC，是一种人工合成的植物生长调节剂。纯的矮壮素是白色棱柱状晶体，熔点 238～242 ℃，工业品略带鱼腥味，易溶于水，难溶于有机溶剂。矮壮素具有抑制植物细胞伸长的作用，它能使植物株变矮，茎部变粗，节间缩短，叶片变阔等，可用来防止小麦等作物倒伏，防止棉花徒长，减少落蕾落铃，使作物增产。

第二节　重氮化合物和偶氮化合物

重氮和偶氮化合物分子中都含有—N₂—基团。—N₂—基团只有一端与碳原子相连的化合物称重氮化合物；—N₂—基团两端都与碳原子相连的化合物称偶氮化合物。例如：

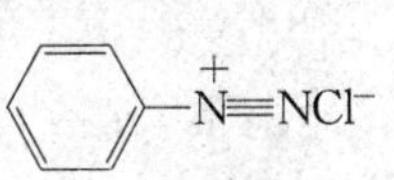

氯化重氮苯 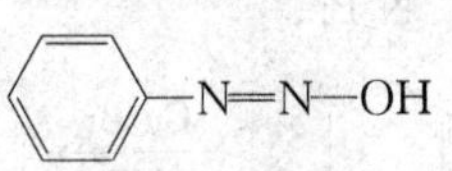　　　　　　　苯基重氮酸 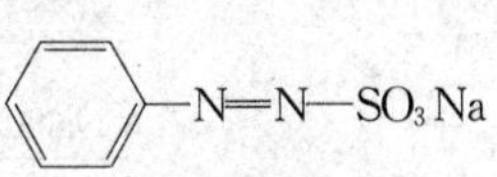　　　　　　　苯基重氮磺酸钠

偶氮苯　　　　　　偶氮甲烷　　　　　　　　对羟基偶氮苯

一、芳香族重氮盐

芳香族伯胺与亚硝酸在常温下反应，可放出氮气。若在低温（0～5 ℃）和亚硝酸作用，则生成重氮盐，这个反应称重氮化反应。

$$\text{(苯胺NH}_2\text{)} + (NaNO_2 + HCl) \xrightarrow{0\sim5\,℃} \text{(氯化重氮苯)} + H_2O$$

氯化重氮苯（重氮盐）

重氮盐可用下列通式表示：$Ar\!-\!\overset{+}{N}\!\equiv\!NX^-$，简写为 $Ar\overset{+}{N_2}X^-$ 或 $Ar\overset{+}{N_2}X$（X^- 代表酸根）。

重氮盐一般只在水溶液中和低温时才稳定，温度升高则分解，干燥的重氮盐遇热或撞击容易爆炸，所以一般不将它结晶出来，而直接在水溶液中应用。重氮盐的化学性质很活泼，能发生许多反应。

1. 取代反应　重氮基可以被—OH、—X、—CN、—H等基团取代，同时有氮气放出。

$$\xrightarrow[HX]{Cu_2X_2} \text{(苯X)} + N_2\uparrow（X 为 Cl、Br）$$

$$\xrightarrow[\triangle]{H_2O} \text{(苯OH)} + N_2\uparrow$$

$$\xrightarrow[KCN]{Cu_2(CN)_2} \text{(苯CN)} + N_2\uparrow$$

$$\xrightarrow[H_2O]{H_3PO_2} \text{(苯)} + N_2\uparrow$$

$$\xrightarrow{KI} \text{(苯I)} + N_2\uparrow$$

$$\xrightarrow[\triangle]{HBF_4} \text{(苯F)} + N_2\uparrow$$

通过重氮盐可以合成许多芳香族化合物。如间氯溴苯的合成，卤素是邻对位定位基，不能从一卤代苯再卤代得到，但是通过重氮盐的方法便可合成得到。

$$\text{(苯)} \xrightarrow[H_2SO_4]{HNO_3} \text{(硝基苯)} \xrightarrow[FeCl_3]{Cl_2} \text{(间氯硝基苯)} \xrightarrow{Fe/HCl} \text{(间氯苯胺)}$$

$$\xrightarrow[0\sim5\,℃]{NaNO_2/HBr} \text{(重氮盐N}_2Br^-\text{)} \xrightarrow[HBr]{Cu_2Br_2} \text{(间溴氯苯)}$$

对甲基苯甲酸不能从对二甲苯氧化制备，因两个甲基同时被氧化而得到对苯二甲酸。从甲苯开始，利用重氮盐的方法可得到较好收率的对甲基苯甲酸。

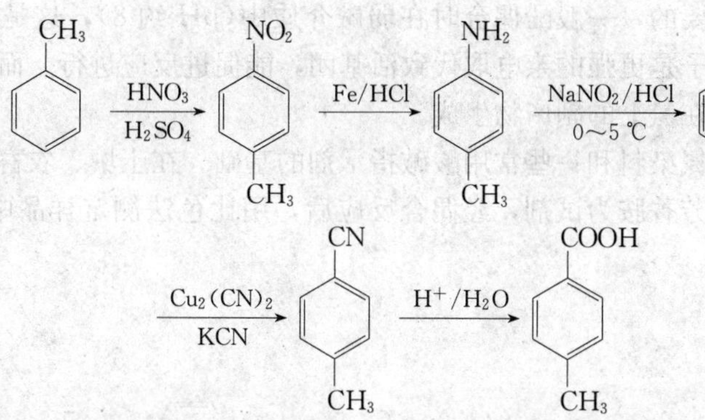

由苯制备 1,3,5-三溴苯，通过苯硝化、还原、溴代、重氮化，重氮盐再与次磷酸的反应非常容易得到：

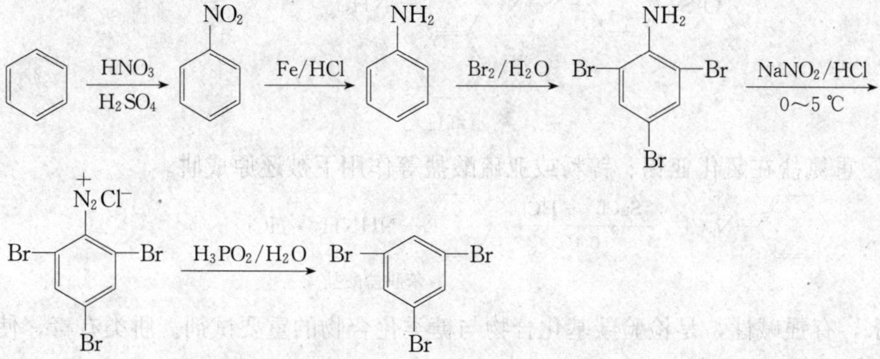

思考题 12-4　选择适当的试剂，经重氮化反应合成下列化合物：

(1)

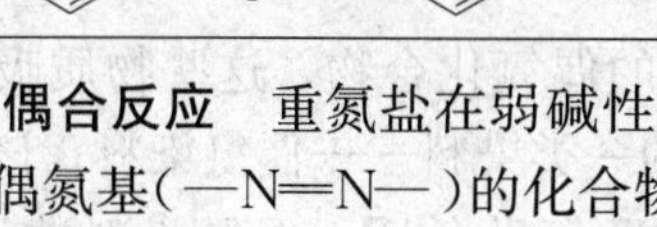

(2)

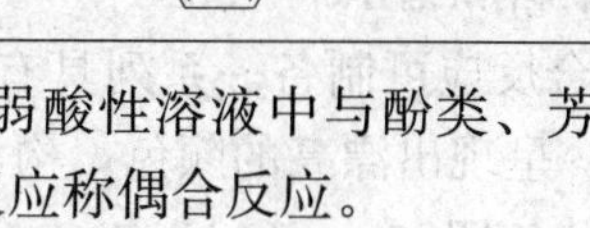

(3)

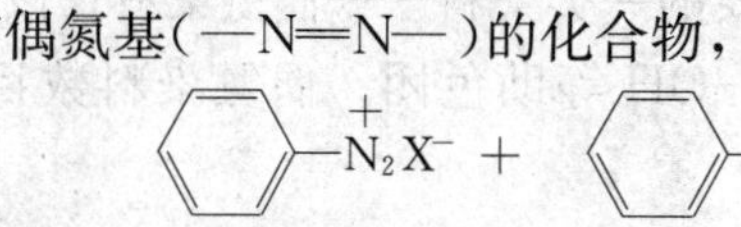

(4) 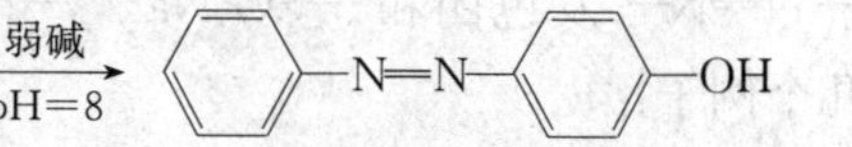 CH_3— —NH_2 → — —CH_3

2. 偶合反应　重氮盐在弱碱性、中性或弱酸性溶液中与酚类、芳胺等化合物反应，生成含有偶氮基（—N=N—）的化合物，这类反应称偶合反应。

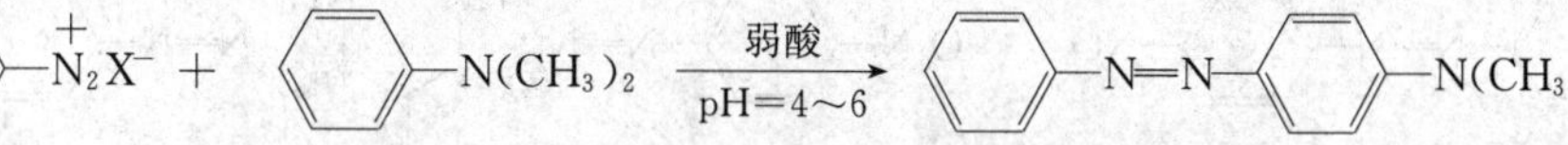

对羟基偶氮苯（橙色固体）

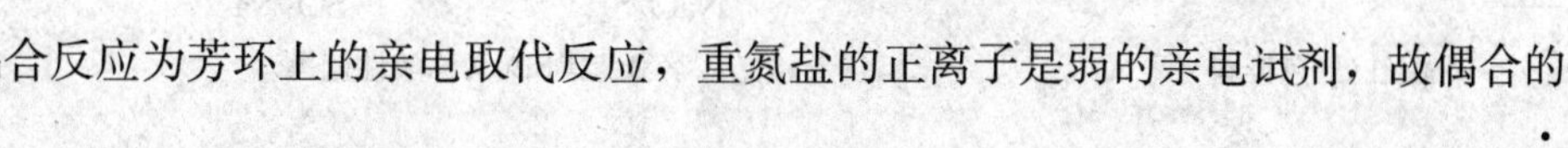

对二甲氨基偶氮苯（黄色固体）

偶合反应为芳环上的亲电取代反应，重氮盐的正离子是弱的亲电试剂，故偶合的化合物芳环上必须有强的给电子基团才容易进行。给电子基团为邻对位定位基，则偶合位置是在邻对位，一般情况下在对位，若对位被占据则偶合在邻位。

偶合的介质是很重要的，一般酚偶合时在弱碱介质中(pH 约 8)，这是因为此时酚可以是酚氧负离子，氧负离子是更强的亲电取代致活基团，能促进反应进行。而芳胺偶合是在弱酸介质中，可防止偶合在氮上的副产物生成。

偶合反应是合成偶氮染料和一些常用酸碱指示剂的基础。在土壤、农畜产品和药物的分析鉴定中，常用适当的芳香胺为试剂，经偶合反应后，用比色法测定样品中亚硝酸盐含量，其类似过程如下：

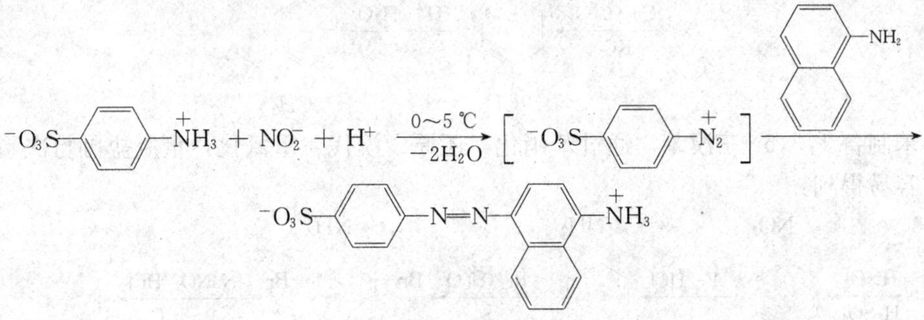

（红色）

3. 还原反应　重氮盐在氯化亚锡、锌粉或亚硫酸盐等作用下被还原成肼。

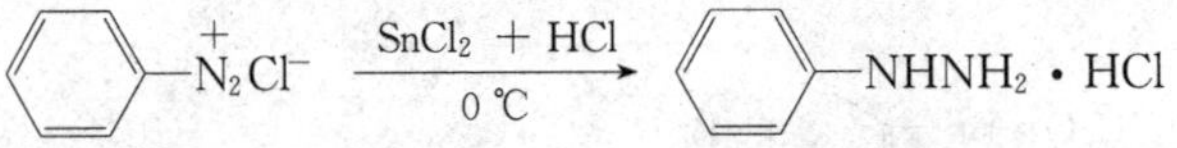

苯肼盐酸盐

肼类不溶于水，有强碱性，是检验羰基化合物与糖类化合物的重要试剂。肼类有毒，使用时需注意安全。

二、偶氮染料与指示剂

染料必须符合染料工业的技术要求，如它们有一定的牢固度，能耐洗、耐晒和不易变色等。因此，染料是有色物质，但有色物质不一定能作为染料。有些有色物质在不同的 pH 条件下，结构能发生变化，从而引起颜色改变，利用这一性质可以把它们作为酸、碱指示剂。下面讨论几种偶氮类染料和指示剂。

1. 偶氮染料　偶合反应可制备一系列具有大 π 体系的偶氮化合物，这些物质吸收光的波长都可进入可见区，呈现出漂亮的颜色，构成最重要的一类染料——偶氮染料。该类染料中均含有 —N=N— 发色团和 —SO$_3$Na、—NH$_2$、—OH 等助色团。偶氮染料数目繁多，下面仅举几个例子：

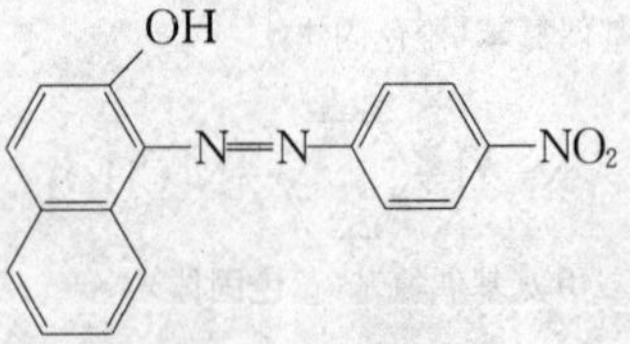

对位红(红色染料) 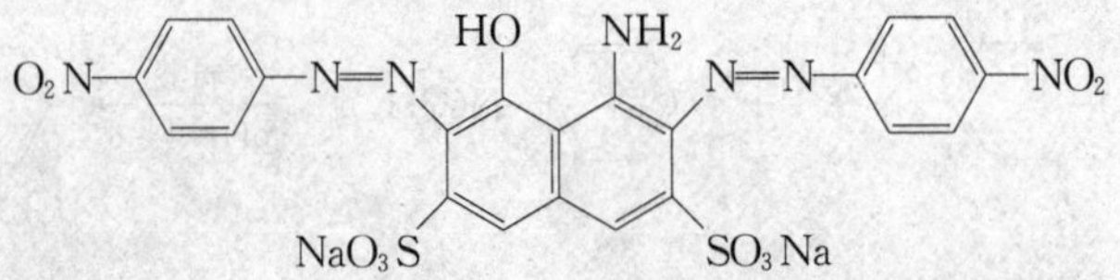　　　　　　　　萘酚蓝黑6B(又称酸性蓝黑)

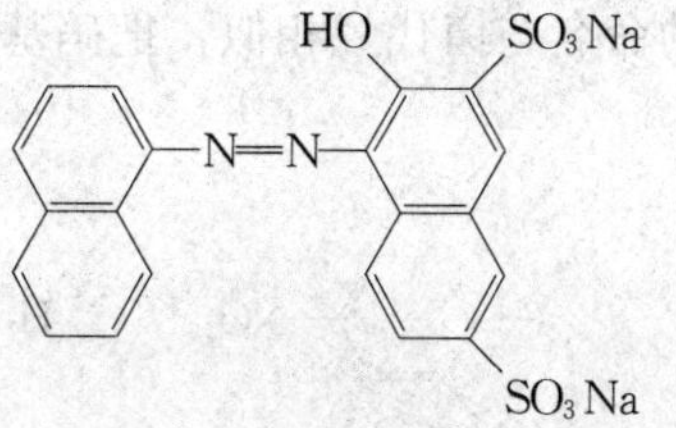

酸性枣红

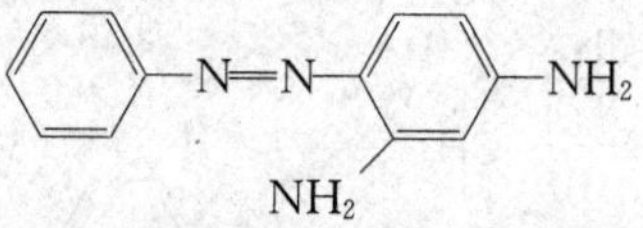

碱性菊橙

2. 指示剂

(1)甲基橙

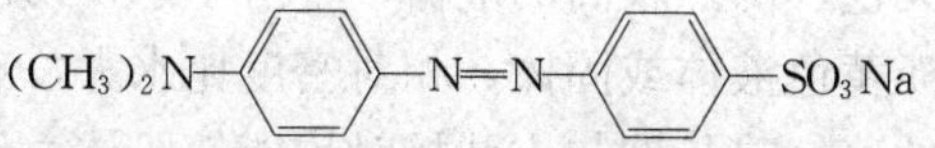

甲基橙是对氨基苯磺酸的重氮盐与 *N*，*N*-二甲苯胺发生偶合反应而制得。它是一种酸碱指示剂，其变色范围的 pH 为 3.1～4.4。在 pH＜3.1 的酸性溶液中显红色；在 pH＝3.1～4.4 的溶液中显橙色；在 pH＞4.4 的溶液中显黄色：

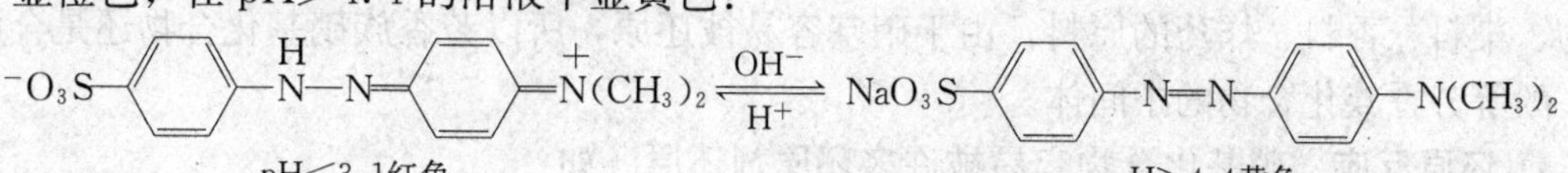

pH＜3.1红色　　pH＞4.4黄色

(2)刚果红

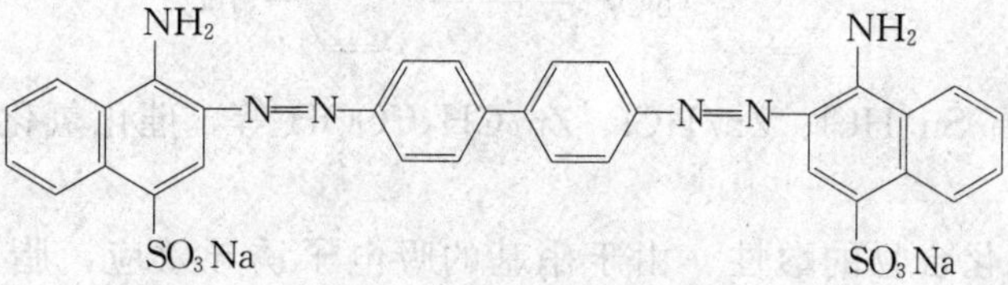

刚果红又称直接大红，是 4,4′-联苯二胺的双重氮盐与 4-氨基-1-萘磺酸发生偶合反应而制得。刚果红是一种可以直接使丝毛和棉纤维着色的红色染料。同时，也是一种酸碱指示剂，变色范围的 pH 为 3.0～5.0，在 pH＜3.0 的溶液中显蓝紫色，在 pH＞5.0 的溶液中显红色。

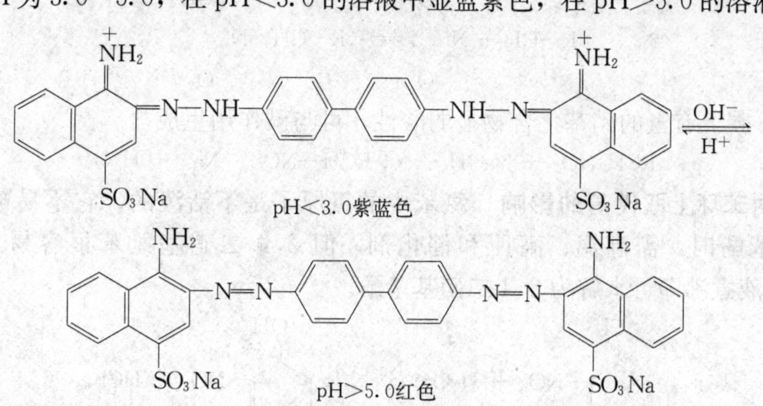

pH＜3.0紫蓝色　　pH＞5.0红色

第三节　其他含氮有机化合物

一、硝基化合物

硝基化合物是烃分子中氢原子被硝基取代后的产物。根据与硝基所连烃基的不同，分为脂肪族和芳香族硝基化合物两类。硝基化合物的命名与卤代烃相似，把硝基看成取代基，烃基作为母体。例如：

$CH_3CH_2NO_2$　　硝基叔丁烷　　硝基苯　　2,4-二硝基氟苯　　2,4,6-三硝基甲苯(TNT)

脂肪族硝基化合物是无色、沸点较高的液体，不溶于水，易溶于醇、醚等有机溶剂。芳香族硝基化合物为无色或淡黄色液体或固体，相对密度比水大，有苦杏仁味。芳香族硝基化合物有毒，较多吸入它们的蒸气或长期与皮肤接触均能使肌体血红蛋白变性而引起中毒。芳香族多硝基化合物都有极强的爆炸性。

硝基化合物中，以芳香族硝基化合物在合成上应用较多。很多芳香族硝基化合物是合成药物、染料、香料、炸药的原料，由于硝基容易被还原，所以芳香族硝基化合物还是合成芳胺、酚等芳香族化合物的中间体。

1. 还原反应　硝基化合物容易被许多还原剂还原。如：

其他还原剂还有 Sn/HCl、Zn/HCl、Zn/CH_3COOH 等。催化氢化也能将硝基还原为氨基。

2. 脂肪族硝基化合物的酸性　由于硝基的吸电子诱导效应，脂肪族硝基化合物中的 α-氢原子很活泼，与羰基化合物形成烯醇式异构体相似，硝基化合物可形成假酸式异构体。

因此，α-碳上有氢的硝基化合物显弱酸性，可与碱作用生成盐。

$$RCH_2NO_2 + NaOH \longrightarrow [RCH-NO_2]^- Na^+ + H_2O$$

3. 硝基对苯环上取代基的影响　氯苯中的氯原子是不活泼的，它不易被水解为羟基，由氯苯制取苯酚时，需高温、高压和催化剂，但 2,4 二硝基氯苯很容易水解，只要与 Na_2CO_3 水溶液煮沸即可水解为 2,4 二硝基苯酚。

这是因为硝基的极强吸电子作用，使苯环上电子云密度降低，与氯相连的碳易于受亲核试剂 OH^- 的进攻而发生取代反应。

另外，苯酚的苯环上引入硝基后，使酚的酸性增强(见第八章)。

4. 硝基化合物的爆炸性　含硝基的有机化合物如硝酸酯(硝化甘油)、亚硝酸酯、硝化木素，特别是芳香族多硝基化合物虽然在常态下比较稳定，但达到一定温度时会剧烈分解以致爆炸。如三硝基甲苯（TNT）、三硝基苯酚等达到一定温度或剧烈震动时，分子内部发生激烈的氧化还原反应，放出大量热，产生二氧化碳、水蒸气、氮气，体积骤然膨胀，发生爆炸。它们主要应用于军事、开矿、筑路等工程。

二、腈类化合物

腈可以看作是烃分子中的氢原子被氰基（—CN）取代后的化合物，通式为 RCN。腈的命名是根据分子中所含碳原子数（包括氰基碳原子在内）称为"某"腈。例如：

$$CH_3CN \qquad CH_3\underset{\underset{CH_3}{|}}{CH}CN \qquad H_2C=CHCN \qquad \text{〇}-CH_2CN$$

$$\text{乙腈} \qquad\qquad \text{异丁腈} \qquad\qquad \text{丙烯腈} \qquad\qquad \text{苯乙腈}$$

低级腈是无色液体，高级腈是固体。随着相对分子质量的增大，腈在水中的溶解度降低。低级腈毒性较大。

氰基是比较活泼的官能团，在有机合成上用途很广。

1. 水解反应　在较高温度、酸或碱催化下，腈水解生成羧酸，这是制备羧酸的一种常用方法。

$$R—CN \xrightarrow[\triangle]{H_2O/H^+} RCOOH$$

2. 与格氏试剂反应　腈与格氏试剂反应，经水解生成酮，这是制备酮的一种方法。

$$R—CN \xrightarrow[\text{干醚}]{CH_3MgI} R—\underset{\underset{CH_3}{|}}{C}=NMgI \xrightarrow{H_2O/H^+} R—\overset{\overset{O}{||}}{C}—CH_3$$

3. 还原反应　腈可还原成不同产物，最终产物是胺。例如：

$$NCCH_2CH_2CH_2CH_2CN \xrightarrow{H_2 \atop Ni} H_2NCH_2CH_2CH_2CH_2CH_2CH_2NH_2$$

三、碳酸酰胺

碳酸分子中有两个羟基，如果被氨基取代，就形成碳酸的两种酰胺，即氨基甲酸和尿素。

$$HO—\overset{\overset{O}{||}}{C}—OH \qquad H_2N—\overset{\overset{O}{||}}{C}—OH \qquad H_2N—\overset{\overset{O}{||}}{C}—NH_2$$

$$\text{碳酸} \qquad\qquad \text{氨基甲酸（碳酰胺）} \qquad\qquad \text{尿素（碳酰二胺）}$$

1. 氨基甲酸酯　氨基甲酸很不稳定，在一般情况下立即分解成 CO_2 和 NH_3。但氨基甲酸的盐和酯却是稳定的化合物。如氨基甲酸乙酯（$H_2NCOOC_2H_5$）可用作镇静剂，是稳定的白色晶体，熔点为 49 ℃。有许多氨基甲酸酯类化合物在农业上用作杀虫剂、杀菌剂和除草剂，总称为有机氮农药。该类农药一般具有药效高、毒性较低、降解快、安全性较有机氯和有机磷农药高等特点，在我国的农药生产和应用中占一定比例。

西维因
(N-甲基氨基甲酸-1-萘酯)

速灭威
(N-甲基氨基甲酸间甲苯酯)

灭草灵
[N-(3,4-二氯苯基)氨基甲酸甲酯]

2. 尿素　尿素亦称脲，是碳酸的二酰胺，它是哺乳动物体内蛋白质代谢的最终产物，成人每日排出的尿中约含 30 g 尿素，是农业上一种含氮量最高的化学肥料。工业上用二氧化碳和氨气来大规模生产。

$$CO_2 + 2NH_3 \xrightarrow[\triangle]{高压} H_2N-\overset{O}{\overset{\|}{C}}-NH_2 + H_2O$$

尿素为菱形或针状结晶，熔点 132.7 ℃，易溶于水及醇而难溶于乙醚等有机溶剂。尿素比一般酰胺多一个氨基，显弱碱性，主要化学性质如下：

(1)水解反应　在酸、碱溶液中或在酶的作用下，均可发生水解反应。

$$H_2N-\overset{O}{\overset{\|}{C}}-NH_2 + H_2O \begin{array}{l} \xrightarrow{H^+} NH_4^+ + CO_2 \uparrow \\ \xrightarrow{OH^-} NH_3 \uparrow + CO_3^{2-} \\ \xrightarrow{脲酶} NH_3 \uparrow + CO_2 \uparrow \end{array}$$

(2)与亚硝酸反应　像伯胺一样，尿素中的氨基也能与亚硝酸反应放出氮气。反应是定量完成的，可用于测定尿素的含量。

$$H_2N-\overset{O}{\overset{\|}{C}}-NH_2 + HNO_2 \longrightarrow [HO-\overset{O}{\overset{\|}{C}}-OH] + H_2O + N_2 \uparrow$$
$$\longrightarrow CO_2 \uparrow + H_2O$$

(3)二缩脲反应　将尿素缓慢加热，两分子尿素便脱去一分子氨而缩合生成二缩脲。

$$H_2N-\overset{O}{\overset{\|}{C}}-\boxed{NH_2 + H}-NH-\overset{O}{\overset{\|}{C}}-NH_2 \xrightarrow{150\sim160\,℃} H_2N-\overset{O}{\overset{\|}{C}}-NH-\overset{O}{\overset{\|}{C}}-NH_2 + NH_3 \uparrow$$
二缩脲

二缩脲在碱性中与稀硫酸铜作用，产生紫色配合物，这个显色反应称为二缩脲反应。除二缩脲外，凡分子中含有两个或两个以上酰胺键的化合物，例如多肽、蛋白质等都有这种显色反应。

取代脲类化合物是一类很重要的除草剂，生产上应用较为广泛的品种有绿麦隆、异丙隆和氟草隆等。

绿麦隆

异丙隆

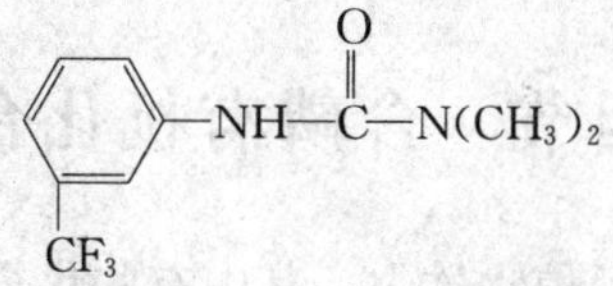

氟草隆

四、苯磺酰胺

磺酸是硫酸分子中的一个羟基被烃基取代的产物，如果烃基为苯基时称苯磺酸，苯磺酸的酰胺称苯磺酰胺。

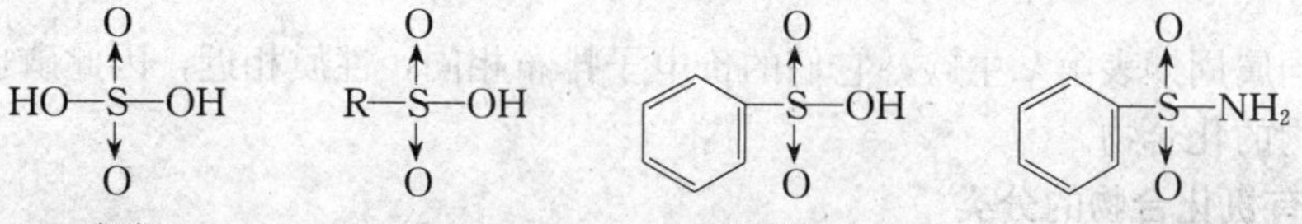

硫酸　　　　磺酸　　　　苯磺酸　　　　苯磺酰胺

在苯磺酰胺分子中，由于苯磺酰基强烈地吸引电子，使 N—H 键的极性大大加强，氮上的氢具有酸性，可与氢氧化钠溶液作用生成盐。

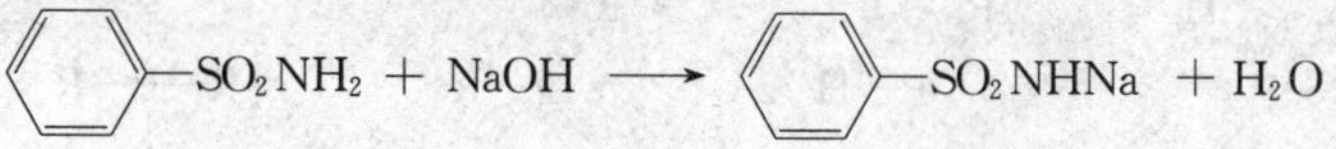

$$\text{苯磺酰胺} \cdot SO_2NH_2 + NaOH \longrightarrow \cdot SO_2NHNa + H_2O$$

苯磺酰胺钠盐

最重要的苯磺酰胺衍生物是对氨基苯磺酰胺，由于它的分子中既有酸性的磺酰基，又有碱性的氨基，所以它既能与碱作用又能与酸作用，是一个两性化合物。

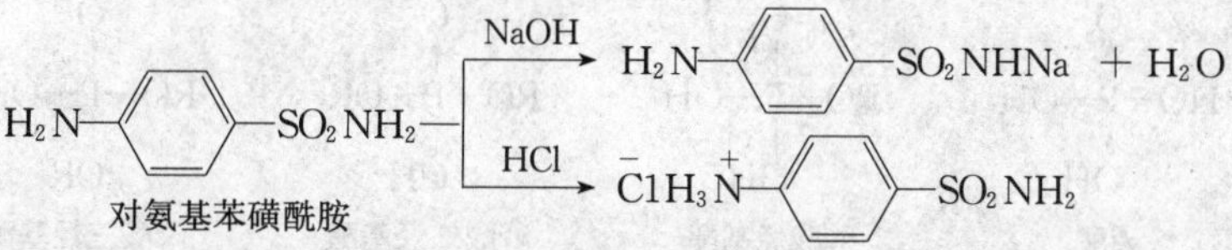

对氨基苯磺酰胺

H_2N—〇—SO_2NH_2　$\xrightarrow{NaOH}$　H_2N—〇—$SO_2NHNa + H_2O$

$\xrightarrow{HCl}$　$Cl\overset{-}{H_3}\overset{+}{N}$—〇—$SO_2NH_2$

对氨基苯磺酰胺简称磺胺（或 SN），为白色晶体，对葡萄球菌及链球菌等多种病菌有较强的杀灭抑制作用，多用于外伤清毒，俗称消炎粉。继磺胺之后，又合成出许多杀菌功能更好的内服磺胺衍生物，通称磺胺类药物，其基本结构为：

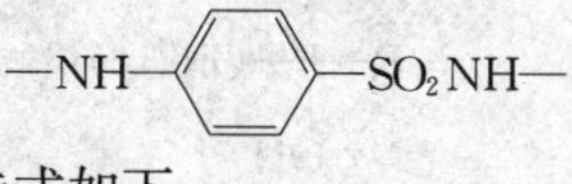

—NH—〇—SO_2NH—

目前常用的几种磺胺药物构造式如下：

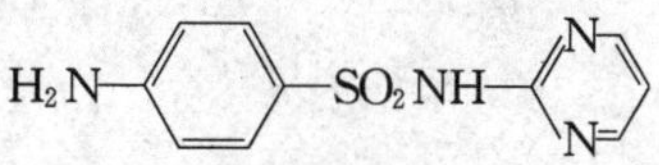

H_2N—〇—SO_2NH—（嘧啶）

磺胺嘧啶（SD）

H_2N—〇—SO_2NH—（异噁唑）CH_3

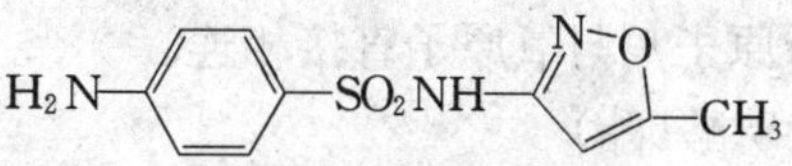

磺胺甲基异噁唑（SMZ）

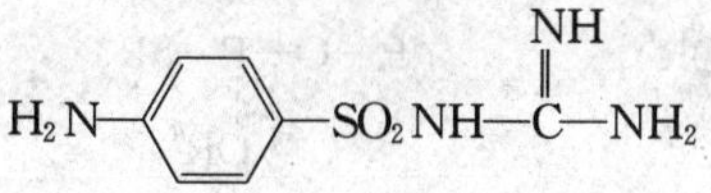

H_2N—〇—SO_2NH—$\overset{NH}{\overset{\|}{C}}$—$NH_2$

磺胺脒（SG）

NH—〇—SO_2NH—（噻唑）

$\overset{O}{\overset{\|}{C}}$

CH_2CH_2COOH

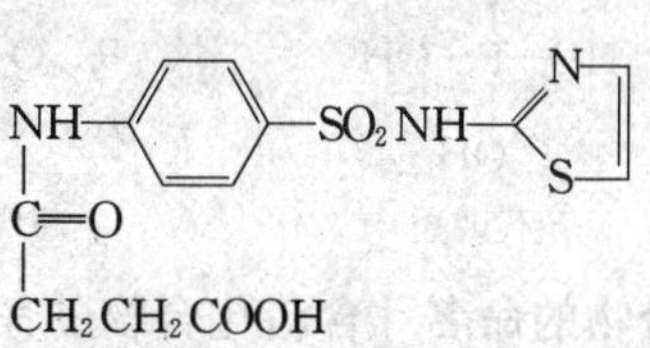

琥珀酰磺胺噻唑（SST）

第四节 含磷有机化合物

含磷有机化合物广泛存在于动植物体内，其中有些化合物是核酸和磷脂等的重要组成成分，它们是维持生命和生物体遗传不可缺少的物质。在农业上，许多含磷有机化合物用作杀虫剂、杀菌剂、除草剂和植物生长调节剂等，它们现在已成为一类极为重要的农药。本节简要介绍含磷有机物和有机磷农药的主要类型。

一、含磷有机化合物的分类和命名

磷和氮同属周期表第 V 主族，它们的价电子排布相同，性质相近，因此磷也能生成类似氮化合物结构的化合物。

1. 含磷有机化合物的分类

(1)膦 磷化氢(PH_3) 简称膦，膦中的氢原子被烃基取代后，则得到与胺相应的下列 4 种衍生物：

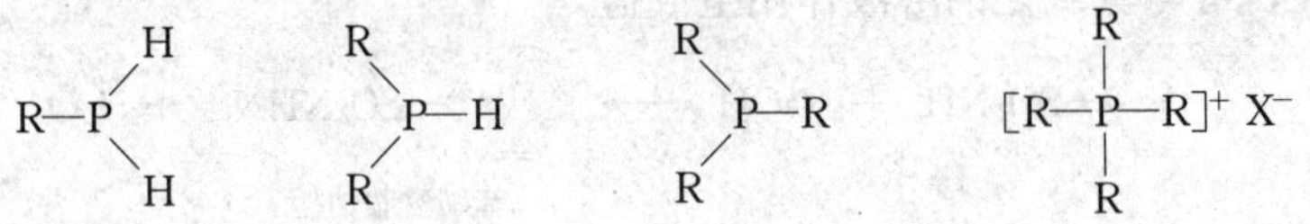

伯膦　　　　　仲膦　　　　　叔膦　　　　　季鏻盐

(2)磷酸(酯)

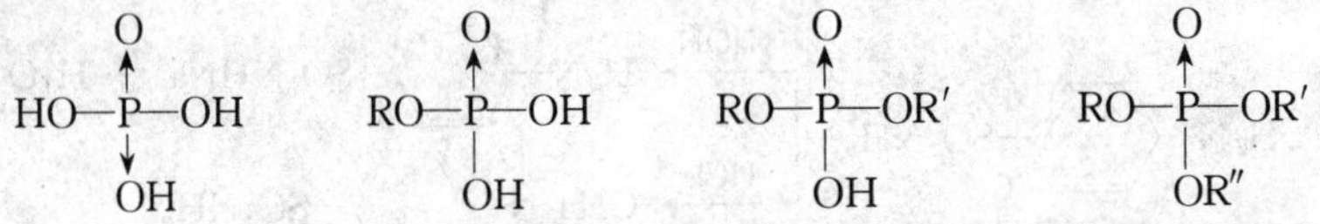

磷酸　　　　磷酸烃基酯　　　磷酸二烃基酯　　　磷酸三烃基酯

(3)膦酸(酯) 磷酸分子中的羟基被烃基取代的衍生物称为膦酸。与磷酸一样，膦酸也有其相应的酯。

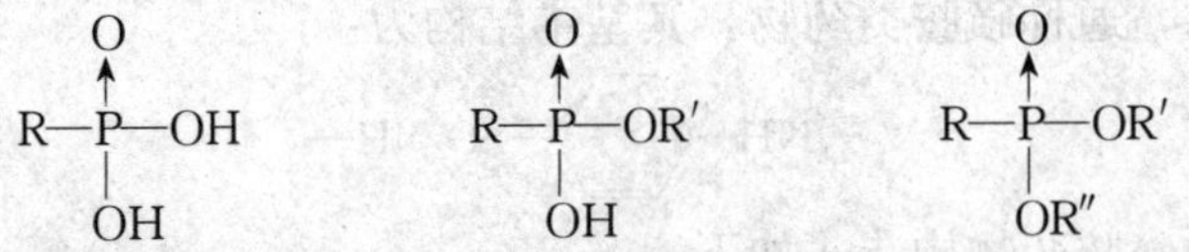

膦酸　　　　　膦酸烃基酯　　　膦酸二烃基酯

磷酸及其酯与膦酸及其酯在构造上的根本区别在于：后者含 C—P 键，而前者不含 C—P 键，磷原子只与氧原子直接相连。

(4)硫代磷酸(酯)

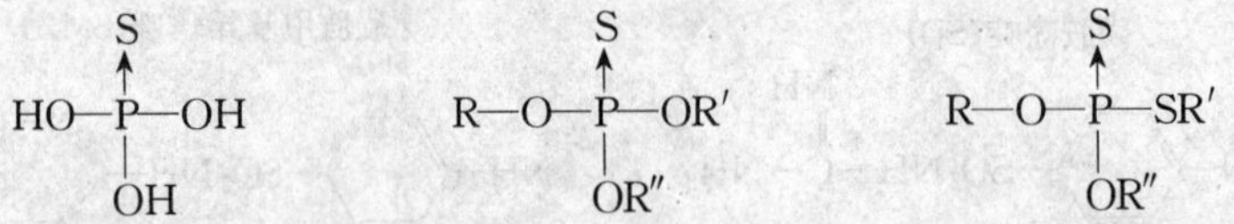

硫代磷酸　　　　硫代磷酸酯　　　二硫代磷酸酯

2. 含磷化合物的命名 含磷化合物的命名比较简单，其方法为：

(1)膦和膦酸的命名是在相应的类名前加上烃基的名称。例如：

$$CH_3PH_2 \qquad (C_6H_5)_3P \qquad C_6H_5PO(OH)_2$$

甲基膦 　　　　　三苯(基)膦 　　　　　苯基膦酸

（2）磷酸酯和硫代磷酸酯类，凡含氧酯基都用前缀 O-烃基表示。例如：

$$
\begin{array}{ccc}
\underset{C_2H_5O}{\overset{C_2H_5O}{>}}\!\!\underset{OH}{\overset{O}{P}} &
\underset{C_2H_5O}{\overset{C_2H_5O}{>}}\!\!\underset{C_6H_5}{\overset{O}{P}} &
\underset{C_2H_5O}{\overset{C_2H_5O}{>}}\!\!\underset{SH}{\overset{S}{P}}
\end{array}
$$

O,O-二乙基磷酸酯 　　　　O,O-二乙基苯基膦酸酯 　　　　O,O-二乙基二硫代磷酸酯

二、膦酸和膦酸酯类化合物

1. 乙烯利（ethephon） 乙烯利的化学名称为 2-氯乙基膦酸，其构造式为：

$$ClCH_2CH_2-\overset{\overset{\displaystyle O}{\|}}{\underset{\underset{\displaystyle OH}{|}}{P}}-OH$$

乙烯利纯品是无色针状晶体，熔点 75 ℃，易溶于水及乙醇。商品乙烯利则是带棕色的溶液。

乙烯利是 20 世纪 70 年代初期投入应用的一种合成植物生长调节剂。在 pH<3 的条件下，它是比较稳定的，在 pH>4 时，则缓慢分解而释放出乙烯。

$$ClCH_2CH_2-\overset{\overset{\displaystyle O}{\|}}{\underset{\underset{\displaystyle OH}{|}}{P}}-OH + H_2O \xrightarrow{pH>4} H_3PO_4 + HCl + H_2C{=}CH_2$$

乙烯利被植物吸收后，输送到茎、叶和花果等组织中。由于一般植物细胞的 pH 都在 4 以上，所以乙烯利在植物各组织中会逐渐分解，放出乙烯。乙烯利在我国广泛应用于促进橡胶树的产胶，烟草的催黄，水果和蔬菜的催熟，以及瓜果早期多开雌花等方面。

2. 敌百虫（trichlorphon） 敌百虫是膦酸酯类化合物的典型代表，化学名称为 O,O-二甲基-(1-羟基- 2,2,2 三氯乙基)膦酸酯，构造式为：

$$\underset{CH_3O}{\overset{CH_3O}{>}}\!\!\overset{\overset{\displaystyle O}{\|}}{\underset{\underset{\displaystyle OH}{|}}{P}}{-}CH{-}CCl_3$$

敌百虫为无色晶体，熔点 81 ℃，易溶于水和多种有机溶剂，在中性和酸性溶液中比较稳定，在碱性溶液中可以转化为敌敌畏，继而水解失效。

敌百虫对昆虫有胃毒和触杀作用，常用于防治鳞翅目、双翅目、鞘翅目等害虫。因为敌百虫对哺乳动物的毒性很低，故可用于防治家畜体内外的寄生虫，同时它也是一个很好的灭蝇剂。

三、磷酸酯和硫代磷酸酯类化合物

1. 敌敌畏（dichlorovos） 敌敌畏是磷酸酯类杀虫剂，化学名称为 O,O-二甲基-O-

(2,2-二氯乙烯基)磷酸酯，其构造式为：

$$\underset{CH_3O}{\overset{CH_3O}{}}\!\!\!P\!\!\overset{O}{\uparrow}\!-O-CH=CCl_2$$

敌敌畏是一种无色的液体，易挥发，微溶于水。具有胃毒、触杀和熏蒸作用，杀虫范围广，作用快。主要用于防治刺吸口器害虫及潜叶害虫。

工业上是将敌百虫在碱的作用下，消去一分子 HCl，经过分子重排而制得，其反应式可表示如下：

$$\underset{CH_3O}{\overset{CH_3O}{}}\!\!P\!\overset{O}{\uparrow}\!\!\underset{OH}{\overset{|}{CHCCl_3}} \xrightarrow{-H^+} \left[\underset{CH_3O}{\overset{CH_3O}{}}\!\!P\!\overset{O}{\uparrow}\!\!\underset{O^-}{\overset{|}{CHCCl_3}}\right] \xrightarrow{-Cl^-} \underset{CH_3O}{\overset{CH_3O}{}}\!\!P\!\overset{O}{\uparrow}\!-OCH=CCl_2$$

敌百虫 　　　　　　　　　　　　　　　　　　　　　　　　　敌敌畏

敌敌畏较敌百虫的杀虫效果好，但对人畜的毒性也较大。生物体内也能发生上述转变，故认为敌百虫也是通过转变成敌敌畏而发挥其药效的。

2. 对硫磷（Parathion） 对硫磷又称 1065，是硫代磷酸酯类杀虫剂，其构造式为：

$$\underset{CH_3CH_2O}{\overset{CH_3CH_2O}{}}\!\!P\!\overset{S}{\uparrow}\!-O-\!\!\bigcirc\!\!-NO_2$$

对硫磷的化学名称为 O,O-二乙基-O-对硝基苯基硫代磷酸酯。是浅黄色油状液体，工业品具有类似大蒜的臭味，难溶于水，易溶于有机溶剂。

对硫磷是一种剧毒性农药，它有优异的杀虫性能，但对人、畜和鱼类的毒性也很大，使用时要特别注意安全。

与对硫磷结构相似的硫代磷酸酯类杀虫剂还有甲基对硫磷、杀螟硫磷等，它们对人畜的毒性较小，使用时较安全。它们的化学构造式和化学名称如下：

$$\underset{CH_3O}{\overset{CH_3O}{}}\!\!P\!\overset{S}{\uparrow}\!-O-\!\!\bigcirc\!\!-NO_2 \qquad\qquad \underset{CH_3O}{\overset{CH_3O}{}}\!\!P\!\overset{S}{\uparrow}\!-O-\!\!\overset{CH_3}{\bigcirc}\!\!-NO_2$$

甲基对硫磷 　　　　　　　　　　　　　　　　杀螟硫磷

O,O-二甲基-O-对硝基苯基硫代磷酸酯　　O,O-二甲基-O-(3-甲基-4-硝基)苯基硫代磷酸酯

3. 乐果（dimethoate）**和氧化乐果**（omethoate） 乐果属于二硫代磷酸酯类杀虫剂，氧化乐果属于硫醇式硫代磷酸酯，它们的构造式为：

$$\underset{CH_3O}{\overset{CH_3O}{}}\!\!P\!\overset{S}{\uparrow}\!-SCH_2\overset{O}{\overset{\|}{C}}NHCH_3 \qquad\qquad \underset{CH_3O}{\overset{CH_3O}{}}\!\!P\!\overset{O}{\uparrow}\!-SCH_2\overset{O}{\overset{\|}{C}}NHCH_3$$

乐果 　　　　　　　　　　　　　　　　氧化乐果

乐果的化学名称为 O,O-二甲基-S-(N-甲基氨基甲酰甲基)二硫代磷酸酯，纯品为白色晶体，熔点 51～52 ℃，可溶于水和多种有机溶剂。具有内吸性，能被植物的根、茎、叶吸收，并传导分布到整个植株。它对温血动物的毒性很低，而对昆虫的毒性却相当高，这是因为它在不同的情况下发生不同的分解或氧化过程的缘故。氧化乐果与乐果相比，其杀虫效果更佳。

与乐果同属于二硫代磷酸酯的杀虫剂还有马拉硫磷等。马拉硫磷对人的毒性比 DDT 还小，现已取代 DDT、六六六来防治稻飞虱，介壳虫及螨类，其构造式与化学名称为：

$$\begin{array}{c} CH_3O \quad S \\ \qquad \diagdown \; \parallel \\ \qquad \quad P-S-CHCOOC_2H_5 \\ \diagup \qquad \qquad \mid \\ CH_3O \qquad \qquad CH_2COOC_2H_5 \end{array}$$

O,O-二甲基-S-(1,2-二乙氧羰基乙基)二硫代磷酸酯

4. 稻瘟净（kitazine） 稻瘟净是硫代磷酸酯类杀菌剂，其构造式为：

$$\begin{array}{c} C_2H_5O \quad O \\ \qquad \diagdown \; \parallel \\ \qquad \quad P-S-CH_2- \bigcirc \\ \diagup \\ C_2H_5O \end{array}$$

化学名称为 O,O-二乙基-S-苄基硫代磷酸酯。纯品为无色透明液体。沸点 120～130 ℃（13.3～19.9 Pa）。难溶于乙醇、乙醚、苯、二甲苯、环己酮等有机溶剂。对光、酸较稳定，遇碱、高温易分解。

稻瘟净主要用于防治稻瘟病，对水稻苗瘟、叶瘟和穗颈瘟均有良好防效，对水稻小粒菌核病、纹枯病、颖枯病也有一定防效，并可兼治稻叶蝉和稻飞虱。与乐果、马拉硫磷混用可提高防治效果。

有机磷农药种类很多，其特点是杀虫力强，残留性低，易被生物代谢为无害成分。缺点是对哺乳动物毒性大，易造成人畜急性中毒，使用时应注意防护。目前，世界各国在寻求高效、低毒有机磷农药方面做了大量的研究工作。

有机磷农药大多属酯类化合物，容易水解，特别是碱性条件下能使反应进行到底，其水解产物一般无毒，药效丧失。如：

$$\begin{array}{c} C_2H_5O \quad S \\ \qquad \diagdown \; \parallel \\ \qquad \quad P-O- \bigcirc -NO_2 \;+\; 4H_2O \xrightarrow{\;OH^-\;} \\ \diagup \\ C_2H_5O \end{array}$$

$$2C_2H_5OH \;+\; H_2S \;+\; HO- \bigcirc -NO_2 \;+\; H_3PO_4$$

故在储存及使用时，忌与碱性物质接触；在喷药过程中，如皮肤沾了药液，应立即用碱液洗涤。

小知识 //

百 浪 多 息

20 世纪初，人类对细菌性疾病束手无策。这一难题终于在 1932 年被 32 岁的德国人 Gerhard Domagk 所攻破。1932 年 12 月 20 日，Domagk 发现了一种在试管内并无抑菌作用，但对感染链球菌的小鼠疗效却极佳的橘红色化合物，命名为百浪多息。Domagk 唯一的女儿因为手指被刺破，感染了链球菌，生命垂危，无药可救。紧急关头，他以自己的小女儿作人体实验对象，给女儿服用了百浪多息，挽救了爱女的生命。不久，巴斯德研究所的 Ernest Fourneau 揭开了百浪多息在活体中发生作用之谜，即百浪多息在体内能分解出对氨基苯磺酰胺（简称磺胺）。磺胺被细菌吸收而又不起养料作用，导致细菌死去。药物的作用机理搞清

后，百浪多息逐渐被更廉价的磺胺类药物所取代，并沿用至今。

$$H_2N-\underset{\text{百浪多息}}{\underbrace{}}-N=N-\underset{}{\underbrace{}}-SO_2NH_2 \quad (NH_2)$$

百浪多息

董驹翔. 磺胺的发明及启示. 医学与哲学，1989，2：55-56.
柯玉升. 父爱成就诺贝尔医学奖. 文史博览，2015，10：22.

习　题

1. 命名下列化合物：

(1) $CH_3CH_2NHCH(CH_3)_2$

(2) $H_2N-\underset{}{\underbrace{}}-NH_2$

(3) $H_2N(CH_2)_5NH_2$

(4) $\underset{}{\underbrace{}}-N\begin{smallmatrix}CH_3\\C_2H_5\end{smallmatrix}$

(5) $\underset{\underset{CH_3\ \ NH_2}{|\ \ \ \ |}}{CH_3CH-CHCH_2CH_3}$

(6) $CH_3CH_2CH_2NO_2$

(7) $CH_3CH_2CH_2\overset{+}{N}(CH_3)_3OH^-$

(8) $(CH_3)_2CHN(C_2H_5)_3I^-$ （N带正电）

(9) $H_3C-\underset{}{\underbrace{}}-\overset{+}{N_2}Cl^-$

(10) $\underset{}{\underbrace{}}-N=N-\underset{}{\underbrace{}}-OH$

(11) $\begin{smallmatrix}CH_3O\\ \\CH_3O\end{smallmatrix}\overset{\displaystyle O}{\underset{}{P}}-SCH_2-\overset{\displaystyle O}{C}-NHCH_3$

(12) $\begin{smallmatrix}C_2H_5\\ \\C_2H_5\end{smallmatrix}\overset{\displaystyle S}{\underset{}{P}}-O-\underset{}{\underbrace{}}-NO_2$

2. 写出下列化合物的构造式：

(1) 对甲基苄胺

(2) 1,6-己二胺

(3) 胆碱

(4) 胆胺

(5) N-甲基氨基甲酸苯酯

(6) 对二甲氨基偶氮苯

(7) 乙基膦酸

(8) 甲基膦酸甲酯

3. 完成下列反应式：

(1) $CH_3CH_2COCl + CH_3-\underset{}{\underbrace{}}-NHC_2H_5 \longrightarrow$

(2)

$$\text{（1-甲氨基萘） } + HNO_2 \longrightarrow$$

(3) $(CH_3)_3N + C_{12}H_{25}Br \longrightarrow$

(4) O_2N—⟨苯环⟩—NO_2 $\xrightarrow[\text{HCl}]{\text{Fe}}$

(5) ⟨苯环⟩—$\overset{+}{N_2}Cl^-$ + ⟨苯环⟩—$N(CH_3)_2$ ⟶

(6) $2H_2N$—$\overset{\overset{\displaystyle O}{\|}}{C}$—$NH_2$ $\xrightarrow{\triangle}$

4. 按碱性由强到弱的顺序排列下列各组化合物：

(1) 乙胺、氨、苯胺、二苯胺、N-甲基苯胺

(2) 苯甲胺、苯胺、氢氧化四乙铵、邻苯二甲酰亚胺、对硝基苄胺

(3) CH_3COOH、CH_3CONH_2、$CH_3CH_2NH_2$、$(CH_3CH_2)_2NH$、NH_3

5. 用化学方法区分下列各组化合物：

(1) 甲胺、二甲胺、三甲胺

(2) ⟨结构：邻甲基苯胺 CH_3, NH_2⟩、⟨结构：$NHCH_3$ 苯环⟩、⟨结构：$COOH$ 苯环⟩、⟨结构：水杨酸 OH, $COOH$⟩

6. 用化学方法分离苯酚、苯胺和对氯苯甲酸的混合物。

7. 某芳香族化合物分子为 $C_6H_4\overset{NO_2}{\underset{CH_3}{\big\langle}}$ ，试根据下列反应确定其构造式。

$C_6H_5\overset{NO_2}{\underset{CH_3}{\big\langle}}$ $\xrightarrow{\text{Fe/HCl}}$ $\xrightarrow[0\sim5\,℃]{\text{NaNO}_2/\text{HCl}}$ $\xrightarrow[\text{KCN}]{\text{Cu}_2(\text{CN})_2}$ $\xrightarrow[\text{H}_2\text{O}]{\text{稀 HCl}}$ $\xrightarrow[\text{H}^+]{\text{KMnO}_4}$ $\xrightarrow{\triangle}$ ⟨邻苯二甲酸酐结构⟩

8. 选择适当的试剂，经重氮化反应合成下列化合物：

(1) ⟨苯⟩ ⟶ ⟨间苯二甲酸 COOH, COOH⟩

(2) ⟨甲苯 CH_3⟩ ⟶ ⟨间甲苯胺 CH_3, NH_2⟩

(3) ⟨甲苯 CH_3⟩ ⟶ ⟨3,5-二溴甲苯 Br, Br, CH_3⟩

(4) ⟨苯⟩ ⟶ ⟨1,3,5-三溴苯 Br, Br, Br⟩

9. 某有机化合物的分子式为 C_3H_7ON，加 NaOH 溶液煮沸，则水解生成羧酸盐，并放出某种气体，将此气体通入盐酸溶液后，得一含氯的盐，写出这个化合物的构造式、名称以及水解反应式。

10. 化合物 A 的分子式为 $C_6H_{15}N$，能溶于稀盐酸，与亚硝酸在室温时作用放出氮气并得到化合物 B，B 能进行碘仿反应。B 与浓 H_2SO_4 共热得到 C，C 能使高锰酸钾溶液褪色，并氧化分解为乙酸和 2-甲基丙酸。试推定 A、B、C 的构造式，并写出有关反应式。

第十三章

杂环化合物和生物碱

在环状化合物中，组成环的原子除碳原子外，还含有其他原子，这类化合物称为杂环化合物(heterocyclic compounds)。杂环上所含非碳原子称为杂原子(hetero‑atom)，最常见的杂原子为 O、S、N 三种原子。杂环化合物有芳香性杂环和非芳香性杂环之分，有机化学中所讨论的杂环化合物，并不是指所有环内含有杂原子的化合物，而是特指结构比较稳定，具有芳香性的杂环化合物；对于非芳香性杂环化合物，如环醚、内酯、内酸酐、内酰胺等，因它们具有醚、酯、酸酐、酰胺等的性质，通常不把它们视为杂环化合物。

杂环化合物广泛存在于自然界中，约占已知有机化合物的 1/3，是最大的一类天然有机化合物。它们的应用范围非常广泛，涉及医药、香料、染料、农药、高分子材料等方面，尤其在生物界，杂环化合物随处可见，如叶绿素、血红素、抗生素、某些维生素、核酸中的碱基及大多数生物碱都是杂环化合物，它们对动植物体的生命活动起着重要的生理作用。

第一节　杂环化合物

一、杂环化合物的分类和命名

1. 杂环化合物的分类　杂环化合物一般分为单杂环(含一个环)和稠杂环(含多个环)两大类。单杂环中常见的是五元杂环和六元杂环。稠杂环中有苯并单杂环和单杂环并单杂环两种，见表 13 - 1。

表 13 - 1　杂环化合物的结构、分类和命名

杂环分类		结构式	外文名称	译音法
单杂环	五元杂环	O	furan	呋喃
		S	thiophene	噻吩
		N H	pyrrole	吡咯

（续）

杂环分类		结构式	外文名称	译音法
单杂环	五元杂环		imidazole	咪唑
			thiazole	噻唑
			oxazole	噁唑
	六元杂环		pyran	吡喃
			pyridine	吡啶
			pyrimidine	嘧啶
			pyrazine	吡嗪
			triazine	三嗪
稠杂环			indole	吲哚
			purine	嘌呤
			quinoline	喹啉

2. 杂环化合物的命名 杂环化合物的命名比较复杂，国际上多用习惯命名法，我国目前采用按照国际习惯命名的译音命名。杂环化合物的命名主要包括基本母环及环上取代基两方面。

（1）杂环母环的命名 杂环母环的命名按照英文名称的译音，选用同音汉字，再加上"口"旁以表示杂环化合物。例如：呋喃（furan）、吡咯（pyrrole）、噻吩（thiophene）、吲哚（indole）等。一些重要杂环化合物的名称见表 13 - 1。

（2）环上取代基的编号 环上有取代基的杂环化合物，命名时将杂原子编为 1 号，依次为 1，2，3，…或与杂原子相邻的碳原子编号为 α，依次为 α，β，γ，… 当环上含有两个或两个以上的杂原子时，应使杂原子所在的位次数最小；当环上有不同的杂原子时，按 O→S→N 的优先次序编号。

当杂环上的取代基为—R、—NO₂、—X、—NH₂、—OH 时，一般以杂环为母体；当取代基为—CHO、—SO₃H、—COOH、—CONH₂ 时，则以杂环为取代基。例如：

2-呋喃甲醛
（α-呋喃甲醛）

2-氯吡咯
（α-氯吡咯）

3-吡啶甲酸
（β-吡啶甲酸）

2-甲基呋喃
（α-甲基呋喃）

4-氨基-2-羟基嘧啶

5-甲基噁唑

4-甲基-2-氨基噻唑

稠杂环的编号，一般和稠环芳烃相同，但有少数稠杂环另有一套编号顺序。例如：

吲哚

喹啉

嘌呤

思考题 13-1

(1)写出下列化合物的结构式：

① 3-吡咯磺酸　② 2-呋喃甲酸　③ γ-甲基吡啶

(2)命名下列化合物：

二、杂环化合物的结构

1. 五元单杂环　五元单杂环如呋喃、噻吩、吡咯，在结构上都符合休克尔规则，环上原子共平面，都是 sp² 杂化，彼此以 σ 键相连接，四个碳原子各有一个电子在 p 轨道上，杂原子有两个电子在 p 轨道上，这些 p 轨道垂直于 σ 键所在的平面，相互重叠形成大 π 键，如下所示：

呋喃

噻吩

吡咯

因此，这些五元杂环都具有芳香性。它们分子中的键长数据如下：

呋 喃　　　　　　　　噻 吩　　　　　　　　吡 咯

已知典型的键长数据为：

　C—C 0.154 nm　　　C—O 0.143 nm　　　C—N 0.147 nm　　　C—S 0.182 nm
　C＝C 0.134 nm　　　C＝O 0.122 nm　　　C＝N 0.128 nm　　　C＝S 0.160 nm

由此可见：

（1）五元杂环分子中的键长有一定程度的平均化，但不像苯环那样完全平均化。因此芳香性较苯环差，有一定程度的不饱和性及环的不稳定性。

（2）杂原子具有给电子共轭效应，所以环上电子云密度比苯高，化学性质比苯活泼，相当于苯环上连接—OH、—SH、—NH_2。因此，五元杂环比苯更容易发生亲电取代反应，尤其发生在杂原子的 α-位。

（3）由于杂原子的电负性为 O＞N＞S，所以它们的给电子能力为 S＞N＞O。

它们的离域能分别为 E(苯)＝ 151 kJ·mol^{-1}、E(噻吩)＝117 kJ·mol^{-1}、E(吡咯)＝88 kJ·mol^{-1}、E(呋喃)＝ 67 kJ·mol^{-1}，也说明了这点。如呋喃就表现出某些共轭二烯烃的性质，可以进行双烯加成反应等，具有介于芳香族及脂肪族化合物之间的某些特征。

核磁共振氢谱的测定数据表明，环上氢原子的核磁共振信号都出现在低场，这也是它们具有芳香性的一个标志，其中 δ 值为 α-H＞β-H。

呋喃　　　α-H　δ＝7.42　　　β-H　δ＝6.37
噻吩　　　α-H　δ＝7.30　　　β-H　δ＝7.10
吡咯　　　α-H　δ＝6.68　　　β-H　δ＝6.22

2. 六元单杂环　六元单杂环的典型结构可用吡啶来说明。吡啶的结构和苯很相似，只是苯中的一个碳原子被氮原子代替，这个氮原子以它的 sp^2 杂化轨道和两个相邻碳原子的 sp^2 杂化轨道重叠形成两个 σ 键。环上每个原子均为 sp^2 杂化，各有一个 p 轨道垂直于环的平面，组成闭合的环状共轭体系——大 π 键，如下所示：

所以，吡啶环也有芳香性。分子中的键长数据也表明这一点。另外，核磁共振氢谱中，环上氢的 δ 值位于低场（α-H　δ＝8.50，β-H　δ＝ 6.98，γ-H　δ＝7.36），也是它具有芳香性的一个标志。

与吡咯不同，吡啶氮原子上的一对未共用电子(在 sp^2 轨道)不参与共轭，由于氮原子的吸电子诱导效应，使环上电子云密度降低，尤其 α、γ-位更甚，类似于苯环连接—NO_2 等吸电子基团的作用。所以吡啶的亲电取代反应较苯难，且主要进入 β-位。

综合五元、六元杂环，它们都具有芳香性，但环上电子云密度的大小不同，其亲电取代反应活性顺序为：

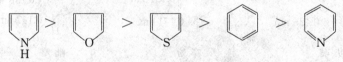

三、单杂环化合物的物理性质

单杂环化合物多为无色液体，有强烈而难闻的气味，有一定的毒性，难溶于水，易溶于有机溶剂。吡啶能与水、乙醇、醚等混溶，是一种优良的溶剂。常见单杂环化合物的物理性质如表 13-2 所示。

表 13-2　常见单杂环化合物的物理性质

化合物	熔点/℃	沸点/℃	相对密度(d_4^{20})	折射率(n_D^{20})
呋喃	-86	31	0.934	1.421 4
噻吩	-38	84	1.065	1.528 9
吡咯	-24	131	0.969	1.508 5
糠醛	-39	162	1.159	1.526 1
吡啶	-42	115.5	0.982	1.509 5

四、杂环化合物的化学性质

杂环化合物除具有一定程度的芳香性外，还具有一些特有的化学性质，现以吡咯和吡啶为例进行讨论。

1. 酸碱性　在吡咯分子中，氮原子上虽有孤对电子，但已参与组成环的大 π 键，结果使氮原子上的电子云密度降低，结合质子的能力大大减弱，因此吡咯的碱性很弱；另一方面，由于氮原子电负性较大，使 N—H 键有较强的极性，因而氮原子上连接的氢原子有离解成质子的倾向，故吡咯又表现出弱酸性。例如，它不能与强酸形成稳定的盐，只能与强碱形成稳定的盐。实验测得，吡咯的碱性($pK_b=13.6$)弱于苯胺($pK_b=9.3$)，酸性($pK_a=15.0$)强于乙醇($pK_a=17.0$)而弱于苯酚($pK_a=9.98$)。

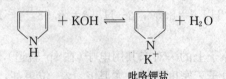

吡咯钾盐

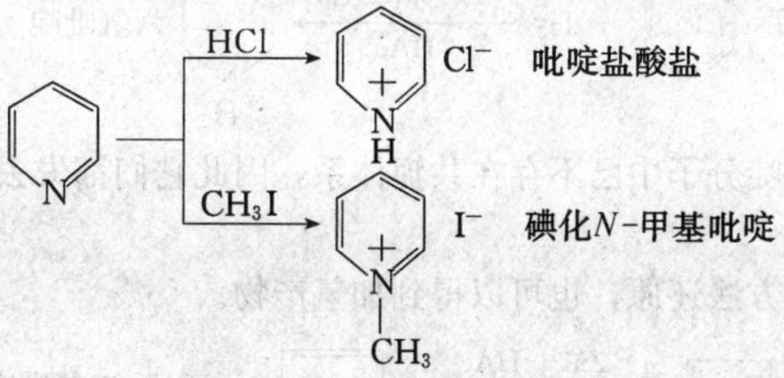

在吡啶环中，氮原子上的孤对电子不参与组成环的大 π 键，能与质子结合而显弱碱性。吡啶的碱性($pK_b = 8.8$)弱于一般脂肪族叔胺($pK_b \approx 5$)，而稍强于苯胺，它既能与盐酸、硫酸成盐，也能与卤代烃结合成季铵盐。

思考题 13-2

(1)为什么吡咯具有仲胺的结构，而碱性比仲胺弱得多?

(2)试将苯胺、氨、吡咯、吡啶的碱性由强到弱排序。

---

2. 取代反应 杂环化合物具有芳香性，其碳原子上的氢原子也能被亲电试剂取代发生亲电取代反应。富电子杂环亲电取代反应比苯容易，且主要发生在 α-位，缺电子芳杂环反应比苯难，且主要发生在 β-位，例如:

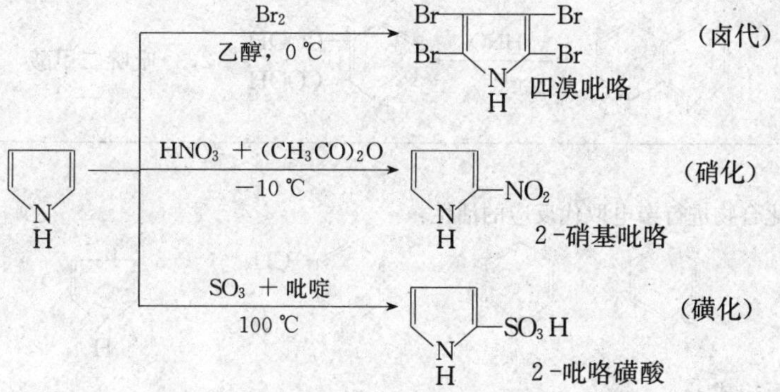

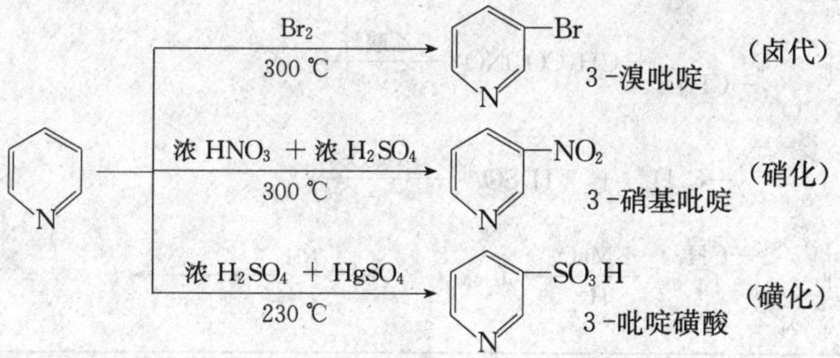

3. 加成反应 由于杂环化合物的芳香性比苯弱，所以加成反应一般比苯容易进行。例如:

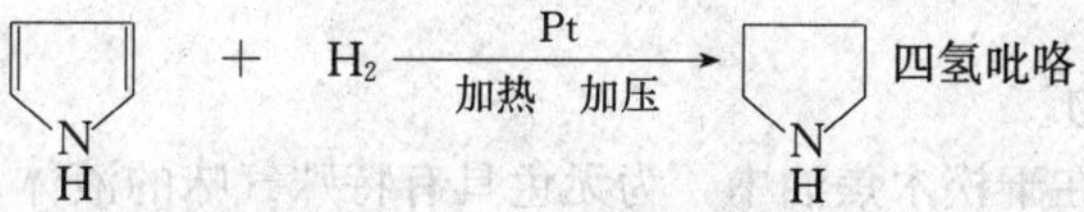

$$\text{（吡啶）} + H_2 \xrightarrow[\text{HAc}]{\text{Pt}} \text{（六氢吡啶）} \quad \text{六氢吡啶}$$

四氢吡咯和六氢吡啶分子中已不存在共轭体系，因此它们都失去了芳香性，表现出与一般仲胺相当的碱性。

吡咯和吡啶用其他方法还原，也可以得到加氢产物。

$$\text{（吡咯）} \xrightarrow{\text{Zn} + \text{HAc}} \text{（2,5-二氢吡咯）} \quad 2,5\text{-二氢吡咯}$$

$$\text{（吡啶）} \xrightarrow{\text{Na} + \text{CH}_3\text{CH}_2\text{OH}} \text{（六氢吡啶）} \quad \text{六氢吡啶}$$

4. 氧化反应　吡咯、呋喃等富电子杂环化合物易被氧化，使环破裂或发生聚合反应。而吡啶、嘧啶等缺电子杂环化合物对氧化剂很稳定。例如，吡啶环上有侧链时，总是侧链先被氧化，而吡啶环不被破环；吡啶环与苯环相连的化合物，则苯环被氧化，吡啶环不被氧化。

$$\text{（3-甲基吡啶）} \xrightarrow[\text{H}^+]{\text{KMnO}_4} \text{（3-吡啶甲酸）} \quad 3\text{-吡啶甲酸}$$

$$\text{（喹啉）} \xrightarrow[\text{H}^+]{\text{HNO}_3} \text{（2,3-吡啶二甲酸）} \quad 2,3\text{-吡啶二甲酸}$$

思考题 13-3

(1)比较下列化合物进行亲电取代反应的活性：

$$\text{（苯）} \qquad \text{（吡啶）} \qquad \text{（3-甲基吡啶）} \qquad \text{（吡咯）}$$

(2)完成下列反应式：

$$\text{（2-甲基呋喃）} + \text{CH}_3\text{COONO}_2 \xrightarrow[-10\,^\circ\text{C}]{\text{乙酸酐}} $$

$$\text{（4-乙基吡啶）} + \text{H}_2\text{SO}_4 \xrightarrow[\triangle]{\text{HgSO}_4} $$

$$\text{（3-甲基吡啶）} \xrightarrow[\text{H}^+]{\text{KMnO}_4} (\qquad) \xrightarrow{\text{NH}_3} \xrightarrow{\triangle} (\qquad)$$

五、杂环化合物及其衍生物

1. 呋喃及其衍生物

(1)呋喃　呋喃存在于松木焦油中，为无色具有特殊气味的液体。沸点 31 ℃，相对密度

0.934，难溶于水，易溶于乙醇、乙醚等有机溶剂。呋喃蒸气遇盐酸浸过的松木片显绿色，可用于鉴别呋喃。

（2）糠醛（α-呋喃甲醛）　糠醛最初是从米糠中得来，故俗称糠醛，实际上很多农副产品如麦秆、玉米芯、高粱秆、棉子壳、花生壳、甘蔗渣等都可用来制取糠醛，因为这些物质中都含有多聚戊糖，在稀酸作用下，先水解成戊糖，再脱水生成糠醛。

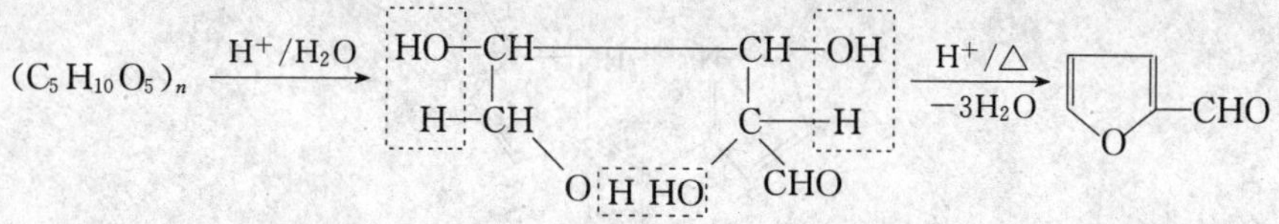

糠醛为无色液体，沸点 162 ℃，相对密度 1.159，微溶于水，能与醇、醚等混溶。在光、热及空气中很快氧化聚合，颜色由黄变至黑褐色。在醋酸存在下与苯胺作用显深红色，该反应可用于鉴别糠醛。此外，糠醛不含 α-H，性质与甲醛、苯甲醛等相似，可发生银镜反应和歧化反应。

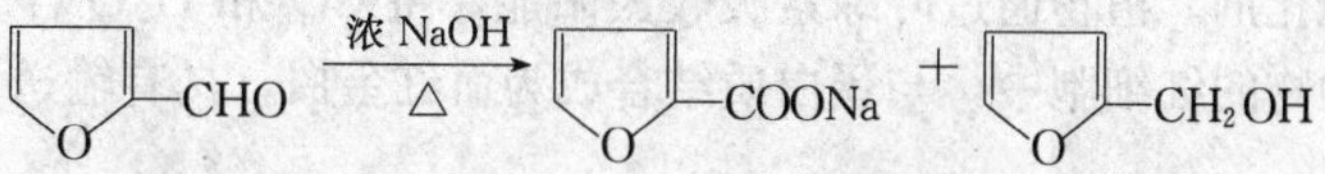

糠醛是重要的化工原料，用途很广泛，如糠醛在催化剂作用下加热脱一氧化碳生成呋喃，这是我国生产呋喃的主要方法。

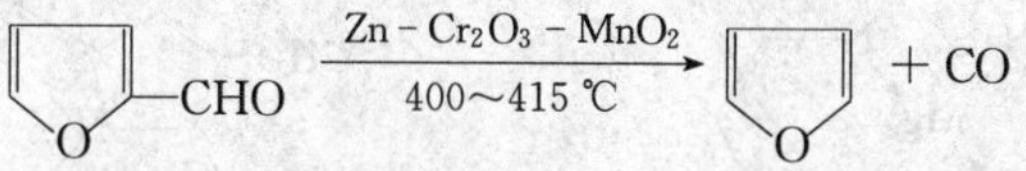

糠醛还可用作精炼石油的溶剂，也常作为塑料、医药、农药等工业的重要原料。如治疗痢疾的药物呋喃唑酮（又名痢特灵）的结构式是：

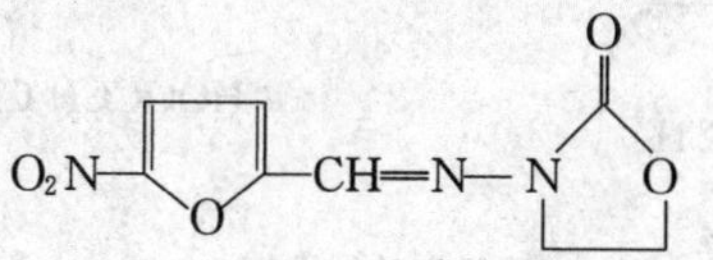

5-硝基-2-呋喃甲醛缩氨基四氢噁唑酮

2. 吡咯及其衍生物

（1）吡咯　吡咯主要存在于煤焦油和骨焦油中，是无色液体，沸点131 ℃，难溶于水，易溶于乙醇和乙醚。工业上可从呋喃或乙炔与氨作用制得：

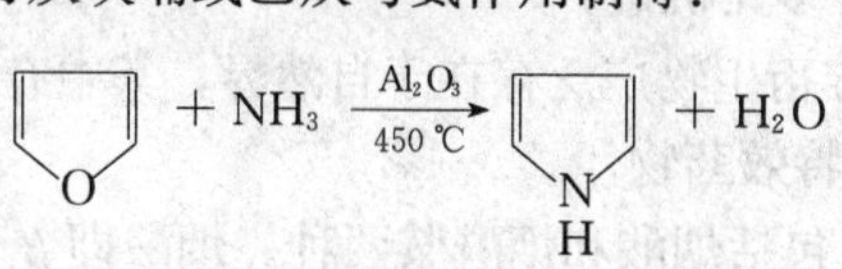

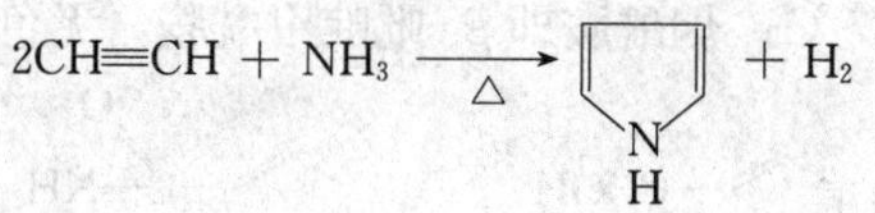

吡咯在空气中颜色逐渐变深，其蒸气遇浓盐酸浸过的松木片显红色，可用此法鉴别吡咯。

（2）卟啉类化合物　卟啉类化合物的基本结构是由四个吡咯环的2,5位通过四个次甲基

（—CH＝）交替连接，形成一个具有复杂共轭体系的芳香性大环，称为卟吩环。具有卟吩环的化合物称为卟啉类化合物。

卟吩环中的氮原子可以和多种金属离子通过配位键结合，如在叶绿素中与镁结合，在血红素中与铁结合。叶绿素是植物中最重要的色素，由叶绿素 a 和叶绿素 b 组成，叶绿素 a 为蓝黑色晶体，熔点 117～120 ℃，叶绿素 b 为深绿色晶体，熔点 120～130 ℃，两者比例约为 3∶1。叶绿素存在于植物的叶和绿色的茎中，与蛋白质结合存在于叶绿体中，是植物进行光合作用所必需的催化剂。植物通过叶绿素吸收太阳能，将 CO_2 和 H_2O 合成糖类化合物。血红素存在于哺乳动物的红细胞中，与蛋白质结合成为血红蛋白，具有输送氧气的功能。

叶绿素（R＝—CH_3 为叶绿素 a，R＝—CHO 为叶绿素 b）　　　血红素

3. 吡啶及其衍生物

（1）吡啶　吡啶主要存在于煤焦油和页岩油中，为无色液体，具有强烈臭味，沸点 115.5 ℃，相对密度 0.982，能与水、乙醇互溶，是一种良好的溶剂，并能溶解 $CuCl_2$、$ZnCl_2$、$HgCl_2$、$AgNO_3$ 等许多无机盐。

（2）吡啶的衍生物　吡啶衍生物广泛存在于自然界，其中有些是生物体不可缺少的成分，还有一些是治疗某些疾病的特效药物。

维生素 PP：维生素 PP 包括烟酸和烟酰胺两种。烟酸即 β-吡啶甲酸，俗称尼克酸，无色针状晶体，熔点 234～237 ℃。烟酰胺即 β-吡啶甲酰胺，无色晶体，熔点 128～131 ℃。

烟酸　　　　烟酰胺

维生素 PP 存在于酵母、米糠、肉类、肝、牛奶和花生中，能溶于热水和乙醇，性质稳

定，不易被酸、碱、热破坏。它们在生物体内参与氧化还原过程，促进组织的新陈代谢。缺乏时能引起癞皮病、角膜炎及神经和消化系统障碍等疾病。

吡哆素（维生素 B_6）：吡哆素包括吡哆醇、吡哆醛和吡哆胺 3 种物质。

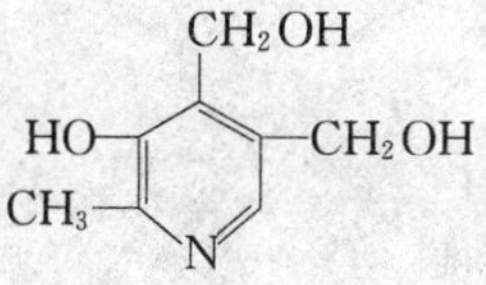

吡哆醇 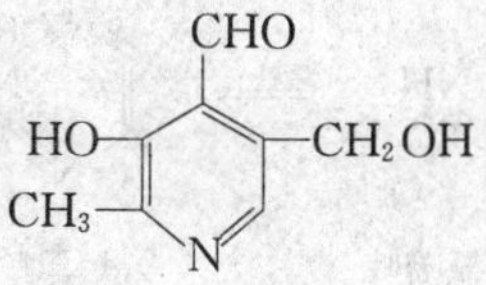　　　　　　　吡哆醛 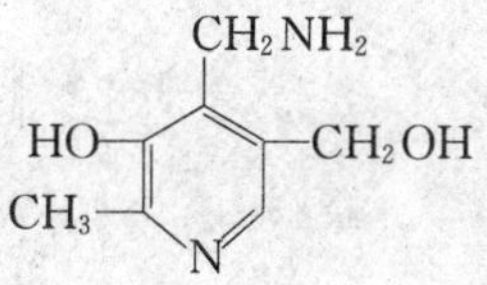　　　　　　　吡哆胺

吡哆素为无色晶体，易溶于水和乙醇。耐热，对酸、碱稳定，但易被光破坏。在豆类、谷物、酵母、米糠和小麦胚内含量较多，是维持蛋白质正常代谢所必需的维生素。动物体内缺乏时，可妨碍血红素的合成，从而引起贫血症。

异烟肼：又称异烟酰肼，俗称雷米封，是抗结核病的特效药物。它是白色结晶。熔点 171.4 ℃，可溶于水，微溶于醇，不溶于乙醚。

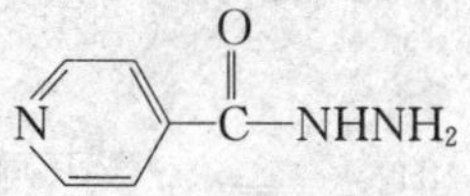

异烟肼

4. 嘧啶及其衍生物

（1）嘧啶　嘧啶是无色晶体，熔点 22 ℃，沸点 124 ℃，易溶于水。具有弱碱性，能与强酸作用生成盐。由于环中两个氮原子-I 效应的影响，使得环上碳原子和氮原子上的电子云密度有所降低，因而嘧啶的碱性比吡啶弱，亲电取代反应也比吡啶难以进行。其构造式见表 13-1。

（2）嘧啶衍生物　重要的嘧啶衍生物有下列几种：

维生素 B_1：维生素 B_1 是由嘧啶环和噻唑环结合而成的化合物，分子中含有硫原子和氨基，因此又称硫胺素，常以盐的形式存在。

维生素 B_1 对热稳定，在碱性条件下容易分解。存在于谷类、豆类及青饲料中。人畜缺乏时，糖的代谢就不能正常进行，会发生脚气病或多发性神经炎及消化不良等症状。

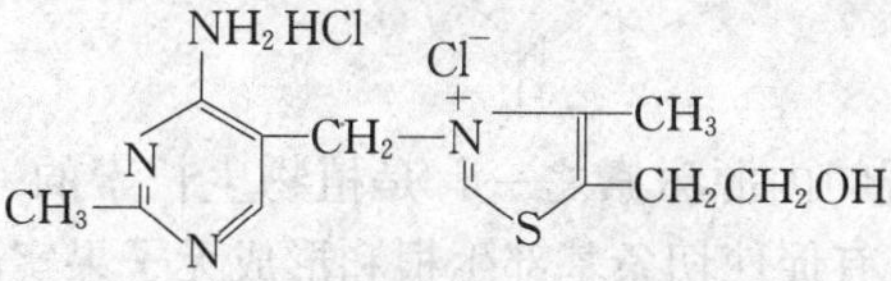

维生素 B_1

维生素 B_2 又称核黄素，是生物体内氧化还原过程中传递氢及电子的辅酶。人体缺乏维生素 B_2，可导致口腔炎、结膜炎、角膜炎等疾病。维生素 B_2 广泛存在于小米、大豆、酵母、肉、肝、蛋、乳等食品中。

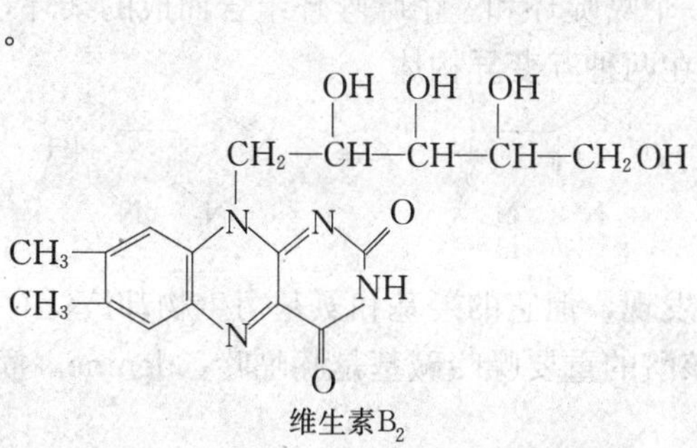

维生素 B_2

核酸中的嘧啶碱基：核酸中的碱基主要有 5 种，其中 3 种是嘧啶的衍生物：胞嘧啶(cyto-sine，简称 C)，尿嘧啶(uracil，简称 U)，胸腺嘧啶(thymine，简称 T)。它们都存在互变异构。

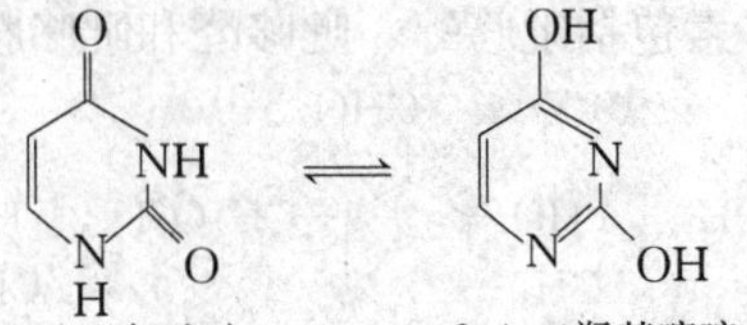

2,4-二氧嘧啶　　　　　　　2,4-二羟基嘧啶

尿嘧啶(uracil)

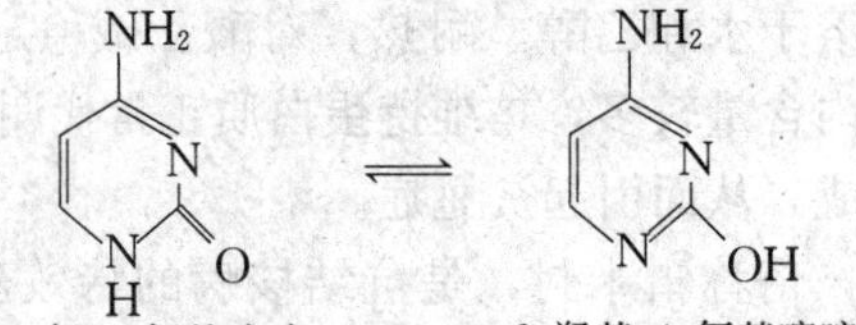

2-氧-4-氨基嘧啶　　　　　　2-羟基-4-氨基嘧啶

胞嘧啶(cytosine)

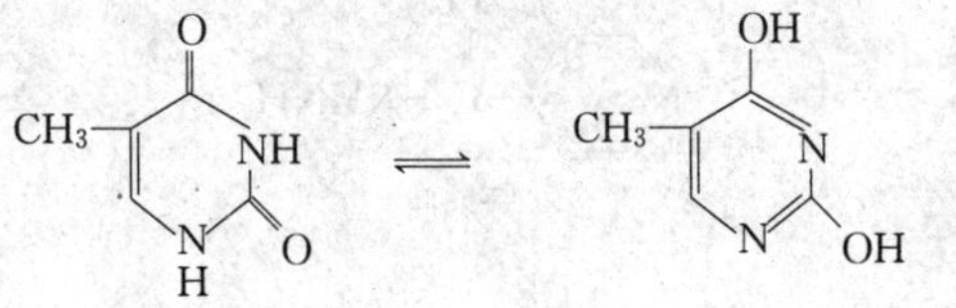

2,4-二氧-5-甲基嘧啶　　　　2,4-二羟基-5-甲基嘧啶

胸腺嘧啶(thymine)

5. 吲哚及其衍生物

(1)吲哚　吲哚存在于煤焦油中，也与 β-甲基吲哚共存于粪便中，有臭味。纯吲哚为无色片状晶体，熔点 52 ℃，沸点 254 ℃，其稀溶液有素馨花香味，可用来制造茉莉型香精。吲哚的松木片反应呈红色。

(2)β-吲哚乙酸　β-吲哚乙酸(简称 IAA)，存在于植物的生长点和人畜尿中。为无色晶体，熔点 164～165 ℃，微溶于水，易溶于酒精、醚等有机溶剂。

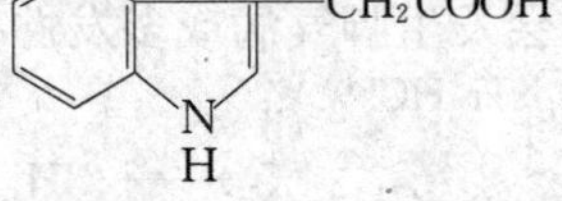

β-吲哚乙酸是较早发现的内源激素之一，是植物生长素的一个主要成员。它能刺激细胞伸长和分生组织的活动，有促使切条基部生根和形成无子果实的功效。因其钠盐易溶于水且稳定，所以通常使用它的钠盐。

6. 嘌呤及其衍生物

(1)嘌呤　嘌呤是由一个嘧啶环和一个咪唑环组合而成的杂环，无色晶体，熔点 216 ℃，易溶于水，有弱碱性，存在两种互变异构体。

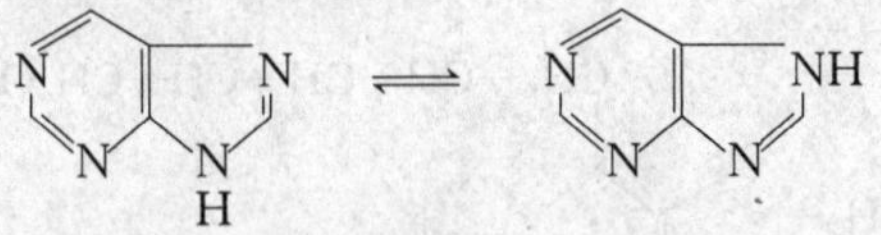

嘌呤在自然界中还未发现，但它的羟基和氨基衍生物却广泛存在于动植物体中。

(2)嘌呤碱基　组成核酸的重要嘌呤碱基是腺嘌呤(adenine，简写 A)和鸟嘌呤(guanine，简写 G)。

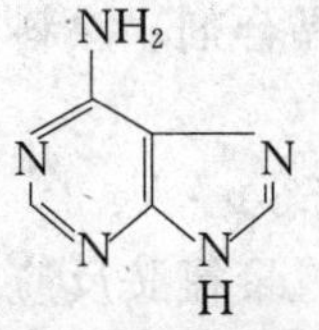

6-氨基嘌呤(腺嘌呤) 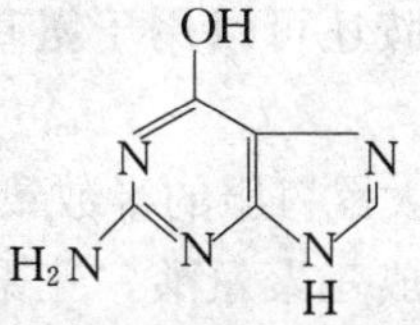　　　　2-氨基-6-羟基嘌呤(鸟嘌呤)

腺嘌呤存在于肉汁、肝以及植物的汁液中。

鸟嘌呤最初是在鸟粪便和鱼鳞中发现的。它是无色结晶粉末，不溶于水，而溶于碱和酸的水溶液。它也存在互变异构现象。

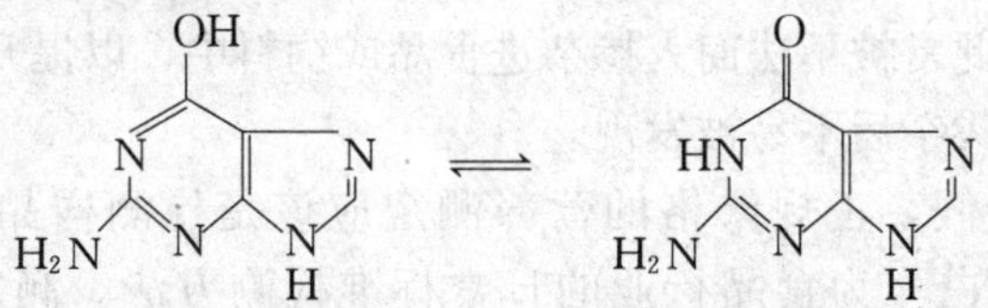

2-氨基-6-羟基嘌呤　　　　　2-氨基-6-氧嘌呤

鸟嘌呤(guanine)

（3）细胞分裂素　细胞分裂素是一类植物激素，广泛存在于植物体内。如激动素、玉米素等。

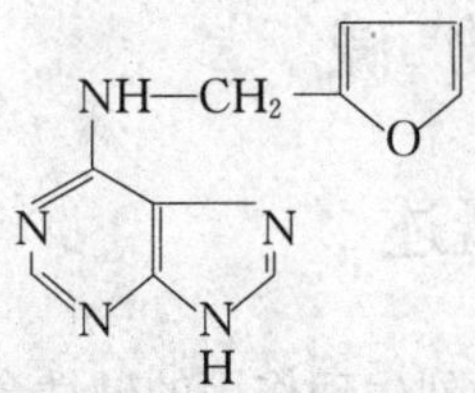

激动素 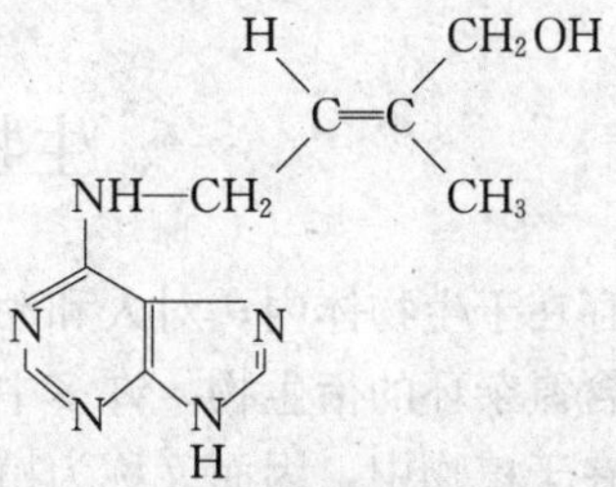　　　　　　　　　　玉米素

细胞分裂素能促使细胞扩大和分裂；诱导细胞分化；促进植物和菌类的萌发、生长、繁殖；促进蛋白质和核酸量的增加；提高组织中酶的活性，以及促进色素的形成等。

7. 三聚氰胺　三聚氰胺又称 2,4,6-三氨基-1,3,5-三嗪，是一种三嗪类含氮杂环化合物。三聚氰胺为白色单斜棱晶体，无味，熔点 354 ℃（分解），微溶于冷水（3.3 g·L^{-1}，20 ℃），溶于热水，可溶于甲醇、甲醛、乙酸、热乙二醇、甘油、吡啶等，不溶于乙醇、醚、苯和四氯化碳。三聚氰胺在常温下性质稳定，呈弱碱性（pH＝8），不可燃，与酸反应形成三聚氰胺盐，在强酸或强碱水溶液中水解，氨基逐步被羟基取代，最后生成三聚氰酸。

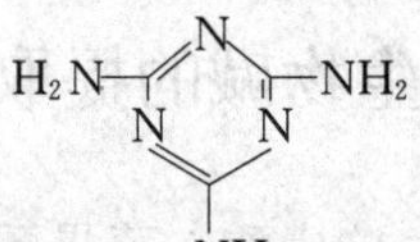

三聚氰胺由尿素在 380～400 ℃温度下，用硅胶作催化剂反应制得。

$$6CO(NH_2)_2 \longrightarrow C_3H_6N_6 + 6NH_3 \uparrow + 3CO_2 \uparrow$$

三聚氰胺是一种用途广泛的有机化工原料，最主要的用途是与甲醛缩合制备三聚氰胺甲醛树脂(MF)，该树脂具有优良的耐水性、耐热性、耐化学腐蚀、耐电弧性、优良阻燃性，用于制作装饰板。三聚氰胺还可以用于氨基塑料、黏合剂、涂料、币纸增强剂、纺织助剂等，及作药物合成中间体。

三聚氰胺毒性轻微，大鼠口服的半数致死量大于 $3\ g\cdot kg^{-1}$。三聚氰胺进入人体后，在胃酸环境发生水解反应生成三聚氰酸，三聚氰酸和三聚氰胺反应形成大的网状结构，造成结石。

三聚氰胺的假蛋白原理。蛋白质主要由氨基酸组成，蛋白质平均含氮量为 16％，中国测定食品和饲料蛋白质含量的方法是采用凯氏定氮法，该法是通过测定出含氮量乘以 6.25 来估算蛋白质含量，有一定的缺陷。三聚氰胺的含氮量为 66.6％，添加三聚氰胺会使得蛋白质检测含量虚高，因此常被不法商人掺杂进食品或饲料中，以提升蛋白质含量指标，由于三聚氰胺无色、无味，掺杂后不易被发现。

面对层出不穷的造假，正规严格的营养测定应该是检测样品中的真实蛋白质含量，发达国家就是测定纯蛋白作为食品行业的日常标准检测方法。测定纯蛋白的方法是先用三氯乙酸处理样品处理液，三氯乙酸能让蛋白质形成沉淀，过滤后再用凯氏定氮法测定沉淀中的氮含量，就可以知道蛋白质的真正含量，必要的话还可以测定滤液中冒充蛋白质的氮含量。

第二节　生　物　碱

一、生物碱概述

生物碱是一类存在于生物体内，对人和动物有强烈生理作用的碱性含氮有机物。其分子结构复杂，大多是含氮杂环的衍生物。许多中草药的有效成分主要是生物碱。

生物碱主要存在于植物中，因而又称为植物碱。不同植物中生物碱的种类和含量差别很大，同种植物的不同品种或不同器官所含生物碱的种类和数量也有差异，植物生长的环境、气候、季节不同对植物中生物碱的含量也有很大影响。因此，采集中草药时，不但要注意品种和器官，还要注意采集时机。

生物碱大多是无色晶体，难溶于水，易溶于乙醇、乙醚、丙酮等有机溶剂。大部分具有旋光性，且多为左旋体。有些试剂可与生物碱反应生成沉淀或产生颜色变化，这些试剂称为生物碱试剂，可用于检验生物碱的存在。例如，苦味酸(2,4,6-三硝基苯酚)、单宁酸、碘—碘化钾溶液等，能使生物碱产生沉淀；硫酸、硝酸、钼酸铵的浓硫酸溶液等，能使生物碱产生颜色。

二、生物碱的提取方法

在植物体内，生物碱常与草酸、柠檬酸、苹果酸、琥珀酸、磷酸等有机酸或无机酸结合成盐存在。通常，可将植物样品粉碎，用碱液处理，使生物碱游离出来，然后用有机溶剂萃取；萃取液经稀酸(1％～2％盐酸)酸化，使生物碱成盐而溶于水，将盐的水溶液浓缩后加碱使生物碱析出，再用有机溶剂萃取、浓缩得生物碱晶体。这就是常用的有机溶剂提取法。

另一种常用的方法是稀酸提取法。该法是将植物样品粉碎后用稀酸(0.5%～1%盐酸或硫酸)浸泡，所得浸泡液通过阳离子交换树脂柱，使生物碱的阳离子与树脂的阴离子结合而保留在树脂柱上；然后用 NaOH 溶液洗脱出生物碱，洗脱液经萃取、浓缩，即得生物碱晶体。

思考题 13－4

(1)什么叫生物碱？什么是生物碱试剂？

(2)提取生物碱的主要方法有哪些？简述其过程。

三、生物碱选述

生物碱的种类很多，到目前为止，已分离出的生物碱有五六千种，已知结构的就超过两千种。这里只扼要介绍几种常见和重要的生物碱。

1. 烟碱 烟碱又称尼古丁，含吡啶和四氢吡咯环，主要存在于烟草中。无色液体，能溶于水及大多数有机溶剂，沸点 246 ℃，比旋光度$[\alpha]_D^{20} = -169°$。有剧毒，内服或吸入 40 mg 即致死，解毒药为颠茄碱。烟碱可作为农用杀虫剂。

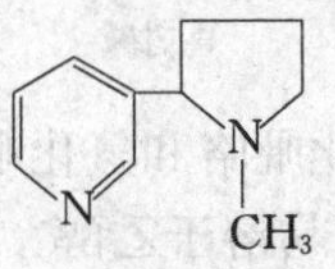

烟碱

2. 茶碱、咖啡碱 茶碱和咖啡碱都含嘌呤环，主要存在于茶叶和可可豆中。少量有刺激中枢神经的作用，可作为兴奋剂，具有止痛、利尿等功能，是重要的药用生物碱。

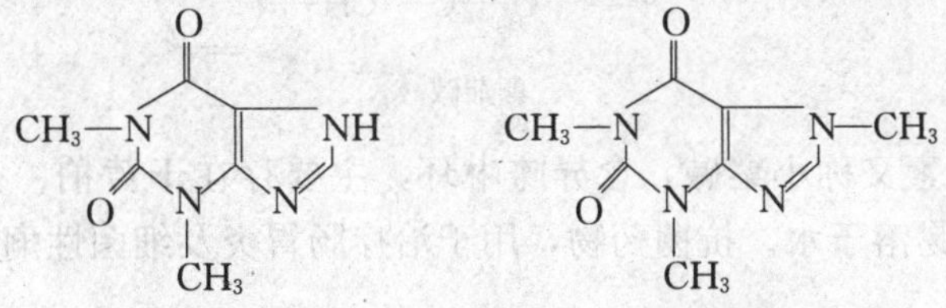

茶 碱　　　　　　　咖啡碱

茶碱和咖啡碱均为无色针状晶体，易溶于热水，难溶于冷水，茶碱熔点 270～274 ℃，咖啡碱熔点 235～237 ℃。

3. 麻黄素 麻黄素又称麻黄碱，主要存在于麻黄中。纯品为无色晶体，易溶于水及大多数有机溶剂，熔点 38.1 ℃，比旋光度$[\alpha]_D^{20} = -6.8°$。具有兴奋交感神经、收缩血管、扩张气管作用，是常见的止咳平喘药物。它的对映体称假麻黄碱，不仅无疗效，还起干扰作用。

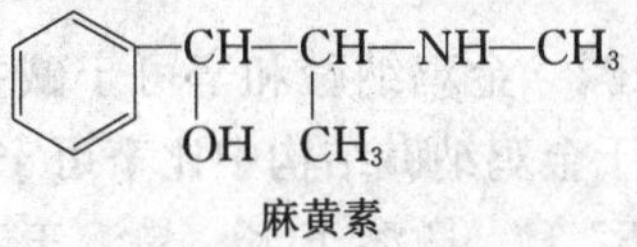

麻黄素

4. 秋水仙碱 秋水仙碱主要存在于百合科球茎、云南山慈姑等植物中。灰黄色针状晶体，易溶于氯仿，可溶于水，不溶于乙醚、石油醚，熔点 155～157 ℃。是人工诱发产生植物多倍体的化学试剂，常用于植物组织培养。具有一定的抗癌（乳腺癌）作用。毒性较大，用时慎重。新鲜金针菜中含有秋水仙碱，晒干或蒸煮后才可食用。

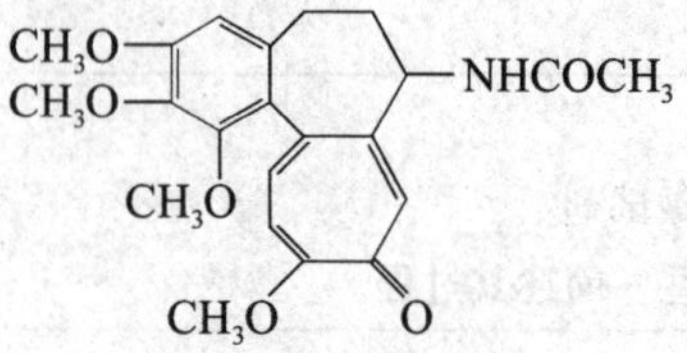

秋水仙碱

5. 喜树碱　喜树碱含喹啉环，主要存在于我国中南及西南地区的喜树中。淡黄色晶体，不溶于水，溶于甲醇、乙醇、氯仿中，熔点 264～267 ℃，比旋光度$[\alpha]_D^{20} = +28°$。对胃癌、结肠癌、直肠癌等疗效较好。毒性较大，用时应慎重。

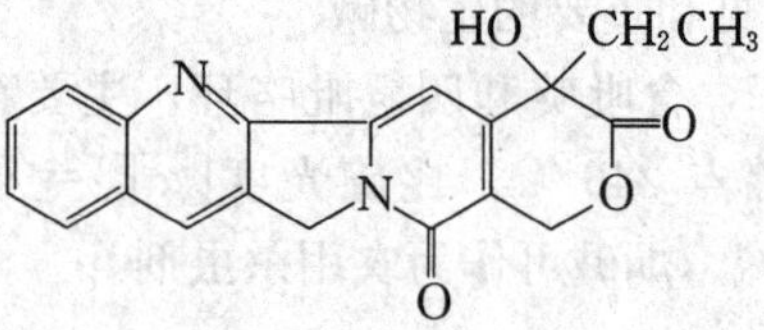

喜树碱

6. 颠茄碱（阿托品）　颠茄碱含氢化吡咯和氢化吡啶环，主要存在于颠茄、曼陀罗、天仙子等植物中。白色晶体，难溶于水，易溶于乙醇。在医药上用作抗胆碱药，能扩散瞳孔，治疗平滑肌痉挛、胃和十二指肠溃疡，亦可作为有机磷中毒的解毒剂。

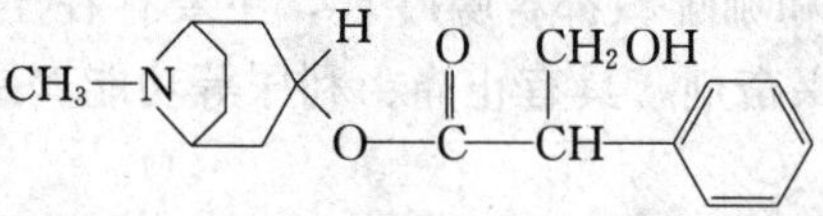

颠茄碱

7. 黄连素　黄连素又称小檗碱，含异喹啉环，主要存在于黄柏、黄连等植物中。黄色结晶，熔点 145 ℃，易溶于水。抗菌药物，用于治疗肠胃炎及细菌性痢疾，味极苦。

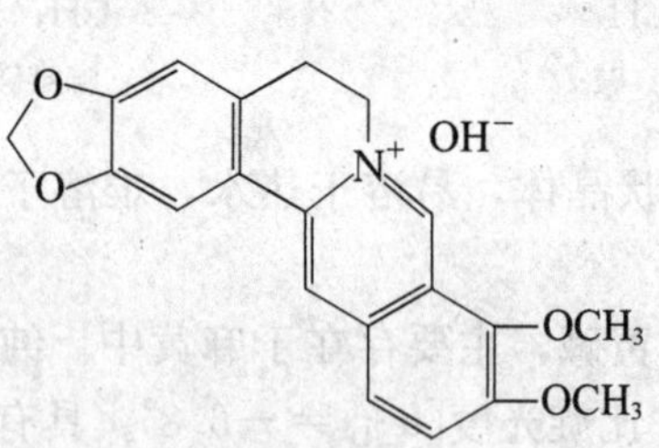

黄连素

8. 金鸡纳碱（奎宁）**和辛可宁碱**　金鸡纳碱和辛可宁碱主要存在于金鸡纳树皮（芸香科）中。两者都具有喹啉环，差别在于金鸡纳碱结构中比辛可宁碱多一个甲氧基。无水奎宁熔点 177 ℃，三分子结晶水奎宁熔点 57 ℃。微溶于水，易溶于乙醇、乙醚。它们都是优良的抗疟疾药，并有退热作用。对恶性疟疾无效。另外，由于它们都有手性碳原子，故还可作为手性拆分试剂使用。

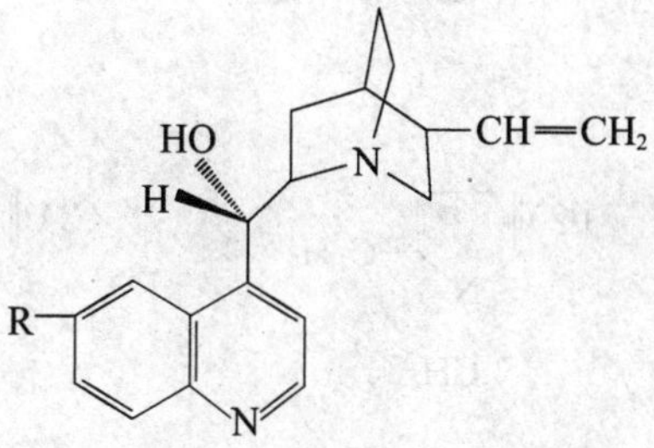

R=—H，辛可宁碱；　R=—OCH₃，金鸡纳碱（奎宁）

9. 吗啡碱　吗啡碱含异喹啉环，主要存在于罂粟科植物提出的鸦片中。片状晶体，难溶于一般有机溶剂，熔点 253～254 ℃，比旋光度$[\alpha]_D^{20}=-130.9°$。具有镇痛、解痉、止咳、催眠、麻醉等作用。

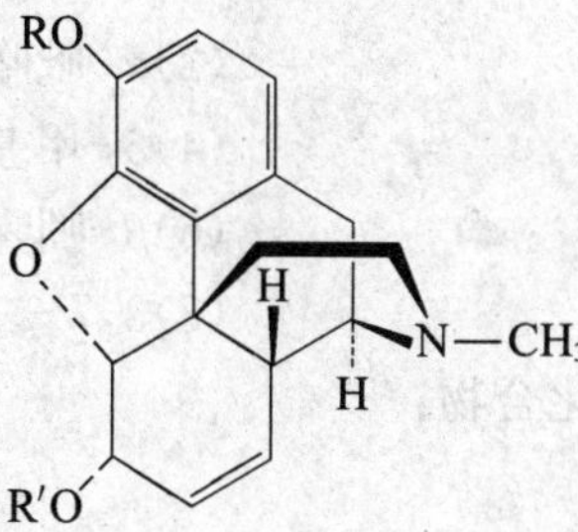

吗啡碱

小知识 //

百 草 枯

　　1954 年首次在英国进行百草枯试验，1955 年 ICI 公司发现其对植物有毒性，随后报道了其除草特性。1961 年工业化生产销售，至今在 130 多个国家和地区获准登记使用，在数百个农药产品中产销量位居世界第二，广泛应用 50 多年。百草枯属快速触杀型灭生性茎叶处理除草剂，药效迅速稳定，除草彻底，不在作物中残留，不污染土壤、水体，可广泛应用于果园、菜园、橡胶园、非耕地除草。由于百草枯对人体产生剧毒，目前有很多国家已禁止使用。2016 年 9 月 7 日我国农业部发布公告不再受理百草枯境内使用续展登记。

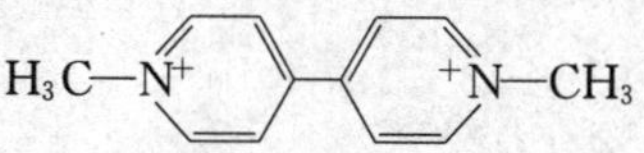

百草枯

　　苏少泉，耿贺利．百草枯特性与使用．农药，2008，4：244-247.

　　百草枯中毒诊断与治疗"泰山共识"专家组，菅向东．百草枯中毒诊断与治疗"泰山共识"．中国工业医学杂志，2014，27(2)：117-119.

习 题

1. 命名下列杂环化合物：

(1) 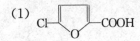 Cl〔呋喃环〕COOH (2) 吡咯环 N—CH₃, 2-C₂H₅ (3) 吡啶环 Cl

(4) 吲哚环 COOH (5) 嘧啶 NH₂, O, H (6) 嘌呤 NH—CH₃

2. 写出下列化合物的构造式：

(1) N-甲基四氢吡咯 (2) α-吡咯磺酸

(3) α-呋喃甲醇 (4) 5-甲基糠醛

(5) β-吡啶甲酰胺 (6) β-吲哚乙酸

(7) 5-羟基嘧啶 (8) 3,7-二甲基-2,6-二氧嘌呤

3. 用化学方法区别下列各组化合物：

(1) 苯甲醛与糠醛

(2) 吡咯与四氢吡咯

(3) 吡啶、α-甲基吡啶、六氢吡啶

(4) 苯、苯酚、呋喃

4. 完成下列反应方程式：

(1) CH₃〔呋喃〕CHO $\xrightarrow{\text{浓 NaOH}}$

(2) 吡啶 + C₂H₅I ⟶

(3) 吡啶-CH(CH₃)₂ $\xrightarrow[\text{H}^+]{\text{KMnO}_4}$

(4) 呋喃-MgBr $\xrightarrow[\text{无水乙醚}]{\text{CH}_3\text{CHO}}$? $\xrightarrow{\text{H}_2\text{O}}$?

5. 完成下列转化：

(1) 吡啶-CH₃ ⟶ 吡啶-NH₂

(2) 呋喃-CHO ⟶ 呋喃-CH=CH-CHO

（3）

6. 某杂环化合物 $C_5H_4O_2$，经氧化后生成分子为 $C_5H_4O_3$ 的羧酸，羧基与杂原子相邻。此羧酸的钠盐与碱石灰共熔，则转变为 C_4H_4O。该化合物不和金属钠作用，也没有醛和酮的反应。试写出该杂环化合物的构造式。

第十四章

脂 类 化 合 物

脂类化合物(lipids)是油脂和类脂化合物的总称，它是生物体维持正常生命活动不可缺少的物质之一。其中油脂指的是猪油、牛油、花生油、桐油、菜子油等动、植物油。它们都是不溶于水而易溶于非极性或弱极性有机溶剂的物质。类脂化合物则是在物态及物理性质方面与油脂相似的化合物，如蜡、磷脂及甾族化合物等。

第一节 油　脂

一、油脂的存在与用途

油脂广泛分布于动植物体内。植物体内的油脂主要存在于其果实和种子中，花、叶、茎和根等部位含量很少。油料作物的含油量较高，有的可高达 50%，表 14-1 是我国几种主要油料作物种子的含油量。动物体内的油脂主要存在于内脏的脂肪组织、大网膜、肠柔膜、皮下结缔组织和骨髓中。鱼类脂肪多存在于肝内，海兽的脂肪多集结于皮下。

表 14-1　几种油料作物种子的含油量

作　物	含油量/%	作　物	含油量/%
大　豆	12~25	油　茶	30~35
花　生	40~61	椰　子	65~70
油　菜	33~47	棉　子	14~25
芝　麻	50~61	油　桐	40~69

油脂在生物体内具有重要的生理功能，它们是动植物生命活动的主要能源物质之一。1 g油脂在体内完全氧化可释放出 38.91 kJ 能量，是等量的糖或蛋白质所释放能量的 2 倍。油脂还能为高等动物维持正常的生理功能提供所需的不饱和脂肪酸，亦能促进维生素的吸收。高等动物的皮下脂肪形成一层柔软的隔离层，可防止体温散失，使内脏免受因振动和碰撞导致的伤害。植物种子的油脂是一种储备养料，可满足种子发芽的需要。

二、油脂的组成与结构

油脂是高级脂肪酸与甘油形成的中性酯。1854 年法国科学家贝特洛(Berthelot)把甘油与高级脂肪酸一起加热制得油脂，从而证明了油脂的结构。其结构可表示为：

$$
\begin{array}{l}
CH_2{-}O{-}\overset{\displaystyle O}{\overset{\|}{C}}{-}R \\[4pt]
CH\ {-}O{-}\overset{\displaystyle O}{\overset{\|}{C}}{-}R' \\[4pt]
CH_2{-}O{-}\overset{\displaystyle O}{\overset{\|}{C}}{-}R''
\end{array}
$$

式中，R、R′、R″代表脂肪酸中的烃基，如果 R、R′、R″完全相同，则称之为单纯甘油酯，反之，则称为混合甘油酯。天然油脂常为多种混合甘油酯、少量游离脂肪酸、高级醇、高级烃、维生素及色素等组成的混合物。

由于生物体常以乙酸结构单位进行生物合成，因而在天然油脂中，组成甘油酯的脂肪酸（fatty acid）绝大多数为含偶数碳原子的直链羧酸，其中有饱和的，也有不饱和的，现已从油脂水解得到了 $C_4 \sim C_{26}$ 范围内的多种饱和脂肪酸和 $C_{10} \sim C_{24}$ 的多种不饱和脂肪酸。

组成油脂的各种饱和脂肪酸中，以软脂酸（十六酸）的分布最广，它存在于绝大部分油脂中；其次是月桂酸（十二酸）、肉豆蔻酸（十四酸）和硬脂酸（十八酸）等。组成油脂的各种不饱和脂肪酸中，以含十六和十八个碳原子的烯酸分布最广，如油酸、亚油酸、亚麻酸等。油脂中常见的高级脂肪酸见表 14-2。

表 14-2　油脂中常见的高级脂肪酸

类别	高级脂肪酸	构造式	熔点/℃	分布
饱和脂肪酸	月桂酸	$CH_3(CH_2)_{10}COOH$	44	鲸蜡、椰子油
	肉豆蔻酸	$CH_3(CH_2)_{12}COOH$	58	肉豆蔻脂、椰子油
	软脂酸	$CH_3(CH_2)_{14}COOH$	63	动植物油脂
	硬脂酸	$CH_3(CH_2)_{16}COOH$	70	动植物油脂
	花生酸	$CH_3(CH_2)_{18}COOH$	75	花生油
不饱和脂肪酸	油酸	$CH_3(CH_2)_7CH{=}CH(CH_2)_7COOH$	16	动植物油脂
	亚油酸*	$CH_3(CH_2)_4CH{=}CHCH_2CH{=}CH(CH_2)_7COOH$	-5	植物油
	亚麻酸*	$CH_3(CH_2CH{=}CH)_3(CH_2)_7COOH$	-11	棉子油、亚麻油
	蓖麻油酸	$CH_3(CH_2)_5CH(OH)CH_2CH{=}CH(CH_2)_7COOH$	5	蓖麻油
	花生四烯酸*	$CH_3(CH_2)_4(CH{=}CHCH_2)_4(CH_2)_2COOH$	-50	卵磷脂、脑磷脂
	芥酸	$CH_3(CH_2)_7CH{=}CH(CH_2)_{11}COOH$	31.5	菜子油

注：带 * 为必需脂肪酸（essential fatty acid）。

多数脂肪酸能够在人和动物体内合成，但亚油酸、亚麻酸和花生四烯酸等少数脂肪酸不能被人体和动物所合成，必须由食物供给，所以称为"营养必需脂肪酸"。

组成不同油脂的脂肪酸种类和比例不同。在油中，组成甘油酯的不饱和脂肪酸的含量较高，而在脂肪中，组成甘油酯的饱和脂肪酸的含量较高。由于天然油脂中不饱和脂肪酸的双键大都为顺式构型，其碳链不像饱和脂肪酸那样呈锯齿形的"直链"，而是弯成一定角度的"曲"链，链与链之间不能紧密接触，分子间作用力小，其熔点比相应的饱和脂肪酸低。所以，油在室温下呈液态，脂肪呈固态或半固态。表14-3中列出了常见油脂的脂肪酸含量。

表14-3　几种油脂中各种脂肪酸的含量(%)

		饱和脂肪酸				不饱和脂肪酸		
		月桂酸	肉豆蔻酸	软脂酸	硬脂酸	油酸	蓖麻油酸	亚油酸
脂肪	猪油		1	25	15	50		6
	奶油	2	10	25	10	25		5
	人脂	1	3	25	8	46		10
	鲸脂		8	12	3	35		10
油	椰子油	50	18	8	2	6		1
	玉米油		1	10	4	35		45
	橄榄油		1	5	5	80		7
	花生油			7	5	60		20
	亚麻子油			5	3	20		20
	蓖麻油				1	8	85	4

命名高级不饱和脂肪酸时，可用"Δ"(delta)代表双键，将双键的位置写在"Δ"的右上角上，如亚麻酸可命名为$\Delta^{9,12,15}$-十八碳三烯酸，花生四烯酸可命名为$\Delta^{5,8,11,14}$-二十碳四烯酸。

甘油酯的命名与酯相同，对于单纯甘油酯可直接命名为"三某酸甘油酯"。例如：

$$CH_2-O-\overset{\overset{O}{\|}}{C}-(CH_2)_{16}CH_3$$
$$CH-O-\overset{\overset{O}{\|}}{C}-(CH_2)_{16}CH_3$$
$$CH_2-O-\overset{\overset{O}{\|}}{C}-(CH_2)_{16}CH_3$$

三硬脂酸甘油酯

对于混合甘油酯，则命名为"某酸某酸某酸甘油酯"，并以α、α'和β分别标出它们的位置。

$$CH_2-O-\overset{\overset{O}{\|}}{C}-(CH_2)_{16}CH_3$$
$$CH-O-\overset{\overset{O}{\|}}{C}-(CH_2)_{14}CH_3$$
$$CH_2-O-\overset{\overset{O}{\|}}{C}-(CH_2)_7CH=CH(CH_2)_7CH_3$$

α-硬脂酸-β-软脂酸-α'-油酸甘油酯

思考题14-1　写出天然油脂中常见不饱和脂肪酸亚油酸的构型式并命名。

三、油脂的性质

天然油脂通常因含有脂溶性色素和其他杂质而有一定的色泽和特殊气味。它不溶于水，易溶于乙醚、石油醚、氯仿、丙酮、苯、四氯化碳和热乙醇等有机溶剂中。

　　油脂的相对密度比水小，一般在 0.86～0.95 之间。没有确定的熔点，但有一定的熔点范围，如猪油为 36～46 ℃，花生油为 28～32 ℃。各种油脂都有一定的折射率，如菜油的折射率为 1.464 9～1.465 1(40 ℃)，猪油为 1.460 9～1.462 0(40 ℃)。

　　油脂的化学性质与它的结构密切相关。油脂分子结构中含有酯键和碳碳双键等官能团，所以油脂可发生水解、加成、氧化、聚合等反应。

　　1. 水解反应(皂化作用)　油脂在酸、碱或酶的催化下可以水解得到甘油和高级脂肪酸(或高级脂肪酸的盐)。如果将油脂在氢氧化钠(或氢氧化钾)作用下水解便可得到甘油和脂肪酸的钠盐(或钾盐)。由于生成的高级脂肪酸钠盐(或钾盐)可做肥皂，因而通常把油脂在碱性溶液中的水解反应称为皂化作用。工业上利用此反应来制造肥皂。

$$
\begin{array}{c}
CH_2-O-\overset{\displaystyle O}{\overset{\displaystyle \|}{C}}-R \\
| \\
CH-O-\overset{\displaystyle O}{\overset{\displaystyle \|}{C}}-R' \\
| \\
CH_2-O-\overset{\displaystyle O}{\overset{\displaystyle \|}{C}}-R''
\end{array}
+ 3NaOH \longrightarrow
\begin{array}{c}
CH_2-OH \\
| \\
CH-OH \\
| \\
CH_2-OH
\end{array}
+
\begin{array}{c}
R-\overset{\displaystyle O}{\overset{\displaystyle \|}{C}}-ONa \\
R'-\overset{\displaystyle O}{\overset{\displaystyle \|}{C}}-ONa \\
R''-\overset{\displaystyle O}{\overset{\displaystyle \|}{C}}-ONa
\end{array}
$$

　　使 1 g 油脂完全皂化所需氢氧化钾的质量(单位：mg)称为该油脂的皂化值。根据皂化值的大小，可以粗略计算油脂的相对分子质量。

$$
油脂的相对分子质量 = \frac{3 \times 56 \times 1\,000}{皂化值} = \frac{168\,000}{皂化值}
$$

　　式中，"3"为皂化反应式中氢氧化钾分子式前的系数；"56"为氢氧化钾的相对分子质量；"1 000"为克与毫克间的换算因素。因此，"168 000"为皂化 1 mol 油脂所需氢氧化钾的质量(单位：mg)。从计算式可以看出，皂化值越小，油脂的相对分子质量越大，反之，相对分子质量就越小。

　　皂化值是检验油脂的重要数据之一。各种正常的油脂都有固定的皂化值范围，如果油脂不纯，则因含有不能被皂化的杂质，其皂化值常常偏低。

　　2. 加成作用　含不饱和脂肪酸的油脂，分子中的碳碳双键可以和氢、碘等发生加成反应。

　　(1)催化加氢　含不饱和脂肪酸的油脂在催化剂镍或钯等的催化下加氢，可以转化为含饱和脂肪酸更多的油脂，从而使液态的油转化为固态或半固态的脂肪。所以，这个过程常称为"油脂的硬化"或"油脂的氢化"。油脂硬化后，可制成人造牛油或黄油供食用，这样可以防止食用天然脂肪而摄入过多的胆固醇，而且油脂硬化后，由于消除了分子中不饱和双键，使得其不像未硬化的油脂那样易于变质，更便于储存和运输。不能食用的动植物油脂经过硬化后用来制造肥皂，鱼油氢化后可以消除腥味，改善品质。

　　(2)加碘　含不饱和脂肪酸的油脂，可以定量地与碘发生加成反应。通过测定一定量的油脂所能吸收碘的质量，可以判断该油脂中不饱和脂肪酸的含量或不饱和程度。一般将 100 g 油脂所能吸收的碘的质量(单位：g)称为碘值。碘值大，表示油脂中不饱和脂肪酸的含量高或不饱和程度高。由于碘和碳碳双键加成的速度较慢，所以，在实际测定中，常用氯化碘(ICl)或溴化碘(IBr)代替碘进行测定。

$$-CH = CH - + ICl \longrightarrow -\overset{\overset{\displaystyle I}{|}}{CH} - \overset{\overset{\displaystyle Cl}{|}}{CH} -$$

测定时，将一定量的、过量的氯化碘或溴化碘与已知量的油脂作用，待反应定量完成后，加入碘化钾与剩余的氯化碘或溴化碘反应定量地析出碘。以淀粉为指示剂，用硫代硫酸钠标准溶液滴定析出的碘。由此可计算被油脂吸收的氯化碘或溴化碘的量，再换算为碘的质量（单位：g），便可计算出碘值。

3. 酸败作用 油脂在空气中放置过久，便会逐渐产生难闻的特殊气味，这种变化过程称为油脂的酸败，产生这种气味的原因在于酸败过程中生成了一些具有不愉快气味的低级羧酸、醛、酮等物质。

油脂的酸败是一个比较复杂的过程，主要是由空气中氧和微生物的作用引起的。不饱和脂肪酸的甘油酯，受空气中氧的作用，经过一个比较复杂的氧化过程，最终使碳碳双键氧化断裂而生成低级的醛、酮和羧酸等物质；饱和脂肪酸的甘油酯在同等条件下虽不发生氧化断裂，但由于微生物的作用使油脂水解为甘油和游离脂肪酸，游离脂肪酸再受微生物作用，进一步在 β-碳原子上发生氧化作用而生成 β-酮酸。β-酮酸不稳定，很容易发生脱羧反应而生成酮并放出二氧化碳。

$$-CH = CH - + O_2 \longrightarrow -\underset{\underset{\displaystyle O-O}{|\quad\ |}}{CH - CH} - \xrightarrow{H_2O} \text{醛、酮、酸(低级)}$$

$$-CH_2 - CH_2 - COOH \xrightarrow{O_2} -\overset{\overset{\displaystyle O}{\|}}{C} - CH_2 - COOH \xrightarrow[\text{酶}]{-CO_2} -\overset{\overset{\displaystyle O}{\|}}{C} - CH_3$$

油脂中除含有大量的甘油酯而外，还含有少量的游离脂肪酸。中和 1 g 油脂中游离脂肪酸所需氢氧化钾的质量（单位：mg）称为该油脂的酸值。由于正常的油脂中游离脂肪酸的含量都较低，因而其酸值都不大，但酸败了的油脂，由于游离脂肪酸增多，其酸值便升高，一般当酸值大于 6 时，此油脂就不能食用。测定油脂的皂化值时实际上包括了它的酸值，只有皂化值减去酸值才是油脂真正的皂化值。

在油脂的酸败过程中，光、热、潮湿等因素对酸败有促进作用。为了防止或减少酸败，油脂应储存于密闭的容器中，使之与空气中的氧、水分、微生物等隔离，同时注意阴凉、干燥和避光。有时在油脂中加入少量抗氧剂，以减少油脂的氧化分解。

油脂的皂化值、碘值和酸值是油脂检验的重要指标。常见油脂的皂化值、碘值和酸值见表 14-4。

表 14-4 常见油脂的皂化值、碘值和酸值

分 类	名 称	皂化值/mg	碘值/g	酸值/mg
	牛 油	190～200	31～47	0.66～0.88
	羊 油	192～198	31～46	2～3
	猪 油	193～200	46～66	0.5～0.8
非干性油	蓖麻油	176～187	81～90	0.5～1.2
	花生油	185～195	88～98	0.8
	菜 油	168～179	94～105	0.36～1.0

（续）

分　类	名　　称	皂化值/mg	碘值/g	酸值/mg
半干性油	芝麻油	188～193	103～117	
	棉子油	191～196	103～115	0.3～1.8
	豆　油	184～189	124～136	
干性油	亚麻油	189～196	170～204	2～6
	桐　油	189～196	160～180	2

思考题 14－2　用化学方法鉴别三软脂酸甘油酯和三亚油酸甘油酯。

4. 干化作用　有些油（如桐油）在空气中放置能生成一层干燥而有韧性的薄膜，这种现象称为油脂的干化作用。具有这种性质的油称为干性油。在干性油中加入颜料等物质，可制成油漆。干性油干性的好坏以形成干燥性薄膜的速度与薄膜的韧性来衡量。桐油、亚麻油等是常见的干性油，其中桐油的干化作用最好，是最好的干性油。它不但成膜的速度快，而且形成的膜韧性好，能耐冷、热、潮湿等。

油脂干化作用的化学本质目前尚不甚清楚，但一般认为是一系列氧化聚合反应的结果。实践证明，油脂干化作用的好坏与油脂分子中所含双键的数目及双键结构体系有关，一般含双键数目越多并且具有共轭结构体系的油脂，干化作用越好。

由于干化作用与油脂分子中所含的双键数目有关，碘值大小可直接反映分子中所含双键数目的多少，因而干化作用与油脂的碘值有着一定的联系。一般情况下，碘值大于 130 的油脂具有较好的干化作用，常称为干性油；碘值在 100～130 之间的油脂有一定程度的干化作用，但不强，常称之为半干性油；碘值小于 100 的油脂不具有干化作用，常称之为非干性油或不干性油。

第二节　类脂化合物

一、磷　　脂

磷脂（phospholipides）是一类分子中含有一个磷酸基团的类脂化合物。它们广泛存在于动植物的细胞外膜及组织中，特别是动物的脑、肝、蛋黄及植物种子中含量较多。按照与磷酸成酯的醇的不同，可将磷脂分为磷酸甘油酯及神经类脂两类。

1. 磷酸甘油酯　磷酸甘油酯的母体结构是与油脂相似的磷脂酸，即甘油分子中的三个羟基有两个与高级脂肪酸形成酯，另一个羟基与磷酸成酯。与磷酸成酯的羟基可以是甘油分子中的 $\alpha-C$ 上的羟基，也可以是 $\beta-C$ 上的羟基，分别形成 $\alpha-$磷脂酸和 $\beta-$磷脂酸。自然界常见的是 $\alpha-$磷脂酸。其结构通式为：

$$\begin{array}{l} \overset{\displaystyle O}{\overset{\displaystyle \|}{}} \\ CH_2-O-C-R \\ \overset{\displaystyle O}{\overset{\displaystyle \|}{}} \\ CH\ -O-C-R' \\ \overset{\displaystyle O}{\overset{\displaystyle \|}{}} \\ CH_2-O-P-OH \\ OH \end{array}$$

从上面的结构看出，磷脂酸既是羧酸酯又是磷酸酯。它完全水解则可生成甘油、磷酸和两个高级脂肪酸。磷脂酸中，与甘油成酯的高级脂肪酸常见的有软脂酸、硬脂酸及油酸、亚油酸等。两个高级脂肪酸常常不同，一般一个为饱和的，另一个为不饱和的。

从上面的结构还可以看出，不管 R 和 R′ 相同或不相同，α-磷脂酸中的β-C 都为手性碳原子，故 α-磷脂酸可存在 D-或 L-两种构型的立体异构体。自然界中常见的磷脂酸绝大多数为 L-α-磷脂酸，其构型式为：

$$
\begin{array}{c}
\quad\quad CH_2-O-C-R \\
R'-C-O-\!\!\underset{|}{\overset{|}{C}}\!\!-H \\
\quad\quad CH_2-O-P-OH \\
\quad\quad\quad\quad OH
\end{array}
$$

游离的磷脂酸在自然界中很少，常见的是磷脂酸中的磷酸与带有醇羟基的含氮有机碱所形成的酯，称为磷脂酰酯或其他俗名。磷脂酰酯的结构通式为：

$$
\begin{array}{c}
CH_2-O-C-R \\
CH-O-C-R' \\
CH_2-O-P-OH \\
\quad\quad O-G
\end{array}
$$

式中，G 可以是 $-CH_2CH_2NH_2$、$-CH_2\overset{NH_2}{\underset{|}{C}HCOOH}$、$-CH_2CH_2N^+(CH_3)_3OH^-$

或
$$
\begin{array}{c}
HO\quad\quad OH \\
\bigcirc\!-\!OH \\
HO\quad\quad OH
\end{array}
$$
等。

自然界中重要的磷脂酰酯有卵磷脂(lecithin)和脑磷脂(cephalin)，它们因在动物的卵黄、大脑中含量较多而得名。卵磷脂是磷脂酸中磷酸上的一个羟基与胆碱[$HOCH_2CH_2N^+(CH_3)_3OH^-$]的醇羟基缩合而形成的酯，也称磷脂酰胆碱。卵磷脂主要是 L-α-异构体，其结构式为：

$$
\begin{array}{c}
\quad\quad CH_2-O-C-R \\
R'-C-O-\!\!\underset{|}{\overset{|}{C}}\!\!-H \\
\quad\quad CH_2-O-P-OH \\
\quad\quad OCH_2CH_2\overset{+}{N}(CH_3)_3OH^-
\end{array}
$$

卵磷脂

脑磷脂是磷脂酸中磷酸上的一个羟基与胆胺($HOCH_2CH_2NH_2$)的醇羟基缩合而形成的酯，也称磷脂酰胆胺。它也主要是 L-α-异构体，其结构式为：

$$R'-\overset{O}{\underset{}{C}}-O-\overset{CH_2-O-\overset{O}{\underset{}{C}}-R}{\underset{CH_2-O-\overset{}{\underset{}{P}}-OH}{\underset{OCH_2CH_2NH_2}{}}}$$

脑磷脂

卵磷脂和脑磷脂都是白色蜡状固体，有吸水性，在空气中易被氧化而变成黄色或褐色。它们都溶于乙醚、氯仿而不溶于丙酮。卵磷脂能溶于乙醇，而脑磷脂却不溶于乙醇。在酸、碱或酶的催化下它们都可以完全水解而得到甘油、磷酸、含氮碱（胆碱或胆胺）和高级脂肪酸。

在卵磷脂和脑磷脂的分子结构中，磷原子上尚有一个酸性的羟基，它可与同一分子中的含氮碱基形成内盐：

$$R'-\overset{O}{\underset{}{C}}-O-\overset{CH_2-O-\overset{O}{\underset{}{C}}-R}{\underset{CH_2-O-\overset{}{\underset{}{P}}-O^-}{\underset{OCH_2CH_2\overset{+}{N}(CH_3)_3}{}}} \qquad R'-\overset{O}{\underset{}{C}}-O-\overset{CH_2-O-\overset{O}{\underset{}{C}}-R}{\underset{CH_2-O-\overset{}{\underset{}{P}}-O^-}{\underset{OCH_2CH_2\overset{+}{N}H_3}{}}}$$

在卵磷脂和脑磷脂的内盐结构中，既有极性的亲水基团，又有非极性的疏水基团。因此，它们都能降低表面张力，具有表面活性，是良好的乳化剂，在生物体内，有助于油脂的消化和吸收。

2. 神经类脂 神经类脂中最常见的是神经磷脂（sphingomyelin），其分子中与磷酸形成酯的醇不是甘油，而是一个长链不饱和的神经鞘氨醇。神经磷脂完全水解，可得到神经鞘氨醇、高级脂肪酸、磷酸以及胆碱。神经鞘氨醇和神经磷脂的结构如下：

$$\underset{H}{\overset{CH_3(CH_2)_{12}}{\underset{}{C}}}=\underset{CH-CH-CH_2OH}{\overset{H}{\underset{\underset{OH}{}\;\underset{NH_2}{}}{C}}}$$

（神经）鞘氨醇

$$\underset{H}{\overset{CH_3(CH_2)_{12}}{C}}=\overset{H}{C}-\underset{\underset{OH}{|}}{CH}-\underset{\underset{NH}{|}}{CH}-CH_2-O-\overset{O}{\underset{O^-}{P}}-OCH_2CH_2N^+(CH_3)_3$$

$$\underset{H}{\overset{CH_3(CH_2)_7}{C}}=\underset{H}{\overset{(CH_2)_{13}-C=O}{C}}$$

（神经）鞘磷脂

神经磷脂大量存在于脑和神经组织中，是神经鞘的主要成分，故又称为鞘磷脂。它是白色的固体，在空气中较为稳定，不溶于水和丙酮，能溶于乙醇中，它与卵磷脂、脑磷脂一样，也可以形成内盐，也是良好的乳化剂。

二、蜡

自然界中存在的蜡(waxes)都是多种物质的混合物，其主要成分为含十六个碳以上的偶数碳原子的高级饱和脂肪酸和含有十六个碳以上的偶数碳原子的高级饱和一元醇形成的酯，即高级脂肪酸的高级饱和一元醇酯。组成这种酯最常见的酸为软脂酸和二十六酸；最常见的醇为十六醇、二十六醇和三十醇。在蜡的组成中，除主要成分高级饱和脂肪酸的高级饱和一元醇酯外，尚含有少量游离的高级脂肪酸、高级醇及高级烷烃。

从化学组成上看，蜡和石蜡完全不同。石蜡是从石油中得到的含二十六个碳以上的高级烷烃；蜡是以高级饱和脂肪酸的高级饱和一元醇酯为主的混合物，一个是烷烃，一个是酯。但是，由于蜡具有较长的烃链，分子中羧基结构对其物理状态和性质影响不大，与石蜡相近，在常温下为固体，难溶于水，易溶于乙醚、苯、氯仿等有机溶剂。

蜡与油脂相比，蜡在体内不能消化吸收，因而不能像油脂那样作为人和其他动物的养料。

根据来源，蜡可分为动物蜡和植物蜡，其中植物蜡的熔点较动物蜡高，如表 14 - 5 所示。动物蜡常存在于动物的分泌腺中或体表，植物蜡则常存在于植物的茎、干、叶和果实等表面。存在于动、植物表面的蜡大多数都具有防止水分侵入体内，减少水分蒸发以及微生物危害的功能。许多昆虫体表都有蜡质层，起着保护作用。因此，在施用农药时应选用脂溶性的药剂，以破坏蜡质层，达到良好的治虫效果。

表 14 - 5　几种重要的动植物蜡

类别	名　称	主　要　成　分	熔距/℃	来　源
植物蜡	巴西蜡	$C_{25}H_{51}COOC_{30}H_{61}$	83～90	巴西棕榈叶
	棕榈蜡	$C_{15}H_{31}COOC_{30}H_{61}$ 和 $C_{25}H_{51}COOC_{26}H_{53}$	100～103	棕榈树干
动物蜡	蜂　蜡	$C_{15}H_{31}COOC_{30}H_{61}$	63～65	蜜蜂腹部
	鲸　蜡	$C_{15}H_{31}COOC_{16}H_{33}$	41～46	鲸鱼头部
	虫　蜡	$C_{25}H_{51}COOC_{26}H_{53}$	80～83	白蜡虫

虫蜡也称白蜡，为我国特产，主产于四川，它是寄生于女贞树上的白蜡虫的分泌物。蜂蜡是由工蜂腹部的蜡腺分泌出来的蜡，是建造蜂房的主要物质。鲸蜡主要存在于抹香鲸的头部。棕榈蜡则是分布于棕榈叶面上的蜡。

在工业上，蜡大量用作抛光剂、鞋油、蜡纸、蜡模、防水剂和药膏的基质等。

三、甾族化合物

甾族化合物(steroids)亦称类固醇化合物，它广泛存在于动植物体内，是一类重要的天然类脂化合物。其中发现最早，并且含量较多的是存在于脂肪中的所谓非皂化物。后来在胆石中发现了同样的化合物，经鉴定是一个结晶的醇，由于胆石中含量较高，所以称之为胆固醇。其后，人们在生产实践中发现了大量的、化学结构均与胆固醇类似的一系列化合物，人们便把胆固醇及与之结构类似的一系列化合物统称为类固醇化合物。

甾族化合物种类繁多，很多都具有重要的生理作用，如维生素、性激素、肾上腺皮质激素等。

1. 甾族化合物的结构　从化学结构上看，甾族化合物有一个共同的特点，即都含有由三个六元环和一个五元环稠合而成的环戊烷并多氢化菲的基本结构。该结构是甾族化合物的母核或骨架。四个环常用 A、B、C、D 四个字母分别来表示，环上的碳原子按如下的顺序编号。甾族化合物除都具有环戊烷并多氢化菲母核外，几乎所有的这类化合物都在 C_{10} 及 C_{13} 处有一个甲基，叫角甲基，在 C_{17} 上还可连一些不同的取代基，其基本结构可表示为：

甾体化合物的基本骨架及编号顺序

甾族化合物中的"甾"字是一个象形字，字中的"田"表示四个环，"巛"表示 C_{10}、C_{13} 及 C_{17} 上的三个取代基。

甾族化合物彼此在结构上的重要差别在于：母核中环可能是完全饱和的，也可能在不同的位置含有不同数目的双键；而最主要的差别还在于 C_{17} 上所连取代基的不同以及环上其他位置上所连基团的不同。根据 C_{10}、C_{13} 和 C_{17} 取代基 R 的不同，可区分为几种不同类型的甾族化合物。其母体结构和名称见表 14-6。

表 14-6　几种甾体化合物母体

R	R'	R''	母体名称
—H	—H	—H	腺甾烷
—H	—CH$_3$	—H	雌甾烷
—CH$_3$	—CH$_3$	—H	雄甾烷
—CH$_3$	—CH$_3$	—CH$_2$CH$_3$	孕甾烷
—CH$_3$	—CH$_3$	—CH(CH$_3$)CH$_2$CH$_2$CH$_3$	胆烷
—CH$_3$	—CH$_3$	—CH(CH$_3$)(CH$_2$)$_3$CH(CH$_3$)$_2$	胆甾烷

2. 重要的甾族化合物

（1）胆固醇（胆甾醇）　胆固醇是发现最早、分布最广、在动物和人体中含量较多的甾族化合物，它广泛存在于动物的血液、脂肪、脑、脊髓和胆汁中，在动物胆石中的含量最高，高达 90% 以上。

胆固醇的结构特点是 C_3 处有一个醇羟基，C_5 与 C_6 之间有一个双键，C_{17} 上连有一个含八个碳原子的烃基链，其母体为胆甾烷，但它是一个不饱和的醇，其结构式如下：

胆固醇

胆固醇为无色或略带黄色的结晶，熔点 148.5 ℃，在高真空度下可升华，微溶于水，易溶于乙醇、乙醚、氯仿等有机溶剂中。将胆固醇溶于氯仿中，然后加入乙酸酐和浓硫酸，颜色由浅红变为深蓝，最后转化为绿色。其颜色深浅在一定浓度范围内与胆固醇的浓度成正比，因而常用此颜色反应对胆固醇进行定性、定量测定。

适量的胆固醇对人体健康是有益的，但在某些情况下人体中胆固醇会出现过量，这对人体一般是有害的，比如，它可以引起胆结石或沉积于血管壁而引起动脉硬化、高血压等疾病。

(2)7-去氢胆固醇、麦角固醇及维生素 D　7-去氢胆固醇属动物固醇，它与胆固醇相比，在 C_7、C_8 上各少了一个氢原子，C_7 与 C_8 之间为一个双键。它存在于人体皮肤中，经紫外光照射，B 环开环而转化为维生素 D_3，因此，适量的日光照射是获得维生素 D_3 的最简易方法。

7-去氢胆固醇　　　　　　　　　　　　　　　　　维生素 D_3

麦角固醇又名麦角甾醇，是植物固醇的代表。它存在于酵母、麦角及霉菌中，是青霉素生产中的一种副产品，可用于激素生产。

与胆固醇相比，麦角固醇 C_7、C_8 间为双键，在侧链 R 中 C_{22} 与 C_{23} 间也为双键，C_{24} 上多一个甲基。受紫外光照射，B 环破裂而生成维生素 D_2。

麦角甾醇　　　　　　　　　　　　　　　　　　维生素 D_2

维生素 D 也叫抗佝偻病维生素，因缺乏维生素 D 时，儿童便会患佝偻病，成人则会患软骨症。维生素 D 有几种同工物。最初发现麦角固醇经紫外光照射后，可以生成具有防止软骨病功能的物质，便将该物质定名为维生素 D_1，但后来发现，所谓维生素 D_1 实际是一个混合物。于是将其中生理作用最强的一个叫维生素 D_2。此外，还有维生素 D_4、D_5 等同工物，但以维生素 D_2、D_3 的生理作用最强。

维生素 D 广泛存在于动物体中，含量最多的是鱼类的肝脏。也存在于牛奶、蛋黄等中。

(3)性激素(sex hormone) 性激素分为雄性激素与雌性激素两类，这是性腺(睾丸和卵巢)的分泌物，有促进动物性器官的发育、调节性器官的机能及维持动物第二性征的作用。它们的生理作用很强，很少量就能产生极大的影响。目前，已分离出的雄性激素和雌性激素很多，其重要的代表物有：

黄体酮　　　　　　　　　　　　睾丸酮

从上面结构上看，它们都属甾族化合物，黄体酮与睾丸酮在结构上极相似，区别在于 C_{17} 上所连的基团，前者为乙酰基，后者为羟基。虽然黄体酮与睾丸酮在结构上极为相似，但它们的生理作用却全然不同，比如睾丸酮是由睾丸分泌的，属雄性激素，其主要生理作用是促进雄性性器官的成熟和第二性征的发育；黄体酮是由黄体分泌的，属雌性激素，其主要生理作用是促进受精卵在子宫内发育，抑制排卵，在医药上用于防止流产。

(4)昆虫蜕皮激素 1953 年布泰南(Butanandt)从蚕体中提取得到 α-蜕皮激素和 β-蜕皮激素，结构式如下：

α-蜕皮激素　　　　　　　　　　　　β-蜕皮激素

蜕皮激素在动物界和植物界都广泛存在。有研究表明，植物蜕皮激素并不是为了植物本身的生长、发育的需要，而是千百年来植物抗拒昆虫侵害，保护自己的一种生存手段。昆虫蜕皮激素具有保持幼虫特征、抑制变态和延长龄期的生理功能。人工也合成了许多与蜕皮激素有类似结构和功能的化合物，利用蜕皮激素防治害虫逐渐受到人们的重视。

第三节 肥皂及表面活性剂

一、肥皂及其乳化作用

天然油脂在碱性条件下水解就制得肥皂(soap)。日常用的肥皂是高级脂肪酸的钠盐——钠皂，易于结块，能溶于水，其中含 70% 左右的高级脂肪酸钠、0.2%～0.5% 盐及 30% 的水，另外还加入少量松香酸钠作起泡剂。钾皂难于结块，常称软皂，多用于洗发水和医用乳化剂。

肥皂的去污功能是由高级脂肪酸盐的分子结构决定的。羧基部分是易溶于水的基团，称为亲水基；较长的烃基部分不溶于水而易溶于非极性物质的基团，称为疏水基。

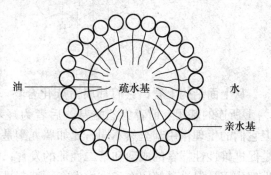

长链烃基（疏水基）　　　　　　羧酸根（亲水基）

将肥皂置于水中，长链烃基受到水分子的排斥作用而聚集到一起，形成一个把亲水基露在表面的团粒，这种带负电荷的团粒称为胶束。由于小胶束都带负电荷，使胶束保持分散的状态，因而形成肥皂胶体溶液。如果把一滴油加到此胶体溶液中搅动，随着油粒的变小，肥皂分子的疏水基（烃基）就会伸入小油珠中而把亲水基（羧基）留在表面，这样每个细小的油粒都被许多肥皂的羧基包围而悬浮于水中，形成稳定的乳浊液。这种作用称为乳化作用，如图 14-1 所示。具有这种作用的物质称为乳化剂。

衣物的油污用肥皂处理后，肥皂分子的亲油基进入油污层经过机械振动，油污逐渐

图 14-1　肥皂的乳化作用示意图

分散成表面排布着亲水基团的小油珠而被拉到水中，这就是肥皂去污的原理。肥皂是弱酸盐，遇酸会游离出脂肪酸失去乳化作用；也不能在硬度太大的水中使用，因为肥皂遇钙镁离子会转化成不溶性的高级脂肪酸的钙镁盐。

由于肥皂的生产会消耗大量的油脂，近年来合成了大量与肥皂有类似作用的表面活性剂，根据其作用分为洗涤剂、润滑剂、起泡剂和分散剂等。

二、合成表面活性剂

凡是能够改变液体表面张力或两相界面张力的物质称为表面活性剂（surfactants）。表面活性剂在农业、食品卫生、医药化工等方面应用很广。在农业生产上可将一些表面活性剂撒在水面，以减少水分蒸发和热量散失，保持水温和土温，有利于早稻育秧和促进稻株生长发育。

表面活性剂按照其分子在水中起亲水作用部分的结构特征分为阳离子表面活性剂、阴离子表面活性剂和非离子表面活性剂。

1. 阴离子表面活性剂　阴离子表面活性剂在水中起亲水作用的是阴离子。肥皂就属于这一类型，这一类型可归纳为羧酸盐、硫酸盐、磺酸盐和磷酸盐几种类型，重要的代表是：

$$CH_3(CH_2)_{10}CH_2OSO_3^- Na^+$$

$$R-\!\!\!\!\bigcirc\!\!\!\!-SO_3^- Na^+$$

十二烷基硫酸钠　　　　　　　　　　烷基苯磺酸钠

十二烷基硫酸钠具有优良的起泡性能，对皮肤作用温和且无毒，常用于牙膏、化妆品和洗洁精生产。十二烷基苯磺酸钠是洗衣粉的主要成分。

2. 阳离子表面活性剂　阳离子表面活性剂在水中起亲水作用的是阳离子，常用的是季铵盐。如：

$$\left[\phi-OCH_2CH_2-\overset{\overset{CH_3}{|}}{\underset{\underset{CH_3}{|}}{N^+}}-C_{12}H_{25}\right]Br^-$$

溴化二甲基苯氧乙基十二烷基铵(杜灭芬)

$$\left[\phi-CH_2-\overset{\overset{CH_3}{|}}{\underset{\underset{CH_3}{|}}{N^+}}-C_{12}H_{25}\right]Br^-$$

溴化二甲基苄基十二烷基铵(新洁尔灭)

这类表面活性剂去污能力较差，但具有较强的杀菌作用，一般用作消毒剂和杀菌剂。新洁尔灭在外科手术时用于皮肤和器械消毒。杜灭芬用于预防和治疗口腔炎和咽炎等。

3. 非离子表面活性剂　非离子表面活性剂在水中不电离，起亲水作用的主要是羟基和醚键等非离子基团。由于这类基团亲水能力较弱，所以一般都有多个羟基或醚键。如：

$$C_{12}H_{25}O(CH_2CH_2O)_nH \qquad (HOCH_2)_3CCH_2OOCC_{17}H_{35}$$

十二烷基聚乙二醇醚　　　　　　　一硬脂酸季戊四醇酯

小知识 ///

反 式 脂 肪 酸

反式脂肪酸是一类至少含有一个反式构型双键的不饱和脂类分子，其空间结构和饱和脂肪酸相似，接近直链形式。日常膳食中的反式脂肪酸有两类：微量的天然反式脂肪酸和大量的人造反式脂肪酸。反式脂肪酸的摄入会增加有害的低密度脂蛋白，降低有益的高密度脂蛋白，从而增加冠心病发病的风险。丹麦是第一个对人造反式脂肪酸设立法规的国家，规定自 2003 年 6 月 1 日起，市场上所有反式脂肪酸含量超过2%的油脂都被禁止销售。人造反式脂肪酸主要是植物油通过部分氢化变成固态脂肪，主要成分是反油酸。如人造黄油、奶油、起酥油等部分氢化植物油，用于食品加工可延长食品的保质期。日常膳食中添加氢化植物油制作的食品如炸薯条、巧克力、冰激凌、薄脆饼干等都含有反式脂肪酸。很多研究表明，深度油炸，油的温度会达到 150～190 ℃甚至更高，会促进反式脂肪酸的形成。

反油酸

Alonso L，Fontecha J，Lozada L，Fraga M J，Juárez M. Fatty acid composition of caprine milk：major，branched - chain，and trans fatty acids. Journal of Dairy Science，1999，82(5)：878 - 884.

习　　题

1. 举例说明下列各组名词的含义有何不同：

(1)酯与脂肪　　　　　　　　(2)蜡与石蜡　　　　　　　　(3)脂类与类脂

(4)磷酸酯与磷脂酸　　　(5)混合甘油酯与甘油酯的混合物

2. 写出亚油酸的构型式并命名。

3. 解释下列名词：

(1)皂化值　　　　　　(2)碘值　　　　　　　(3)酸值

(4)干性油　　　　　　(5)非干性油

4. 皂化某油脂 2.0 g，用去 0.25 mol·L^{-1} 的 NaOH 溶液 28 mL，试计算该油脂的皂化值。

5. 3.0 g 菜子油用乙醇溶解后，以酚酞作指示剂，用 0.01 mol·L^{-1} KOH 溶液 5.20 mL 滴定至淡红色，试计算该菜子油的酸值。

6. 用化学方法区别下列各组物质：

(1)硬脂酸与亚麻酸　　　(2)三硬脂酸甘油酯与三油酸甘油酯

7. 写出下列各物质完全水解的反应式：

(1)白蜡　　　　　　　(2)脑磷脂

(3)卵磷脂　　　　　　(4)神经磷脂

8. 指出下列化合物各属哪类化合物：

$$
\begin{array}{l}
CH_2\!-\!OOCC_{17}H_{35} \\
| \\
(1)\ CH\ \!-\!OOCC_{15}H_{31} \qquad\qquad (2)\,C_{25}H_{51}COOC_{30}H_{61} \\
| \\
CH_2\!-\!OOCC_{15}H_{31}
\end{array}
$$

第十五章

糖　类

早在 18 世纪，人们就发现葡萄糖、果糖等单糖是由 C、H、O 三种元素组成的，而且实验式符合 $C_n(H_2O)_m$，这种组成就好像是碳和水结合形成的化合物，故将它们称之为碳水化合物(carbohydrates)。随着科学技术的不断发展，人们发现，有些化合物从组成上看符合此通式，但性质上不同于碳水化合物，如乙酸($C_2H_4O_2$)、乳酸($C_3H_6O_3$)等。而有些化合物虽然不符合$C_n(H_2O)_m$，但性质却与碳水化合物相似，如鼠李糖($C_6H_{12}O_5$)、脱氧核糖($C_5H_{10}O_4$)。有些糖还含有氮元素，如甲壳素中的氨基糖等。因此，碳水化合物的称呼至今仍然沿用。

从分子结构上看，糖类化合物(saccharides)是多羟基醛或多羟基酮以及水解后生成多羟基醛或多羟基酮的有机化合物。一些多羟基的酸和胺也属于糖类研究的范畴。糖类是自然界分布最为广泛的一类有机化合物，占植物干重的 80％左右，与我们的生活有密切的关系。如淀粉作为基本食物提供生物体活动所需的能量，棉麻木材中的纤维都是碳水化合物，水果、蜂蜜和人体内也都有各种糖类化合物，各自发挥着重要的生理功能。糖是光合作用的产物，故也是储存太阳能的物质。糖是人类和动植物维持生命所不可缺少的一类化合物。

糖类化合物根据其结构和性质可以分为三大类：

单糖——不能水解的多羟基醛或多羟基酮。如葡萄糖、果糖、核糖等。

低聚糖——水解后生成 2～10 个单糖的糖类化合物。其中重要的是水解后生成两个分子单糖的糖，称为二糖或双糖，如麦芽糖、蔗糖等。

多糖——水解后生成许多个单糖分子的一类高分子化合物。数目多时可达上千个单糖，如淀粉、纤维素等。

前两类一般是可溶于水而且有甜味的结晶形物质。多糖化合物绝大多数不溶于水，个别悬浮于水中，成为胶体溶液，它们是非结晶形的无甜味物质。

第一节　单　糖

单糖根据所含官能团不同可以分为醛糖和酮糖；按照分子中含碳原子数目又可分为丙糖、丁糖、戊糖和己糖等。通常这两种分类方法结合使用，如戊醛糖、戊酮糖，己醛糖、己酮糖。

一、单糖的结构

1. 单糖的构型和开链结构　单糖分子中(除丙酮糖外)都含手性碳原子，因而都有旋光异构体。根据 $N=2^n$ 可计算出旋光异构体的数目。如己醛糖分子中有 4 个手性碳原子，应有 $16(2^4)$ 个旋光异构体，即 8 对对映体；己酮糖分子中有 3 个手性碳原子，应有 8 个旋光异构体。单糖的构型可用 R/S 构型标记法，但更常用的是 D/L 构型标记法。在 2^n 个旋光异构体中，一半为 D 型，另一半为 L 型。自然界中广泛存在的单糖为 D 型。

最简单的醛糖是甘油醛，由 D-甘油醛通过增碳衍生出一系列的 D 型异构体，简称为 D 系列醛糖，如 D-苏阿糖和 D-赤藓糖。手性碳的增加有两种可能，因此产生两种四碳糖的异构体，二者互为非对映异构体。反应中不涉及决定构型的羟基，这样生成的两种四碳糖（D-赤藓糖和 D-苏阿糖）的 C_3 的构型与 D-甘油醛 C_2 的构型相同。以此类推，由 D-甘油醛衍生得到的一系列醛糖距离醛基最远的手性碳（决定构型）上的羟基均在费歇尔投影式的右侧，所以都属于 D 型糖。图 15-1 是六个碳原子以下的 D 型醛糖的旋光异构体。同样，若从 L-甘油醛开始增碳衍生，则得到 L 系列醛糖。

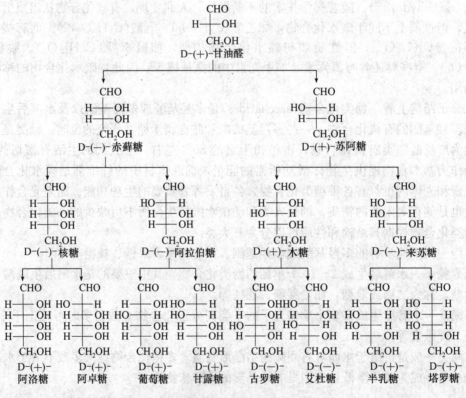

图 15-1　D 系列醛糖

D 系列醛糖多数存在于自然界。如 D-葡萄糖广泛存在于生物细胞和液体中；D-甘露糖存在于种子、象牙果内；D-半乳糖存在于乳液、乳糖和琼脂中；D-核糖和 D-脱氧核糖是核酸的组成部分，广泛存在于生物细胞中；D-木糖存在于玉米芯、麦稻秆等中。少数 D-醛糖是人工合成的，在自然界也存在一些 D-酮糖。

酮糖中的酮羰基一般位于 2 位上，比相同碳数的醛糖少一个手性碳原子，所以异构体的数目也相应减少。如存在于甘蔗、蜂蜜中的 D-果糖，为一个重要的己酮糖。费歇尔投影式如下：

$$
\begin{array}{c}
CH_2OH \\
| \\
C=O \\
| \\
HO \rule{1cm}{0.4pt} H \\
H \rule{1cm}{0.4pt} OH \\
H \rule{1cm}{0.4pt} OH \\
| \\
CH_2OH
\end{array}
$$

D-果糖

2. 单糖的环状结构和变旋现象 糖的构型虽然已经确定，但是许多反应现象却与开链结构不符。如 D-葡萄糖，它具有醛基，可被托伦试剂和斐林试剂氧化，但不与饱和亚硫酸氢钠起加成反应；它只能与一分子醇发生缩醛反应等。

D-葡萄糖有两种不同的结晶，其物理性质不完全相同。一种是常温下在乙醇和水的混合溶剂中结晶得到的，熔点为 146 ℃，溶于水后测得比旋光度 $[\alpha]_D$ 为 + 112°，人们称之为 α-型。另一种是在超过 90 ℃ 的水溶液中或吡啶中结晶得到的，熔点为 150 ℃，溶于水后测得比旋光度 $[\alpha]_D$ 为 + 18.7°，人们称之为 β-型。新制的 α-型葡萄糖晶体在水溶液中放置后，它的比旋光度会慢慢变化下降到 + 52.7°。同样，将 β-型的水溶液放置后，它的比旋光度也会慢慢变化上升到 + 52.7°。无论是 α-型还是 β-型或它们的混合物，当比旋光度达到 + 52.7°时，就都不再变化，这种现象称为变旋现象。这些事实是无法从 D-葡萄糖的开链结构得到解释的。其他单糖，如果糖、甘露糖、核糖、脱氧核糖和半乳糖等都有环状结构存在，因此，也具有变旋现象。

我们知道，醛和醇可以生成半缩醛和缩醛，γ-羟基醛(酮)和 δ-羟基醛(酮)也主要是以环状半缩醛(酮)的形式存在的。那么，同时含有羟基和醛基的糖也有可能在分子内生成一个半缩醛。这样，分子中并不存在游离的醛基，故不与亚硫酸氢钠反应，但半缩醛可以和一分子醇作用，形成糖苷。在半缩醛结构中，C_1 成为一个新的手性中心，因此形成 α 和 β 两个互为非对映异构体。而分子中其他碳原子的立体构型都是相同的，区别只是在 C_1 的构型，故它们又称端基异构体或正位异构体或异头物。在糖的半缩醛环状结构的费歇尔投影式中，半缩醛羟基与决定构型的羟基在同侧定为 α-异构体，在异侧定为 β-异构体，当把这两个异构体分别溶于水中，它们可通过开链结构进行半缩醛形式的相互转化，三者之间的转化是动态平衡体系，其平衡体系的比旋光度 $[\alpha]_D$ 为 + 52.7°。D-葡萄糖平衡混合物中 α-异构体占 37%，β-异构体占 63%，开链结构仅为 0.01%。

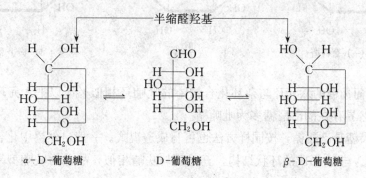

α-D-葡萄糖   D-葡萄糖 β-D-葡萄糖

3. 单糖的哈武斯(Haworth)式 费歇尔投影式描述糖的环状结构不能直观地反映出原

子或基团在空间的相互关系。20 世纪 20 年代，英国化学家哈武斯（Haworth）根据成环原子数，利用平面构型来表示糖的空间构型，这种用环平面表示空间构型的结构式，称为哈武斯透视式。

以 D-葡萄糖为例，说明哈武斯式的书写规则：首先画垂直于纸平面的六元氧环（或五元氧环），氧原子一般位于右后方（或后方），环碳原子略去，并按顺时针方向排列。

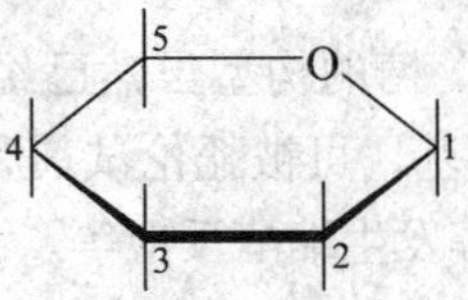

然后将氧环式中碳链左侧的原子或基团写在环的上方；右侧的原子或基团写在环的下方，即左上右下的原则；D 型糖的尾基—CH_2OH 写在环的上方，L 型糖的尾基—CH_2OH 写在环的下方。透视式中，α、β-构型的确定，是以半缩醛羟基在环平面的上方或下方决定的。即 D 型糖中，半缩醛羟基与决定构型的羟基未成环时的相对位置同在环平面的下方时，为 α-型，反之，半缩醛羟基若在环平面上方时，则为 β-型。L 型单糖哈武斯式构型中的 α-型和 β-型的半缩醛羟基的位置与 D 型糖正好相反。按此规则 α-D-（＋）-葡萄糖和 β-D-（＋）-葡萄糖的哈武斯式如下：

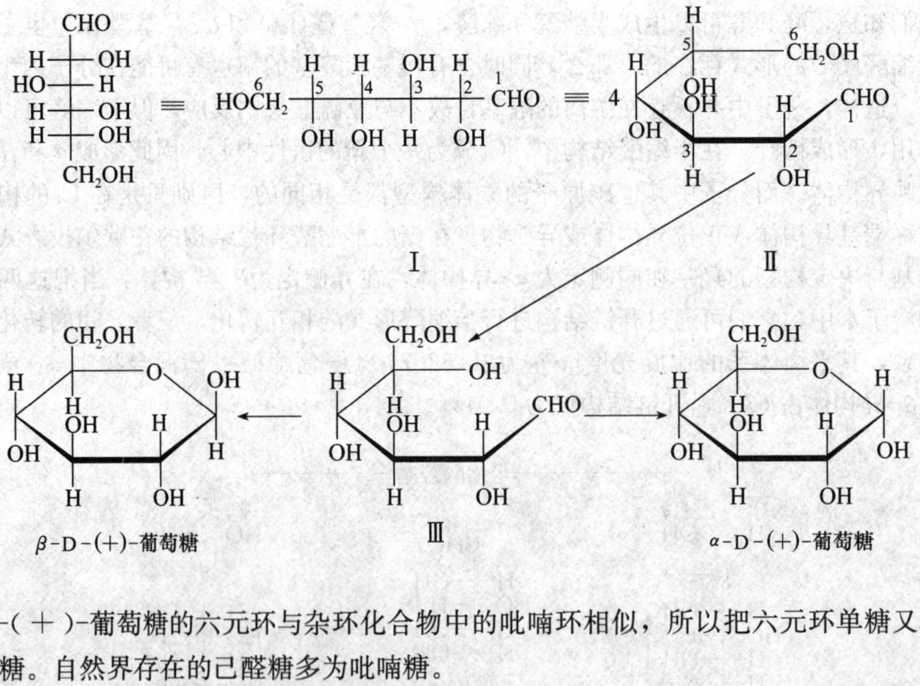

D-（＋）-葡萄糖的六元环与杂环化合物中的吡喃环相似，所以把六元环单糖又称为吡喃型单糖。自然界存在的己醛糖多为吡喃糖。

D-（—）-果糖是己酮糖，按同样方法也可写成透视式。一般自然界中化合态的果糖多为五元环糖，即 C_2 与 C_5 形成的环状结构，五元环与呋喃相似，故称为呋喃型果糖，而游离态的果糖一般为六元环，故称为吡喃型果糖。

果糖的吡喃型和呋喃型异构体的透视式为：

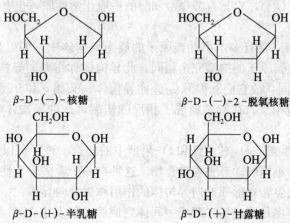

α-D-(-)-呋喃果糖　　　　　　　　　　CH₂OH　　　　　　　α-D-(-)-吡喃果糖

β-D-(-)-呋喃果糖　　　　　　　　　　　　　　　　　　　β-D-(-)-吡喃果糖

　　哈武斯式与投影式不同，有时为了书写需要，可将环平面沿纸面旋转或翻转。不论怎样变化，只要掌握以下方法，就能够根据哈武斯式确定单糖的 D、L 和 α、β-构型。方法包括以下两点：一是环碳原子的排列顺序；二是尾基和半缩醛羟基在环平面上下的位置。若环上碳原子按顺时针方向排列，则环碳上所连的原子或基团仍遵循"左上右下"的原则，那么尾基在环平面上方的为 D 型，在下方的为 L 型；D 型糖中半缩醛羟基在环的下方的为 α-型，在上方的为 β-型。而 L 型糖中，α-型、β-型则与上述相反。

　　下面是其他几种常见单糖的透视式：

β-D-(-)-核糖　　　　　　　　β-D-(-)-2-脱氧核糖

β-D-(+)-半乳糖　　　　　　　β-D-(+)-甘露糖

　　4. 单糖的构象　　吡喃糖为六元环，六元环本身并不是以平面形式存在。X 射线分析已经证明，α 和 β-D-吡喃葡萄糖均以椅式构象存在。其中—CH₂OH 作为较大基团连在 e 键上为稳定构象。如 α 和 β-D 葡萄糖的稳定构象可用下式表示：

β-D-葡萄糖　　　　　　　　　　α-D-葡萄糖

在 α-异构体构象中，C_1 上的半缩醛羟基在 a 键上，其他羟基都在 e 键上。在 β-异构体构象中，所有羟基均在 e 键上，因此 β-异构体的稳定性大于 α-异构体。在葡萄糖水溶液平衡混合物中 β-异构体(63%)所占比例大于 α-异构体是必然的。在已知的 8 种 D-己醛糖的所有优势构象中，只有 β-D-葡萄糖中所有较大基团都在 e 键上，这就是单糖中葡萄糖在自然界存在最多、分布最广的原因之一。

思考题 15-1 写出下列单糖的结构：

(1)β-D-吡喃半乳糖稳定的构象式。

(2)β-D-2-脱氧呋喃核糖哈武斯式。

二、单糖的物理性质

单糖都是无色结晶，易溶于水，可溶于乙醇，难溶于乙醚、丙酮、苯等有机溶剂，但能溶解于吡啶。在色层分析中常以吡啶作溶剂提取糖，因无机盐不溶于吡啶，可避免无机离子干扰色层分析。除丙酮糖外，所有的单糖都具有旋光性，并且溶于水后存在变旋现象。单糖的熔点、沸点都很高。单糖都具有甜味，不同的单糖甜味不同，果糖为最甜的糖。

三、单糖的化学性质

单糖是多羟基的醛(酮)，它具有醛(酮)和醇的一般化学性质，也有各基团间相互影响而产生的一些新的性质。

1. 差向异构化反应 含有多个手性碳原子的旋光异构体中，如果只有一个手性碳原子的构型相反，其他手性碳原子的构型完全相同，此异构体称作差向异构体。如 D-葡萄糖和 D-甘露糖仅 C_2 构型不同，故它们互称为 C_2 差向异构体。又如 α 和 β-D 葡萄糖，它们只有 C_1 上的半缩醛羟基构型相反，在端基形成了相反的构型，这种异构体通常称为端基差向异构体，又称异头物。

用稀碱处理 D-葡萄糖、D-甘露糖和 D-果糖中的任意一种，可以通过羰基—烯醇式互变，最后都能得到三种单糖的动态平衡混合物。这种在一个含多个手性中心的分子中，只使一个手性中心的构型发生转化形成差向异构体的作用称为差向异构化。

糖的差向异构化作用是通过烯二醇式中间体完成的，仅发生在 C_1 和 C_2 所连的原子和原子团上。在碱溶液中 D-葡萄糖变为烯醇中间体，使 C_2 失去手性。由于烯醇式结构不稳定，故 C_1 的烯醇氢回到 C_2 时可从烯平面上或下两侧与 C_2 结合，恢复醛基，并产生 C_2 的两种构型，完成 D-葡萄糖和 D-甘露糖的转化。同样 C_2 上的烯醇氢可与 C_1 结合，使 C_2 变成酮羰基，生成 D-果糖。这种转化是可逆的，若用稀碱处理 D-甘露糖和 D-果糖，同样可得到上述平衡混合物。生物体代谢过程中，在生物体内异构化酶的催化下，其他单糖也能发生差向异构化反应。

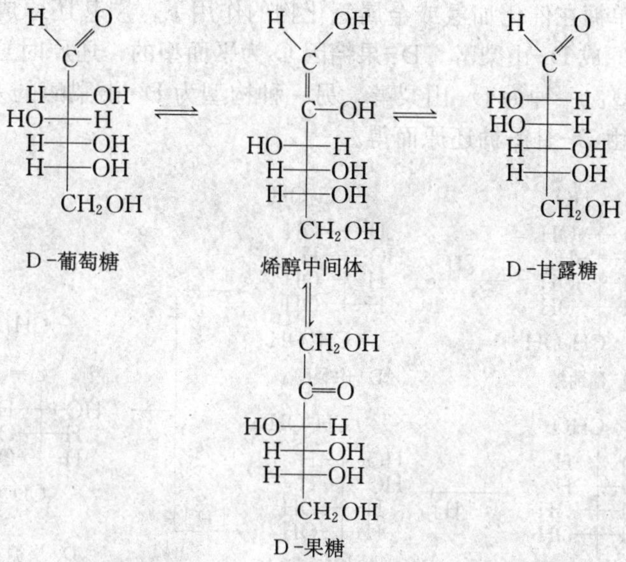

D-葡萄糖　　　　　烯醇中间体　　　　　D-甘露糖

D-果糖

2. 氧化反应

（1）碱性条件下的氧化反应　醛糖具有醛基（或半缩醛羟基），很容易被托伦试剂、斐林试剂和本尼地试剂等弱氧化剂氧化，如 D-葡萄糖用这些氧化剂处理可分别生成银镜和氧化亚铜砖红色沉淀。酮糖如 D-果糖，尽管具有酮羰基，但在碱性条件下可以差向异构化，所以同样可被氧化。这种可被托伦和斐林试剂等氧化剂氧化的糖称作还原性糖。含有半缩醛羟基的糖，在平衡混合物中具有开链结构，可显示醛基性质，一般均可被氧化。因此，所有的单糖都是还原性糖。这些性质可用来区别还原性糖和非还原性糖。糖与铜盐的氧化反应还常用作血液和尿中葡萄糖含量的测定。

（2）酸性条件下的氧化反应　在酸性条件下糖不发生差向异构化，因此溴水只氧化醛糖而不氧化酮糖。该反应可用于鉴别醛糖和酮糖，也可用于糖酸的制备。

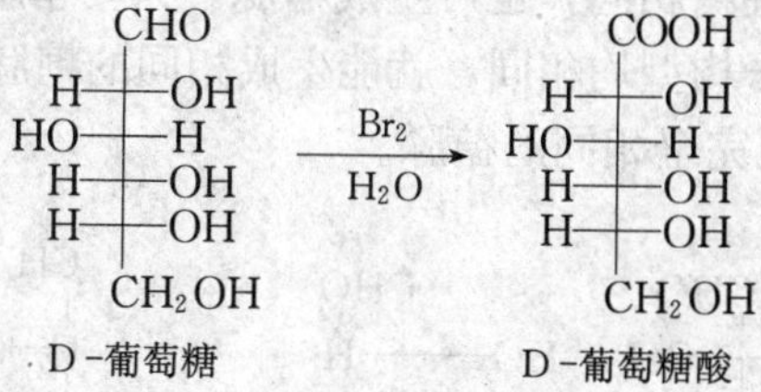

D-葡萄糖　　　　　　　　D-葡萄糖酸

醛糖在更强的氧化剂（硝酸）作用下，不但可以氧化糖的醛基，还可氧化尾基的羟甲基（—CH_2OH），生成糖二酸。

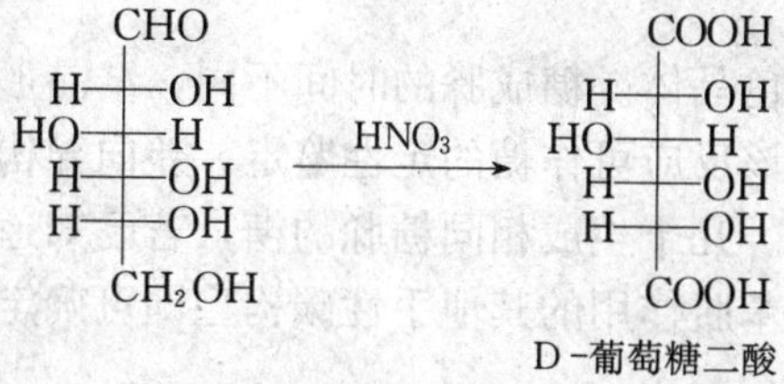

D-葡萄糖二酸

3. 还原反应　单糖在催化加氢或金属氢化物的作用下，羰基还原成羟基，生成相应的糖醇。D-葡萄糖还原成 D-山梨醇。D-果糖因 C₂为平面型的，还原时羟基可在碳链的任意一侧，形成两种构型：一种为 D-山梨醇，另一种构型为 D-山梨醇的差向异构体 D-甘露醇。D-甘露醇也可由 D-甘露糖还原而得。

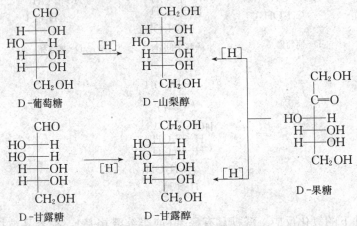

4. 成脎反应　单糖具有醛基和酮羰基，可与苯肼反应。首先单糖中羰基与苯肼作用，生成糖苯腙；然后糖苯腙在苯肼溶液中，由于多羟基的共同参与作用，使得原有羰基碳的邻位易被氧化成羰基。最后，新生成的羰基再次与苯肼作用，最终生成糖脎。

酮糖的成脎反应机理与醛糖相同，也可生成糖脎。只要单糖分子中只有 C₁ 和 C₂两个碳原子构型不同，其余各碳原子构型均相同，就能生成相同的糖脎。如 D-葡萄糖、D-甘露糖和 D-果糖与苯肼反应可生成完全相同的糖脎。

糖脎为不溶于水的淡黄色晶体。糖成脎的时间不同，结晶形状不同。结构上完全不同的糖脎熔点不同，因此，利用该反应可作糖的定性鉴定。差向异构体的糖形成的糖脎相同，这给糖的结构测定提供了信息。几个生成相同糖脎的糖，若已知道其中一个糖的结构，那么另外几个差向异构体的糖不与苯肼作用的其他手性碳构型即可确定。

思考题 15-2 山梨糖是一酮糖，它与 D-古罗糖和 D-艾杜糖生成的脎相同，写出山梨糖的结构。

思考题 15-3 完成反应式：

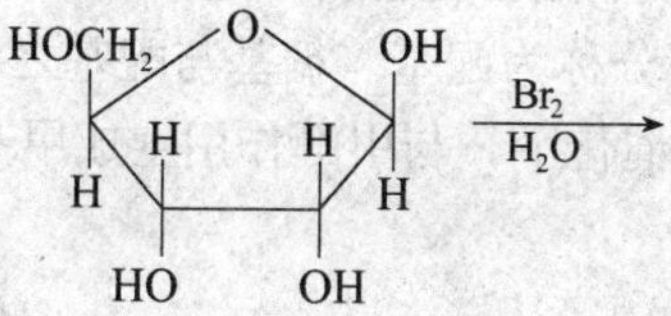

$$\text{（结构式）} \xrightarrow[\text{H}_2\text{O}]{\text{Br}_2}$$

思考题 15-4 戊醛糖中哪些糖经 HNO_3 氧化得到内消旋化合物？

5. 成酯和成苷反应

（1）成酯反应 单糖分子中存在半缩醛羟基和醇羟基，故能与酸反应生成酯。如在醋酸钠、吡啶催化下与醋酐反应，可得到所有羟基都被酯化的产物。

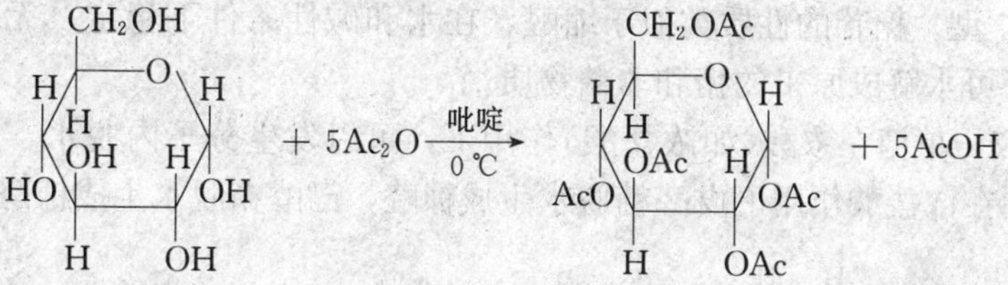

$$\text{（结构式）} + 5Ac_2O \xrightarrow[0\,^{\circ}\text{C}]{\text{吡啶}} \text{（结构式）} + 5AcOH$$

在生物体生理代谢过程中，糖能在酶作用下生成单酯或双酯，其中最重要的是糖的磷酸酯。如 α-D-葡萄糖在酶的催化下与磷酸发生酯化反应，生成1-磷酸-α-D-葡萄糖和1,6-二磷酸-α-D-葡萄糖。

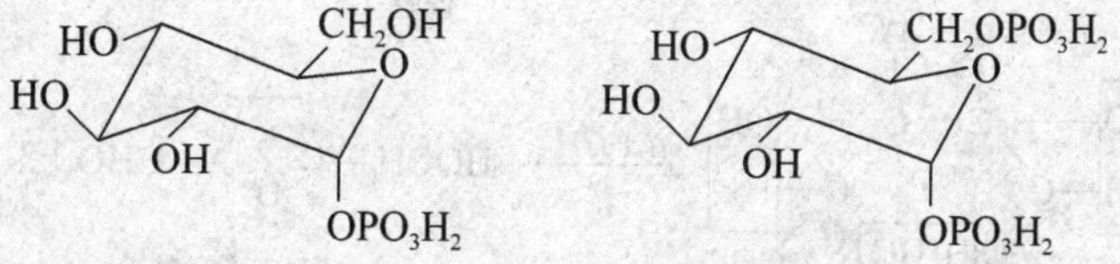

1-磷酸-α-D-葡萄糖　　　　1,6-二磷酸-α-D-葡萄糖

3-磷酸甘油醛和磷酸二羟丙酮都是光合作用的中间产物，它们在醛缩酶的作用下可进行下列反应：

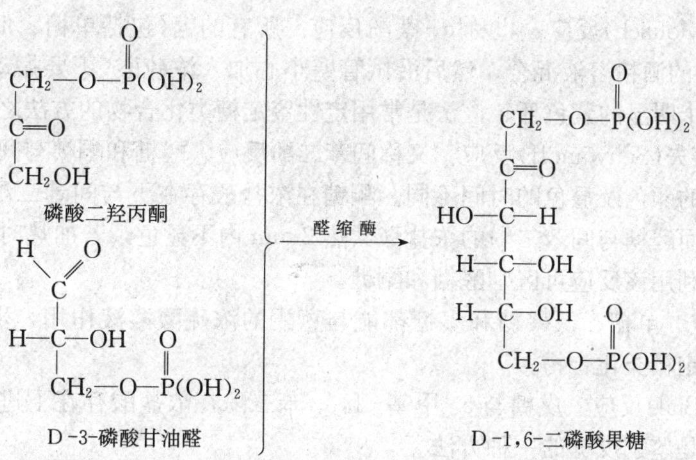

$$\text{磷酸二羟丙酮} + \text{D-3-磷酸甘油醛} \xrightarrow{\text{醛缩酶}} \text{D-1,6-二磷酸果糖}$$

磷酸二羟丙酮

D-3-磷酸甘油醛

D-1,6-二磷酸果糖

己糖磷酸酯和丙糖磷酸酯是生物体内糖类化合物合成及分解的重要中间产物，作物缺磷可导致光合作用等不能正常进行。

(2)成苷反应　单糖环状半缩醛羟基较分子内的其他羟基活泼，易与—OH、$>$NH、

—SH 等基团上的氢原子脱水生成缩醛型化合物，这种物质称为苷，有时也叫糖甙或配糖物，其中糖的部分称为糖基，非糖部分称为配基。糖基与配基之间的缩醛型醚键称为糖苷键。如 β-D-葡萄糖，在干燥氯化氢的催化下，与甲醇作用生成甲基-β-D-葡萄糖苷。

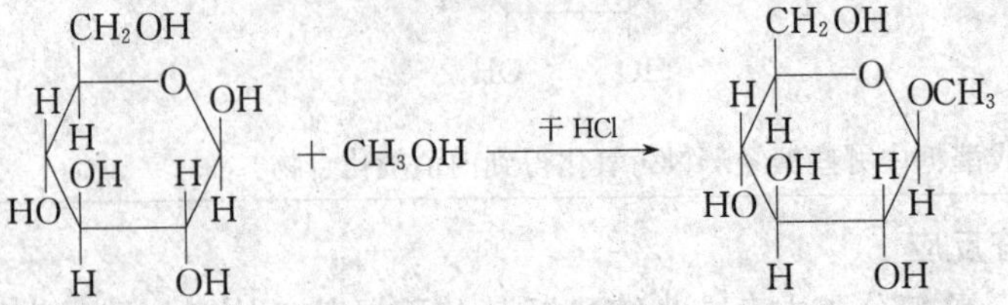

β-D-葡萄糖　　　　　　甲基-β-D-葡萄糖苷

糖苷是无色晶体，味苦，能溶于水和酒精，难溶于乙醚，有旋光性。天然糖苷一般是左旋的，大都属 β-型。糖苷的性质类似于缩醛，在水和碱性条件下稳定，无变旋现象。在酸或生物酶催化下可水解成原来的糖和非糖物质。

6. 显色反应　单糖在浓酸(如浓盐酸)作用下，可以发生分子内脱水，生成糠醛或糠醛的衍生物。例如在浓盐酸作用下戊醛糖脱水生成糠醛，己醛糖脱水生成糠醛的衍生物。

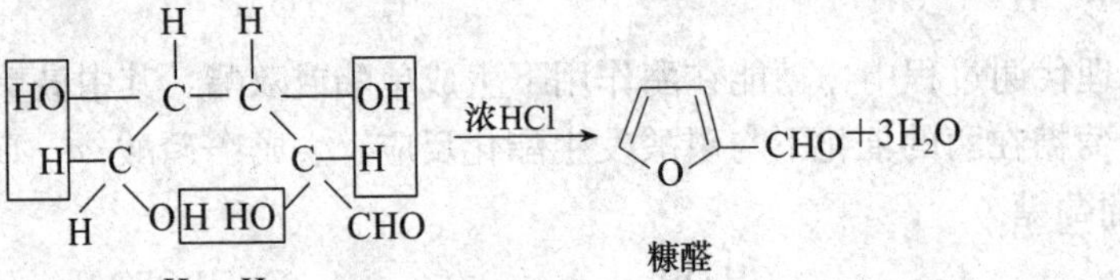

糠醛

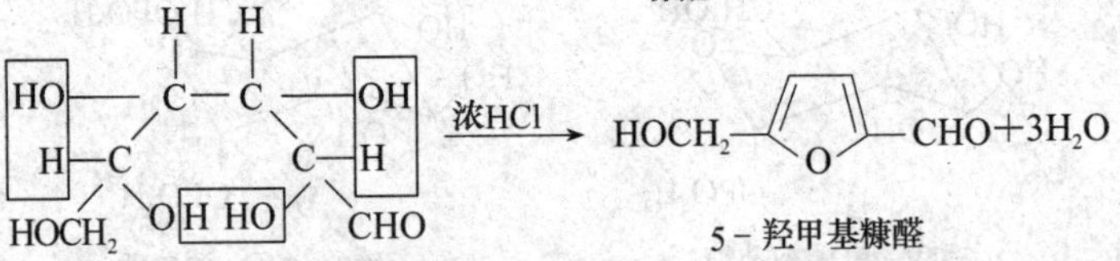

5-羟甲基糠醛

酚类、蒽酮等可与糠醛及其衍生物缩合生成有色化合物，这些显色反应可用于糖的鉴定和含量测定。

(1)莫力许(Molisch)反应　也称 α-萘酚反应。所有的糖(包括单糖、低聚糖和多糖)的水溶液与 α-萘酚的酒精溶液混合，然后沿试管壁小心加入浓硫酸(不要振动试管)，在两层液面之间形成一个明显的紫色环。该法是常用定性鉴定糖类化合物的方法之一。

(2)西里瓦诺夫(Seliwanoff)反应　又称间苯二酚反应。醛糖和酮糖与间苯二酚浓盐酸溶液共热，所产生的颜色及显色的时间不同。酮糖在浓盐酸存在下与间苯二酚共热，2 min 内生成红色物质。而醛糖与间苯二酚的浓盐酸共热 2 min 内不显色，若加热时间延长，生成玫瑰红色的物质。利用该反应可区别醛糖和酮糖。

(3)蒽酮反应　单糖、低聚糖和多糖都能与蒽酮的浓硫酸溶液作用，生成蓝绿色物质。该反应可定量测定糖类化合物。

(4)皮阿耳(Bial)反应　戊糖与 5-甲基-1,3-苯二酚在浓盐酸存在下进行反应，生成绿色物质。该反应是鉴别戊糖的一种方法。

(5)狄斯克(Diseke)反应　脱氧核糖与二苯胺在乙酸和浓硫酸的混合液中共热，可生成蓝色物质，其他糖类无此现象。故此反应可用于鉴别脱氧核糖。

思考题 15－5　用化学方法区别下列各组物质：

(1)丙酮、丙醛、甘露糖、果糖

(2)葡萄糖、果糖、核糖、脱氧核糖

四、重要的单糖及其衍生物

1. D－核糖和 D－2－脱氧核糖　D－核糖和 D－2－脱氧核糖与磷酸和一些杂环化合物结合后存在于核蛋白中，是核糖核酸(RNA)和脱氧核糖核酸(DNA)的重要组成成分。其开链式和哈武斯式如下：

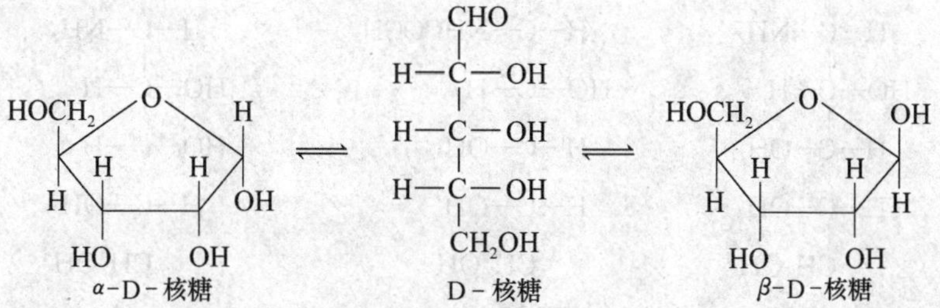

α－D－核糖　　D－核糖　　β－D－核糖

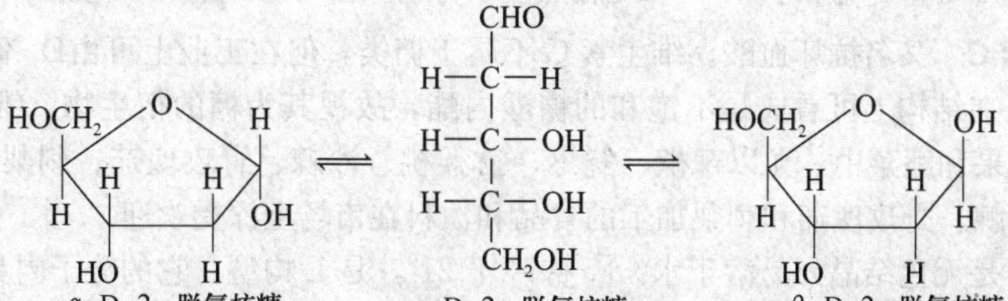

α－D－2－脱氧核糖　　D－2－脱氧核糖　　β－D－2－脱氧核糖

2. D－葡萄糖　D－葡萄糖是自然界中分布极广的重要己醛糖，以苷的形式存在于蜂蜜、成熟的葡萄和其他果汁以及植物的根、茎、叶、花中，在动物的血液、淋巴液和脊髓液中也含有葡萄糖。它是人体内新陈代谢必不可少的重要物质。D－葡萄糖易溶于水，微溶于乙醇和丙酮，不溶于乙醚和烃类化合物，熔点 146 ℃。天然的葡萄糖是右旋的，故称右旋糖。葡萄糖的甜度不如蔗糖。在工业上，可由淀粉或纤维素水解得到。

葡萄糖在医药上用作营养剂，并有强心、利尿、解毒等作用。在食品工业上用来制造糖浆及印染工业上用作还原剂。它也是合成维生素 C 的原料。

3. D－果糖　D－果糖是自然界发现的最甜的一种糖，因为它是左旋的，故称左旋糖。它存在于水果和蜂蜜中，为无色结晶，易溶于水，可溶于乙醇和乙醚中，熔点 102 ℃(分解)。

D－果糖是蔗糖和菊粉的组成部分。工业上用酸或酶水解菊粉来制取果糖。D－果糖不易发酵，用它制成的糖果不易形成龋齿，用它制成的面包不易干硬。

4. D－半乳糖　D－半乳糖是许多低聚糖如乳糖、棉子糖等的组成成分，也是组成脑髓的重要物质之一。它以多糖的形式存在于许多植物如石花菜等的种子或树胶中。

半乳糖是无色结晶，熔点 167 ℃。从水溶液中结晶时含有 1 分子结晶水。能溶于水及乙醇，是右旋糖。它在有机合成及医药上用处较大。其结构式如下：

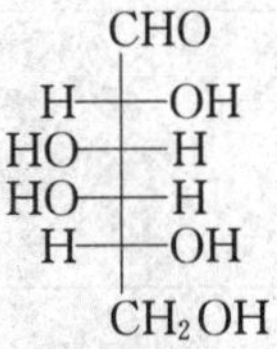

$$
\begin{array}{c}
\text{CHO} \\
\text{H——OH} \\
\text{HO——H} \\
\text{HO——H} \\
\text{H——OH} \\
\text{CH}_2\text{OH}
\end{array}
$$

D-半乳糖 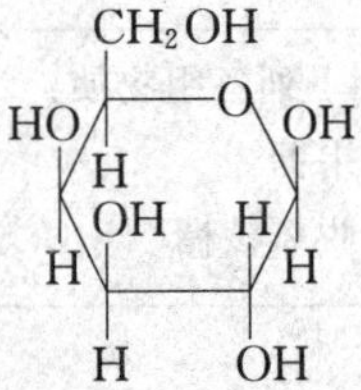   β-D-半乳糖

5. 氨基己糖 天然氨基己糖是醛糖分子中 C_2 上的羟基被氨基取代后的衍生物。2-乙酰氨基-D-葡萄糖的高聚体为昆虫甲壳素(又叫几丁质)。2-乙酰氨基-D-半乳糖是软骨素中多糖的基本单位。黏蛋白、链霉素中也含有氨基糖类物质。常见的氨基己糖有:

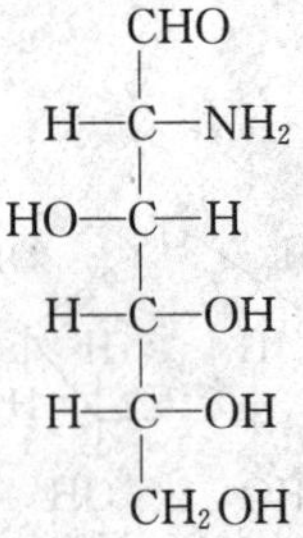

2-氨基-D-葡萄糖 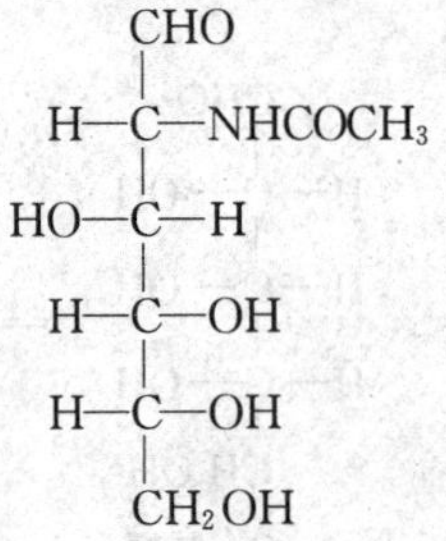   2-乙酰氨基-D-葡萄糖 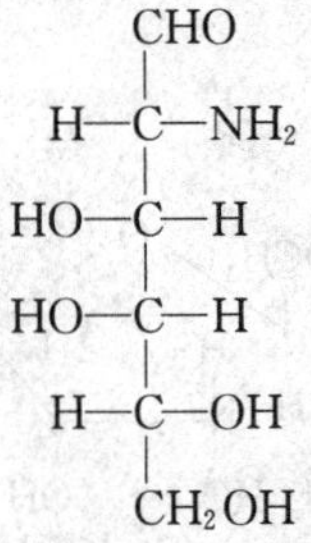   2-氨基-D-半乳糖

6. 维生素 C 又名抗坏血酸。维生素 C 不属于糖类,但在工业上可由 D-葡萄糖合成而得。维生素 C 在结构上可看成是不饱和的糖酸内酯,故视其为糖的衍生物。维生素 C 广泛存在于新鲜水果和蔬菜中,尤以辣椒、鲜枣、猕猴桃、沙棘、野玫瑰茄、刺梨的含量较高。由猕猴桃、沙棘、野玫瑰茄和刺梨加工的食品和饮料在市场上深受欢迎。

维生素 C 是无色结晶,易溶于水。$[\alpha]_D = +21°$,是 L 构型。它的分子内具有烯醇型羟基,可以电离出 H^+,呈酸性。它在生物体内的生物氧化过程中具有传递电子和氢的作用。

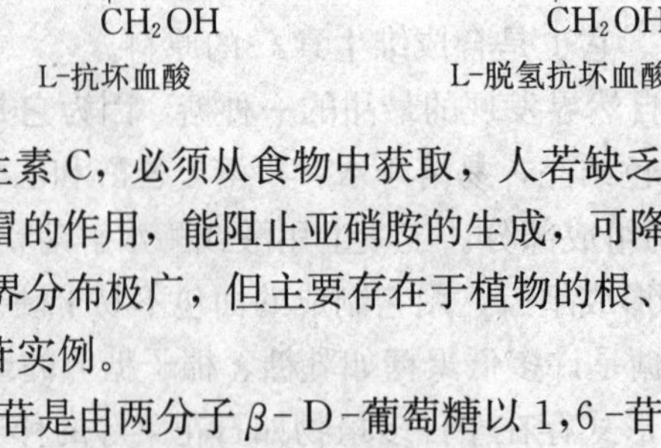

L-抗坏血酸   L-脱氢抗坏血酸

人体自身不能合成维生素 C,必须从食物中获取,人若缺乏维生素 C 就会引起坏血病。维生素 C 有预防和减轻感冒的作用,能阻止亚硝胺的生成,可降低血脂和胆固醇。

7. 糖苷 糖苷在自然界分布极广,但主要存在于植物的根、茎、叶、花和种子中。

下面举几个重要的糖苷实例。

(1)苦杏仁苷 苦杏仁苷是由两分子 β-D-葡萄糖以 1,6-苷键结合形成龙胆二糖,龙胆二糖的苷羟基再与苦杏仁腈的羟基脱水生成 β-糖苷。

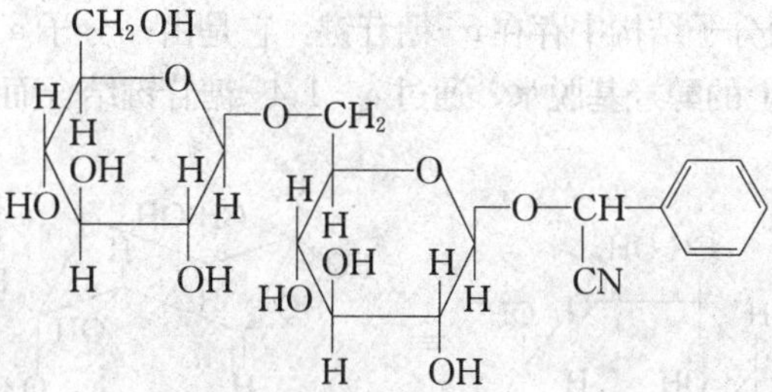

苦杏仁苷

苦杏仁苷水解后可生成 2 分子 D-葡萄糖、1 分子苯甲醛和 1 分子氢氰酸，因此人畜误食含苦杏仁苷的食物和饲料可引起氢氰酸中毒。青梅、银杏(白果)、杏仁、桃仁中亦含有苦杏仁苷，不可多食。牛羊误食含苦杏仁苷植物如欧洲三叶草、鸟脚车轴草、几种大戟科植物亦可死亡。微量苦杏仁苷有镇咳作用，故可少量被用作止咳药。

(2)甜叶菊糖苷　甜叶菊糖苷是近几年来我国食品工业采用的一种优良的有益于人体健康的新的甜味剂。每千克甜叶菊叶干叶可提取 60～70 g 甜叶菊糖苷。

甜叶菊糖苷比蔗糖甜 300 倍。其味清甜爽口，性质稳定，高温下保持不变，不吸潮，不易发酵，是天然的防腐剂。它含热量只有蔗糖的 1/300，不仅不会引起糖尿病，而且对糖尿病有治疗作用，还可辅助治疗高血压、心脏病。

(3)水杨苷　水杨苷存在于松针内，是由 β-D-葡萄糖和水杨醇形成的糖苷。

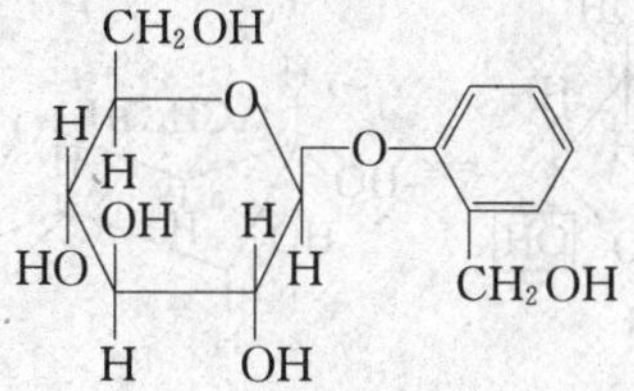

水杨苷

第二节 二 糖

二糖是最重要的低聚糖。二糖能被稀酸溶液或酶水解成两分子的单糖，可看成是由两分子单糖脱水而成的缩合物，即可看作一分子单糖的半缩醛羟基与另一分子单糖的羟基或半缩醛羟基脱水缩合的产物。二糖的物理性质类似于单糖，如能形成结晶、易溶于水、有甜味等。根据能否还原碱性弱氧化剂，可把它们分为还原性二糖和非还原性二糖两类。自然界存在的麦芽糖、纤维二糖、乳糖等为还原性二糖，蔗糖、海藻糖等为非还原性二糖。

一、还原性二糖

还原性二糖是一分子单糖的半缩醛羟基与另一分子单糖中的醇羟基脱水，形成二糖的分子结构中还保留了一个半缩醛羟基，仍然能够转换成开链式，所以具有还原性。

1. 麦芽糖　麦芽糖是食用饴糖的主要成分，甜度为蔗糖的 40%，它是生物体内淀粉在淀粉酶作用下水解的中间产物。麦芽糖在 α-葡萄糖苷酶(麦芽糖酶)的作用下，可水解得到两分子

D-葡萄糖，这说明麦芽糖分子结构中存在α-糖苷键，它是由一分子α-D-葡萄糖的半缩醛羟基与另一分子 D-葡萄糖 C_4 上的醇羟基脱水，通过α-1,4-糖苷键结合而成。麦芽糖的结构如下：

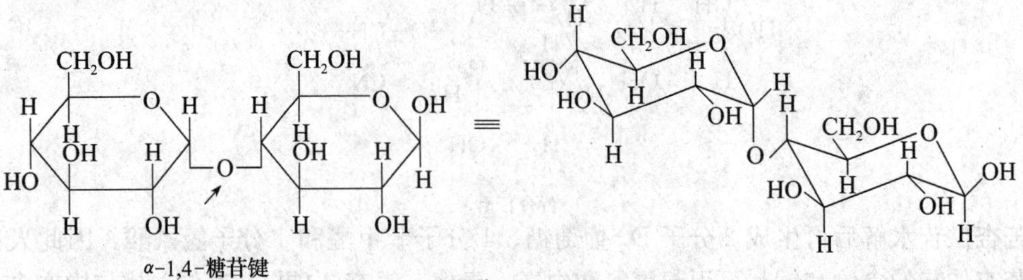

α-1,4-糖苷键　　　　β-麦芽糖

麦芽糖是无色片状结晶，熔点 102.5 ℃，易溶于水。在水溶液中以α，β和开链式 3 种形式存在，平衡时比旋光度为 + 136°。其化学性质与葡萄糖相似，如可被托伦试剂、斐林试剂、Br_2/H_2O、HNO_3 等氧化，可以成脎，具有变旋现象等。

2. 纤维二糖　纤维二糖是纤维素的基本组成单位，可通过酸或酶水解纤维素而得到。像麦芽糖一样，它可水解为两分子 D-葡萄糖，所不同的是水解纤维二糖必须用β-葡萄糖苷酶（苦杏仁酶）。因此，它是由一分子的β-D 葡萄糖的半缩醛羟基与另一分子 D-葡萄糖 C_4 上的醇羟基脱水，通过β-1,4-糖苷键缩合而得。

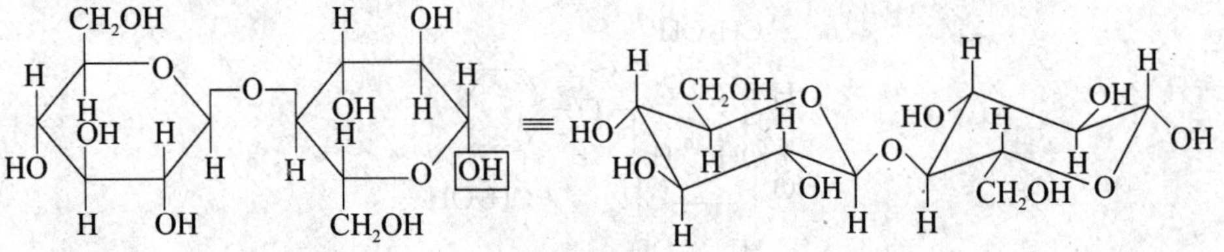

β-纤维二糖

纤维二糖为无色结晶，熔点 225 ℃。它也有α和β两种异构体，变旋达到平衡时 $[\alpha]_D$ = + 34.6°。它具有半缩醛羟基，是典型的还原性二糖，具有单糖的化学性质。

3. 乳糖　乳糖存在于哺乳动物的乳汁中，人乳中含量为 6%～8%，牛乳中含量为 4%～6%。它还是奶酪生产的副产物。甜度约为蔗糖的 70%。常用于食品和医药工业。

乳糖经酸水解或苦杏仁酶水解得到一分子 D-半乳糖和一分子 D-葡萄糖。故它是由β-D-半乳糖的半缩醛羟基与 D-葡萄糖 C_4 上的醇羟基脱水，通过β-1,4-糖苷键缩合而成的双糖。

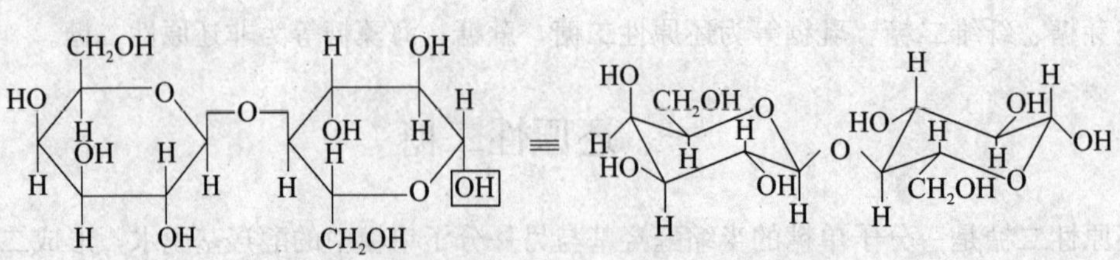

β-D-半乳糖　　β-D-葡萄糖　　　　β-乳糖

乳糖为无色晶体，熔点 201.5 ℃，能溶于水，没有吸湿性，有变旋现象，变旋达到平衡时 $[\alpha]_D$ = + 55.4°。因具有半缩醛羟基，属还原性糖，化学性质与单糖相似。

二、非还原性二糖

非还原性二糖是两分子单糖均以半缩醛羟基进行脱水。形成二糖的分子结构中没有半缩醛羟基，不能转换成开链式，所以不具有还原性，无变旋现象，不能被斐林试剂等氧化，也不能与苯肼生成脎。

1. 蔗糖 蔗糖存在于许多植物中，在甘蔗和甜菜中含量较高。它是最早以纯的形式分离出的糖，也是目前生产量较大的有机化合物之一。

蔗糖水解可得到 1 分子 D-葡萄糖和 1 分子 D-果糖。它不与托伦试剂反应，不能成脎，无变旋现象。蔗糖分子中不含半缩醛羟基，属非还原性糖。它是 α-D-吡喃葡萄糖和 β-D-呋喃果糖两个半缩醛羟基脱水通过 1,2-糖苷键结合的产物。

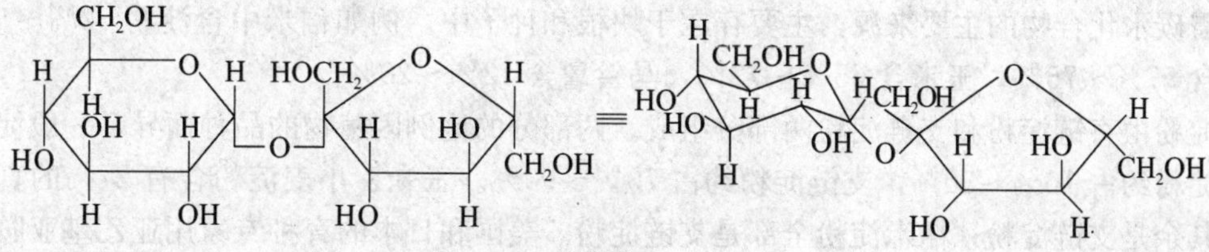

蔗糖

蔗糖为无色结晶，熔点为 186 ℃，易溶于水，水溶液中 $[\alpha]_D = +66.5°$。蔗糖在少量无机酸或转化酶的作用下水解，生成 D-葡萄糖和 D-果糖的等量混合物。蔗糖本身是右旋的，但水解后得到两个单糖的混合物是左旋的，混合物的比旋光度 $[\alpha]_D$ 为 $-19.8°$。因此蔗糖的水解反应又称为转化反应，转化后生成的混合物为转化糖。

$$
\text{蔗糖} + H_2O \xrightarrow{\text{稀酸或转化酶}} \text{D-葡萄糖} + \text{D-果糖}
$$

$[\alpha]_D = +66.5°$　　　　　　　　　$[\alpha]_D = +52.7°$　　　$[\alpha]_D = -92°$

右旋　　　　　　　　　　　转化糖 $[\alpha]_D = -19.8°$（左旋）

2. 海藻糖 海藻糖也是自然界分布较广的糖，存在于藻类、细菌、真菌、酵母及某些昆虫中。海藻糖也是双糖，它是由两分子 α-D-葡萄糖的半缩醛羟基脱水缩合而成。海藻糖分子中无半缩醛羟基，属非还原性糖。海藻糖为白色晶体，味甜，能溶于水和热醇中，熔点 96.5～97.5 ℃，比旋光度 $[\alpha]_D$ 为 $+178°$。

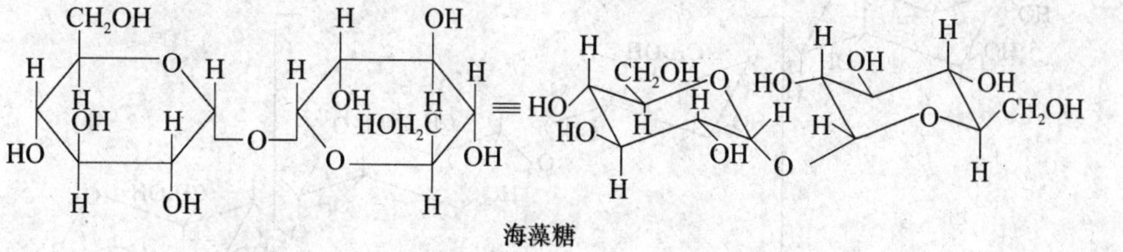

海藻糖

第三节 多 糖

多糖是由几百乃至数千个相同或不相同的单糖脱水以糖苷键相连形成的天然高分子化合

物。多糖广泛存在于自然界中，按其生物功能大致可分为两类：一类是作为储藏物质，如植物中的淀粉和动物中的糖原等；另一类为构成植物的结构物质，如纤维素、半纤维素和果胶质等。

多糖与单糖和低聚糖在性质上有较大差别。一般多糖无还原性和变旋现象，也不具有甜味，无成脎反应，大多数多糖不溶于水。

多糖按其水解情况可分为两大类：分解产物是一种单糖者，称为多糖，如淀粉、纤维素等；水解产物有多种单糖者，称为杂多糖，如果胶质、黏多糖等。

一、淀　粉

淀粉是白色无定形粉末，分子式可以表示为$(C_6H_{10}O_5)_n$。它广泛存在于植物界，是人类所需碳水化合物的主要来源，主要存在于块根和种子中。例如稻米中含淀粉 62%～82%，小麦含 57%～75%，玉米含 65%～72%，马铃薯含 12%～20%。

淀粉由直链淀粉和支链淀粉两部分组成。两部分的比例因植物的品种而异，一般淀粉中直链淀粉约占 10%～30%，支链淀粉约占 70%～90%。玉米、小麦淀粉含有 27% 的直链淀粉，其余是支链淀粉；糯米淀粉全部是支链淀粉。美国和日本的育种专家用亚乙基亚胺作化学诱变剂，使直链淀粉含量高的品种转化为支链淀粉含量高的糯性品种。

直链淀粉和支链淀粉在结构和性质上有一定区别。

1. 直链淀粉　直链淀粉约由 1 000 个以上的 α-D-葡萄糖通过 α-1,4-糖苷键结合而成（图 15-2）。直链淀粉的结构并非直线形，而是分子内氢键使链卷曲成螺旋状。直链淀粉遇碘显蓝色并不是碘与淀粉之间形成化学键，而是淀粉螺旋中间的空腔恰好可以容纳碘分子进入，形成一个呈现深蓝色的包合物（图 15-3）。

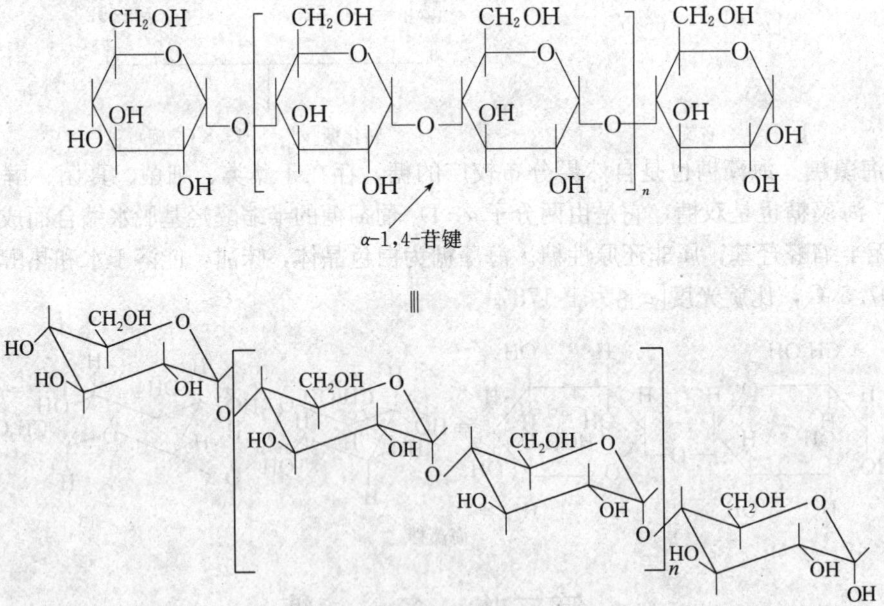

图 15-2　直链淀粉的结构式

图 15-3　淀粉与碘的包合物

　　直链淀粉能溶于热水。直链淀粉可以全部被淀粉酶水解成麦芽糖。

　　2. 支链淀粉　支链淀粉所含葡萄糖单位比直链淀粉多，分子中可多达百万个 α-D-葡萄糖单位。支链淀粉上除通过 α-1,4-糖苷键将 α-D-葡萄糖连成直链而外，还通过 α-1,6-糖苷键使部分直链相互连接形成支链（图 15-4）。每个支链约含 20～25 个 α-D-葡萄糖单位，纵横连接。其整体结构如图 15-5 所示。

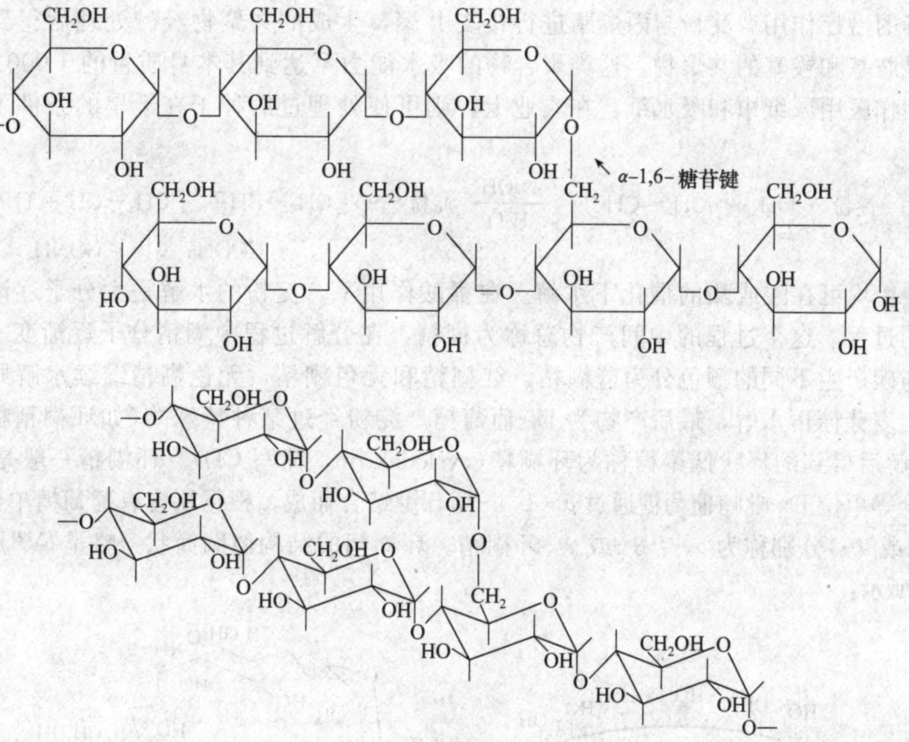

图 15-4　支链淀粉的结构式

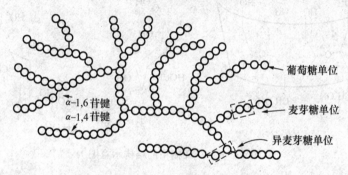

图 15-5　支链淀粉结构示意图

支链淀粉为白色、无定形粉末。支链淀粉不溶于水，在热水中吸水后膨胀成糊状。支链淀粉遇碘产生紫红色，在淀粉酶的作用下只有 60% 被水解成麦芽糖。

直链淀粉和支链淀粉可以利用各种方法分离得到单一纯品，其中较为常用的是分步沉淀法。即利用不同浓度的硫酸镁水溶液在相同温度下或相同浓度的硫酸镁溶液在不同温度下两种淀粉的沉降速度不同而达到分离的目的。利用两种淀粉的稳定性和凝沉性差异也可达到分离目的，直链淀粉的凝沉性大，易于形成晶体。此外，还可以利用纤维素柱法分离，支链淀粉不易被棉花柱吸附而随溶液流出。

淀粉经水解、糊精化或与化学试剂反应后分子中的某些 D-吡喃葡萄糖基单元的结构会发生改变，形成淀粉的改性。淀粉经改性后得到的产品在工农业和食品卫生等领域中有着广泛用途。如用高碘酸氧化淀粉，在某些单元的 C_2 和 C_3 之间的键断裂形成两个醛基，得到名为二醛淀粉的产品，它可用于生产吸水纸和皮革工业中的鞣料，在医疗上也有去毒的治疗作用。淀粉与丙烯腈进行接支共聚，生成的共聚物经碱处理后得到分子内兼有酰胺基和羧基的共聚物。这类聚合物的吸水能力可达到其本身质量的 1 000 倍以上，故可用作医用尿纸巾和吸水纸。在农业上，则可使处理过的种子在干旱的条件下得以发芽生长。

$$\text{淀粉} -\text{OH} + n\text{CH}_2=\text{CHCN} \xrightarrow[\text{H}_2\text{O}]{\text{NaOH}} \text{淀粉} -\text{O}\underset{\underset{\text{COONa}}{|}}{\left[\text{CH}_2-\text{CH}\right]}_m \underset{\underset{\text{CONH}_2}{|}}{\left[\text{CH}_2-\text{CH}\right]}_n \text{H}$$

淀粉均可在酸或酶的催化下水解。在稀酸作用下，淀粉的水解是大分子逐渐变为小分子的过程，这个过程的中间产物总称为糊精，在分解过程中糊精分子逐渐变小，根据它们与碘产生不同的颜色分为蓝糊精、红糊精和无色糊精，无色糊精继续水解则生成麦芽糖，麦芽糖再水解，最后产物为 D-葡萄糖。淀粉经过某种特殊酶（如环糊精糖基转化酶）水解后得到的环状低聚糖称为环糊精（cyclodextrin，简写 CD）。环糊精一般是由 6、7 或 8 个等单位 D-吡喃葡萄糖通过 α-1,4-糖苷键结合而成，根据所含有葡萄糖单位的个数（6、7 或 8…）分别称为 α-、β- 或 γ-环糊精。环糊精的结构似圆筒状，略呈"V"形，如图 15-6 所示：

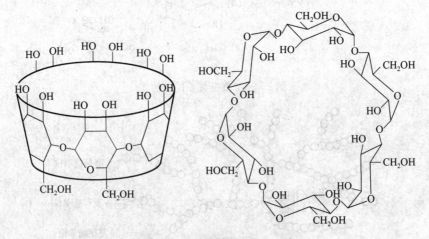

图 15-6 α-环糊精的结构示意图

由图 15-6 看出，C_3、C_5 上的氢原子和 C_4 上的氧原子构成了 α-环糊精分子的空腔，而且 C₃、C₅ 上的氢原子对 C₄ 上的氧原子具有屏蔽作用，因而具有疏水性；羟基分布在空腔的外边，故具有亲水性。由于组成环糊精的葡萄糖单位不同，其空腔大小不一样（α-、β-、γ-CD的空径分别是 0.6、0.8 和 1.0 nm），与冠醚结构类似，不同的环糊精可以包合不同大小的分子。例如，α-环糊精能与苯分子形成包合物，γ-环糊精能与蒽分子形成包合物。利用环糊精空腔的大小和内壁与外壁的亲油性和亲水性的不同，在有机合成和医药等工业中具有重要的应用价值。例如，苯甲醚在酸性溶液中用次氯酸进行氯化反应，生成邻氯和对氯苯甲醚的混合物，如果加入少量 α-环糊精，则主要生成对氯苯甲醚。因为 α-环糊精与苯甲醚形成包合物后，甲氧基和其对位暴露在环糊精的空腔外边，有利于试剂的进攻，对位产物大大增多。

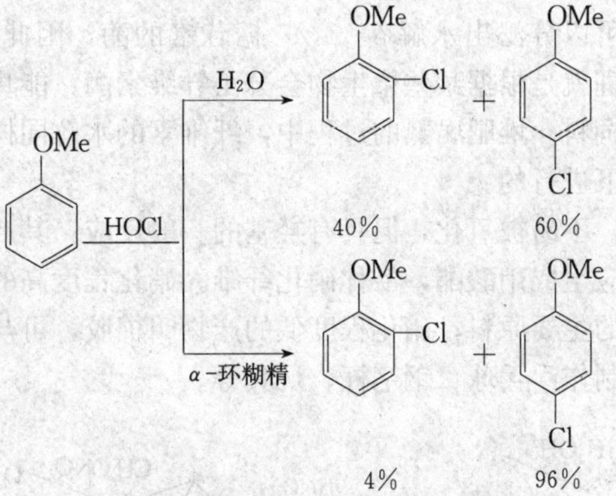

二、纤 维 素

纤维素是自然界最丰富的有机化合物，是植物细胞壁的主要成分，构成植物支持组织的基础。一般植物干叶含纤维素 10%～20%，木材中含 50%，棉纤维中含 90%。

纤维素为多糖，不溶于水和有机溶剂。当它被 40%盐酸水解可得到 D-葡萄糖，若小心用酸水解能得到纤维二糖。纤维素是由 β-D-葡萄糖通过 β-1,4-糖苷键结合的链状高聚物，含 β-D-葡萄糖单位为几千乃至上万（图15-7）。

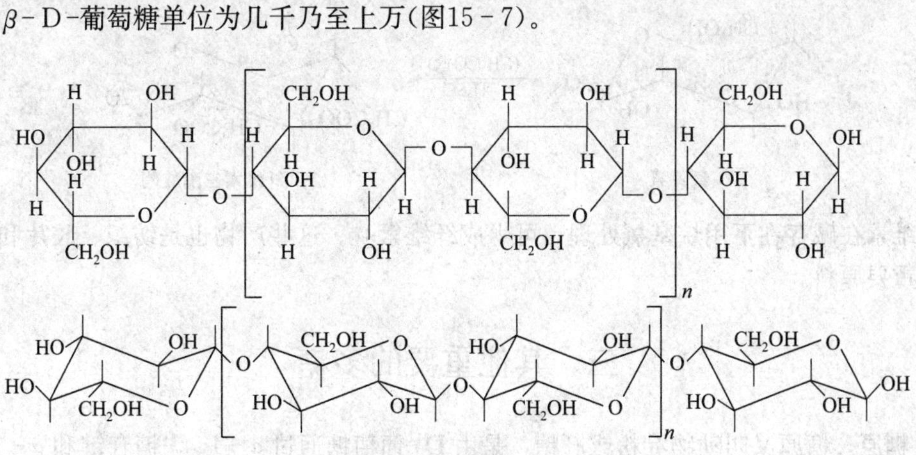

图 15-7 纤维素的结构式

在纤维素结构中不存在支链，不能盘绕成螺旋形。由于羟基之间氢键相互作用，使链与链之间借助氢键相互扭合，形成像麻绳一样的一束纤维素链（图 15-8），所以纤维素非常坚韧。

图 15-8 纤维素胶束链

纤维素虽然与淀粉一样由 D-葡萄糖组成，但因为是由 β-1,4-糖苷键结合，不能被淀粉酶水解，因此不能作为人的营养物质。在食草动物如牛、马、羊等的消化道中存在某些微生物群体，这些微生物可以分泌出水解 β-1,4-糖苷键的酶，因此它们可从纤维中获取营养。糖化饲料制造的原理就是根据某些微生物会分泌纤维素酶，能将纤维素水解为纤维二糖和葡萄糖等作为动物的饲料。堆肥腐熟的过程中，纤维素的水解同样是在土壤中某些微生物分泌的纤维素酶的催化下进行的。

纤维素无变旋现象，不易被氧化，但具有羟基的一般反应，其产物用途广泛。如纤维素羟基可与硝酸和硫酸反应生成硝酸酯，俗称硝化纤维。硝化程度高的产物叫火棉，容易燃烧爆炸，可作为无烟火药的主要原料；硝化程度低的产物叫棉胶，可与樟脑等一起加热得到坚韧的塑料塞璐璐，用来制作乒乓球、钢笔杆、玩具等。

$$\text{纤维素} \xrightarrow[\text{H}_2\text{SO}_4]{\text{HNO}_3} \text{纤维素三硝酸酯}$$

纤维素在酸性介质中与醋酐反应生成纤维素乙酸酯，俗称醋酸纤维。将醋酸纤维溶于丙酮中，经过细孔或窄缝压入热空气中使丙酮挥发，醋酸纤维就形成了细丝和薄片，这就是人造丝或电影胶片的基质。

$$\text{纤维素} \xrightarrow[\text{H}_2\text{SO}_4]{(\text{CH}_3\text{CO})_2\text{O}} \text{纤维素三醋酸酯}$$

纤维素在碱存在下用烷基氯处理，可生成纤维素醚。这些产物也是纺织、胶片和塑料工业上的重要原料。

三、其他重要的多糖

1. 糖原　糖原又叫动物淀粉或肝糖，是由 D-葡萄糖通过 α-1,4-糖苷键和 α-1,6-糖苷键组成的多糖。它的结构与支链淀粉相同，但分支程度比支链淀粉高，一般每 3～4 个葡萄糖单位就具有一个支链。

糖原是无色粉末，易溶于水及三氯乙酸，不溶于乙醇等有机溶剂，遇碘呈紫红色。糖原主要存在于动物的肝脏和肌肉中，是动物能量的主要来源。当动物血液中葡萄糖含量较高时，它就结合成糖原储存在肝脏和肌肉中；当血液中葡萄糖含量降低时，糖原即可分解为葡萄糖，供给肌体能量。

2. 琼脂 琼脂是从红藻类植物石花菜或其他藻类中提取出来的一种黏胶。主要成分是由半乳糖缩合而成的多糖，它是以 9 个 β-D-半乳糖的单位通过 β-1,3-糖苷键结合，末端通过 β-1,4-糖苷键与 β-L-半乳糖相连，β-半乳糖 C_6 位上的羟基与硫酸成酯。其结构如下：

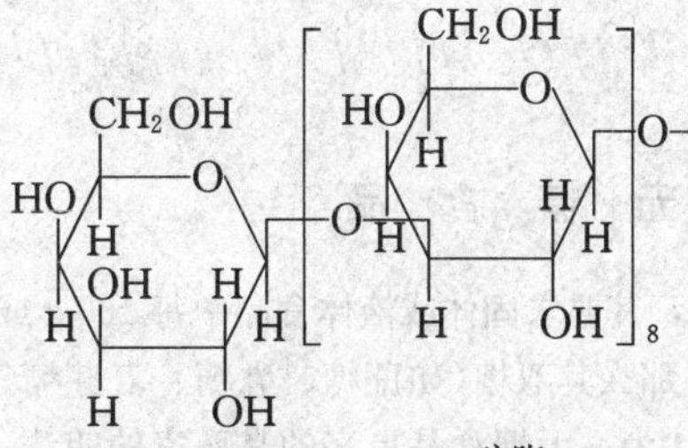

琼脂

琼脂为白色或浅褐色的固体，不溶于水，但可溶于热水，冷却后即成凝胶。常用作微生物固体培养基。

3. 甲壳素 甲壳素又称甲壳质、几丁质，它是一类含氮的多糖，是由许多 N-乙酰氨基葡萄糖以 β-1,4-糖苷键连接而成的链状高分子化合物。其结构如下：

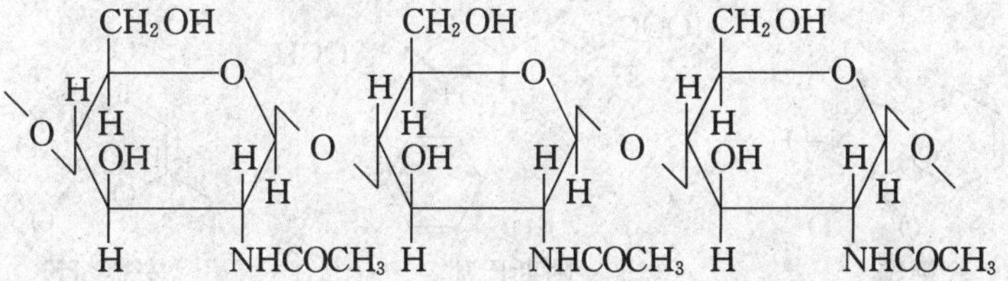

甲壳素

甲壳素是白色半透明固体，不溶于水、乙醇和乙醚中，但溶于浓硫酸和浓盐酸中，水解最终产物为氨基葡萄糖。与浓 NaOH 作用可脱去乙酰基生成壳聚糖。壳聚糖是氨基葡萄糖的高聚物，又称为脱乙酰基甲壳素或可溶性甲壳素等。它是唯一的碱性天然多糖。

甲壳素广泛存在于甲壳动物(如虾、蟹等)的外壳、昆虫体表以及真菌的细胞壁。地球上的生物每年可以合成约十亿吨甲壳素。

由虾、蟹制备的甲壳素，收率约 $10\% \sim 17\%$；由甲壳素制壳聚糖收率可达 80% 左右。近年来，国内外对甲壳素和壳聚糖的应用研究十分活跃，它们目前已广泛应用于医药、农药、纺织、食品、化妆品等方面。

4. 果胶质 果胶质广泛存在于植物的细胞壁中，能使细胞黏合在一起。在植物的果实、种子、浆果、块茎、叶子里都含有果胶质，但以水果和蔬菜中含量较多。

果胶质是一类成分比较复杂的多糖，其化学组成常因来源不同而有差别。根据其结合状况和理化性质，可把果胶质分为原果胶、可溶性果胶和果胶酸。

原果胶主要存在于未成熟的水果中，是可溶性果胶与纤维素合成的高分子化合物。原果胶在稀酸或果胶酶的作用下转变为可溶性果胶。

可溶性果胶主要成分是半乳糖醛酸甲酯以及少量半乳糖醛酸通过 1,4 -糖苷键连接而成的长链高分子化合物。可溶性果胶能溶于水，水果成熟后由硬变软，其原因之一是原果胶转变为可溶性果胶。它在稀酸或果胶酶的作用下，半乳糖醛酸甲酯水解成半乳糖醛酸和甲醇。

果胶酸是由许多半乳糖醛酸通过 α - 1,4 -糖苷键结合而成的高分子化合物。果胶酸分子中含有游离的羧基，能与 Ca 或 Mg 生成不溶性的果胶酸钙或果胶酸镁沉淀，利用此性质可测定果胶酸的含量。某些酶能逐步将果胶质水解成可溶性果胶，进一步转变为小分子糖酸，致使细胞之间分离。从而造成植物落叶、落花、落果、落铃等。

果胶与适量糖和有机酸混合可形成凝胶，食品工业中常用此方法加工果冻。

小知识 ///

无 糖 食 品

无糖食品中的"无"不是绝对没有的意思，其要求固体或液体食品中每 100 g 或 100 mL 的含糖量不高于 0.5 g。也就是说，如果某产品标示"无糖"，那么其双糖（如蔗糖、乳糖、麦芽糖等）或单糖（如葡萄糖、果糖等）的含量必须达到以上标准。营养专家认为，无糖食品更多的是商家的叫法，主要是在加工过程中不添加糖类，但许多食品本身就含有糖分，如谷物食品的主要成分就是糖类，它在人体内最终仍要转化为葡萄糖。无糖食品通常添加糖的替代物，多采用低聚糖或糖醇（麦芽糖醇、山梨醇、木糖醇、乳糖醇）等。有时也会添加一些甜味剂，如糖精、安赛蜜 K 和阿斯巴甜，它们的甜度分别是蔗糖的 350、200 和 180 倍。

糖精　　　　　　　　　　阿斯巴甜　　　　　　　　　安赛蜜 K

自从 1879 年美国约翰霍普金斯大学发现糖精后，糖精在日常生活中的使用已经超过百年。糖精吃起来会有轻微的苦味和金属味残留在舌头上。阿斯巴甜为 James M. Schlatter 于 1965 年发现，为所有代糖中对人体安全研究最为彻底的产品，具有和蔗糖极其近似的清爽甜味，是迄今开发成功的甜味最接近蔗糖的甜味剂。

孙燕明. 谨防无糖食品的甜蜜陷阱. 质量探索，2010，3：34.
谷小伟，陈梦. 无糖专柜食品含糖量检测研究. 现代农业科技，2011，5：350 - 351.

习　　题

1. 写出下列糖的哈武斯式：

(1)β - D -吡喃半乳糖　　　　(2)α - D -呋喃果糖　　　　　(3)α - D -吡喃甘露糖

(4)纤维二糖　　　　　　　　(5)β - D - 2 -脱氧核糖　　　(6)蔗糖

2. 命名下列糖类化合物(要求写出全称)：

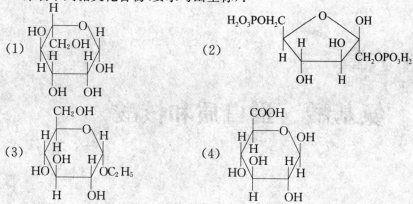

3. 解释下列名称：

(1)单糖 　　　　(2)多糖 　　　　(3)糖苷键

(4)糖脎 　　　　(5)还原性糖 　　(6)转化糖

4. 用化学方法区别下列各组化合物：

(1)果糖、蔗糖和葡萄糖

(2)麦芽糖、葡萄糖和甲基葡萄糖苷

(3)淀粉、纤维素和麦芽糖

5. 写出下列化学反应的方程式：

(1)D-半乳糖在稀碱溶液中的差向异构化

(2)D-甘露糖与溴水的氧化反应

(3)D-核糖与浓硝酸的氧化反应

(4)D-果糖催化加氢

(5)戊醛糖在浓盐酸的作用下脱水反应

6. 有三种单糖与过量苯肼作用得到同样的糖脎，其中一个单糖为 D-木糖。请写出其他两个单糖的费歇尔投影式。

7. 推测糖类化合物的构造式。

(1)有两个 D-醛糖 A 和 B，分别与苯肼作用能得到相同的脎。硝酸氧化都能生成 4 个碳的 2,3-二羟基丁二酸，但前者氧化产物有旋光性，后者无旋光性。试写出 A 和 B 的费歇尔投影式。

(2)有 A、B 两个 D-戊糖，分子式均为 $C_5H_{10}O_5$，经实验得知：①将 A、B 分别进行西里瓦诺夫试验，B 很快显红色，A 则不能；②分别与苯肼试剂作用，生成两个互为差向异构体的糖脎；③对 B 进行 C_3 构型测定为 R 型；④将 A 用 HNO_3 氧化得到内消旋体。试写出 A 和 B 的费歇尔投影式及有关反应式。

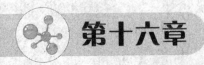

第十六章

氨基酸、蛋白质和核酸

氨基酸(amino acid)是组成多肽和蛋白质的基本结构单位。蛋白质(protein)则是由氨基酸分子间脱水后，彼此以酰胺键连接所构成的一类高分子化合物，它广泛存在于一切动植物体细胞中。核酸(nucleic acid)是核蛋白的辅基，决定了蛋白质的生物合成和生物遗传，是一类有重要生物功能的高分子化合物。因此，蛋白质和核酸是生命活动的主要物质基础。

第一节 氨 基 酸

一、氨基酸的结构、分类和命名

分子中既有氨基又有羧基的化合物称为氨基酸。根据氨基与羧基的相对位置不同，又可分为 α、β、γ 及 δ-氨基酸。目前发现的天然氨基酸有 200 余种，但主要的蛋白质由 20 多种氨基酸组成，并且几乎都是 α-氨基酸，它们具有相同的结构通式，这些氨基酸的差异主要在于 R 的不同(表 16-1)。

$$R—CH—COOH$$
$$|$$
$$NH_2$$
α-氨基酸

α-氨基酸根据烃基不同分为脂肪族、芳香族和杂环族氨基酸，也可根据羧基和氨基的数目是否相等分为中性氨基酸、酸性氨基酸和碱性氨基酸。例如：

$$CH_3CHCOOH$$
$$|$$
$$NH_2$$
丙氨酸(中性氨基酸)

$$HOOCCH_2CH_2CHCOOH$$
$$|$$
$$NH_2$$
谷氨酸(酸性氨基酸)

$$H_2NCH_2CH_2CH_2CH_2CHCOOH$$
$$|$$
$$NH_2$$
赖氨酸(碱性氨基酸)

天然氨基酸除甘氨酸外，α-碳原子均具有手性，并且均为 L 构型。如：

$$COOH$$
$$H_2N—|—H$$
$$CH_3$$
L-丙氨酸

$$COOH$$
$$H_2N—|—H$$
$$R$$
L-氨基酸

氨基酸的构型习惯于用 D/L 构型标记法。如果用 R/S 构型标记法，那么天然氨基酸大多属于 S 构型，但也有 R 型的，如 L-半胱氨酸为 R 构型。

氨基酸的命名常根据其来源或性质而多用俗名，如最初从蚕丝中分离而来的称为丝氨酸。另外，氨基酸的命名还采用英文名称缩写或中文代号。如甘氨酸，英文缩写符号为

Gly，中文代号为"甘"，每种氨基酸都有相应的英文缩写符号与之对应（表 16-1）。

表 16-1　蛋白质中的 α-氨基酸

名　称	R	缩写符号	等电点(pI)
甘氨酸	—H	Gly	5.97
丙氨酸	—CH₃	Ala	6.02
缬氨酸*	—CH(CH₃)₂	Val	5.96
亮氨酸*	—CH₂CH(CH₃)₂	Leu	5.98
异亮氨酸*	—CH(CH₃)CH₂CH₃	Ile	6.02
丝氨酸	—CH₂OH	Ser	5.68
苏氨酸*	—CH(OH)CH₃	Thr	5.60
半胱氨酸	—CH₂SH	Cys	5.02
胱氨酸	—CH₂SSCH₂—	Cys-Cys	5.06
蛋氨酸*（甲硫氨酸）	—CH₂CH₂SCH₃	Met	5.06
天冬氨酸	—CH₂COOH	Asp	2.98
谷氨酸	—CH₂CH₂COOH	Glu	3.22
天冬酰胺	—CH₂CONH₂	Asn	5.41
谷酰胺	—CH₂CH₂CONH₂	Gln	5.70
赖氨酸*	—CH₂CH₂CH₂CH₂NH₂	Lys	9.74
组氨酸		His	7.59
精氨酸	—CH₂CH₂CH₂NHC(NH)NH₂	Arg	10.76
苯丙氨酸*	—CH₂—C₆H₅	Phe	5.18
酪氨酸		Tyr	5.67
色氨酸*		Trp	5.88
脯氨酸		Pro	6.30
羟基脯氨酸		Hyp	6.33

表 16-1 中带 * 者是人体不能合成而必须由食物来供给的氨基酸，体内如果缺少这些氨基酸就会引起新陈代谢失常，出现某些病症，因此通常将它们称为必需氨基酸。

二、氨基酸的物理性质

氨基酸大多数是无色晶体，分子内有极强的静电引力，熔点一般为 200~300 ℃，比分子质量相近或相同的羧酸及胺类高，加热至熔点时易分解。大多数的氨基酸可溶于水而难溶于非极性有机溶剂，并且溶解度受溶液的 pH 影响较大。除甘氨酸外，其他的氨基酸都有旋光性。

三、氨基酸的化学性质

氨基酸分子中由于含有氨基（碱性）和羧基（酸性）两种官能团，所以它们既具有羧酸的性质，又具有胺的性质，同时还具有两者相互作用的某些特性。

1. 两性与等电点　氨基酸因含有碱性的氨基和酸性的羧基，因而既能与酸又能与碱反应生成盐，属两性化合物。

$$R-\underset{\underset{NH_2}{|}}{CH}-COOH + HCl \longrightarrow R-\underset{\underset{NH_3^+}{|}}{CH}-COOH + Cl^-$$

$$R-\underset{\underset{NH_2}{|}}{CH}-COOH + NaOH \longrightarrow R-\underset{\underset{NH_2}{|}}{CH}-COO^- \; Na^+ + H_2O$$

氨基酸分子内氨基与羧基之间也能相互作用生成盐，这种同一分子内的碱性基和酸性基相互作用生成的盐称为内盐，又称为两性离子或偶极离子。

$$R-\underset{\underset{NH_2}{|}}{CH}-COOH \underset{\longleftarrow \cdots\cdots}{\longrightarrow} R-\underset{\underset{NH_3^+}{|}}{CH}-COO^-$$

内盐
（亦称为偶极离子）

在碱性条件下，氨基酸主要以负离子形式存在，此时在电场中氨基酸向正极移动；在酸性条件下氨基酸主要以正离子形式存在，在电场中向负极移动。当溶液 pH 恰好调节至某一值时，正、负离子浓度正好相等，向阳极和向阴极移动的速率、概率均等，即出现净迁移电荷为零的情况，此时溶液的 pH 即为该氨基酸的等电点（用 pI 表示）。

$$OH^- + CH_3\underset{\underset{NH_3^+}{|}}{CH}COOH \underset{H^+}{\overset{OH^-}{\rightleftharpoons}} CH_3\underset{\underset{NH_3^+}{|}}{CH}COO^- \underset{H^+}{\overset{OH^-}{\rightleftharpoons}} CH_3\underset{\underset{NH_2}{|}}{CH}COO^- + H_3^+O$$

正离子　　　　　　偶极离子　　　　　　负离子

由于羧基和氨基的电离能力不同，因此正、负离子的浓度不完全等同，这时要外加酸或加碱来调节溶液的正、负离子浓度，使其相等。由于各种氨基酸中的羧基和氨基的相对强度和数目不同，故它们的等电点也不相同（表 16-1）。一般中性氨基酸的等电点不等于 7，而是小于 7，通常为 5.6~6.3。酸性氨基酸由于存在第二个羧基，要达到它的等电点则需要加入较多量的酸来抑制负离子的生成，所以酸性氨基酸等电点的 pH 较小，一般为 2.8~3.2。碱性氨基酸分子中氨基数目多于羧基数目，它的水溶液必然是碱性的，且氨基酸带有净正电荷，要达到等电点则需外加一定量的碱以抑制正离子的生成，所以碱性氨基酸的等电点 pH 必大于 7，一般为 7.6~10.6。

等电点是每一种氨基酸的特定物理常数。在等电点时，氨基酸在水中的溶解度最小，最容易沉淀，因此利用调节等电点的方法，可以分离氨基酸的混合物。

2. 羧基上的反应　氨基酸具有羧基的一切反应。如：

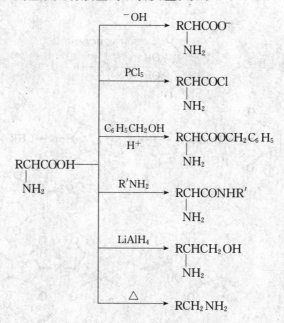

3. 氨基上的反应

氨基酸与亚硝酸的反应，定量放出氮气，可用来测定氨基的含量，这个方法称为范斯莱克(Van Slyke D D)定氮法。氨基酸和甲醛反应可用在酸碱滴定法测羧基的含量时保护氨基免受干扰。氨基酸与 2,4-二硝基氟苯的反应可用于多肽结构的 N 端分析。氨基酸氧化脱氨生成酮酸的反应是生物体内在酶催化下蛋白质分解代谢中的重要过程。

4. 与水合茚三酮的反应 α-氨基酸与水合茚三酮反应，能生成蓝紫色的物质，这是一种有效检验 α-氨基酸的方法。N-取代的 α-氨基酸、脯氨酸及羟脯氨酸等与水合茚三酮不反应。

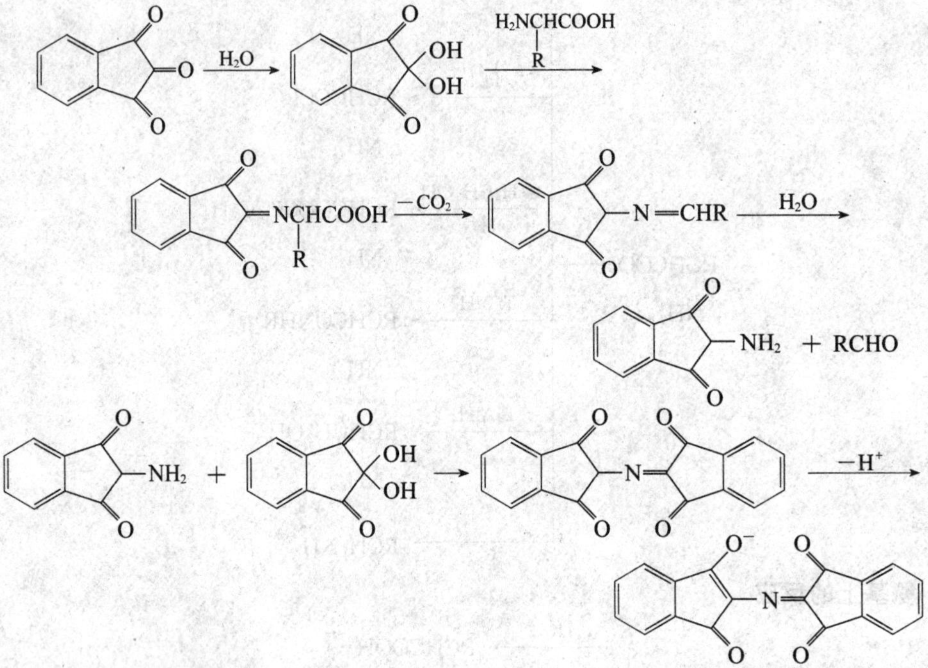

5. 氨基酸的热分解反应 氨基酸的热分解反应与相应的羟基酸极为相似。α-氨基酸受热分解生成交酰胺（又称环二肽）或直链多肽。

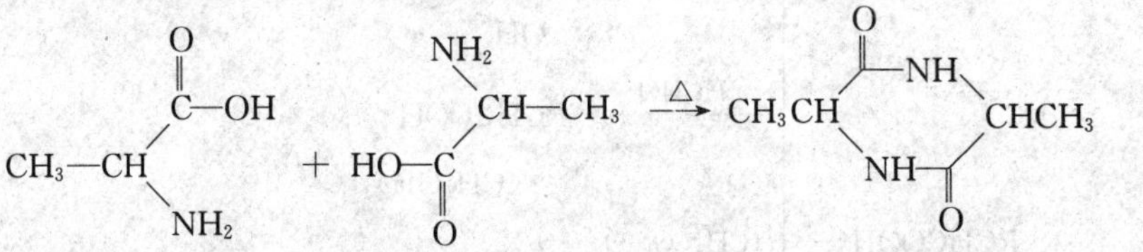

（交酰胺）

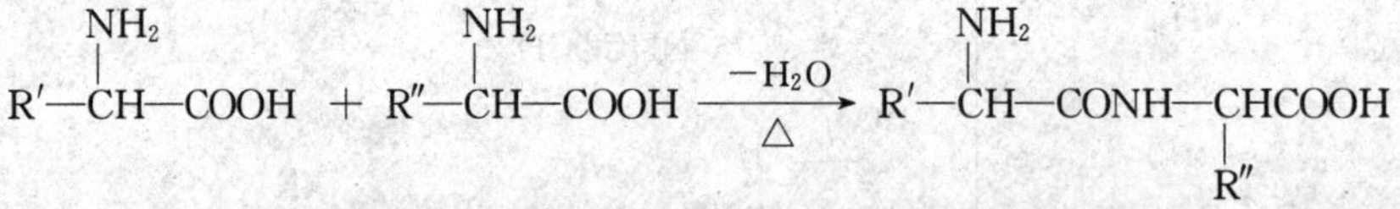

$$\underset{\overset{|}{NH_2}}{R'-CH-COOH} + \underset{\overset{|}{NH_2}}{R''-CH-COOH} \xrightarrow[\triangle]{-H_2O} \underset{\overset{|}{NH_2}}{R'-CH-CONH-}\underset{\overset{|}{R''}}{CHCOOH}$$

（二肽）

肽分子中的酰胺键（—CONH—）习惯上称为肽键。多个氨基酸分子以肽键相连而得的化合物称为多肽。多肽是蛋白质部分水解的产物。在链状肽分子中，将有游离氨基的一端称为 N 端，通常写在左方，含有游离羧基的一端称为 C 端，写在右方。命名时从 N 端开始，由左至右依次将每个氨基酸单位写成"某氨酰"，最后一个氨基酸单位写为"某氨酸"。例如：

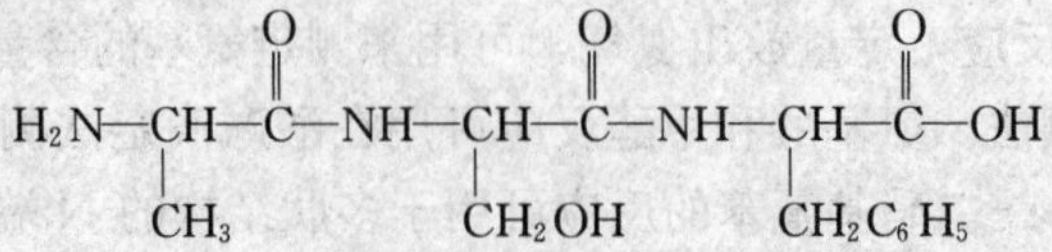

丙氨酰-丝氨酰-苯丙氨酸(简称:丙-丝-苯丙)

在多肽的命名中，还常用缩写符号来表示氨基酸单位，符号之间用短线隔开。上面的三肽也可表示为 Ala-Ser-Phe。

谷胱甘肽是生物体内重要的三肽，它由谷氨酸、半胱氨酸、甘氨酸加热脱水构成。

$$\underset{NH_2}{HOC-CHCH_2CH_2C}-NH-\underset{CH_2SH}{CHC}-NHCH_2COOH$$

谷胱甘肽

谷胱甘肽分子中有一个极易被氧化的—SH，所以称为还原型谷胱甘肽，常用 G—SH 表示。当—SH 被氧化时，两分子 G—SH 之间形成二硫键，生成氧化型的谷胱甘肽（GS—SG）。

$$2G-SH \underset{+2H}{\overset{-2H}{\rightleftharpoons}} GS-SG$$

还原型　　　　　氧化型

谷胱甘肽的还原型和氧化型可互相转变，是一种活跃的递氢体，在生物氧化过程中起着重要作用。

四、氨基酸的光谱学特征

α-氨基酸在固态或溶液时，其红外光谱在 $1\,720\ cm^{-1}$ 处不呈现羧酸的典型谱带，而在近 $1\,600\ cm^{-1}$ 处有一羧酸负离子的吸收带。游离氨基酸在 $3\,100\sim2\,600\ cm^{-1}$ 有一强而宽的 N—H 键伸缩振动吸收带。

分子中有芳香环的苯丙氨酸、酪氨酸及色氨酸在紫外光谱区有共轭双键的特征吸收带。

第二节　蛋　白　质

蛋白质是由氨基酸通过肽键形成的多肽高分子化合物（通常分子质量在 10 000 以上），存在于一切细胞中。它们是构成人和动植物组织的基本物质，肌肉、毛发、皮肤、指甲、腱、神经、激素、抗体、血清、血红蛋白、酶等都是由不同的蛋白质所组成。蛋白质在有机体中担负着多种生理功能，它们能供给机体营养，输送氧气，控制代谢过程，防御疾病，传递信息，负责机械运动，执行保护机能等。蛋白质是生命的物质基础，并参与体内的各种生物化学变化，在生命现象中起决定作用。

一、蛋白质的元素组成和分类

经元素分析发现，蛋白质中主要含有碳、氢、氧、氮及少量的硫，有些还含有微量的磷、铁、锌、钼等元素。多数干燥蛋白质的元素含量为：

碳	氢	氧	氮	硫
50%～55%	6%～7%	20%～23%	15%～17%	0.3%～2.5%

蛋白质种类繁多，一般可根据蛋白质分子的形状、化学组成和生物功能等进行分类。如根据蛋白质分子的形状可分为纤维蛋白、球蛋白；根据其化学组成可分为单纯蛋白和结合蛋

白；根据蛋白质的不同生理功能有酶、激素、抗体、肌肉蛋白等。纤维蛋白分子为细长形，不溶于水，如丝蛋白、角蛋白等；球蛋白呈球形或椭球形，如酶、激素类蛋白，这类蛋白能溶于水、稀盐溶液、酸、碱和乙醇的水溶液；单纯蛋白如谷蛋白、球蛋白等；结合蛋白由单纯蛋白与非蛋白质部分结合而成，非蛋白质部分称为辅基，可以是碳水化合物、脂类、核酸或者磷酸酯等，血红蛋白和核蛋白就属于结合蛋白。

二、蛋白质的结构

由于蛋白质是以肽键相连形成的多肽高分子化合物，分子质量往往在 10 000 以上，并且组成蛋白质分子的氨基酸种类、数目、排列顺序及肽键的立体结构都各不相同，因此蛋白质分子的结构十分复杂，通常分为一、二、三、四级结构。一级结构也称初级结构，二、三、四级结构又称作高级结构或空间结构。

1. 一级结构　蛋白质的一级结构是指许多 α-氨基酸按一定顺序用肽键连接的多肽链。蛋白质不同，多肽链中的 α-氨基酸种类、数目和排列顺序及多肽链数目也不相同。蛋白质的一级结构不仅决定着蛋白质的二、三、四级结构，而且对它的生物功能起着决定性作用。

测定多肽氨基酸的技术都可以应用于蛋白质。继 1955 年桑格（F. Sanger）首次确定了胰岛素的完整结构后，又相继获得了多种蛋白质的一级结构。例如由动物分泌出来的一种可以降低血液中葡萄糖浓度的激素——胰岛素，它由两个长链组成，其中 A 链（21 个 α-氨基酸）和 B 链（30 个 α-氨基酸）通过 S—S 链相连。牛胰岛素的结构见图 16 - 1。

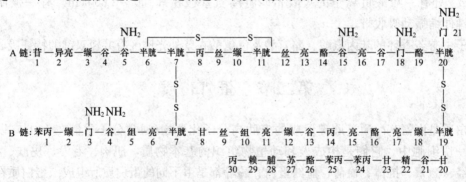

图 16 - 1　牛胰岛素的一级结构

核糖核酸酶由 124 个氨基酸组成，见图 16 - 2。糜蛋白酶由 241 个氨基酸组成。γ-球蛋白是一种复杂的抗体，其氨基酸的顺序也已破译，爱德尔曼（G. Edelman）证明此抗体共含有 1 320 个氨基酸（由四个链组成，两个含 446 个氨基酸，另两个含有 214 个氨基酸），他因此成就获得了 1973 年的诺贝尔奖。

2. 二级结构　蛋白质的二级结构涉及肽链在空间的优势构象和所呈现的形状。在一个肽链中的 $\diagdown$C=O 和另一个肽链的 $\diagdown$N—H 之间可形成氢键，正是由于这种氢键的存在维持了蛋白质的二级结构。它包括 α-螺旋、β-折叠、β-转角及无规则卷曲等。蛋白质中最常见的是 α-螺旋体与 β-折叠片状的两种空间结构。

L. Pauling 和 E. J. Corey 根据 X 射线衍射法对纤维蛋白质分子进行了研究，在严格遵守键长与键角的基础上提出肽链是以 α-螺旋形成的空间构象，如图 16 - 3 中 a，螺环每圈由

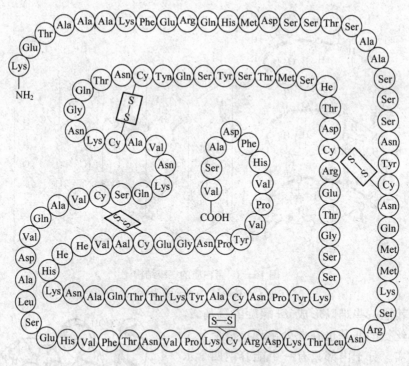

图 16-2 胰核糖核酸酶的一级结构

3.6 个氨基酸单位构成，相邻两个螺旋圈之间的距离为 0.54 nm，每一个氨基酸单位的氨基与相隔的第五个氨基酸单位的羧基形成氢键，氢键取向几乎与中心轴平行并维持着蛋白质的二级结构。螺旋一般可有左、右手螺旋之分，右手螺旋通常比左手螺旋更稳定，所以天然蛋白质中 α-螺旋多半是右手螺旋。

β-折叠是一种肽链相对伸展的结构，在两条肽链或一条肽链之间的 $\diagdown$C=O 与 $\diagdown$N—H 形成氢键。两条肽链可以是平行或反平行的，从能量角度分析，以反平行结构更为稳定。如图 16-3 中 b 为 β-折叠结构。

3. 三级结构　实际上蛋白质分子很少以简单的 α-螺旋或 β-折叠型结构存在，而是在二级结构的基础上进一步卷曲折叠，构成具有特定构象的紧凑结构，称之为三级结构。维持三级结构的力来自氨基酸侧链之间的相互作用。主要包括二硫键、氢键、正负离子间的静电引力（离子键）、疏水基团间的亲和力（疏水键）等，这些作用总称为副键。其中二硫键是蛋白质三级结构中唯一的共价键，将其断开约需要 $209.3 \sim 418.6 \, \mathrm{kJ \cdot mol^{-1}}$ 的能量。其他键都比较弱，容易受到外界条件（温度、溶剂、pH、盐浓度等）影响而被破坏。

测定蛋白质的三级结构是一件十分复杂的工作。1957 年肯笃（J. Kendrew）用 X 射线衍射技术成功地测定了肌红蛋白的三级结构，同期珀汝茨（M. Perutz）又成功地测定了更复杂的血红蛋白的三级结构。1962 年肯笃与珀汝茨因出色的工作成就获得了诺贝尔化学奖。图 16-4 为肌红蛋白的三级结构图。

肌红蛋白是由一条多肽链构成，有 153 个氨基酸残基和一个血红素辅基。在整个分子中有 77% 呈螺旋形结构。在拐角处的 α-螺旋体受到破坏而出现松散肽链。脯氨酸残基都存在

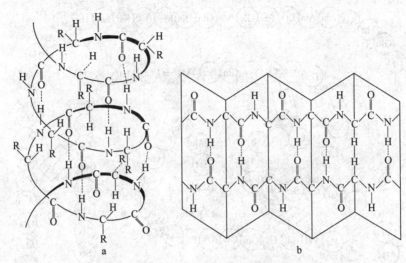

图 16-3 蛋白质的二级结构

a.α-螺旋形 b.β-折叠形

于拐角处。其他一些难以形成 α-螺旋的氨基酸，如亮氨酸、丝氨酸残基也在此处出现。整个分子十分致密结实。分子内部只有一个能容纳四个水分子的空间，辅基血红素垂直伸出在分子表面。

用 X 射线衍射法测定蛋白质晶体的空间结构是近年来分子生物学的重大突破，为此已颁发过四次诺贝尔奖。1971—1973 年我国科学工作者也成功地用 X 射线衍射法完成了猪胰岛素晶体结构的测定工作。

4. 四级结构 蛋白质分子作为一个整体所含有的往往不只是一条肽链。由多条三级结构的肽链聚合而成特定构象的分子称为蛋白质的四级结构。四级结构中每一条肽链称为一个亚基。维持四级结构主要是静电引力，在亚基之间进行聚合时，必须在空间结构上满足镶嵌互补。

血红蛋白是含有两种不同亚基的四聚体，每一个亚基都有一个三级结构的肽链和一个血红素相连。它们以四面体方式排列，形成非常紧凑的结构。α_1、α_2、β_1、β_2 分别代表血红蛋白分子中四条肽链，α 链由 141 个氨基酸组成，β 链由 146 个氨基酸组成，各自都有一定的排列顺序。它们的一级结构相差较大，但三级结构大致相同，类似于肌红蛋白。图 16-5 为血红蛋白的四级结构示意图。

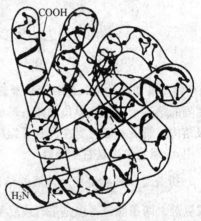

图 16-4 肌红蛋白的三级结构

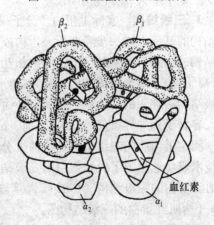

图 16-5 血红蛋白的四级结构

三、蛋白质的性质

1. 两性与等电点　蛋白质是由氨基酸所组成，多肽链上有 N 端的氨基和 C 端的羧基，侧链上还有某些极性基团，在溶液中能进行碱式或酸式电离，因此与氨基酸类似会呈现出两性。分子中碱性基团占多数时是碱性蛋白质，溶液显碱性，反之，酸性基团占多数的则是酸性蛋白质，溶液显酸性。通常通过溶液 pH 的调节，使蛋白质分子以偶极离子的形式存在，这时溶液的 pH 为该蛋白质的等电点(pI 表示)。每种蛋白质由于所含氨基酸的种类及酸、碱性基团不同，都有其特定的等电点。表 16-2 列出了几种蛋白质的等电点。蛋白质在等电点时，溶解度最小，可从溶液中析出，利用这一性质可以进行蛋白质的分离与提纯。蛋白质的两性电离可用下式表示(Pr 代表蛋白质大分子)。

$$
\begin{array}{ccc}
 & \overset{NH_2}{\underset{\displaystyle Pr-COOH}{\big|}} & \\[4pt]
 & \updownarrow & \\[4pt]
\overset{NH_3^+}{\underset{\displaystyle Pr-COOH}{\big|}}
\underset{H^+}{\overset{OH^-}{\rightleftharpoons}}
\overset{NH_3^+}{\underset{\displaystyle Pr-COO^-}{\big|}}
\underset{H^+}{\overset{OH^-}{\rightleftharpoons}}
\overset{NH_2}{\underset{\displaystyle Pr-COO^-}{\big|}}
\end{array}
$$

蛋白质阳离子(pH＜pI)　　　偶极离子(pH＝pI)　　　蛋白质阴离子(pH＞pI)

表 16-2　几种蛋白质的等电点

蛋白质	等电点(pI)	蛋白质	等电点(pI)	蛋白质	等电点(pI)
胃蛋白酶	2.5	麻仁球蛋白	5.5	麦麸蛋白	7.1
鸡卵清蛋白	4.9	玉米醇溶蛋白	6.2	核糖核酸酶	9.4
乳酪蛋白	4.6	麦胶蛋白	6.5	细胞色素 C	10.8
牛胰岛素	5.3	血红蛋白	7.0		

2. 胶体的性质　蛋白质是生物高分子，分子粒径在 1～100 nm 之间，属于胶体，因而具有胶体的化学行为与特性。如布朗运动、丁达尔与电泳现象、不能透过半透膜以及具有吸附能力等。

蛋白质胶粒表面有许多可电离的极性基团，在一定 pH 的溶液中，分子表面一般带有同性电荷，由于同性电荷相互排斥，使蛋白质胶粒不易接近，不易聚集而沉淀。另外，蛋白质表面的极性基团易与水结合形成一层水化膜，它使蛋白质胶粒被水化膜隔开而不会碰撞结聚成大颗粒。所以它在水中不易沉淀，能形成较稳定的亲水性胶体。利用所具有的胶体性质可以进行蛋白质的分离与提纯。

3. 沉淀反应　蛋白质分子由于带有电荷和能形成水化膜，在水溶液中可形成稳定的胶体。如果在蛋白质溶液中加入适当的试剂，破坏了蛋白质的水化膜或中和蛋白质表面的电荷，蛋白质就会沉淀下来。当在蛋白质溶液中加入中性盐如硫酸铵、硫酸钠、氯化钠等，使水化膜被破坏，电荷被中和，这种由于加入盐而使蛋白质从溶液中沉淀出来的现象称为盐析。盐析是可逆的，被沉积出来的蛋白质分子结构无变化，只要消除沉淀因素，沉淀即会重新溶解。有机溶剂如乙醇、丙酮也有破坏水化膜的作用，使蛋白质沉淀，在低温及短时间内这种沉淀是可逆的，但长时间后则成为不可逆沉淀。一些重金属盐如氯化汞、硝酸银、醋酸铅等和某些生物碱如苦味酸、单宁酸、三氯乙酸等也能与蛋白质发生反应，生成不溶盐沉淀析出，这些沉淀都是不可逆沉淀。

4. 变性作用　天然蛋白质因受物理因素（加热、高温、紫外线、激光照射、高压等）和化学因素（强酸、强碱、重金属盐、生物碱及有机溶剂等）作用，蛋白质分子内部原有的功能结构发生变化，蛋白质的理化性质和生理功能都随之改变或丧失，使蛋白质凝聚出现沉淀，但并未导致蛋白质一级结构的变化，这个过程称为蛋白质的变性。变性发生后蛋白质的一级结构不变，只是蛋白质的氢键等次级键被破坏变为松散而无序的结构，即高级结构被破坏，原来处于分子内部的疏水基团大量暴露在分子表面，使得蛋白质不能与水相溶而失去水化膜，发生凝固或沉淀。

一般来说，蛋白质在变性的初期，变性作用不剧烈，分子构象未受到深度破坏（只是三级结构受损，而二级结构未变），还有可能恢复原来的结构和性质，这种变性是可逆性变性。如果变性已导致它们二级结构的破坏，原蛋白质的结构和性质不能恢复，则属于不可逆性变性。

5. 颜色反应　蛋白质中有多种不同的氨基酸和酰胺键，在不同试剂作用下可以发生各种特有的颜色反应，利用这些反应可以鉴别蛋白质。

（1）双缩脲反应　蛋白质与强碱和稀硫酸铜溶液发生反应，生成紫色化合物。

（2）黄蛋白质反应　蛋白质加硝酸先产生白色沉淀而后逐渐变黄，再加碱则颜色变为橙色。这是含有芳香环氨基酸特别是含有酪氨酸和苯丙氨酸的蛋白质所特有的反应。

（3）米伦（Millon）反应　米伦试剂是硝酸汞、亚硝酸汞、硝酸和亚硝酸的混合物。蛋白质与其反应产生白色沉淀，加热后沉淀变成红色。这是由于酪氨酸中的酚羟基与汞形成了有色化合物。含酚羟基的氨基酸（酪氨酸）和含酪氨酸的蛋白质都有此反应。

（4）乙醛酸反应　在蛋白质中加入乙醛酸，并沿试管壁慢慢加入浓硫酸，在两液层之间就会出现紫色环。这是由于吲哚基的化合物和乙醛酸缩合所致。氨基酸中只有色氨酸中有吲哚基，因此该反应可用于检查蛋白质中是否含有色氨酸残基。

第三节　核　　酸

1869 年瑞士年轻的生理学家米歇尔（F. Miescher）从细胞中首次分离得到一种具有酸性的新物质，这就是现今所称的核酸（nuclein acid）。核酸对遗传信息的储存和蛋白质的生物合成起着决定作用，是生物体内一类非常重要的有机高分子化合物，是生命活动最根本的物质基础。

核酸分为核糖核酸（RNA）和脱氧核糖核酸（DNA）两类。RNA 主要分布在细胞质中，DNA 主要集中于细胞核内。RNA 在蛋白质生物合成中起重要作用；DNA 是遗传信息的载体，是生物遗传的物质基础。

近年来，基因工程在农业方面的研究与应用已取得了突破性进展和丰硕的成果。遗传育种专家已能识别并找到基因的运载体及接受体，成功地实现了基因的转移，培育出许多优良植物品种。在防治病虫害方面，将苏云金杆菌的杀虫基因转移到农作物上，使农作物具有杀虫功能。如美国的 Monsanto 公司已开发出有抗虫作用的大豆、棉花和马铃薯种子，瑞士的 Ciba-Ceigy 公司开发出一种有杀螟功能的种子，我国已开发出具有抗棉铃虫的棉花种子等。

我国工程院袁隆平院士等人首次完成了杂交水稻的基因框架图谱的测序工作，标志着我国在此方面研究已处于世界领先地位。

一、核酸的化学组成

在碱或酸的作用下，核酸进行部分水解生成核苷酸。核苷酸进一步水解生成核苷和磷酸。核苷继续水解得到戊糖和含氮碱类。其水解过程如下：

$$核酸 \xrightarrow{水解} 核苷酸 \xrightarrow{水解} \begin{cases} 磷酸 \\ 核苷 \xrightarrow{} \begin{cases} 戊糖 \\ 含氮碱 \end{cases} \end{cases}$$

由此可以看出，核苷是由戊糖与杂环碱（嘧啶或嘌呤类）所组成；核苷酸是由核苷和磷酸组成；核酸是由核苷酸构成的多聚体，因此又称多核苷酸。

1. 核糖和脱氧核糖　在核酸分子中含有两种糖组分：D-核糖和D-2-脱氧核糖。它们均以 β-呋喃糖形式存在。

含有 D-2-脱氧核糖的核酸称为脱氧核糖核酸（DNA）；含有 D-核糖的核酸称为核糖核酸（RNA）。

2. 含氮碱基　核酸中所含的杂环碱常称为碱基，是嘧啶或嘌呤的衍生物。嘧啶衍生物有三种：尿嘧啶（U）、胞嘧啶（C）、胸腺嘧啶（T）；嘌呤衍生物有两种：腺嘌呤（A）和鸟嘌呤（G）。其结构式如下：

腺嘌呤（A）　　鸟嘌呤（G）　　胞嘧啶（C）　　尿嘧啶（U）　　胸腺嘧啶（T）

3. 核苷　核酸中的两种核糖与五种碱基形成的糖苷统称为核苷。RNA 中含 A、G、C、U 四种碱基，而 DNA 中含 A、G、C、T 四种碱基。RNA 与 DNA 中的各自四种核苷如下：

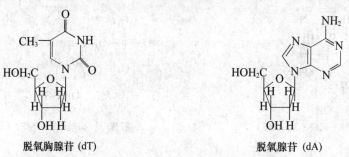

脱氧胸腺苷（dT）　　　　　　　　脱氧腺苷（dA）

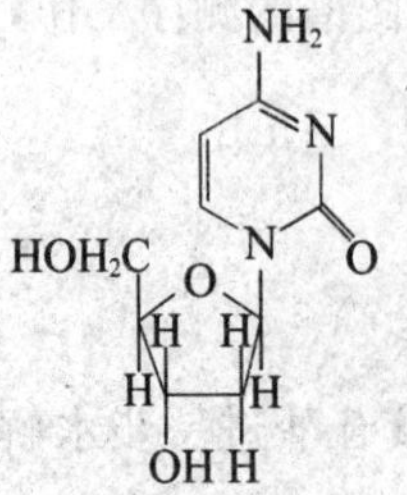

脱氧胞苷 (dC) 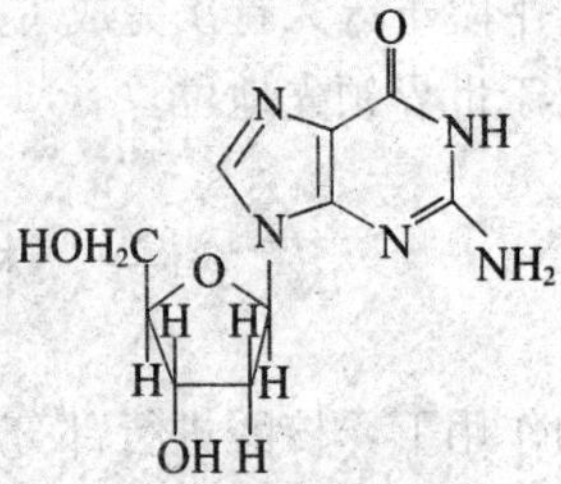   脱氧鸟苷 (dG)

DNA 中的四种核苷

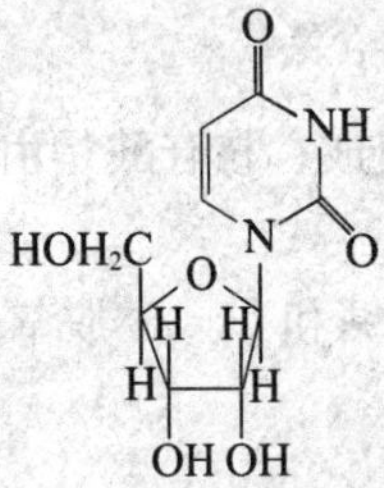

尿苷 (U) 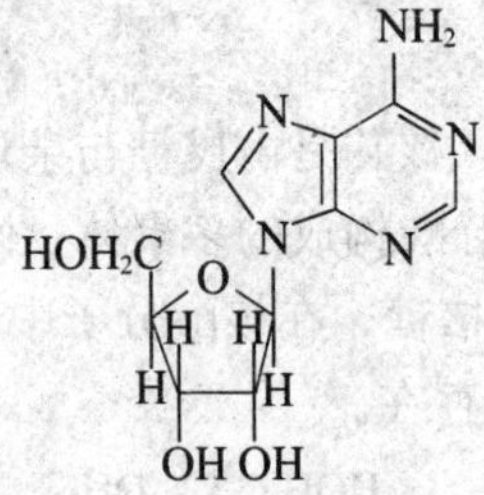   腺苷 (A)

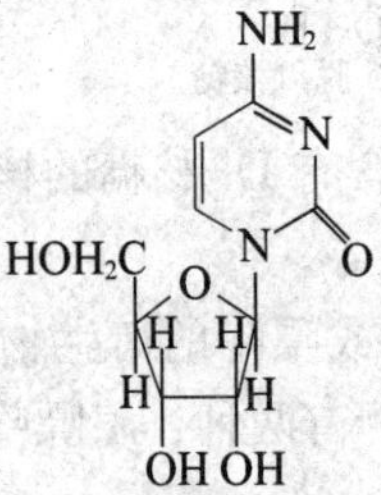

胞苷 (C) 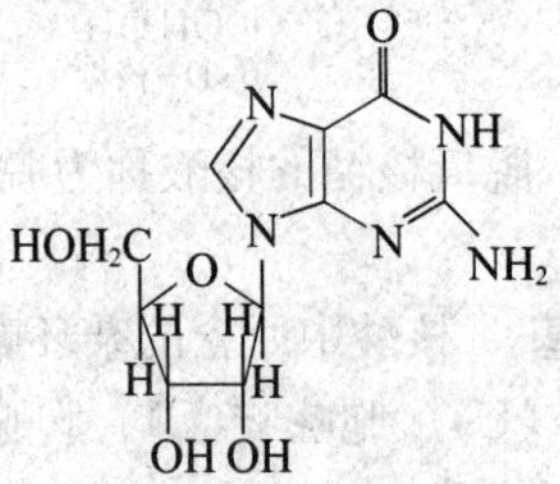   鸟苷 (G)

RNA 中的四种核苷

4. 核苷酸   核苷酸是核苷的磷酸酯，即由核苷的 3′ 位或 5′ 位的羟基与磷酸酯化而成。DNA 水解所得的核苷酸为脱氧核糖核苷酸，RNA 水解而得的为核糖核苷酸。两者均有四种核苷酸单体。

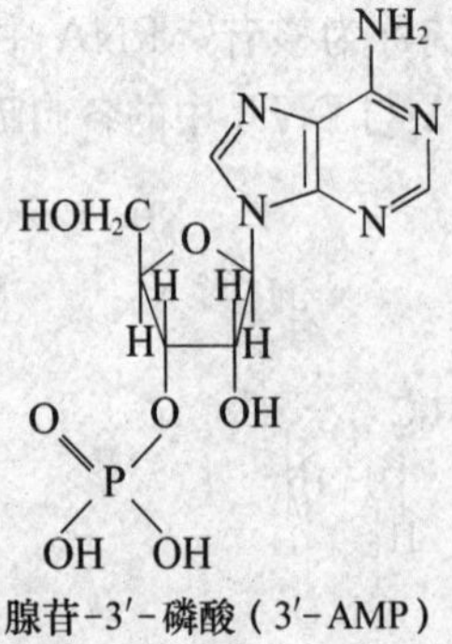

腺苷-3′-磷酸（3′-AMP） 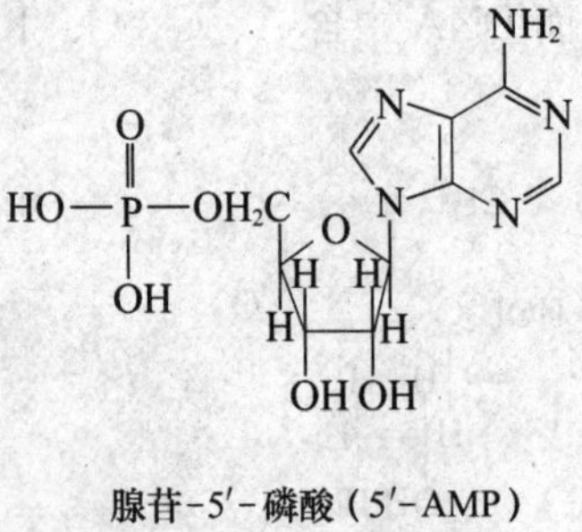   腺苷-5′-磷酸（5′-AMP）

核苷酸除了作为构成核酸的基本成分外，它们的某些衍生物还有很重要的生物功能。例如：多磷酸核苷酸，即核苷酸的第一个磷酸基上可以通过焦磷酸酯键再加入一个或两个磷酸基。这样形成的分子称为核苷二磷酸及核苷三磷酸，下面是这两种化合物的结构。

腺苷-5′-二磷酸(ADP)　　　　　　　　　　　腺苷-5′-三磷酸(ATP)

ADP、ATP 在细胞代谢中作为高能化合物，承担着重要的任务。能量主要集中在焦磷酸酯键中，当焦磷酸酯键水解时，储存的能量被释放，传递给需要能量的反应(如合成肽链的反应)。

二、核酸的结构

核酸的结构与蛋白质一样，也有一个单体的排列顺序和空间关系的问题，通常分为一、二、三级结构。

1. 一级结构　核酸的一级结构是指核酸中各核苷酸单位的排列次序(又称碱基序列)。核酸实际上就是多核苷酸高分子化合物，核酸中的各核苷酸单位是以磷酸酯键相连，即一个核苷酸的戊糖中 3′-羟基和另一个核苷酸的戊糖中 5′-羟基之间形成的磷酸酯键将核苷酸连接在一起。RNA 与 DNA 都各有四种核苷酸单体。图 16-6 为 RNA 与 DNA 多核苷酸一级结构片断示意图。

2. 二级结构　多核苷酸链中的碱基之间由于存在氢键，使得它们维持着一定的空间构象(二级结构)。

对于 DNA 分子中的二级结构一般是指双螺旋结构。这种结构的分子模型(图 16-7)最早是由 Watson 和 Crick 于 1953 年提出的。其要点有：①DNA 分子是由两条反向平行的拥有同一螺旋轴的多核苷酸链构成，螺旋直径为 2 nm，两条链均为右手螺旋。②两条链上的碱基处于链的内侧，两条链的碱基之间以氢键相连。配对的碱基对所决定的平面与螺旋轴相互垂直，相邻平面间的距离为 0.34 nm，每沿轴旋转 180° 有 10 对核苷酸，相邻螺距之间的距离为 3.4 nm。③碱基应按一定的规律进行配对，即 A—T(T—A)、C—G(G—C)进行配对。④每条链的碱基排列顺序具有复杂多样性，但若有一条链的碱基顺序已确定，则另一条链必须按照碱基配对规律配对，使其具有相应的碱基排列顺序。

对于 RNA 来说，它的二级结构不如 DNA 有规律，二级与三级结构目前还不很清楚，只有少数的 RNA 结构被大家所了解。一般认为 RNA 只有一条多核苷酸链，其中有双螺旋与单股非螺旋相间复合，链中局部存在有碱基互补配对关系，A—U 及 G—C 间分别以两重和三重氢键相连，没有氢键连接的区域就形成突环，进而发生自身的回折现象。X 射线衍射证明，RNA 链中有回折区，也有螺旋结构，但这种螺旋结构中碱基平面并不彼此平行，也

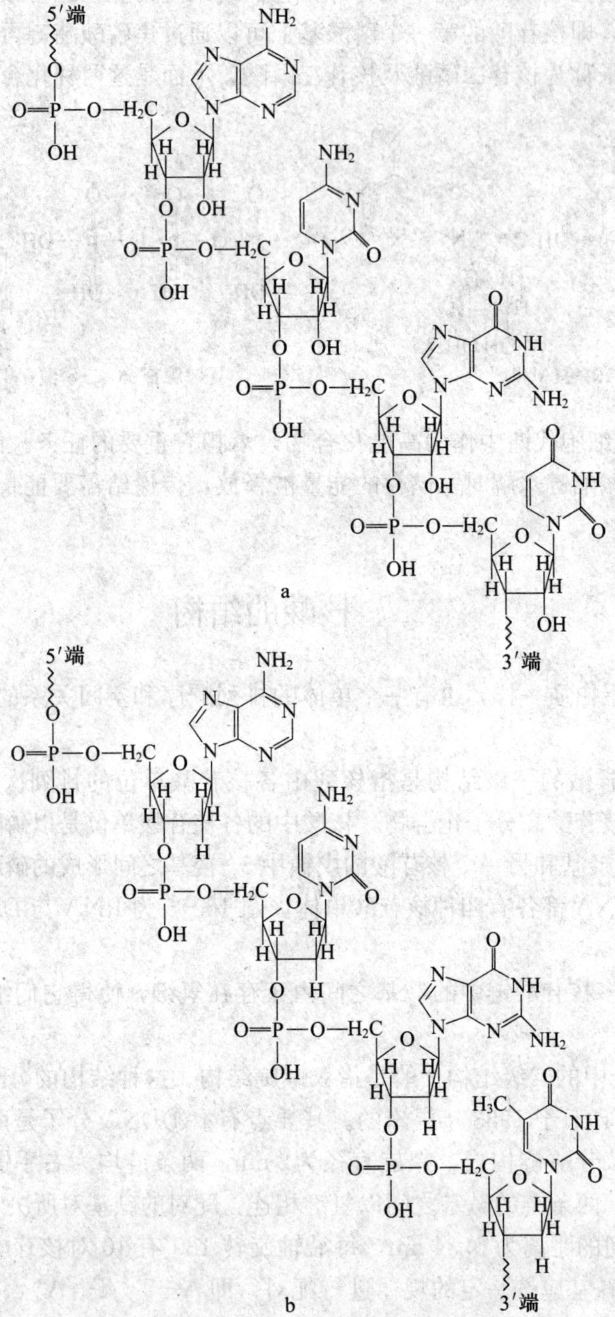

图 16 - 6　RNA 与 DNA 多核苷酸的一级结构片断

a. RNA 多核苷酸的一级结构片断　　b. DNA 多核苷酸的一级结构片断

不与螺旋轴垂直。

3. 三级结构　现今认为 DNA 在二级结构(双螺旋结构)的基础上进一步缩成闭合的环链状、开链状及"麻花状"等形式的结构即为三级结构(图 16 - 8)。近年来有关 RNA 三级结构的研究已有一定的进展。

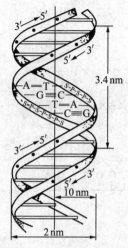

图 16-7　DNA 的双螺旋结构　　　　图 16-8　多瘤病毒 DNA 的

（S代表戊糖；P代表磷酸；双平行线代表氢键）　　　　三级结构模式图

三、核酸的生物功能

　　核酸是生物体内不可缺少的物质，在遗传变异、生长发育和蛋白质合成中起着重要作用。

　　1. DNA 的复制　　DNA 复制过程可以描述如下：首先是母体 DNA 中两条链解旋，变为两条单链，每一条链均可作为模板分别进入两个子细胞，原来细胞中已生物合成的各类核苷酸依据碱基互补的原则"对号入座"，与模板链的碱基形成氢键，在酶的作用下将这些按规定顺序排列的核苷酸逐个连接起来，结果在两个子细胞中就各自形成了一个双螺旋的 DNA 分子。这两个新复制所得的 DNA 与原母体细胞中的 DNA 完全相同。这样遗传信息也就由母代传给了子代。图16-9为 DNA 复制示意图。

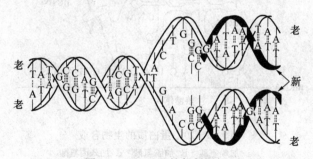

图 16-9　DNA 的复制图解

　　2. 蛋白质的生物合成　　蛋白质的生物合成是按照 DNA 为模板，在细胞质中由 3 种 RNA 来完成的。这 3 种 RNA 在蛋白质合成中所起的作用分别为：①信使核糖核酸(mRNA)，决定了肽链中氨基酸的顺序；②核糖体(rRNA)提供合成蛋白质的场所；③转运核糖核酸(tRNA)充当运载氨基酸的工具。蛋白质生物合成的具体模式如图 16-10 所示。

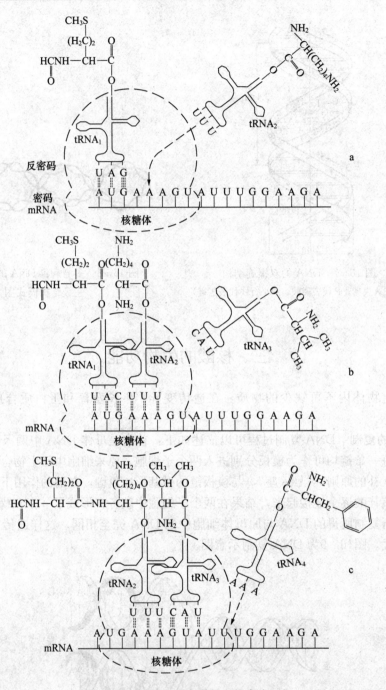

图 16-10 蛋白质的生物合成

a. 加赖氨酸　b. 加缬氨酸　c. 加苯丙氨酸

习　　题

1. 解释下列名称:

(1)α-氨基酸　(2)等电点　(3)蛋白质变性　(4)核苷

2. 写出下列氨基酸在指定 pH 时的结构式：

(1)谷氨酸在 pH＝3 时(pI＝3.22)

(2)丝氨酸在 pH＝1 时(pI＝5.68)

(3)赖氨酸在 pH＝10 时(pI＝9.74)

(4)色氨酸在 pH＝12 时(pI＝5.89)

3. 写出下列化合物的结构式：

(1)谷—胱—甘肽　　　　(2)腺苷　　　　　　(3)脱氧胞苷

(4)脱氧胸腺苷-5′-磷酸　　(5)碱基序列为腺—胞—鸟的三聚核糖核苷酸

4. 如何分离亮氨酸与赖氨酸？

5. DNA 和 RNA 在结构上有什么主要的区别？

6. 写出下列氨基酸的费歇尔投影式，并用 R/S 标记法标记出它们的构型。

(1)L-丙氨酸　　　　　　(2)L-丝氨酸　　　　(3)L-半胱氨酸

7. 某化合物的分子式为 $C_3H_7O_2N$，有旋光性，能与 HCl 和 NaOH 作用生成盐，能与醇生成酯，与 HNO_2 作用放出氮气。试写出该化合物的结构式。

8. 一个氨基酸的衍生物分子式为 $C_5H_{10}O_3N_2$，它能与 NaOH 水溶液共热放出氨，并生成 $C_3H_5(NH_2)(COOH)_2$ 的盐。若把它进行霍夫曼降解反应，则生成 α，γ-二氨基丁酸。试推测该氨基酸衍生物的结构式并说明其理由。

附录 I 常见有机化合物中英文名对照

系统名(普通名或俗名)	IUPAC 名(别名或俗名)
烷烃	alkanes
甲烷	methane
乙烷	ethane
丙烷	propane
丁烷(正丁烷)	butane(n - butane)
2-甲基丙烷(异丁烷)	2 - methylpropane(isobutane)
戊烷	pentane
2-甲基丁烷(异戊烷)	2 - methylbutane(isopentane)
2,2-二甲基丙烷(新戊烷)	2,2 - dimethylpropane(neopentane)
己烷	hexane
环烷烃	cycloalkanes
环丙烷	cyclopropane
环己烷	cyclohexane
烯烃	alkenes
乙烯	ethene
丙烯	propene
顺-2-丁烯	cis - 2 - butene
反-2-丁烯	$trans$ - 2 - butene
2-甲基丙烯(异丁烯)	2 - methylpropene(isobutene)
环戊烯	cyclopentene
环戊二烯(1,3-环戊二烯)	cyclopentadiene(1,3 - cyclopentadiene)
1,3-环己二烯	cyclohexadiene(1,3 - cyclo hexadiene)
卤代烃	alkyl halides
二氯甲烷	dichloromethane
三氯甲烷(氯仿)	trichloromethane(chloroform)
四氯化碳	tetrachloro - methane
溴乙烷	bromoethane
氯乙烯	chloroethene
四氟乙烯	tetrafluoroethene
3-氯丙烯	3 - chloro - 1 - propene
环己烯	cyclohexene

（续）

系统名（普通名或俗名）	IUPAC 名（别名或俗名）
三碘甲烷（碘仿）	triiodomethane(iodoform)
炔烃	alkynes
乙炔	ethyne
1-丁炔	1 - butyne
1,3-丁二烯	1,3 - butadiene
2-甲基-1,3-丁二烯（异戊二烯）	2 - methyl - 1,3 - butadiene(isoprene)
苯	benzene
甲苯	methylbenzene
邻二甲苯	o - dimethylbenzene
乙苯	ethylbenzene
异丙苯	isopropylbenzene(cumene)
苯乙烯	phenyl ethylene(styrene)
苯乙炔	phenylethyne(phenylacethlene)
萘	naphthalene
氯苯	chlorobenzene
硝基苯	nitrobenzene
苯甲醛	benzaldehyde
苯乙酸	phenylacetic acid
苯磺酸	benzene monosulfonic acid
醇	alcohols
甲醇	methanol(methyl alcohol)
乙醇	ethanol(ethyl alcohol)
丙醇（正丙醇）	1 - propanol(n - propyl alcohol)
2-丙醇	2 - propanol
苯甲醇（苄醇）	phenylmethanol(benzenemethanol)
乙二醇（甘醇）	1,2 - ethandiol(glycol)
丙三醇（甘油）	1,2,3 - propanetriol(glycerol)
酚	phenols
苯酚	phenol
邻甲苯酚	o - cresol
间氯苯酚	m - chlorophenol
对硝基苯酚	p - nitrophenol
2,4,6-三硝基苯酚（苦味酸）	2,4,6 - trinitropheno(picric acid)
α-萘酚	1 - naphthol
β-萘酚	2 - naphthol
醚	ethers

（续）

系统名（普通名或俗名）	IUPAC 名（别名或俗名）
乙醚	ethoxy ethane(diethyl ether 或 ether)
四氢呋喃	tetrahydrofuran
环氧乙烷	epoxyethane(ethylene oxide)
醛	aldehydes
甲醛	formaldehyde
乙醛	acetaldehyde
丙醛	propanal
丁醛	butanal
戊醛	pentanal
酮	ketones
丙酮	propanone(acetone)
3-戊酮	3 - pentanone
环己酮	cyclohexanone
苯乙酮	1 - phenyl - 1 - ethanone
苯丙酮	1 - phenyl - 1 - propanone
二苯酮	diphenyl methanone
羧酸	carboxylic acid
甲酸	methanoic acid(formic acid)
乙酸（醋酸）	ethanoic acid(acetic acid)
苯甲酸	benzoic acid
乙二酸（草酸）	ethanedioic acid(oxalic acid)
丙二酸	propanedioic acid
己二酸	hexanedioic acid
乙酰氯	acetyl chloride
苯甲酰氯	benzoyl chloride
乙酸酐	acetic anhydride
邻苯二甲酸酐	1,2 - benzenedicarboxylic anhydride
乙酸乙酯	ethyl acetate
甲酰胺	formamide
乙酰胺	acetamide
苯甲酰胺	benzamide
乙腈	acetonitrile
胺	amines

（续）

系统名（普通名或俗名）	IUPAC名（别名或俗名）
甲胺	methanamine
二甲胺	N-methylmethanamine(dimethylamine)
乙胺	ethanamine
二乙胺	N-ethylethanamine(diethylamine)
三乙胺	N,N-diethylethanamine(triethylamine)
环己胺	cyclohexanamine
乙二胺	1,2-ethanediamine
苯胺	benzenamine(aniline)
苯甲胺	benzenemethanamine
N-甲基苯胺	N-methylbenzenamine
α-呋喃甲醛（糠醛）	furfural
糖类（碳水化合物）	saccharides(carbohydrate)
单糖	monosaccharide
低聚糖	oligosaccharide
多糖	polysaccharide
葡萄糖	glucose
果糖	fructose
核糖	ribose
淀粉	starch
纤维素	cellulose
氨基酸	amino acid
蛋白质	protein
核酸	nucleic acid

附录Ⅱ　常见缩写与符号

Ac	acetyl(group)乙酰基
Ar	aryl 芳香基
n-Bu	n-butyl 正丁基
t-Bu	$tert$-butyl 叔丁基
CA	Chemical Abstracts　美国《化学文摘》，国际权威化学化工检索工具
cis-	顺式
CMC	羧甲基纤维素
(＋)-	右旋的
(－)-	左旋的
(±)-	外消旋的
(E)	$Entgegen$(德文)，相反的
E	亲电试剂
E1	单分子消去反应机理
E2	双分子消去反应机理
Et	ethyl 乙基
i-Pr	isopropyl 异丙基
IR	infra-red spectroscopy 红外光谱学
	infra-red spectrum 红外光谱(图)
Me	methyl 甲基
$meso$-	(希腊字头)　内消旋
MS	mass spectroscopy 质谱学
NMR	nuclear magnetic resonance 核磁共振
Nu	亲核试剂
n-	正
iso	异
neo	新
m-	间位
o-	邻位
p-	对位
Pr	propyl 丙基
Ph	phenyl 苯基
R	alkyl radical 烷基
R	$Rectus$(拉丁文)右，右边的
R.T	在反应式中表示反应温度为室温
S	$Sinister$(拉丁文)左，左边的
SCI	Scientific Citation Index 美国《科学引文索引》，国际权威综合性检索工具

S_N1	单分子亲核取代反应
S_N2	双分子亲核取代反应
THF	tetrahydrofuran 四氢呋喃
TMS	tetramethylsilane$(CH_3)_4Si$ 四甲基硅烷
$trans$-	反式
UV	ultraviolet spectrum 紫外光谱
(Z)	$Zusamman$(德文)，相同的
△	反应式中的加热表示符号
α	(希腊字母)读作 alpha(英文音)
β	(希腊字母)读作 beta(英文音)
γ	(希腊字母)读作 gamma(英文音)
δ	(希腊字母)读作 delta(英文音)
ε	(希腊字母)读作 epsilon(英文音)

习题参考答案

第一章 绪 论

1. (1)共价键的饱和性：形成共价键的原子中，有 n 个未成对的单电子，就可以与其他有单电子的原子配对，形成 n 个共价键，不能形成比自身具有的单电子数目更多的共价键。这称为共价键的饱和性。

(2)共价键的方向性：形成共价键的两个原子必须按照一定的方向成键才能形成有效的共价键，这称为共价键的方向性。

2. 具有极性键的：(1)(2)(3)(4)(5)(6)

极性分子：(2)(3)(4)(5)

3. 开链：(1)(3)；碳环：(2)(4)(5)；杂环：(6)

4. 酮类化合物(1)(4)　　　　　醛类化合物(7)(10)

羧酸类化合物(5)(8)　　　　醇类化合物(3)(9)

硝基化合物(2)　　　　　　磺酸类(6)

5. 极性由大到小顺序：(2)＞(3)＞(4)＞(5)＞(1)

第二章 饱 和 烃

1. (1)3-甲基戊烷　　　　　(2)3-甲基-3-乙基己烷　　　(3)2,2,4-三甲基-3,3-二乙基戊烷

(4)2-甲基-4,5-二乙基庚烷　(5)2,5-二甲基-3-异丙基庚烷　(6)顺-1-甲基-3-乙基环己烷的优势构象

(7)1-甲基-3-乙基-4-叔丁基环己烷　　　　　　(8)3,7,7-三甲基二环[4.1.0]庚烷

2. (1)$(CH_3)_3CCH(CH_3)_2$　(2) 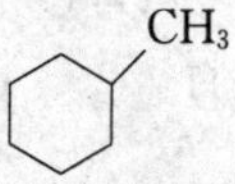　　　(3)$(CH_3)_3CCHCH_2CH_3$

3. (1)2,2-二甲基丁烷　　　　(2)2,3,3-三甲基戊烷　　　(3)正确

(4)2,3-二甲基-3-乙基戊烷　(5)正确　　　　　　　(6)2,2,3,5,6-五甲基庚烷

4. (1)$(CH_3)_4C$　　(2)$CH_3(CH_2)_3CH_3$　　(3)$(CH_3)_2CHCH_2CH_3$　　(4)$(CH_3)_4C$

5. (3)＞(2)＞(1)＞(5)＞(4)

6. (1) 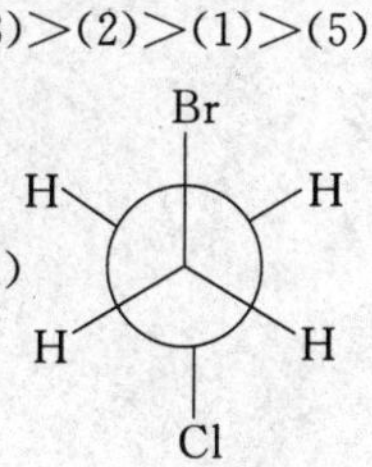　　(2) 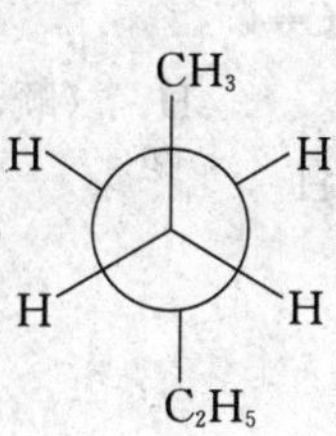　　(3) 　　(4)$(H_3C)_3C$

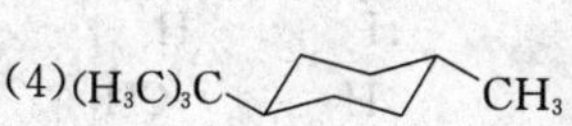

7. (1)

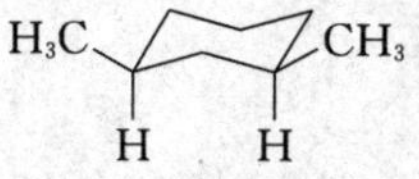

顺-1,3-二甲基环己烷(稳定) 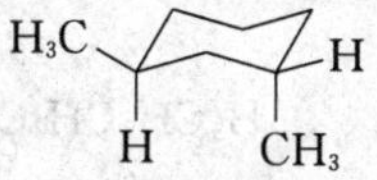　　反-1,3-二甲基环己烷

(2)

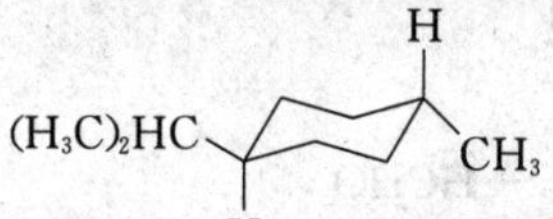

$(H_3C)_2HC$　　　　　　$(H_3C)_2HC$

反-1-甲基-4-异丙基环己烷(稳定) 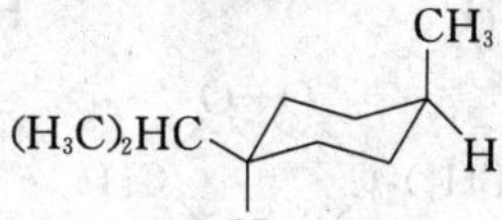　顺-1-甲基-4-异丙基环己烷

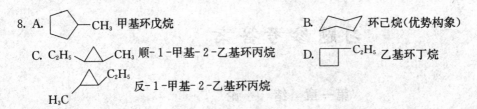

8. A. ——CH₃ 甲基环戊烷　　　　　B. 环己烷(优势构象)

C. C₂H₅——CH₃ 顺-1-甲基-2-乙基环丙烷　　　D. ——C₂H₅ 乙基环丁烷

H₃C——C₂H₅ 反-1-甲基-2-乙基环丙烷

第三章　不饱和烃

1. (1)乙炔基　(2)烯丙基　(3)丙烯基　(4)异丙烯基　(5)3-甲基-2-乙基-1-丁烯　(6)4-甲基-1,3-戊二烯　(7)(*E*)-4-甲基-2-庚烯-5-炔　(8)(2*E*,4*Z*)-3-叔丁基-2,4-己二烯

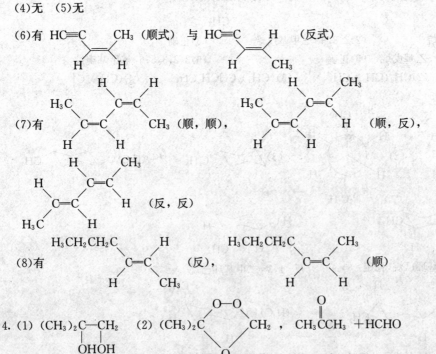

4. (1) (CH₃)₂C——CH₂
　　　　　|　　|
　　　　　OH OH

(2) (CH₃)₂C——CH₂ , CH₃CCH₃ +HCHO

(3) $CH_3CH_2C(CH_3)_2$ (4) $CH_3CH_2CHCH_2Br$ (5) $CH_2=CHCHCH_3$
　　　　　|　　　　　　　　　　　　　　|　　　　　　　　　　　　　　　|
　　　　　Br　　　　　　　　　　　　　CH_3　　　　　　　　　　　　Cl

(6) $(CH_3)_2C=CHCHCH_2Br$ (7) CN
　　　　　　　　|
　　　　　　　　Br

(8) $CH_2=CH—CH=CH_2+CH_2=CHCHO$

5. (1) 乙烷　　　　　无现象
　　　乙烯 $\xrightarrow{\frac{Br_2}{CCl_4}}$ 褪色 $\xrightarrow{Ag(NH_3)_2NO_3}$ 无现象
　　　乙炔　　　　　褪色　　　　　白色沉淀

(2) 丁烷　　　　　　　　无现象
　　乙烯基乙炔 $\xrightarrow{\frac{KMnO_4}{H^+}}$ 褪色 $\xrightarrow{Ag(NH_3)_2NO_3}$ 砖红色沉淀
　　1,3-丁二烯　　　　褪色　　　　　无现象

6. A.

7. A. $CH_3CH=CHCH(CH_3)_2$ B. $CH_3C=CHCH_2CH_3$ C. $CH_3CHCH_2CH_2CH_3$
　　　　　　　　　　　　　　　　　　　　|　　　　　　　　　　　　　|
　　　　　　　　　　　　　　　　　　CH_3　　　　　　　　　　　CH_3

8. A. $CH≡CCH_2CH_3$ B. $CH_2=CHCH=CH_2$

9.

10. $CH_3C=CHCH_2CH_2CH=CH_2$
　　　　|　　　　　　　|
　　　CH_3　　　　　CH_2

第四章　芳　香　烃

1. (1)1-甲基-3-异丙基苯　　　(2)1,3,5-三溴苯　　　　　(3)对硝基苯乙烯
　　(4)对十二烷基苯磺酸钠　　(5)4-甲基-2-硝基苯胺　　(6)3-羟基苯甲酸
　　(7)α-萘乙酸　　　　　　　(8)1,7-萘二胺

2. (1)   (2)   (3) HO——COOH

　　(4)   (5)

3. (1)   (2)

　　(3)   (4)   (5)

　　(6)   HO$_3$S——CH_3

　　(7) HOOC——COOH

4. (1) 苯 $\xrightarrow[\triangle]{混酸}$ 硝基苯 $\xrightarrow[Fe]{Br_2}$ 间溴硝基苯

(2) 甲苯 $\xrightarrow[Fe,\triangle]{Cl_2}$ 邻氯甲苯（分离，弃去） + 对氯甲苯 $\xrightarrow[h\nu]{Cl_2}$ 对氯氯化苄

(3) 甲苯 $\xrightarrow{混酸}$ 邻硝基甲苯（分离，弃去） + 对硝基甲苯 $\xrightarrow[H^+]{KMnO_4}$ 对硝基苯甲酸

(4) 甲苯 $\xrightarrow{Cl_2/Fe}$ 邻氯甲苯（分离，弃去） + 对氯甲苯 $\xrightarrow[H^+]{KMnO_4}$ 对氯苯甲酸 $\xrightarrow{混酸}$ 4-氯-3-硝基苯甲酸

5. A. $\bigcirc$-CH(CH_3)_2 B. H_3C-$\bigcirc$-C_2H_5 C. 3,5-二甲基甲苯

6. $\bigcirc$-CH_2CH=CHCH_2-$\bigcirc$

7. 由易到难：(1)苯酚＞甲苯＞苯＞苯甲酸

(2)异丙苯＞氯苯＞苯乙酮＞硝基苯

(3) $\bigcirc$-OC_2H_5 ＞ $\bigcirc$-OCC_2H_5(O) ＞ $\bigcirc$-C_2H_5 ＞ $\bigcirc$-COC_2H_5(O)

8. (1)无 (2)无 (3)有 (4)无 (5)有 (6)无 (7)无 (8)有

第五章　旋光异构

1. (1)手性：物体与自身镜像不能重合的现象称为手性。

手性碳原子：连接四个不同原子或基团的碳原子称为手性碳原子。

(2)旋光度：旋光性物质使平面偏振光偏转的角度称为旋光度，通过旋光仪测定可得到偏振光偏转的方向和大小。

比旋光度：旋光度测定时受多种外界因素影响，如温度、光源波长、样品浓度及盛液管长度等，为便于科学研究，将这些因素统一考虑以比旋光度表示。

(3)对映体：互为镜像关系的两种光学异构体互称对映异构体，简称对映体。

非对映体：不能互为镜像关系的光学异构体称为非对映体。

(4)内消旋体：分子中含有手性碳原子，但由于存在对称因素，所以分子并无手性的化合物称为内消旋体，常用 *meso* 或 *m* 表示。

外消旋体：由等量的一对对映异构体混合而成的物质称为外消旋体，用(±)表示。外消旋体无旋光性。

(5)构型：是指具有一定构造的分子中各原子在空间的排列状况。分子构型的改变必须通过化学键的断

裂和形成的过程。

构象：是指一定条件下，由于单键的旋转而产生的分子中各原子或原子团在空间的不同排列形象。构象比构型更精细，一般分子的一种构象可通过单键的旋转变成另一种构象。

(6)构造异构：由分子中原子的连接方式或连接次序不同而产生的异构现象。

立体异构：原子或原子团连接的方式和连接次序相同，但空间排列方式不同产生的异构现象称为立体异构。

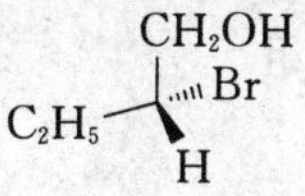

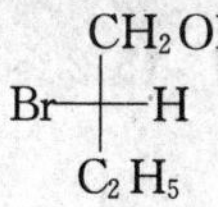

2. (1)有旋光性 (R) 与 (S)

(2)有旋光性 (R) 与 (S)

(3)无旋光性

(4)有旋光性

($2S,3R$) ($2R,3S$) ($2S,3S$) ($2R,3R$)

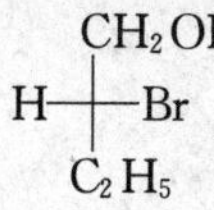

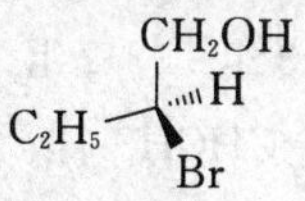

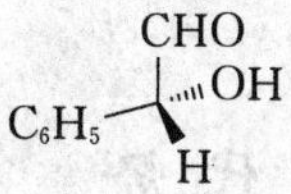

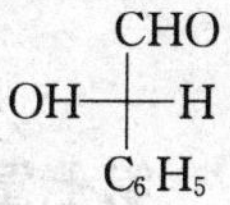

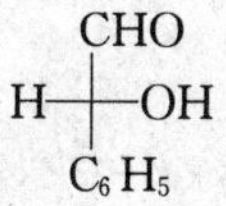

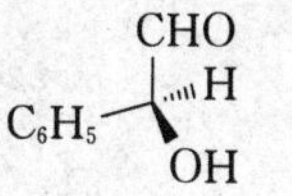

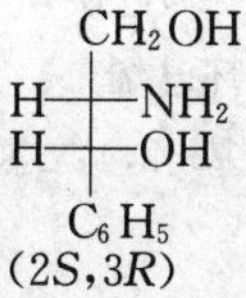

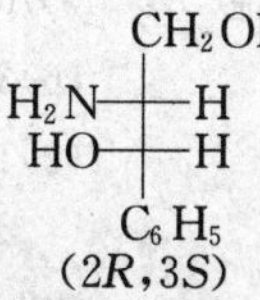

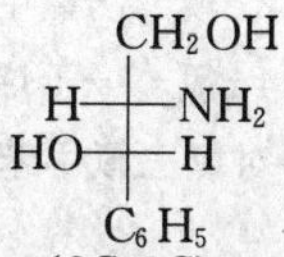

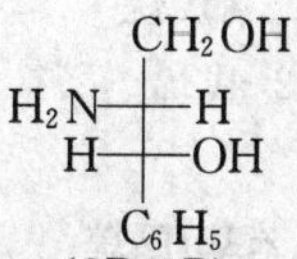

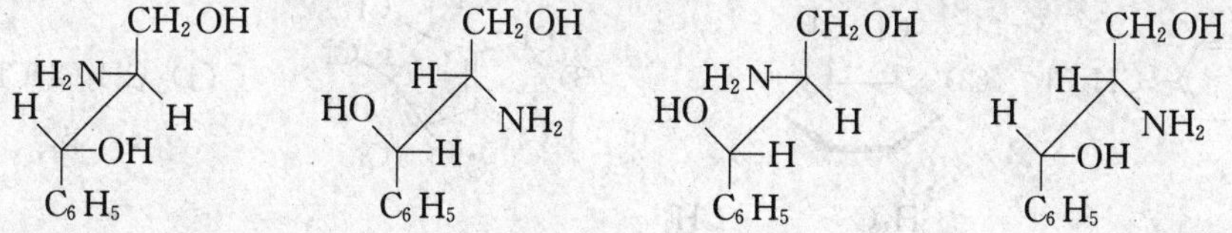

3. (1)R (2)$2S$，$3S$ (3)R (4)R (5)$2S$，$3R$

4. (2)有旋光性

5. (1) (2) (3)

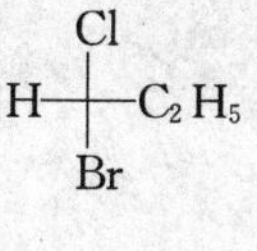

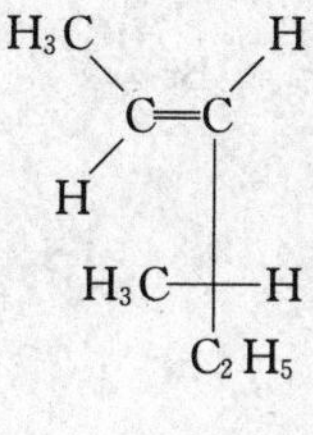

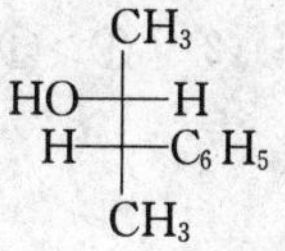

(4) (5)

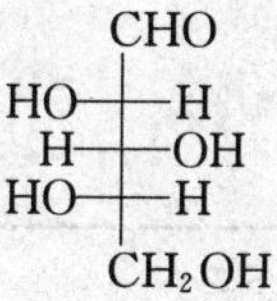

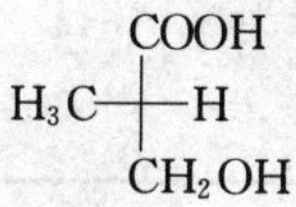

6.

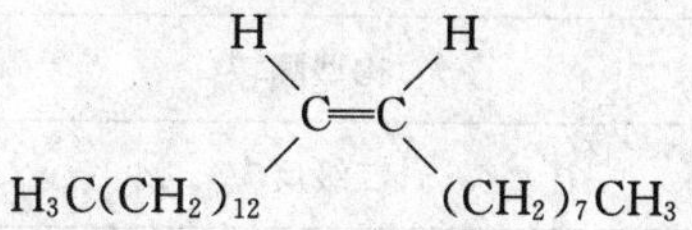

7. $[\alpha]_D^{20}=+75°$ $\alpha=+6.9°$

8. 薄荷醇有 3 个手性碳原子，8 种旋光异构体，可组成 4 对外消旋体

氰戊菊酯：2 个手性碳原子，4 种旋光异构体，可组成 2 对外消旋体

第六章 波谱学基础

1. (1)质谱 MS (2)紫外光谱 UV (3)红外光谱 IR (4)核磁共振 NMR

2.

3. (1) ![benzene ring]CHCH₃ with OH below $\quad$ (2)从 NMR 上看不出对映体存在 $\quad$ (3)IR 给出的是醇羟基的特征频率

4. (2)(3)(7)在近紫外区不产生吸收，不会干扰检测

5. (4)>(3)>(2)>(1)

6. (1)3 组 $\quad$ (2)3 组 $\quad$ (3)2 组 $\quad$ (4)3 组 $\quad$ (5)2 组 $\quad$ (6)8 组

7. ![benzene ring]—CH＝CHCH₃

8. CH_3Br

第七章 卤 代 烃

1. (1)2,2,4-三甲基-1-氯戊烷 $\qquad$ (2)2-溴-3-氯甲基己烷 $\qquad$ (3)6-氯-2-己炔

　 (4)(E)-3-溴甲基-2-戊烯 $\qquad$ (5)4-氯-1-丁烯 $\qquad$ (6)3-溴环己烯

　 (7)对甲苯苄基氯 $\qquad$ (8)对氯三氟甲苯 $\qquad$ (9)1-甲基-2,4 二氯环戊烷

　 (10)1-氯-2-(4′-氟苯基)己烷

2. (1) H_3COH_2C—![benzene ring]—CH_2Cl $\quad$ (2) [环己烯 with Cl Cl] $\quad$ (3) [全氯环戊烯结构] $\quad$ (4) CH_3CHCH_3 with Br

　 (5) ![benzene ring]—CHCH₃ with I below $\quad$ (6) [结构: H₃C、CH₃、C＝C、H、CHCH₃、Br] $\quad$ (7) ClCH＝CHCl with F F

3. 由大到小：
　 (1)：②>①>③；(2)：①>③>②>④>⑤

4. 由大到小：
　 (1)：②>①>③
　 (2)：①>②>③
　 (3)：①>③>②

5.

	S_N1	S_N2
立体化学	外消旋化	构型翻转
动力学级数	一级反应	二级反应
相对反应速率	3°>2°>1°>CH_3X	CH_3X>1°>2°>3°
相对反应速率	RCl<RBr<RI	RCl<RBr<RI
RX 浓度增加	反应速率加快	反应速率加快
NaOH 浓度增加	反应速率不受影响	反应速率加快

6. (1)
$$
\begin{cases}
\text{H}_3\text{C}\!-\!\bigcirc\!-\!\text{Cl} & \xrightarrow{} & \text{立即生成白色沉淀} \\
\text{H}_3\text{C}\!-\!\bigcirc\!\overset{\text{Cl}}{} & \xrightarrow{\text{AgNO}_3\ \text{溶液}} & \text{加热仍不生成沉淀} \\
\text{H}_3\text{C}\!-\!\bigcirc\!-\!\text{Cl} & \xrightarrow{} & \text{加热生成白色沉淀}
\end{cases}
$$

(2)
$$
\begin{cases}
1\text{-溴-1-丁烯} & & \text{加热仍不生成沉淀} \\
3\text{-溴-1-丁烯} & \xrightarrow{\text{AgNO}_3\ \text{溶液}} & \text{立即生成黄色沉淀} \\
4\text{-溴-1-丁烯} & & \text{加热生成黄色沉淀}
\end{cases}
$$

7. (1) $\bigcirc\!-\!\text{CH}_2\text{OH}$ (2) $\bigcirc\!-\!\text{CH}_2\text{OC}_2\text{H}_5$

(3) $\bigcirc\!-\!\text{CH}_2\text{CN}$ (4) $\bigcirc\!-\!\text{CH}_2\text{NHC}_2\text{H}_5$

(5) $\bigcirc\!-\!\text{CH}_2\text{I}$ (6) $\bigcirc\!-\!\text{CH}_2\text{SCH}_3$

8. (1) $(\text{CH}_3)_2\text{C}\!=\!\text{CHCH}_3$ $(\text{CH}_3)_2\overset{\text{Cl}}{\underset{}{\text{C}}}\!-\!\text{CH}_2\text{CH}_3$ $(\text{CH}_3)_2\overset{\text{NH}_2}{\underset{}{\text{C}}}\!-\!\text{CH}_2\text{CH}_3$

(2) $\text{CH}_3\overset{}{\underset{\text{Br}}{\text{CH}}}\text{CH}_3$ $\text{CH}_3\overset{}{\underset{\text{MgBr}}{\text{CH}}}\text{CH}_3$ $\text{CH}_3\overset{}{\underset{\text{COOMgBr}}{\text{CH}}}\text{CH}_3$ $\text{CH}_3\overset{}{\underset{\text{COOH}}{\text{CH}}}\text{CH}_3$

(3) $\text{ClCH}\!=\!\text{CHCH}_2\text{CN}$ $\text{ClCH}\!=\!\text{CHCH}_2\text{COOH}$

(4) $\text{CH}_3\text{CH}\!=\!\text{CHCH}_3$ $\text{CH}_3\overset{}{\underset{\text{Br}}{\text{CH}}}\overset{}{\underset{\text{Br}}{\text{CH}}}\text{CH}_3$ $\bigdiamond$ $\overset{\text{Br}}{\underset{\text{Br}}{\text{BrCH}_2\text{CH}\,\text{CHCH}_2\text{Br}}}$

(5) $\text{Cl}\!-\!\bigcirc\!-\!\overset{}{\underset{\text{Br}}{\text{CHCH}_3}}$ $\text{Cl}\!-\!\bigcirc\!-\!\text{CH}\!=\!\text{CH}_2$ $\text{Cl}\!-\!\bigcirc\!-\!\text{CH}_2\text{CH}_2\text{Br}$ $\text{Cl}\!-\!\bigcirc\!-\!\text{CH}_2\text{CH}_2\text{I}$

9. (1)
$$\overset{\text{CH}_3}{\bigcirc} \xrightarrow{\text{Cl}_2/\text{Fe}} \overset{\text{CH}_3}{\underset{\text{Cl}}{\bigcirc}} + \overset{\text{CH}_3}{\bigcirc}\text{Cl} \xrightarrow[h\nu]{\text{Cl}_2} \overset{\text{CH}_2\text{Cl}}{\bigcirc}\text{Cl} \xrightarrow{\text{NaCN}} \overset{\text{CH}_2\text{CN}}{\bigcirc}\text{Cl}$$
(分离,弃去)

(2)
$$\bigcirc \xrightarrow[h\nu]{\text{Cl}_2} \overset{\text{Cl}}{\bigcirc} \xrightarrow{\text{NaCN}} \overset{\text{CN}}{\bigcirc} \xrightarrow{\text{H}_3\text{O}^+} \overset{\text{COOH}}{\bigcirc}$$

(3) $\text{CH}_3\overset{}{\underset{\text{CH}_3}{\text{CH}}}\!-\!\overset{}{\underset{\text{Cl}}{\text{CHCH}_3}} \xrightarrow[\text{EtOH, }\triangle]{\text{NaOH}} \text{CH}_3\overset{}{\underset{\text{CH}_3}{\text{C}}}\!=\!\text{CHCH}_3 \xrightarrow[\triangle]{\text{H}_2/\text{Ni}} \text{CH}_3\overset{}{\underset{\text{CH}_3}{\text{CH}}}\text{CH}_2\text{CH}_3$

10. A. $\text{CH}_3\text{CH}_2\text{CH}_2\text{Br}$ B. $\text{CH}_2\!=\!\text{CHCH}_3$ C. CH_3COOH D. $\text{CH}_3\overset{}{\underset{\text{Br}}{\text{CH}}}\text{CH}_3$

第八章 醇、酚、醚

1. (1) 2-丁醇   (2) 1,4-戊二醇   (3) 4-溴-1,2-苯二酚

(4) 3-甲氧基-2-戊醇   (5) (E)-4-己烯-2-醇   (6) 反-1,2-二甲基环己醇

(7)乙基异丙基醚　　　　　(8)1-对甲苯基-1,2-乙二醇　　(9)4-甲基-1-甲氧基-2-戊醇

(10)3-甲基-2-环己烯醇

2. (1)
$$\underset{H}{\overset{HOH_2C}{>}}C=C\underset{CH_3}{\overset{H}{<}}$$

(2)$CH_2=CHCH_2O(CH_2)_3CH_3$

(3)$O_2N-\!\!\!\bigcirc\!\!\!-OC_2H_5$

(4)
$$\bigcirc-\underset{OH}{\overset{}{CH}}CH_2-\bigcirc$$

(5)
$$\underset{OCH_3}{\overset{}{CH_3CH}}-\underset{OCH_3}{\overset{}{CHCH_3}}$$

(6)
$$\overset{O}{\triangle}-CH_2CH_3$$

(7)$(CH_3)_3CCH_2OH$

(8)
$$\bigcirc\!\!\overset{OCH_3}{\underset{OCH_3}{}}$$

(9)
$$O_2N-\bigcirc\!\!\overset{OH}{\underset{NO_2}{\overset{}{}}}-NO_2$$

(10)
$$\underset{CH_2ONO_2}{\overset{CH_2ONO_2}{CHONO_2}}$$

3. (2)>(1)>(3)

4. (1)>(2)>(3)>(4)

5. (1)
$$\left\{\begin{array}{l}CH_2=CHCH_2OH\\CH_3CH_2CH_2OH\\CH_3CH_3CH_2Cl\end{array}\right.\xrightarrow[CCl_4]{Br_2}\begin{array}{l}\text{溴水褪色}\\\text{无现象}\\\text{无现象}\end{array}\left.\right\}\xrightarrow[\triangle]{AgNO_3}\begin{array}{l}\text{无现象}\\\text{白色沉淀}\end{array}$$

(2)
$$\left\{\begin{array}{l}CH_3CH_2CH(OH)CH_3\\CH_3CH_2CH_2CH_2OH\\(CH_3)_3COH\end{array}\right.\xrightarrow{\text{卢卡斯试剂}}\begin{array}{l}\text{静置几分钟后出现浑浊}\\\text{加热后出现浑浊}\\\text{很快出现浑浊}\end{array}$$

(3)
$$\left\{\begin{array}{l}\bigcirc-CH_2OH\\\bigcirc-CH_2Cl\\\bigcirc-OCH_3\end{array}\right.\xrightarrow[H^+]{KMnO_4}\begin{array}{l}\text{褪色}\\\text{褪色}\\\text{无现象}\end{array}\left.\right\}\xrightarrow[\triangle]{AgNO_3}\begin{array}{l}\text{无现象}\\\text{白色沉淀}\end{array}$$

(4)
$$\left\{\begin{array}{l}\bigcirc-CH_2OH\\H_3C-\bigcirc-OH\\\bigcirc-CH_3\end{array}\right.\xrightarrow{Na}\begin{array}{l}\text{气泡}\\\text{气泡}\\\text{无现象}\end{array}\left.\right\}\xrightarrow[\text{溶液}]{FeCl_3}\begin{array}{l}\text{无现象}\\\text{紫色溶液}\end{array}$$

6. (1) $(CH_3)_2C=CHCH_2CH_3$

(2) $\bigcirc-OH+CH_3CH_2I$

(3)
$$CH_3\underset{Cl}{\overset{}{CH}}CH(CH_3)_2$$

(4)
$$\bigcirc\!\!\overset{CH_2OOCCH_3}{\underset{OH}{}}$$

(5)
$$\bigcirc\!\!-CH_3$$

(6)
$$Br-\bigcirc\!\!\overset{OH}{\underset{Br}{\overset{}{}}}-Br$$

(7)$CH_3(CH_2)_5OMgBr$，$CH_3(CH_2)_5OH$

7. (1)
$$CH_3\underset{OH}{\overset{}{CH}}-\underset{CH_3}{\overset{}{CHCH_3}}\xrightarrow[\triangle]{\text{浓硫酸}}CH_3CH=\underset{CH_3}{\overset{}{CCH_3}}\xrightarrow[H_2O/\triangle]{\text{稀硫酸}}CH_3CH_2\underset{CH_3}{\overset{OH}{CCH_3}}$$

(2) CH_3CH—CH_2CH_3 $\xrightarrow[H^+]{KMnO_4}$ $CH_3COCH_2CH_3$ $\xrightarrow[②H_2O^+]{①CH_3MgI/干醚}$ $CH_3CH_2CCH_3$ $\overset{OH}{\underset{CH_3}{|}}$ $\xrightarrow[\triangle]{浓\ H_2SO_4}$

CH_3C=$CHCH_3$
$\underset{CH_3}{|}$

8. (1) $(CH_3)_3COH$ $\xrightarrow{HBr}$ $(CH_3)_3CBr$ $\xrightarrow[干醚]{Mg}$ $(CH_3)_3CMgBr$ $\xrightarrow[H_2O]{\overset{\triangle}{干醚}}$ $(CH_3)_3CCH_2CH_2OH$

(2) $CH_3(CH_2)_3OH$ $\xrightarrow[\triangle]{浓硫酸}$ CH_3CH_2CH=CH_2 $\xrightarrow{HCl}$ $CH_3CH_2CHCH_3$ $\underset{Cl}{|}$ $\xrightarrow[EtOH/\triangle]{NaOH}$ CH_3CH=$CHCH_3$

$\xrightarrow{KMnO_4/H^+}$ CH_3COOH

CH_3CH_2CH=CH_2 $\xrightarrow{H_3O^+}$ $CH_3CH_2CHCH_3$ $\underset{OH}{|}$ $\xrightarrow[浓硫酸/\triangle]{CH_3COOH}$ $CH_3COOCHCH_2CH_3$ $\underset{CH_3}{|}$

(3) $CH_3CH_2CH_2OH$ $\xrightarrow{HCl}$ $CH_3CH_2CH_2$ $\underset{Cl}{|}$ $\xrightarrow{Mg/干醚}$ $CH_3CH_2CH_2MgCl$ $\xrightarrow[干醚]{CO_2}$

$CH_3CH_2CH_2COOMgCl$ $\xrightarrow{H_2O}$ $CH_3CH_2CH_2COOH$

9. (1) 加无水氯化钙蒸馏，收集馏出液

(2) 加氧化钙，加热回流，蒸馏收集乙醇

(3) 加氢氧化钠溶液，分液，干燥

10. A. $(CH_3)_2CHCHCH_3$ $\underset{Br}{|}$ B. $(CH_3)_2CHCHCH_3$ $\underset{OH}{|}$ C. $(CH_3)_2C$=$CHCH_3$

第九章　醛、酮、醌

1. (1)α-甲基丙醛　　　　　(2)4-甲基-2-羟基苯甲醛　　　(3)5-甲基-2-己烯醛

(4)3-甲基-2-丁酮　　　　(5)2,4-己二酮　　　　　　　(6)2-甲基-4-戊酮醛

(7)2-甲基-1,4 环己二酮　(8)水合茚三酮　　　　　　　(9)5-甲基-1,4-萘醌

(10)2,7-二甲基-9,10-蒽醌

2. (1) CCl_3CH $\overset{OH}{\underset{OH}{|}}$　(2) $CH_3CCH_2CH(CH_3)_2$ $\overset{O}{\|}$　(3) Br—⬡—$COCH_3$　(4) ⬡—CH=NOH

(5) $\overset{H_3C}{\underset{H_3C}{}}C$=$NNH$—⬡　(6) ⬡—$CH$=$CHCHO$　(7) $CH_3CH\overset{O-CH_2}{\underset{O-CH_2}{\diagdown\diagup}}$　(8) ⬡$\overset{OH}{\underset{CHO}{}}$

3. (1)$KMnO_4/H^+$　$CH_3\overset{OH}{\underset{CN}{\overset{|}{\underset{|}{C}}}}CH_3$　(2) $\overset{H_3C}{\underset{H_3CH_2C}{}}C$=$N$—⬡$\overset{NO_2}{\underset{NO_2}{}}$

(3) $CH_3CH_2CH_2\overset{OMgBr}{\underset{CH_2CH_3}{\overset{|}{\underset{|}{CH}}}}$　　$CH_3CH_2CH_2\overset{OH}{\underset{CH_2CH_3}{\overset{|}{\underset{|}{CH}}}}$　(4)$(CH_3)_3CCH_2OH$　$(CH_3)_3CCOOH$

(5) HCOOH　(6)H_2O, $HgSO_4/H_2SO_4$　Cl_2　CCl_3CHO　NaOH　HCOONa

(7) $CH_3CH_2CH_2CHCH_3$ 　(8)干 HCl, $\begin{matrix} CH_2OH \\ CH_2OH \end{matrix}$ 　(9) $CH_3CH_2CHCH_2CHO$ 　$CH_3CH_2CH=CCHO$
$\quad\quad\quad\quad\quad\; OH$　　　　　　　　　　　　　　　　　　　　$\quad OHCH_3$　　　　　　　　　CH_3

(10) 　(11) 　(12)

(13)

4. (1)c>a>d>b　(2)a>b>d>c

5. (1)$CH_2=CH_2 \xrightarrow{HBr} CH_3CH_2Br \xrightarrow[\text{干醚}]{Mg} CH_3CH_2MgBr$

$CH_2=CH_2 \xrightarrow[O_2]{Ag} \triangle\!O \xrightarrow[\text{干醚}]{CH_3CH_2MgBr} CH_3CH_2CH_2CH_2OMgBr \xrightarrow{H_3O^+} CH_3CH_2CH_2CH_2OH$

(2)$CH_3CH=CH_2 \xrightarrow[H_2O_2]{HBr} CH_3CH_2CH_2Br \xrightarrow[\text{干醚}]{Mg} CH_3CH_2CH_2MgBr \xrightarrow[\text{干醚}]{HCHO} \xrightarrow{H_3O^+}$

$CH_3CH_2CH_2CH_2OH$

(3) $+CH_3CH_2COCl \xrightarrow{\text{无水}AlCl_3}$ $\xrightarrow[\text{浓 HCl}]{Zn-Hg}$

(4)$CH_3CH=CH_2 \xrightarrow[H_2O_2]{HBr} CH_3CH_2CH_2Br \xrightarrow[H_2O/\triangle]{NaOH} CH_3CH_2CH_2OH \xrightarrow[\triangle]{MnO_2} CH_3CH_2CHO \xrightarrow[\triangle]{\text{稀 NaOH}}$

$CH_3CH_2CH=CCHO \xrightarrow{LiAlH_4} \xrightarrow{H_3O^+} CH_3CH_2CH=CCH_2OH$
$\quad\quad\quad\quad\; CH_3$　　　　　　　　　　　　　　　$\quad\quad\quad\quad\quad CH_3$

6. (1) $\left\{\begin{matrix} \text{乙醛} \\ \text{丙醛} \\ \text{丙酮} \\ \text{苯乙酮} \end{matrix}\right.$ $\xrightarrow{\text{托伦试剂}}$ $\left.\begin{matrix} \text{白色沉淀} \\ \text{白色沉淀} \\ \text{无现象} \\ \text{无现象} \end{matrix}\right\}$ $\xrightarrow{I_2/NaOH}$ $\begin{matrix} \text{黄色沉淀} \\ \text{无现象} \end{matrix}$ $\left.\begin{matrix} \\ \end{matrix}\right\}\xrightarrow{\text{饱和 NaHSO}_3}$ $\begin{matrix} \text{白色沉淀} \\ \text{无现象} \end{matrix}$

(2) $\left\{\begin{matrix} \text{戊醛} \\ 2\text{-戊酮} \\ 3\text{-戊酮} \\ 2\text{-戊醇} \end{matrix}\right.$ $\xrightarrow{\text{托伦试剂}}$ $\begin{matrix} \text{白色沉淀} \\ \text{无现象} \\ \text{无现象} \\ \text{无现象} \end{matrix}$ $\left.\begin{matrix} \\ \\ \\ \end{matrix}\right\}\xrightarrow{I_2/NaOH}$ $\begin{matrix} \text{黄色沉淀} \\ \text{无现象} \\ \text{黄色沉淀} \end{matrix}$ $\xrightarrow{\text{饱和 NaHSO}_3}$ $\begin{matrix} \text{白色沉淀} \\ \text{无现象} \end{matrix}$

(3) $\left\{\begin{matrix} \text{苯甲醛} \\ \text{苯乙酮} \\ \text{对羟基苯甲醛} \end{matrix}\right.$ $\xrightarrow{FeCl_3\text{溶液}}$ $\begin{matrix} \text{无现象} \\ \text{无现象} \\ \text{显色} \end{matrix}$ $\left.\begin{matrix} \\ \end{matrix}\right\}\xrightarrow{\text{托伦试剂}}$ $\begin{matrix} \text{白色沉淀} \\ \text{无现象} \end{matrix}$

7. $CH_3CH_2COCH(CH_3)_2$

8. A. $CH_3C=CHCH_2CH_2COCH_3$ 　B. $HOOCCH_2CH_2COCH_3$
$\quad\quad\; CH_3$

9. A. $H_3CO-\langle\rangle-CH_2COCH_3$　　B. $H_3CO-\langle\rangle-CH_2CHCH_3$
　　　　　　　　　　　　　　　　　　　　　　　　　　　　　　　　|
　　　　　　　　　　　　　　　　　　　　　　　　　　　　　　　　OH

C. $HO-\langle\rangle-CH_2COCH_3$　　D. $HO-\langle\rangle-CH_2CH_2CH_3$

10. （结构：苯环上OH和COCH₃）

第十章　羧酸及其衍生物

1. (1)2-甲基丙酸　　　　(2)丁酸酐　　　　　　　(3)(Z)-2-甲基-2-丁烯酸
　 (4)对甲基苯甲酰胺　　(5)2,3-二甲基丁二酸酐　(6)α-甲基-γ-丁内酯

(7) $H_3CO-\langle\rangle-COOCH_2-\langle\rangle$　　　　(8)（顺丁烯二酸酐，带H_3C取代）

(9) CH_3CHCH_2COBr　　　　(10) $CH_3CH_2CH_2CON(CH_3)_2$
　　　　　|
　　　　 CH₃

2. (1)氨<乙烷<乙醇<水<苯酚<碳酸<乙酸<甲酸
　 (2)苯酚<醋酸<丙二酸<草酸
　 (3)丙酸<3-氯丙酸<2-氯丙酸

3. (1) 甲酸　　　　　放出气体　　　　　　　　白色沉淀
　　　乙酸　　Na₂CO₃溶液　放出气体　托伦试剂　无现象　KMnO₄/H⁺　无明显现象
　　　乙二酸　　　　　放出气体　　　　　　　无现象　　　　溶液褪色
　　　乙醛　　　　　　无明显现象

　 (2) 乙酸　　　　　无现象　　　　　　　有气泡
　　　乙醇　　FeCl₃溶液　无现象　Na₂CO₃溶液　无现象
　　　邻甲苯酚　　　　紫色溶液

　 (3) 苯酚　　　　　白色沉淀
　　　苯甲酸　　Br₂水　无现象　Na₂CO₃溶液　有气泡
　　　苯甲酰胺　　　　无现象　　　　　　无现象

4. 己醇　　　己酸　　　　对甲苯酚
　 └──────┴──────────┘
　　　　　↓加氢氧化钠溶液，分液
　 油层↓　　　　　↓水层
　 己醇　　　　己酸钠、对甲苯酚钠
　　　　　　　　　↓通CO₂，分液
　　　　　油层↓　　　↓水层
　　　　　对甲苯酚　己酸钠　加盐酸,抽滤　己酸

5. (1) $H_3C-\langle\rangle-COOCH(CH_3)_2$　　　　(2)$CH_3CH_2COCH(CH_3)CO_2C_2H_5$+（邻甲基苯乙酮结构，带CH₃和COCH₃）

(3) $H_3C-\langle\text{苯环}\rangle-COCH_3$ + 邻甲苯基-COCH₃（带 CH₃）

(4) $HOH_2CH_2C-\langle\text{苯环}\rangle-CH=CHCH_2CH_2OH$

(5) $HOOCH_2C-\langle\text{苯环}\rangle-CH_2CH_2CH_2CH_2OH$

(6) CH_3CONH_2 + CH_3OH

(7) $H_3C-\langle\text{苯环}\rangle-NH_2$

(8) $CH_3COOCH_2CH_2CH_3$ + C_2H_5OH

(9) 苯基-$COCH_2CO_2C_2H_5$

(10) 茚满-2-酮结构 =O

6. (1) $CH_2=CHCH_2CH_3 \xrightarrow{HBr} CH_3CHCH_2CH_3(Br) \xrightarrow{NaCN} CH_3CHCH_2CH_3(CN) \xrightarrow{H_3O^+} CH_3CHCH_2CH_3(COOH) \xrightarrow{PCl_3}$

$CH_3CHCH_2CH_3$
$\quad\quad COCl$

(2) $CH\equiv CH \xrightarrow[HgSO_4/H_2SO_4]{H_2O} CH_3CHO \begin{cases} \xrightarrow{[H]} CH_3CH_2OH \\ \xrightarrow{[O]} CH_3COOH \end{cases} \xrightarrow[\triangle]{浓硫酸} CH_3COOC_2H_5$

(3) $CH_3CH_2OH \xrightarrow{[O]} CH_3COOH \xrightarrow[红磷]{Cl_2} ClCH_2COOH \xrightarrow{NaCN}$

$NCCH_2COOH \xrightarrow{H_3O^+} HOOCCH_2COOH \xrightarrow[浓硫酸/\triangle]{2C_2H_5OH} CH_2(COOC_2H_5)_2$

(4) $(CH_3)_4C \xrightarrow[h\nu]{Cl_2} (CH_3)_3CCH_2Cl \xrightarrow{NaCN} (CH_3)_3CCH_2CN \xrightarrow{H_3O^+} (CH_3)_3CCH_2COOH$

(5) $CH_3C=CH_2(CH_3) \xrightarrow{HCl} (CH_3)_3CCl \xrightarrow{NaCN} (CH_3)_3CCN \xrightarrow{H_3O^+} (CH_3)_3CCOOH$

(6) 苯-$CH_3 \xrightarrow[h\nu]{Cl_2}$ 苯-$CH_2Cl \xrightarrow[无水\ AlCl_3]{苯}$ 二苯甲烷$CH_2 \xrightarrow[h\nu]{Cl_2}$ 二苯基$CHCl$

$\xrightarrow[无水\ AlCl_3]{苯}$ 三苯甲烷$CH \xrightarrow[h\nu]{Cl_2}$ 三苯基$CCl \xrightarrow[H_2O]{NaOH}$ 三苯甲醇COH

7. A. CH_3CH_2COOH B. $HCOOCH_2CH_3$ C. CH_3COOCH_3

8. 酸酐A $\xrightarrow{C_2H_5OH}$ B (OEt, OH) + C (OH, OEt) $\xrightarrow[C_2H_5OH]{SO_2Cl}$ D (OEt, OEt)

A   B   C   D

9. $CH_3COOCH=CH_2$

10. A. $\begin{matrix}COOH\\COOH\end{matrix}$ B. 丁二酸酐 O=〈〉=O   C. $\begin{matrix}CH_2CO_2CH_3\\CH_2CO_2CH_3\end{matrix}$ D. $\begin{matrix}CH_2OH\\CH_2OH\end{matrix}$

第十一章 取 代 酸

1. (1)2-甲基-3-羟基丙酸   (2)2-甲基-4-戊酮酸   (3)苯甲酰乙酸乙酯
     (4)α-羟基环己基甲酸   (5)乙酰乙酸   (6)4-甲基-2-羟基戊酸

(7) $HOOCCH_2\overset{\underset{\displaystyle COOH}{|}}{C}CH_2COOH$ (8) $CH_3\underset{\underset{\displaystyle OH}{|}}{CH}COOH$ (9) $CH_3COCH_2CO_2C_2H_5$

(10) 邻位苯环 $\overset{OOCCH_3}{\underset{COOH}{}}$ (11) $HOOC\underset{\underset{\displaystyle OH}{|}}{CH}CH_2COOH$ (12)
$$\begin{array}{c} COOH \\ H{-}{-}OH \\ OH{-}{-}H \\ COOH \end{array}$$

2. (1) 环状酸酐 $C_2H_5 \cdots C_2H_5$ (2) $CH_3CH{=}\underset{\underset{\displaystyle CH_3}{|}}{C}COOH$ (3) $CH_3COCH_2COCH_3$

(4) $CH_3{-}\overset{\overset{\displaystyle OH}{|}}{\underset{\underset{\displaystyle Br}{|}}{C}}{-}\overset{\overset{\displaystyle Br}{|}}{\underset{\underset{\displaystyle CH_3}{|}}{C}}{-}COOC_2H_5$ (5) $CH_3CH_2COCOOH$, CH_3CH_2CHO, $CH_3CH_2COO^-$ (6) 异苯并呋喃酮结构

3. (1)
$$\left\{\begin{array}{l} 丁\quad酮 \qquad\qquad 无现象 \\ 草酰乙酸乙酯 \\ 乙酰乙酸乙酯 \end{array}\right. \xrightarrow[CCl_4]{Br_2} \left.\begin{array}{l} \\ 褪色 \\ 褪色 \end{array}\right\} \xrightarrow{Na_2CO_3\ 溶液} \begin{array}{l} 有气泡 \\ 无现象 \end{array}$$

(2)
$$\left\{\begin{array}{l} 水杨酸 \\ 乙酰水杨酸 \\ 水杨酸甲酯 \end{array}\right. \xrightarrow{NaHCO_3\ 溶液} \left.\begin{array}{l} 产生气泡 \\ 产生气泡 \\ 无现象 \end{array}\right\} \xrightarrow{FeCl_3\ 溶液} \begin{array}{l} 显紫色 \\ 无现象 \end{array}$$

(3)
$$\left\{\begin{array}{l} 2-羟基丙酸 \\ 3-羟基丙酸 \\ 2-丙醇 \\ 丙酸 \end{array}\right. \xrightarrow[H^+]{KMnO_4} \left.\begin{array}{l} 褪色 \\ 褪色 \\ 褪色 \\ 无现象 \end{array}\right\} \xrightarrow{Na_2CO_3} \left.\begin{array}{l} 气泡 \\ 气泡 \\ 无现象 \end{array}\right\} \xrightarrow{I_2/NaOH} \begin{array}{l} 黄色沉淀 \\ 无现象 \end{array}$$

(4)
$$\left\{\begin{array}{l} 水杨酸 \\ 苯甲酸 \\ 苯酚 \\ 苯甲醚 \end{array}\right. \xrightarrow{NaHCO_3} \left.\begin{array}{l} 气泡 \\ 气泡 \\ 无现象 \\ 无现象 \end{array}\right\} \xrightarrow{FeCl_3} \left.\begin{array}{l} 显色 \\ 无现象 \end{array}\right. \quad \xrightarrow{FeCl_3} \begin{array}{l} 显色 \\ 无现象 \end{array}$$

4. (1) $CH_3CHO \xrightarrow[\triangle]{稀\ NaOH} CH_3\underset{\underset{\displaystyle OH}{|}}{CH}CH_2CHO \xrightarrow[H^+]{KMnO_4} CH_3COCH_2COOH$

(2) $CH_3COCH_2COOC_2H_5 \xrightarrow[C_2H_5Cl]{C_2H_5ONa} CH_3COC\underset{\underset{\displaystyle C_2H_5}{|}}{H}COOC_2H_5 \xrightarrow[CH_3Cl]{C_2H_5ONa}$

$CH_3CO\overset{\overset{\displaystyle CH_3}{|}}{\underset{\underset{\displaystyle C_2H_5}{|}}{C}}COOC_2H_5 \xrightarrow[\triangle]{NaOH} \xrightarrow{H^+} \xrightarrow[-CO_2]{\triangle} CH_3CH_2\underset{\underset{\displaystyle CH_3}{|}}{CH}\overset{\overset{\displaystyle O}{\|}}{C}CH_3$

5. (1) $CH_3COCH_2COOCH_3$ (2) $CH_3\underset{\underset{\displaystyle OH}{|}}{C}{=}CHCOCH_3$ (3) 苯环${-}\underset{\underset{\displaystyle OH}{|}}{C}{=}CHCOCH_3$

(4) $CH_3-C\begin{smallmatrix}COCH_3\\||\\C\\|\\OH\end{smallmatrix}COCH_3$

(5) $CH_3CH_2-C\begin{smallmatrix}COOC_2H_5\\||\\C\\|\\OH\end{smallmatrix}COOC_2H_5$

6. 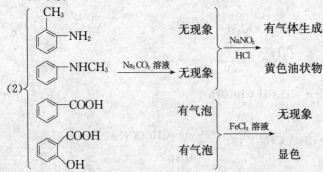（相关反应方程式略）

（HO—苯环—COOH）

7. A. $CH_3CH_2COCH_2COOCH(CH_3)_2$

第十二章　含氮和含磷有机化合物

1. (1)乙基异丙基胺　　　　　　(2)对苯二胺　　　　　　　(3)1,5-戊二胺
   (4)N-甲基-N-乙基苯胺　　(5)2-甲基-3-氨基戊烷　　(6)1-硝基丙烷
   (7)氢氧化三甲基正丙基铵　　(8)碘化三乙基异丙基铵　　(9)对甲基氯化重氮苯
   (10)对羟基偶氮苯　　　　　　(11)氧化乐果　　　　　　　(12)对硫磷

2. (1) $H_3C-\langle\text{苯环}\rangle-CH_2NH_2$

   (2)$H_2N(CH_2)_6NH_2$

   (3)$\left[HOCH_2CH_2\overset{+}{N}(CH_3)_3\right]OH^-$

   (4)$HOCH_2CH_2NH_2$

   (5)$CH_3NHCOO-\langle\text{苯环}\rangle$

   (6)$\langle\text{苯环}\rangle-N=N-\langle\text{苯环}\rangle-N(CH_3)_2$

   (7)$C_2H_5PO(OH)_2$

   (8)$CH_3-\underset{\underset{OH}{|}}{\overset{\overset{O}{||}}{P}}-OCH_3$

3. (1) $H_3C-\langle\text{苯环}\rangle-\underset{\underset{C_2H_5}{|}}{N}COCH_2CH_3$

   (2)$\langle\text{萘环}\rangle-\underset{\underset{CH_3}{|}}{N}-N=O$

   (3)$(CH_3)_3\overset{+}{N}(C_{12}H_{25})Br^-$

   (4) $H_2N-\langle\text{苯环}\rangle-NH_2$

   (5)$\langle\text{苯环}\rangle-N=N-\langle\text{苯环}\rangle-N(CH_3)_2$

   (6)$H_2N\overset{\overset{O}{||}}{C}NHCONH_2$

4. (1)乙胺＞氨＞N-甲基苯胺＞苯胺＞二苯胺
   (2)氢氧化四乙铵＞苯甲胺＞对硝基苄胺＞苯胺＞邻苯二甲酰亚胺
   (3)$(CH_3CH_2)_2NH＞CH_3CH_2NH_2＞NH_3＞CH_3CONH_2＞CH_3COOH$

5. (1)
   甲胺 ──→ 白色固体 ─NaOH→ 溶解
   二甲胺 ─〈苯环〉SO₂Cl→ 白色固体 → 不溶解
   三甲胺 → 无现象

   (2)
   〈苯环 CH₃, NH₂〉── 无现象 ─NaNO₂/HCl→ 有气体生成
   〈苯环 NHCH₃〉─Na₂CO₃溶液→ 无现象 → 黄色油状物
   〈苯环 COOH〉── 有气泡 ─FeCl₃溶液→ 无现象
   〈苯环 COOH, OH〉── 有气泡 → 显色

6.

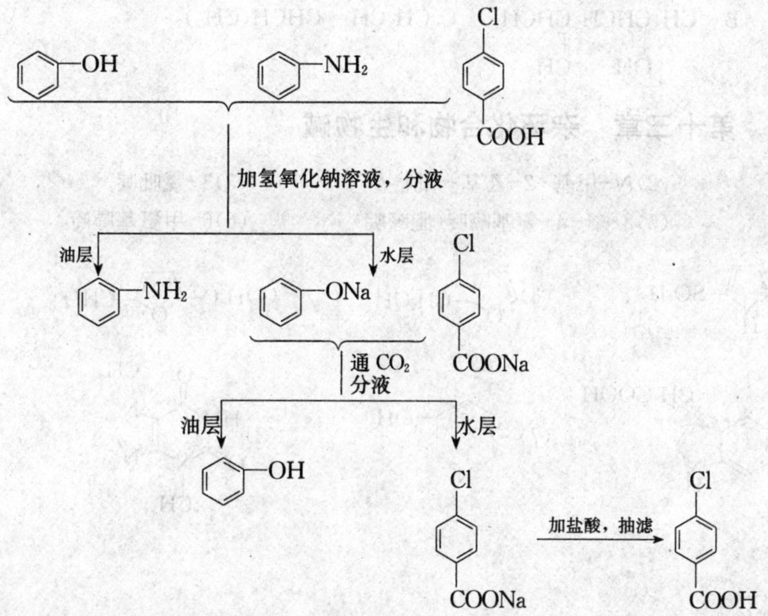

7.

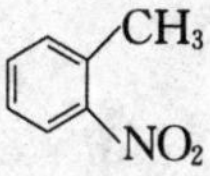

8.（1）

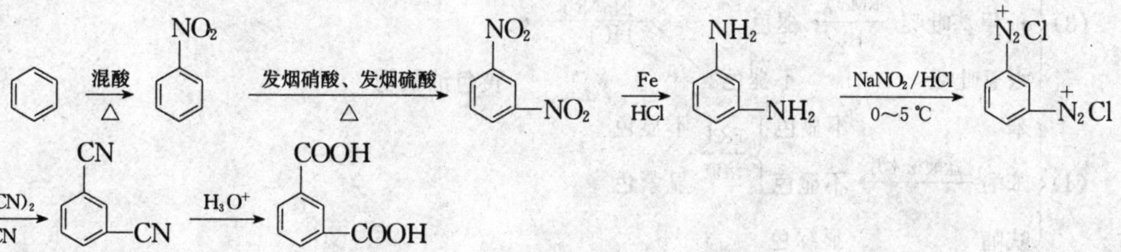

（2）

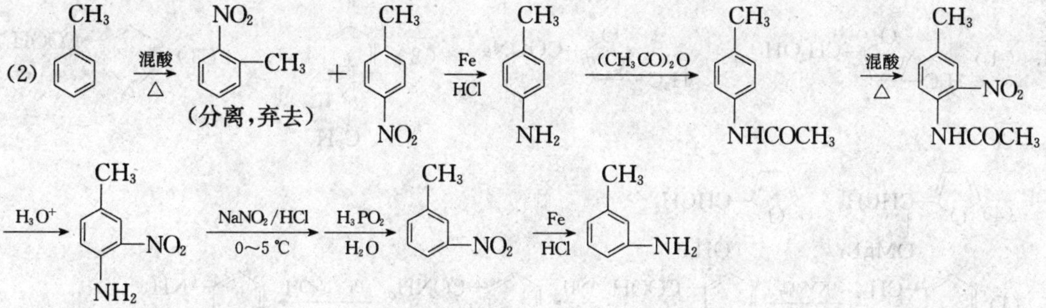

（3）

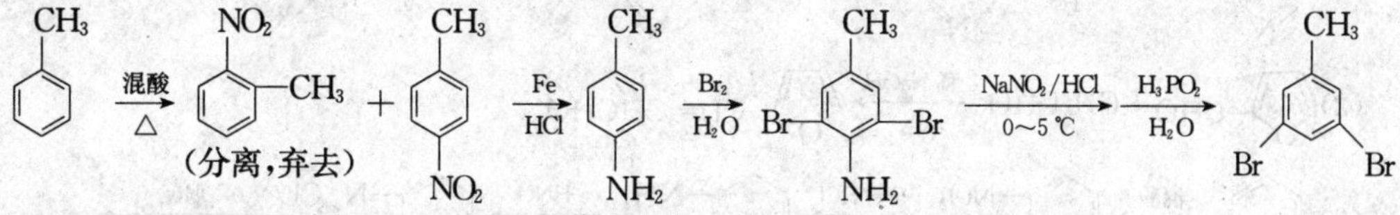

（4）

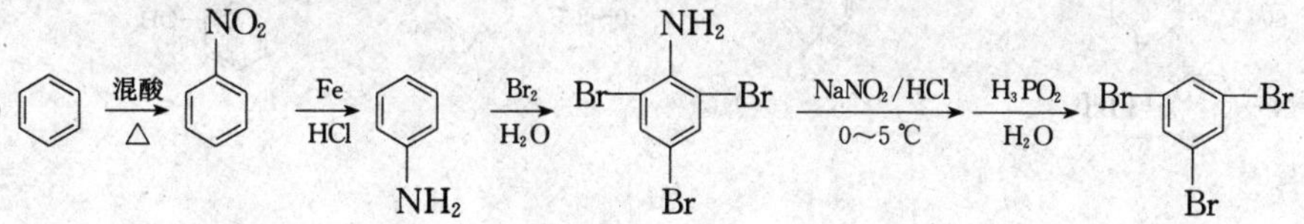

9. $CH_3CH_2CONH_2$ 丙酰胺（水解反应式略）

10. A. $CH_3CHCH_2CHCH_3$ B. $CH_3CHCH_2CHCH_3$ C. $CH_3CH=CHCH(CH_3)_2$
       $|\quad\quad\ |$ $|\quad\quad\ |$
      $NH_2\quad CH_3$ $OH\quad CH_3$

第十三章　杂环化合物和生物碱

1. (1) 5-氯-2-呋喃甲酸   (2) N-甲基-2-乙基—吡咯   (3) 3-氯吡啶
   (4) 3-吲哚甲酸   (5) 2-氧-4-氨基嘧啶(胞嘧啶)   (6) 6-甲氨基嘌呤

2. (1) N-甲基吡咯结构   (2) 吡咯-2-磺酸结构   (3) 呋喃-2-甲醇结构   (4) 5-甲基呋喃-2-甲醛结构

   (5) 吡啶-3-甲酰胺结构   (6) 吲哚-3-乙酸结构   (7) 嘧啶-5-醇结构   (8) 咖啡因(1,3-二甲基黄嘌呤)结构

3. (1)
   苯甲醛 —苯胺→ 不显色
   糠醛 —乙酸→ 显红色

   (2)
   吡咯 —浓盐酸/松木片→ 显红色
   四氢吡咯 —浓盐酸/松木片→ 不显色

   (3)
   吡啶 —KMnO₄/H⁺→ 不褪色 —NaNO₂/HCl→ 无明显现象
   α-甲基吡啶 —KMnO₄/H⁺→ 褪色
   六氢吡啶 —KMnO₄/H⁺→ 不褪色 —NaNO₂/HCl→ 黄色油状物

   (4)
   苯 —盐酸松木片→ 不显色 —FeCl₃溶液→ 不显色
   苯酚 —盐酸松木片→ 不显色 —FeCl₃溶液→ 显紫色
   呋喃 —盐酸松木片→ 显绿色

4. (1) 5-甲基呋喃-2-甲醇 + 5-甲基呋喃-2-甲酸钠
   (2) N-乙基吡啶鎓碘化物
   (3) 吡啶-3-甲酸
   (4) 1-(呋喃-2-基)乙基溴化镁醇盐 和 1-(呋喃-2-基)乙醇

5. (1) 3-甲基吡啶 —KMnO₄/H⁺→ 吡啶-3-甲酸 —NH₃/Δ→ 吡啶-3-甲酰胺 —Br₂/NaOH/Δ→ 3-氨基吡啶

   (2) 呋喃-2-甲醛 + CH₃CHO —稀NaOH/Δ→ 呋喃-2-基-CH=CHCHO

   (3) 吡啶 —混酸/300℃→ 3-硝基吡啶 —Fe/HCl→ 3-氨基吡啶 —HNO₂/0~5℃→ 3-重氮吡啶氯化物 —弱碱/苯酚→
   苯基偶氮对羟基苯（偶氮化合物）

6. 呋喃-2-甲醛（糠醛）结构

第十四章　脂类化合物

1. (1)酯与脂肪：从分类上来讲脂肪属于酯类化合物，结构上可以看成由酸与醇脱去一分子水而成。脂肪中的酸必须是高级脂肪酸，醇必须是甘油。

(2)蜡与石蜡：石蜡属于高级饱和烷烃，含碳原子数在 26 以上，主要成分是直链烷烃，少量是带支链的烷烃。蜡的主要成分是十六个碳以上的偶数碳的高级饱和脂肪酸和含有十六个碳以上偶数碳的高级饱和一元醇形成的酯，即高级脂肪酸的高级饱和一元醇酯。

(3)脂类与类脂：脂类化合物包括油脂和类脂，类脂有蜡、磷脂和甾族化合物等。

(4)磷酸酯与磷脂酸：磷酸酯是一类由磷酸与醇形成的酯类化合物。磷脂酸是一类由甘油分子中两个羟基与高级脂肪酸形成酯，另一个羟基与磷酸形成酯的一类化合物。

(5)混合甘油酯与甘油酯的混合物：前者是纯净物，指构成甘油酯的脂肪酸部分不同，后者是混合物，分子构成的种类不同。

2.  $HOOC$　　顺，顺-9,12-十八碳二烯酸

3. (1)皂化值：使 1 g 油脂完全皂化所需氢氧化钾的质量（单位：mg）称为该油脂的皂化值。皂化值是检验油脂的重要标准，如果油脂不纯则皂化值偏低。

(2)碘值：将 100 g 油脂所能吸收碘的质量（g）称为碘值，碘值反映油脂中不饱和脂肪酸含量的多少。

(3)酸值：中和 1 g 油脂中游离脂肪酸所需氢氧化钾的质量（单位：mg）称为该油脂的酸值。一般酸值大于 6 的油脂不可食用。

(4)干性油：碘值大于 130 的油脂具有较好的干化作用，常称为干性油。

(5)非干性油：碘值小于 100 的油脂不具有干化作用，常称为非干性油或不干性油。

4. 196　　5. 0.97

6. (1)
$$\left\{\begin{array}{l}\text{硬脂酸} \\ \\ \text{亚麻酸}\end{array}\right. \xrightarrow[\text{CCl}_4]{\text{Br}_2} \begin{array}{l}\text{无现象} \\ \\ \text{褪色}\end{array}$$

(2)
$$\left\{\begin{array}{l}\text{三硬脂酸甘油酯} \\ \\ \text{三油酸甘油酯}\end{array}\right. \xrightarrow[\text{H}^+]{\text{KMnO}_4} \begin{array}{l}\text{无现象} \\ \\ \text{褪色}\end{array}$$

7. (1) $C_{25}H_{51}COOC_{26}H_{53} \xrightarrow[H_2O]{OH^-} C_{25}H_{51}COOH + C_{26}H_{53}OH$

(2)
$$RCOO\!-\!\!\!\begin{array}{c}CH_2OOCR' \\ | \\ H \\ | \\ CH_2O\!-\!P\!-\!OH \\ | \\ OCH_2CH_2NH_2\end{array}\!\!\!\begin{array}{c}O \\ \| \\ \\ \\ \end{array}$$
$\xrightarrow[H_2O]{OH^-} RCOOH + R'COOH + H_3PO_4 + HOCH_2CH_2NH_2 +$

$$\begin{array}{c}CH_2OH \\ | \\ CHOH \\ | \\ CH_2OH\end{array}$$

(3)
$$RCOO\!-\!\!\!\begin{array}{c}CH_2OOCR' \\ | \\ H \\ | \\ CH_2O\!-\!P\!-\!OH \\ | \\ OCH_2CH_2\overset{+}{N}(CH_3)_3OH^-\end{array}\!\!\!\begin{array}{c}O \\ \| \\ \\ \\ \end{array}$$
$\xrightarrow[H_2O]{OH^-} RCOOH + R'COOH + H_3PO_4 +$

$$HOCH_2CH_2\overset{+}{N}(CH_3)_3OH^- + \underset{\underset{\displaystyle CH_2OH}{\displaystyle |}}{\overset{\overset{\displaystyle CH_2OH}{\displaystyle |}}{CHOH}}$$

(4)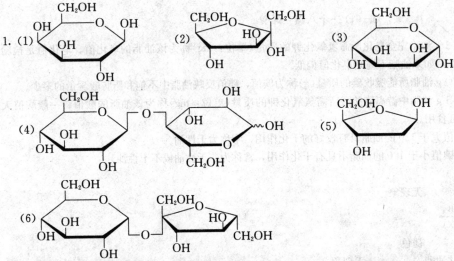

$$+H_3PO_4+HOCH_2CH_2\overset{+}{N}(CH_3)_3OH^-$$

8. (1)混合甘油酯　(2)蜡

第十五章　糖　类

1.

2. (1)β-L-吡喃甘露糖　(2)β-D-1,6-二磷酸果糖　(3)乙基-α-D-葡萄糖苷　(4)β-D-葡萄糖酸

3. (1)单糖：不能水解的多羟基醛或多羟基酮。

(2)多糖：水解后生成许多单糖(10 个以上)的一类高分子化合物。

(3)糖苷键：单糖环状结构中的半缩醛羟基活性比醇羟基大，可与含活泼氢的基团脱水生成缩醛型的化合物，称为糖苷，其中糖的部分称为糖基，非糖部分称为配基，糖基与配基之间的醚键称为糖苷键。

(4)糖脎：糖与苯肼反应的最终产物称为糖脎。

(5)还原性糖：指化学性质上表现为与托伦试剂、斐林试剂反应，能形成糖脎，有变旋性，分子中一般含有游离醛基或酮基的单糖及含有游离醛基的二糖。

(6)转化糖：由蔗糖水解得到的等量葡萄糖和果糖的混合物称为转化糖。由于蔗糖具有右旋光性，而生成的水解产物具有左旋光性，所以称为转化糖。

4.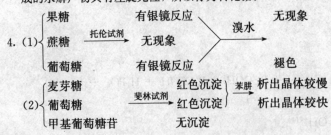

(3) $\left\{\begin{array}{l}\text{淀粉}\\\text{纤维素}\\\text{麦芽糖}\end{array}\right.$ $\xrightarrow{I_2}$ $\left.\begin{array}{l}\text{变蓝}\\\text{无现象}\\\text{无现象}\end{array}\right\}$ $\xrightarrow{\text{溴水}}$ $\begin{array}{l}\text{无现象}\\\text{无现象}\\\text{褪色}\end{array}$

5. (1)

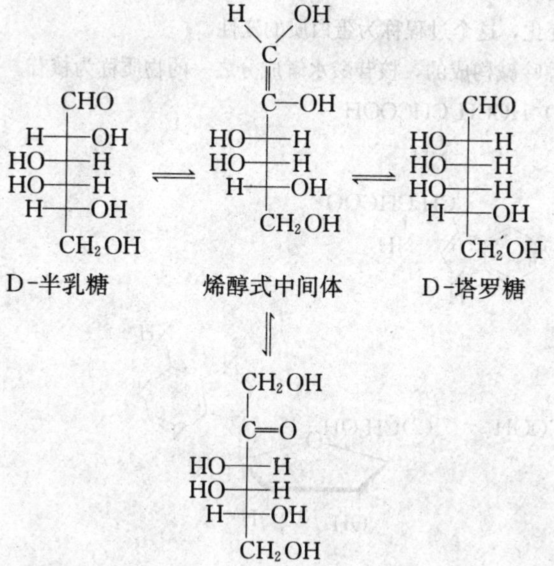

D-半乳糖 ⇌ 烯醇式中间体 ⇌ D-塔罗糖

(2) $\xrightarrow{\text{溴水}}$

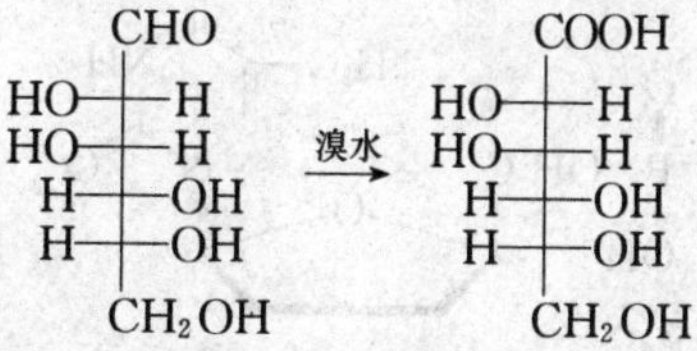

(3) $\xrightarrow{HNO_3}$

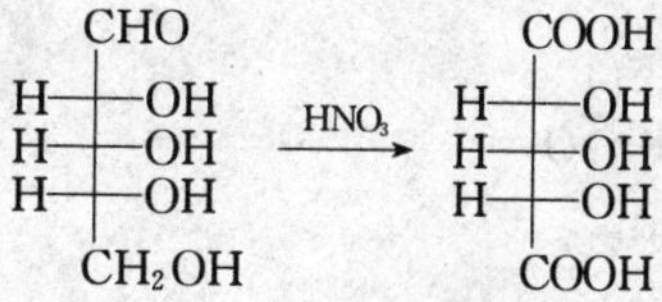

(4) $\xrightarrow{Ni/H_2}$ +

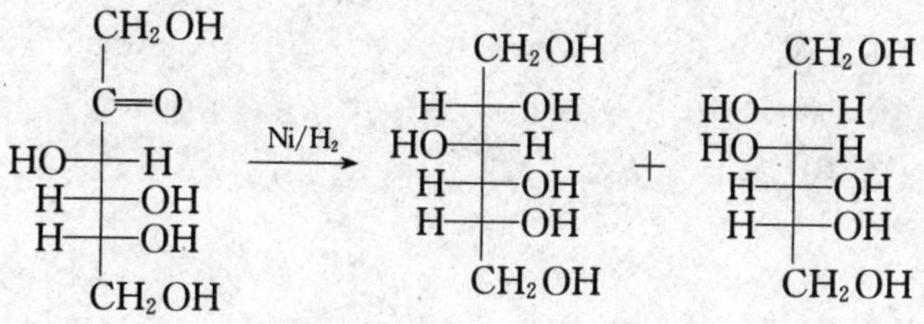

(5) $\xrightarrow[\triangle]{\text{浓 HCl}}$

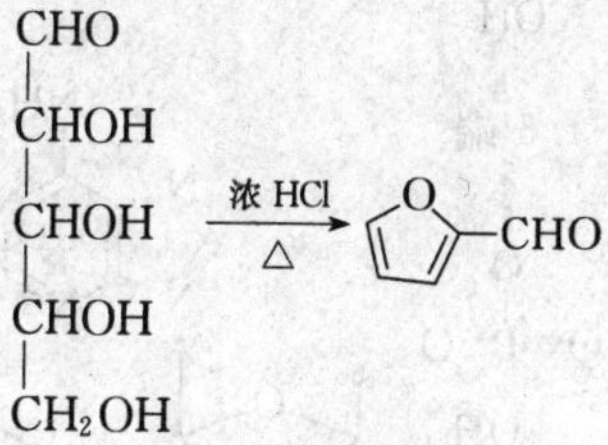

6.

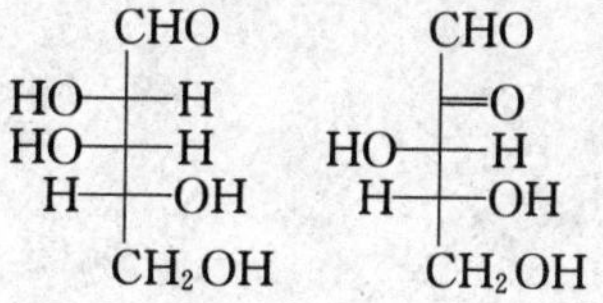

7. (1) A. 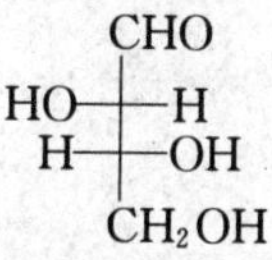 B. 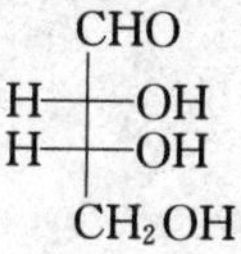 (2) A. 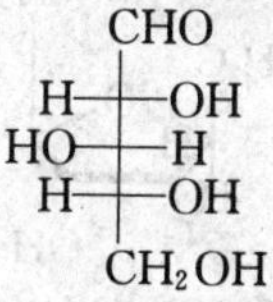 B.

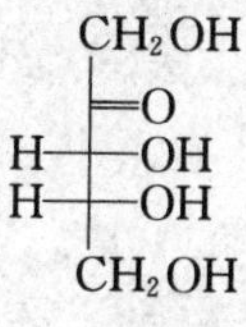

第十六章　氨基酸、蛋白质和核酸

1. (1) α-氨基酸：分子中既有氨基又有羧基的化合物称为氨基酸，氨基与羧基的相对位置处于邻位的称为 α-氨基酸。

（2）等电点：调节氨基酸溶液 pH 为某一值时，正负离子浓度恰好相等，它们向阳极和阴极移动的速率、概率均等，出现净迁移电荷为零的情况，此时溶液的 pH 即为该氨基酸的等电点，用 pI 表示。

（3）蛋白质变性：天然蛋白质受高温、加热、紫外线等物理因素或强酸、强碱、重金属等化学因素的作用，分子内部原有的功能结构发生变化，蛋白质的理化性质和生理功能随之改变或丧失，使蛋白质凝聚出现沉淀，但并未导致蛋白质一级结构的变化，这个过程称为蛋白质的变性。

（4）核苷：由 D-核糖或脱氧核糖与嘧啶或嘌呤碱构成的，核苷酸水解成分之一的物质称为核苷。

2. (1) 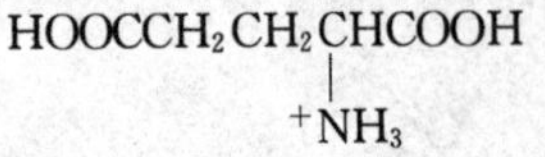 $\underset{\overset{|}{+NH_3}}{HOOCCH_2CH_2CHCOOH}$

(2) $\underset{\overset{|}{+NH_3}}{HOCH_2CHCOOH}$

(3) $\underset{\overset{|}{NH_2}}{H_2NCH_2CH_2CH_2CH_2CHCOO^-}$

(4) [色氨酸结构：吲哚环-CH_2CHCOO^-，$\overset{|}{NH_2}$]

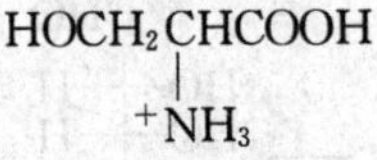

3. 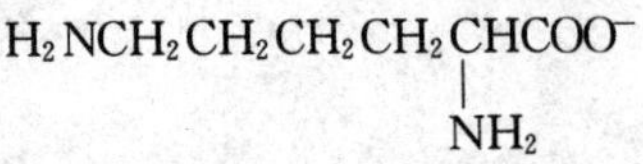 (1) 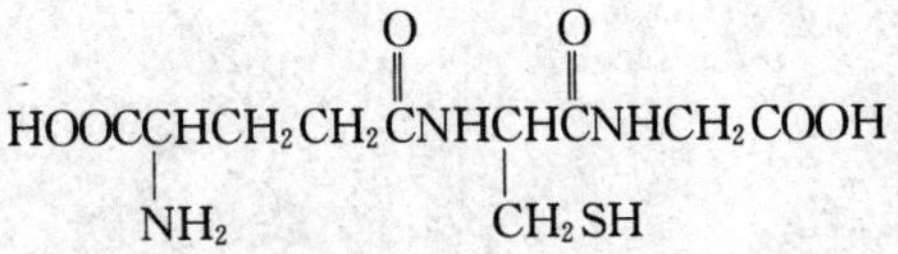 $\underset{\overset{|}{NH_2}}{HOOCCHCH_2CH_2}\overset{\overset{O}{\|}}{C}NHCHCNHCH_2COOH$ （侧链 CH_2SH）

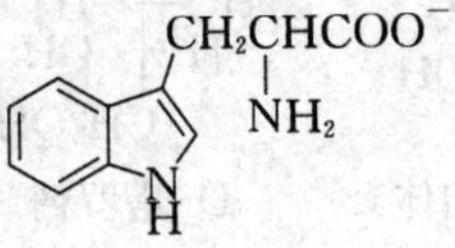

(2) [腺苷结构图]

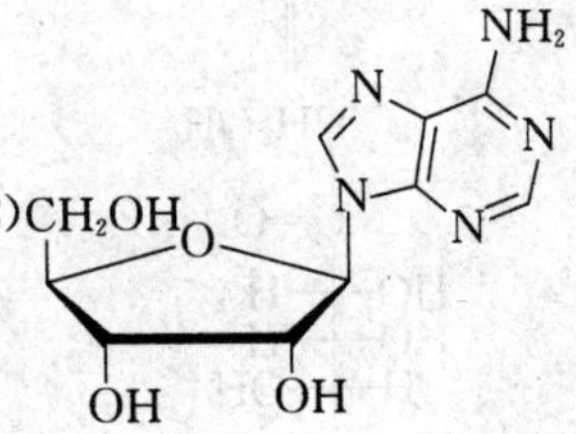

(3) 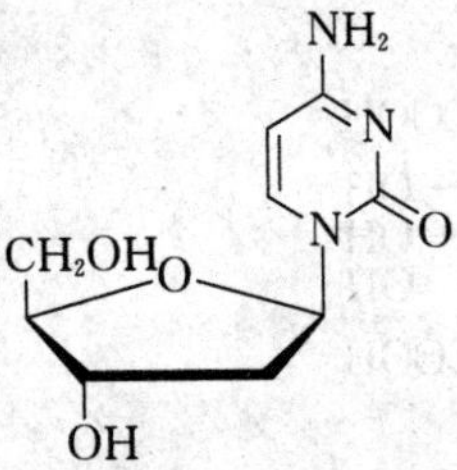 [脱氧胞苷结构图]

(4) 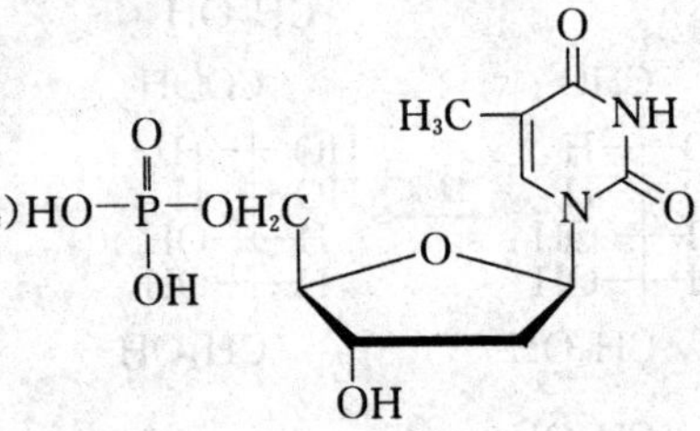 [胸苷-5'-磷酸结构图]

(5) [寡核苷酸结构图，5'端···3'端]

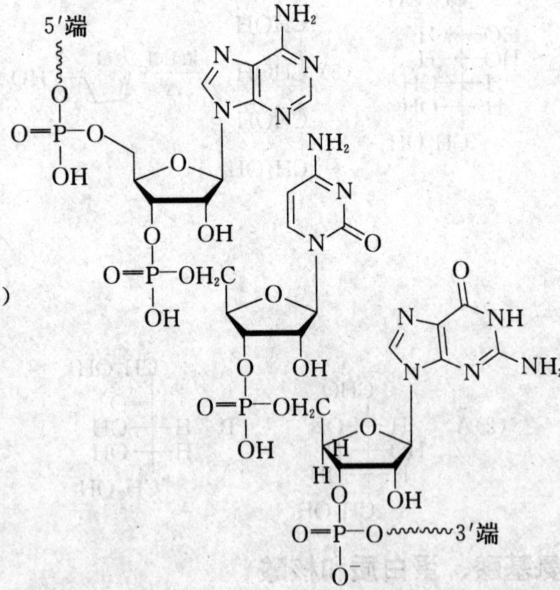

4. 调节氨基酸混合液的 pH，调至 pH＝5.98 时，亮氨酸会沉淀下来，调节 pH＝9.74 时赖氨酸沉淀下来。

5. DNA 中戊糖是脱氧核糖，RNA 中是核糖；DNA 中有胸腺嘧啶，RNA 中没有，而是尿嘧啶。

6. (1) 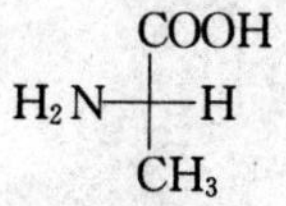 H₂N―│―H (S)   (2) 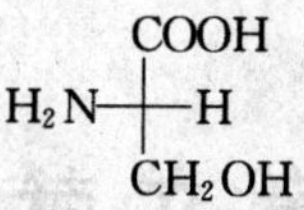 H₂N―│―H (S)   (3) 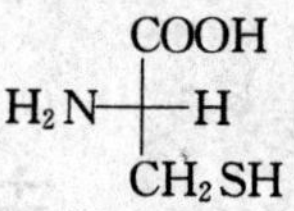 H₂N―│―H (R)
   (COOH上, CH₃下)   (COOH上, CH₂OH下)   (COOH上, CH₂SH下)

7. 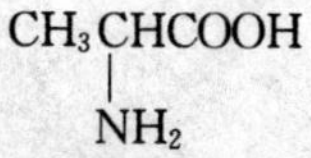 CH₃CHCOOH
        │
        NH₂

8. 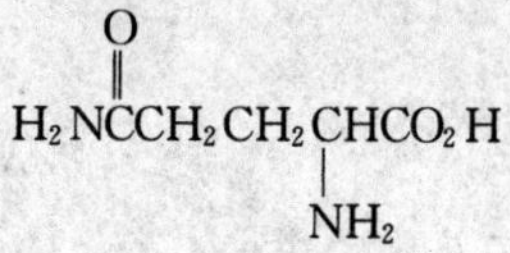 H₂NCCH₂CH₂CHCO₂H
       ‖   │
       O   NH₂

主 要 参 考 文 献

陈道文，杨红，王鸣华，2000. 有机化学. 北京：化学工业出版社.

陈宏博，2003. 有机化学. 大连：大连理工大学出版社.

冯金城，郭生，2001. 有机化学学习及解题指导. 北京：科学出版社.

傅建熙，2000. 有机化学. 北京：高等教育出版社.

高鸿宾，2001. 有机化学. 3 版. 北京：高等教育出版社.

蒋硕健，丁有骏，李旺谦，1996. 有机化学，2 版. 北京：北京大学出版社.

孔垂华，徐效华，2003. 有机物的分离和结构鉴定. 北京：化学工业出版社.

李楠，胡世荣，2003. 有机化学习题集. 北京：高等教育出版社.

李文忠，1997. 有机化学. 上海：上海交通大学出版社.

陆国元，1999. 有机化学. 南京：南京大学出版社.

钱旭红，高建宝，焦家俊，等，1998. 有机化学. 北京：化学工业出版社.

汪小兰，1997. 有机化学. 3 版. 北京：高等教育出版社.

王宝暄，1992. 英汉化学化工词汇. 3 版. 北京：科学出版社.

王积涛，胡青眉，等，1993. 有机化学. 天津：南开大学出版社.

肖畴阡，宋光泉，2001. 有机化学. 广州：中山大学出版社.

邢其毅，徐瑞秋，周政，1997. 基础有机化学(上、下册). 3 版. 北京：高等教育出版社.

徐寿昌，1993. 有机化学，2 版. 北京：高等教育出版社.

姚新生，2004. 有机化合物波谱解析. 北京：中国医药科技出版社.

叶孟兆，1999. 有机化学. 北京：中国农业出版社.

赵建庄，田孟魁，2003. 有机化学. 北京：高等教育出版社.

图书在版编目（CIP）数据

有机化学／杨红，章维华主编．—4 版．—北京：
中国农业出版社，2018.9（2022.11 重印）
普通高等教育农业部"十三五"规划教材　全国高等
农林院校"十三五"规划教材　"十三五"江苏省高等学
校重点教材
ISBN 978-7-109-24655-3

Ⅰ．①有…　Ⅱ．①杨…②章…　Ⅲ．①有机化学-高
等学校-教材　Ⅳ．①O62

中国版本图书馆 CIP 数据核字（2018）第 221081 号

中国农业出版社出版
（北京市朝阳区麦子店街 18 号楼）
（邮政编码 100125）
责任编辑　曾丹霞

北京通州皇家印刷厂印刷　新华书店北京发行所发行
2002 年 6 月第 1 版　2018 年 9 月第 4 版
2022 年 11 月第 4 版北京第 6 次印刷

开本：787mm×1092mm　1/16　印张：22
字数：520 千字
定价：47.00 元
（凡本版图书出现印刷、装订错误，请向出版社发行部调换）